新型雾化材料专利剖析

主　编◎赵　伟　韩　熠　邓林昆　秦云华　巩效伟

西南交通大学出版社
·成　都·

图书在版编目（C I P）数据

新型雾化材料专利剖析 / 赵伟等主编. —成都：西南交通大学出版社，2023.3
ISBN 978-7-5643-9239-0

Ⅰ. ①新… Ⅱ. ①赵… Ⅲ. ①雾化 – 材料 – 研究 Ⅳ. ①TQ038.1

中国国家版本馆 CIP 数据核字（2023）第 061150 号

Xinxing Wuhua Cailiao Zhuanli Pouxi
新型雾化材料专利剖析

主编 赵 伟 韩 熠 邓林昆 秦云华 巩效伟

责任编辑 / 牛 君
封面设计 / 原谋书装

西南交通大学出版社出版发行
（四川省成都市金牛区二环路北一段 111 号西南交通大学创新大厦 21 楼 610031）
发行部电话：028-87600564 028-87600533
网址：http://www.xnjdcbs.com
印刷：四川玖艺呈现印刷有限公司

成品尺寸 185 mm × 260 mm
印张 16.5 字数 418 千
版次 2023 年 3 月第 1 版 印次 2023 年 3 月第 1 次

书号 ISBN 978-7-5643-9239-0
定价 128.00 元

《新型雾化材料专利剖析》
编 委 会

主　编　赵　伟　韩　熠　邓林昆　秦云华　巩效伟

副主编　何　沛　李世卫　李廷华　刘春波　赵　杨
杨　柳　洪　鎏　刘凌璇　李寿波　张　霞
李　超　杨钰婷

编　委　申钦鹏　尤俊衡　雷　萍　向能军　朱东来
吴　俊　韩敬美　段沅杏　尚善斋　田永峰
杨建云　杨乾栩　王　汝　李志强　龚为民

前言

PREFACE

加热卷烟，因具有低危害、低风险，且抽吸感受接近传统卷烟的特点，而迅速成为最具发展潜力的产品，是未来烟草行业发展的热点领域。加热卷烟中的雾化材料一般为采用特殊工艺制备的再造烟叶，是负载尼古丁、雾化剂和香精香料的载体，在加热过程中载体所负载的雾化剂携带雾化的尼古丁和香精香料，以气溶胶形式释放。再造烟叶雾化材料具有可塑性较强、均质化及可调控水平较高的特点，因此是目前加热卷烟的主要雾化材料之一。随着加热卷烟理论研究和加热技术的持续深入及产品制造技术的不断发展，作为加热卷烟核心的雾化材料领域，亟待不断推陈出新，以适应加热卷烟的发展形势。专利作为发明创造和技术创新的文字载体，是人们了解最新技术动态和研发方向的指针。本书通过检索查询、归纳总结和综合分析近 20 年以来在雾化材料领域的专利文献，以期揭示该领域发展的总体框架和核心技术，以飨读者，为推动新型雾化材料技术与开发向更高的层次发展贡献绵薄之力。

本书介绍了三种形态的雾化材料，包括整块型固态发烟材料、发烟颗粒和凝胶态发烟材料，这三种形态的新型雾化材料相比传统再造烟叶型雾化材料，在理化特性、加工工艺、与加热技术的适配性、消费者体验等方面存在自身优势，近年来成为研究热点。2000 年以后，由于国际卷烟市场控烟压力渐增，各大烟草生产商开始大力研发加热卷烟，同时对加热卷烟雾化材料的研发投入也在持续增加。目前，上述三种新型雾化材料已成为再造烟叶型雾化材料的有益补充，预期未来使用各类新型雾化材料的加热卷烟产品将会不断涌现。

本书主要是对 2000 年以后的整块型固态发烟材料、发烟颗粒和凝胶态发烟材料专利进行综述。全书共分 7 章，包括：专利方法学概述、加热雾化型固态发烟材料及产品简介、固态发烟材料专利检索及法律布局、发烟颗粒型产品专利技术、凝胶态烟油专利技术、整块型固态发烟材料专利技术、专利贡献与应用及固态电子烟专利现状。其中，专利方法学概述、加热雾化型固态发烟材料及产品简介、固态发烟材料专利检索及法律布局，这三部分主要从专利检索方法学、雾化材料的分类以及检索方法和法律布局上进行介绍；整块型固态发烟材料、发烟颗粒和凝胶态发烟材料三种形态的雾化材料，主要从类型、配方、制备方法以及使用上进行技术综述。全书旨在为读者较为全面地介绍新型雾化材料的技术脉络、应用现状以及未来可能的发展趋势。

本书主编由赵伟、韩熠、邓林昆、秦云华、巩效伟担任，负责全书的统稿，同时集合了该领域技术研发和生产的诸多专家共同进行编写。全书共 7 章，其中第 1 章由赵伟、韩熠主持编撰，何沛协助；第 2 章由赵伟、赵杨主持编撰，李寿波协助；第 3 章由赵伟、李廷华主持编撰，洪鎏协助；第 4 章由赵伟、杨柳主持编撰，刘凌璇协助；第 5 章由赵伟、张霞主持编撰，李超协助；第 6 章由赵伟、何沛主持编撰，杨钰婷协助；第 7 章由韩熠、巩效伟主持编撰，刘春波协助；其他编写人员为本书提供了资料，参与书稿的校对等。

本书的出版得到了北京市领专知识产权代理有限公司任永利博士和李静女士的大力支持，两位为本书所需的专利检索与查询提供了非常专业的帮助。同时，本书的出版得到了云南中烟工业有限责任公司科研项目的资助，以及西南交通大学出版社的大力支持，在此，谨向所有为本书构思、编撰、出版提供过帮助的单位和个人表示诚挚的感谢。

由于本书涉及的内容庞杂浩繁、专深广博，加之写作时间有限，恐有管中窥豹之嫌，书中瑕疵和纰漏在所难免，恳请读者予以指出并提出宝贵意见。

作　者

2023 年 2 月

目录

CONTENTS

专利方法学概述

1.1 常见概念和术语

以下是一些常见的与专利相关的概念和术语，按英文首字母顺序排列。

1. 专利权人（Assignee）

职务发明创造申请专利被批准后，专利的权利属于单位，该单位为专利权人；非职务发明创造申请专利被批准后，专利的权利属于发明人或者设计人，该发明人或设计人为专利权人。

2. 权利要求（Claims）

专利权利要求解释了专利涵盖的范围,它们是向专利局提交的专利申请的重要组成部分。权利要求应当以说明书为依据，清楚、简要地限定要求专利保护的范围。

3. 外观设计专利（Designpatent）

外观设计专利是指对产品的形状、图案、色彩或其结合所做出的富有美感并适于工业上应用的新设计。

4. 申请日（Filing Date）

申请日是指国务院专利行政部门收到专利申请文件之日。

5. 侵权（Infringement）

如果一项发明是专利发明的文字复制品，或者如果它以基本相同的方式执行基本相同的功能并获得与专利发明相同的结果，则该发明是侵权的。

6. IPC（International Patent Classification）

国际专利分类号（IPC）是一种分级语言系统，主要用于在进行专利检索和审查提交给专利局的专利文件时，轻松分类和检索专利文件；是国际通用的针对专利所属技术领域的分类号确定标准，每篇专利都被各国专利局依据该统一的国际标准赋予一个（单一技术领域）或多个（交叉技术领域）IPC 分类号，通常技术领域相同或相似的专利，会被分入同一 IPC 分类号下。

7. 发明（Invention）

发明是指对产品、方法或者其改进所提出的新的技术方案。能取得专利的发明可以是产品发明，也可以是方法发明。

8. 创造性（Inventiveness）

创造性是授予专利权的要求之一。是指与现有技术相比，该发明具有突出的实质性特点和显著的进步，该实用新型具有实质性特点和进步。

9. 新颖性（Novelty）

新颖性是授予专利权的要求之一。是指该发明或者实用新型不属于现有技术；也没有任何单位或者个人就同样的发明或者实用新型在申请日之前向国务院专利行政部门提出过申请，并记载在申请日以后公布的专利申请文件或公告的专利文件中。

10. 专利（Patent）

专利是授予发明的专有权，是一种产品或过程，通常提供一种新的做某事的方法，或为某个问题提供新的技术解决方案。

11. PCT（Patent Cooperation Treaty）

《专利合作条约》（PCT）是一项国际专利法条约，于1970年缔结。它为提交专利申请提供了统一的程序，以保护每个缔约国的发明。根据PCT提交的专利申请称为国际申请或PCT申请。

12. 现有技术（Prior art）

现有技术是指申请日以前在国内外为公众所知的技术。

13. 说明书（Specification）

专利的文本部分，对发明或者实用新型做出清楚、完整的说明，以所属技术领域的技术人员能够实现为准。

14. 实用性（Usefulness）

实用性是授予专利权的要求之一。是指该发明或者实用新型能够制造或者使用，并且能够产生积极效果。

15. 实用新型专利（Utility patent）

实用新型专利是指对产品的形状、结构或者其结合所提出的适于实用的新的技术方案。实用新型专利申请必须是产品专利申请。

1.2 专利文件的基本组成

在任何特定国家/地区授权的专利被赋予法律权力，可在专利期限内排除他人未经同意而在该国家/地区制造、使用或销售要求保护的发明。专利具有一定的期限。通过授予发明人临时垄断权，可以换取对如何进行发明的完整描述，专利在某一行业的发展中发挥着关键作用。作为对这些权利的回报（即征得同意），申请人必须公开专利发明的完整信息，这些信息包括：背景信息（现有技术水平）、发明解决的任何技术问题的性质、发明的详细描述及如何实现、合适的发明附图。

一个国家的专利保护不包括其他国家，发明人必须在他们希望其专利生效的每个地区提交申请。为了维持专利的有效性，专利所有者需要向每个专利局支付年费，否则会导致专利失效。有些国家还要求专利“运行”，这意味着在特定时期，受保护的专利要投入商业用途。

已发布的专利申请文件首页包含标准信息字段，如专利号、专利权人（公司）、发明人姓名、标题、摘要和各种日期。所有这些被称为“书目数据”，这即是许多数据源中包含的全部内容。

专利文件的正文包含有关发明背景（当前已知的技术状态）、本发明中的新想法以及实际受法律保护的内容（权利要求）的完整披露。

1.3 专利检索

1.3.1 专利检索的意义

检索专利信息是一项重要的专业性工作，专利检索包括检索发明的新颖性、潜在的专利侵权风险、技术许可和专利诉讼等。

通过有效检索专利信息，可以监控全球技术发展，检查自己的研究是否是独一无二的，并跟踪竞争对手。专利信息可用于战略规划目的，如竞争对手监控、技术评估、研发组合管理以及识别和评估兼并、收购或研究合作的潜在来源。我国在快速发展的过程中，近年来专利申请数量激增。对于寻求进入中国市场的跨国公司，专利数据可帮助其识别在中国的潜在合作机构或公司。对中国专利权人的分析将揭示谁是某一领域的主要力量以及值得与谁合作。

说到新科学或新技术本身的知识，公开的科学文献难道不是已经面面俱到了吗？也许不是！专利是法律文件，但也需要对发明进行技术描述。因为专利申请需要在任何期刊发表之前申请（以保障对发明新颖性的法律要求），在专利申请中公开的科学或技术信息可能仅在专利中公开而不会在文献中公开。

事实上，互联网上有一个广为流传的“统计数据”，即 80%的技术信息只能在专利中找到。如果考虑全球科学文献的规模时，80%对于专利申请专有的内容来说是一个相当高的数字。以化学类专利为例，“如果信息首先在专利中公开，它通常是该信息的唯一来源”，据统计，有 44%～77%的信息仅在专利中找到；在医疗领域，超过 2/3 的专利申请在科学期刊上没有对应的配套论文。

因此，根据现有证据，“海量”技术和科学信息只能从专利出版物中获取，即使我们没有确定的数字，但事实的确如此。如果仅仅检索期刊文献，可能会遗漏大量可能相关的技术信息。所以，专利检索对于各自所在行业的发展、技术进步、研究工作的开展以及新产品研发至关重要。

1.3.2 专利检索的类型

根据专利检索的目的和要求，可将专利检索分为 5 种类型。

1.3.2.1 可专利性（patentability）检索或新颖性检索

可专利性检索是最常见的专利检索类型，其中检索产生的结果有助于发明人了解其发明是否在可申请专利的主题范围内，即是否具有新颖性、创造性和实用性。

可专利性检索通常由专利专业人员在发明之前或期间或向专利局提交发明申请之前进行。可专利性检索包括各种技术，如关键词检索、基于国际专利分类（IPC）的检索、专利权人检索等等。此外，专利专业人员使用各种检索策略来得到与特定发明相对应的最相关和最准确的结果。可采用各种免费数据库以及包含有效、作废和过期专利的付费数据库来进行可专利性检索。

1.3.2.2 侵权分析

侵权分析也称为许可检索或使用权检索，通常在为商业市场推出发明之前进行该类检索。侵权分析仅限于有效专利，不包括像可专利性检索那样被放弃或过期的专利。

侵权检索可以在推出发明的管辖区内进行。此外，侵权检索不仅限于授权专利，还包括专利申请，以证明申请专利中涉及的产品或过程不侵犯任何第三方的专利。

1.3.2.3 有效性/无效性检索

有效性/无效性检索也称为实施准备检索，是在专利授权后进行的综合性现有技术检索。进行该检索的目的是确定在专利申请提交日期之前，与公布的现有技术相比，为一项发明颁布的专利是否有效。

进行该检索的主要目的是使一项或多项权利要求有效或无效。当进行检索以证明专利权利要求的有效性时，称为专利有效性检索。相反，如果进行检索以证明给定专利的权利要求无效时，则称为专利无效性检索。两种检索所遵循的程序相同，但结果取决于进行检索的目的。专利无效性/有效性检索主要是在侵权诉讼过程中或为了克服可能的侵权风险而进行的。

1.3.2.4 现有技术检索

该专利检索是其他类型的专利检索中使用最广泛的，其中现有技术检索本质上是一种市场调查，用于识别市场上是否存在类似技术。该检索还能发现竞争对手，并指出感兴趣领域的技术趋势。

此外，现有技术检索有助于发明者停止正在进行的发明，并指出竞争者面临的挑战以及他们为克服挑战而实施的解决方案。最后，通过指出市场上现有产品或工艺的趋势，现有技术检索有助于减少对没有潜在市场的发明投入不必要的资金。

1.3.2.5 技术格局分析

技术格局分析是对现有技术分析的持续，需要对技术演化、主要参与者、当前和未来的竞争对手以及时间线趋势的变化有更深入的了解。技术格局分析的主要目的有：找出技术差距，提供全面的范围以规划未来的研发。基于技术格局分析，可以制定符合公司业务战略的合适的知识产权战略。

因此，根据检索的目的选择正确类型的专利检索，可以获得合适的结果。

1.3.3 专利检索工具

专利数据库的选择很大程度上取决于其背后的动机，换言之就是涉及的专利检索类型。例如，对于当前诉讼的现有技术检索，可能希望选择一个涵盖大多数专利局专利文件的专利数据库。

如果更喜欢具有良好用户界面的专利检索平台，尤其是目标是捕捉一些快速线索的情况下，谷歌专利似乎是首选。此外，对于特定行业，涵盖该行业专利记录的专业专利数据库将是正确的选择。我们出于各种原因查找专利，重要的是找到满足自身需求并与动机同步的理想数据库或工具。

1.3.3.1 国外免费专利数据库

1. Google Patents

谷歌专利于 2006 年 12 月 14 日作为一项实验推出，最初只是一个专利库。如果有想要阅读的专利号，只需在 Chrome 浏览器的地址栏中输入该专利，然后按 Enter。第一个结果始终是与专利的直接链接。谷歌专利索引了来自 17 个不同国家的专利局超过 8700 万份专利全文，包括美国专利和商标局（USPTO）、欧洲专利局（EPO）、中国国家知识产权局（CNIPA）、日本专利局（JPO）、韩国知识产权局（KIPO）、世界知识产权组织（WIPO）、德国专利商标局（DPMA）、加拿大知识产权局（CIPO）以及来自俄罗斯、英国、法国、西班牙、比利时、丹麦、芬兰、卢森堡和荷兰等国家专利局的专利数据。

谷歌专利允许基于以下变量检索专利：检索条目、日期、专利权人、发明人。可以进一步按以下筛选方式分类：专利局、状态（授权/申请）、类型（专利/设计）。

在浏览特定关键词时，可以在侧边栏中打开专利，同时保持专利列表不变。

谷歌还提供了查找非专利数据的选项，如来自 Google Scholar 的数据、关于检索关键词的研究论文。还提供了以 PDF 格式保持专利的选项。

如果遇到不同语言的专利，谷歌专利可以将专利语言翻译成所选择的语言。谷歌还为其用户提供了一个关于关键字的说明性图表，可以根据专利权人、发明人和 CPC 来查看该图表。

2. Espacenet

Espacenet 诞生于欧洲专利局（EPO）和欧洲专利组织的合作。1988 年推出的 Espacenet 的目的是“彻底改变公众对国际专利信息的访问”。Espacenet 现在提供来自 97 个国家的专利，拥有超过 1.1 亿项专利的数据库。它涵盖了英语和其他 31 种语言之间的翻译。

3. USPTO Web Patent Database

USPTO 是美国政府的一个联邦机构，负责授予美国专利和商标注册。该网站不仅显示已公开和已申请的专利，还提供有关什么是专利、你的想法是否有资格获得专利、专利申请流程、专利维护等信息。可以在“快速查找”栏中找到有关专利和商标的信息。可以在其中找到已申请和已批准的专利。这是 USPTO 的一大优势。作为政府组织，它对所有专利都有准确和最新的状态。

4. PQAI

PQAI 是 AT&T 的一项举措，是一个开源平台，旨在通过更好地检索和分析现有技术来改进专利流程。使用人工智能和自然语言处理使发明者的检索变得容易。发明人可以用外行术语描述他们的发明，数据库提供 10 个最相关的结果。该工具从不记录其用户的任何检索查询或结果，除非他们明确告诉它保存以供以后参考。该数据库还在检索栏中提供“示例发明”供尝试，以便用户更好地理解 PQAI 的工作原理。

5. Patentscope by WIPO

WIPO 是联合国的 15 个机构之一。联合国创建 WIPO 的动机是促进知识产权的创造、扩展和保护。WIPO 创立于 1967 年，WIPO 拥有庞大的数据库。既可以检索专利，又可以检索商标和工业设计。

WIPO 的 Patentscope 功能非常强大，因为它可以免费访问来自多个参与专利局的超过 8300 万份专利文件。Patentscope 采用 9 种不同语言。有快速检索和高级检索两个选项。快速检索易于使用，可以使用名称字段来检索发明人、专利权人、申请人等。如果从下拉菜单中选择 FrontPage，则仅可在专利摘要中检索关键词。在高级检索中，可以使用位置算符或词干特征。词干将关键词视为词根并检索源自它的其他术语，比如输入 mobile，将会检索“mobile phone”等。

6. Lens. org

Lens. org 是坎比亚和昆士兰科技大学的一项倡议。该开源数据库始于 2000 年，目前列出了来自 105 个司法管辖区的超过 1.19 亿份文件。Lens. org 与众不同的主要特点之一是它为用户提供引文数据和 NPL（非专利文献）。该数据库也是少数可以按基因序列检索的数据库之一。还可以通过 INPADOC 专利状态和家族信息服务检索失效、放弃或过期的美国专利。另外，动态图标是 Lens. org 的另一项功能，可用于分析信息。

1.3.3.2 国外付费专利数据库

当需要进行专业检索时，可能需要以下付费专利检索工具：Derwent World Patents Index、PatBase、Patseer、Drug Patent Watch、Patsnap、Patent Inspiration、WIPO’s INSPIRE。

1. Derwent World Patents Index

Clarivate Analytics 的 Derwent World Patents Index 是覆盖率最高的顶级数据库之一。此外，它被称为 Derwent 数据库，涵盖来自全球 44 个专利颁发机构的专利文件。2008 年之前，该平台每年只允许最多 100 万条新纪录，现在每年最多允许添加 360 万条记录。其主要不同不是其检索功能或详尽性，而是它提供了以非法律语言（即简单的技术语言）阅读专利摘要的能力。该数据库适合研发人员。

2. PatBase

该数据库包含来自全球超过 105 个权威机构的 6600 万份全文文档。PatBase 具有非常简单的检索语法。该数据库的一个突出特点是可以对其进行引文检索。也有自己的词库查询生成器。该工具突出显示关键词和全文，可以使用分析器工具分析文本和关键词。许多分析师求助于 PatBase，因为它拥有来自以色列的专利。

3. Patseer

Patseer 拥有易于使用的 UI，拥有来自 43 个专利局的超过 6100 万条全文记录。还可以查找 5000 家公司的企业树。

4. Drug Patent Watch

该数据库跟踪来自 134 个国家的药物专利。如果要申请药物专利，可以查找以前申请的专利以制订更好的策略、审查合同纠纷、检索所有专利的权利要求并跟踪专利诉讼。还可以选择查找过期专利。

5. Patent Inspiration

Patent Inspiration 是一个拥有 6900 万专利的数据库引擎，每周更新一次，基于 EPO（欧洲专利局）的 DOCDB 数据库，包含来自 90 多个国家的书面数据。提供各种工具，例如 AI 词库和文本挖掘，这使得检索技术变得更加容易，有助于那些没有专利检索和阅读经验的人获得他们所在行业的知识。AI 词库显示专利中可能出现的输入关键词的替代项，它会在检索字段中查找相关术语以及所有与上下文相关的术语。文本挖掘在同一句子中的名词和动词前面使用形容词，还允许自定义时间线。

该数据库通过提供竞争情报、技术路线图和技术转让机会来帮助加速研发过程。

6. WIPO's INSPIRE

WIPO 于 2020 年推出其专业专利信息报告索引 INSPIRE（Index of Specialized Patent Information Reports）。设置好过滤器后，该工具会提供最合适的检索系统列表。

1.3.3.3 国内专利数据库

1. 速派（SooPat）

SooPat 是专利数据搜索引擎。可以检索中国专利与世界 99 个国家和地区的专利文献。该数据库本身并不提供数据，而是将所有互联网上免费的专利数据库进行链接、整合，并加以人性化的调整，使之更符合人们的一般检索习惯。它和 Google 进行非常高效的整合，充分利用人们对于 Google 检索的熟悉程度，从而更加方便使用。SooPat 的链接来自国家知识产权局互联网检索数据库，国外专利数据来自各个国家的官方网站。

2. 佰　腾

佰腾专利数据库通过对中国库、外国库、失效库的方便切换和科学的分类导航，使用者稍加学习即可运用。数据库中中文专利数据的更新与国家知识产权局保持同步，国外专利数据保证每周至少更新一次，更新速度在国内处于领先水平。专利信息来源于国家知识产权局，是国内专利数据最全、更新最快的专业平台。系统涵盖了美国、英国、法国、瑞士、德国、日本、俄罗斯、WIPO、EPO 和中国的所有专利信息。

3. 专利之星检索系统

它是一个集“专利多功能检索、专利摘要/著录/全文数据批量下载、专利翻译、专利分析预警、专利对比、自定义专利数据库、企业定制专利数据库、专利数据管理监控”等多功能于一体的专利信息综合服务平台。其前身是国家知识产权局专利局审查员专用 CPRS 专利检索系统。CPRS（Chinese Patent Retrieval System）是由中国专利信息中心研发的我国第一套专利检索系统，在 CPRS 的基础上，后经继续研发，形成该系统。

专利之星检索系统数据涵盖了来自全球 104 个国家和组织的上亿条数据，包含完整的中国专利文献信息、其他国家的著录、摘要、全文、引证及专利家族等信息，是全球范围内专利数据收录最完整的系统之一，全面保证数据及时更新与数据质量。

4. 吉江数据

吉江数据涵盖 105 个国家和地区共 1.2 亿专利文献，专利文献每周更新。提供包括快速检索、高级检索、批量检索、IPC 检索、LOC 检索等多种检索方式，支持检索结果中英文互译，支持检索结果 30 个维度自由组合筛选。提供超 70 字段全景数据分析，用户可自定义设计分析模板，数据分析结果可以多形式图标展示，以满足用户不同场景要求。提供实时监控专利年费功能，帮助用户全面掌握专利资产情况、全天候监控专利状态变化。实时监控竞争对手专利信息，可监控专利权人变化、专利状态变化、专利诉讼情况、转让质押许可信息、复审/无效/口审信息、新增被引证和新增同族信息等多种专利信息。

5. 大为专利搜索引擎

大为（Innojoy）专利搜索引擎是一款集全球专利数据检索、分析、下载、管理、转化、自主建库等功能于一体的专利情报综合应用平台，涵盖全球 105 个国家和地区 1.3 亿多条专利数据，包括摘要、说明书、法律状态、同族专利、引证引用等信息。

6. 专利汇（PatentHub）

专利汇（PatentHub）平台整合了全球 105 个国家超过 1.2 亿专利文献。专利检索类型包括简单检索、高级检索、语义检索、法律检索、批量检索、图片检索、IPC 检索、LOC 检索等，其中的法律检索又包括专利转让、许可、质押、诉讼、无效检索。

7. DI Inspiro 中国知识产权大数据与智慧服务系统

它是由知识产权出版社有限责任公司开发建设的国内第一个知识产权大数据应用服务系统。DI Inspiro 的数据资源经过深度数据加工，提供超过 600 个各种数据的检索字段，其中专利检索字段约 260 个。还提供多个检索辅助工具，包括区域代码查询、公司代码查询、词表查询、IPN 查询等。

8. incoPat

incoPat 作为科技创新情报平台，利用自然语言处理、人工智能技术，借鉴 DNA 识别的理念和算法，创建了专利 DNA 图谱比对方法，抽取发明的核心部件及关系，在专利的文章级别、段落级别、词级别、语义级别进行大规模精准计算，提升新颖性检索和无效检索的准确性。对全球专利均提供了中英双语的标题和摘要，支持中文、英文和小语种检索全球专利。收录了全球 157 个国家/组织/地区 1 亿余件专利信息，数据采购自各国知识产权官方和商业机构，全球专利信息每周更新 4 次。通过全面的数据整合加工，可以检索的字段达到 330 多个，融合了专利诉讼、转让、许可、复审无效、通信标准声明、海关备案信息，并深度加工了一系列同族引证信息。支持在原始文献数据库和同族数据库间切换检索。支持 70 余个数据维度的自定义统计分析。

9. 万象云

万象云是一套专利信息检索及情报服务平台。通过使用这套平台系统，可以查询关注领域、技术、产品及其部件相关的各类专利技术，了解技术内容并找出其中的重要技术；可以对查询到的专利技术进行筛选、加工和分析，获取关于技术发展、市场开拓、法律风险应对等各方面的深层次信息。

10. 智慧芽

智慧芽（PatSnap）的知识产权信息化服务板块包括 PatSnap 全球专利数据库、Innosnap 知识产权管理系统、Insights 英策专利分析系统。智慧芽全球专利数据库提供的主要检索方式包括：简单检索、高级检索、语义检索、分类号检索、法律检索、图像检索和化学检索。

11. Patentics

Patentics 是集专利信息检索、下载、分析与管理于一体的平台系统。与传统的专利检索方式相比，Patentics 检索系统的最大特点是具有智能语义检索功能，可按照给出的任何中英文文本（包括词语、段落、句子、文章，甚至仅仅是一个专利公开号），即可根据文本内容包含的语义在全球专利数据库中找到与之相关的专利，并按照相关度排序，大大提高了检索的质量和检索效率。Patentics 检索方式也可以跟传统的布尔检索式结合使用，以期获得更精准的检索结果。

1.4 专利分析

1.4.1 概　述

从法律和管理的观点看，随着专利信息量的不断增加，专利检索和分析任务变得至关重要。可用多种方式分析专利数据以实现不同的目的，比如确定专利的新颖性、分析专利趋势、预测特定领域的技术发展、战略技术规划、从专利中提取信息以识别侵权、确定研发任务的专利质量分析、识别具有前景的专利、技术路线图、识别技术空白和热点、识别技术竞争者。

使用自动化工具分析专利数据以通过可视化、引文分析和其他技术（如文本挖掘）发现专利信息的任务称为专利信息学。这些技术主要分为文本挖掘技术和可视化技术。文本挖掘技术进一步利用基于自然语言处理（NLP）的方法、基于语义分析的方法、基于规则的方法、基于属性功能的方法和基于神经网络的方法。另一方面，专利分析的可视化技术也使用某些文本挖掘方法来以视觉形式呈现专利分析的结果。专利分析任务的视觉输出以专利网络、专利地图和数据集群的形式出现，而数据集群是应用特定算法的结果。专利地图是一种用于可视化专利关系的工具，是采用关键词和关键术语来构建地图。专利网络的概念类似于广泛使用的网络概念。然而，在专利网络中，节点代表专利而网络中的链接代表节点或专利之间的关系。聚类是一种数据挖掘的概念，用于根据数据项的类别将数据项分组到集群或组中。聚类技术使用无监督的数据分类，也被用于专利分析，根据相关性对专利数据进行聚类。

1.4.2 专利分析的背景和意义

现有的专利检索库包含数百万个专利，这些专利分散在通过最新网络资源集成的不同数据库中。比如，专利文件的最常用资源库来自美国专利商标局（USPTO）、欧洲专利局（EPO）和日本专利局（JPO）。利用自动化工具进行专利分析，不仅减轻了专利分析专家手动分析专利的繁重任务，而且加快了分析过程。专利分析包含一系列步骤，包括从专利数据库中提取专利、从专利中提取信息、分析提取的信息以推断出逻辑结论。图 1-1 是专利分析的通用工作流程。专利包含各种类型的内容，如结构化和非结构化数据。非结构化数据包括叙述性文本，如专利名称、摘要、权利要求和描述。结构化专利数据包含专利发明人、专利受让人、引文信息等内容。

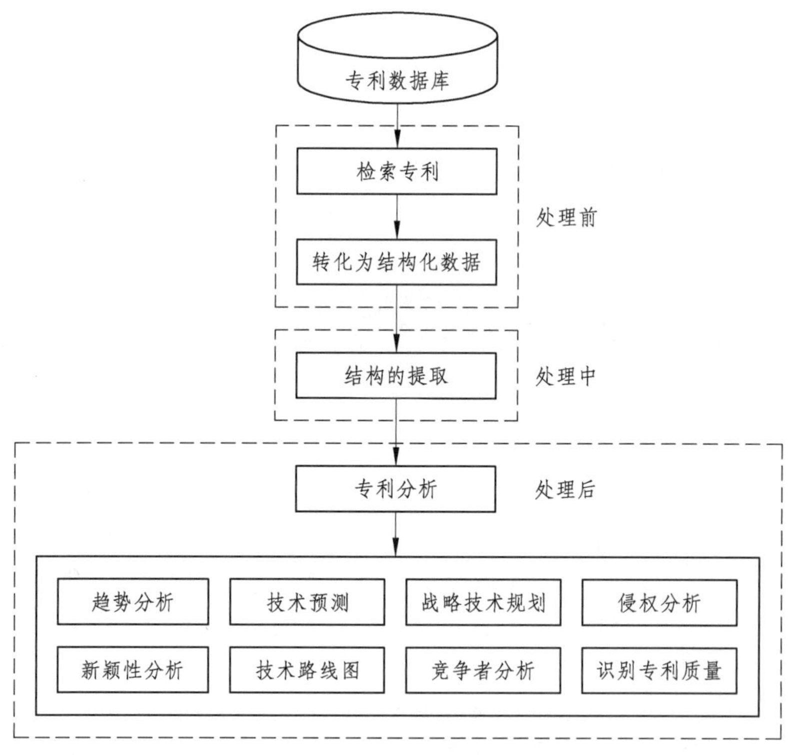

图 1-1 通用专利分析工作流程

相比非结构化数据，因为结构化信息的文字属性，从专利文件中挖掘结构化信息相对容易。因此，解析非结构化数据的任务需要能够将文本数据分割成有意义的结构的提取工具。结构化数据的可视化输出以图形和网络的形式表示，而非结构化数据以专利地图的形式表示。

专利分析有利于组织机构确定其发明的新颖性，以及识别竞争对手的知识产权（IP）和技术竞争力（优势和劣势）。除了技术竞争力，使用知识产权信息还有助于估计特定公司在特定时间内的发展。专利分析可确定技术进展与经济发展之间的关系。此外，专利分析还有助于识别特定技术领域的未来技术趋势。

一方面，专利部分较新的信息证明了专利权利要求的新颖性；另一方面，组织机构在投资新产品之前应调查潜在的侵权风险，因为专利诉讼可能会带来巨大的财务负担。专利侵权分析包含两种方法。一种方法适用于专利引用，从而查看目标专利引用的专利；另一种方法是识别专利文件的相似性，使用特定文本挖掘技术将非结构化专利文本转换为结构化专利文本。

已经开发了几种工具来识别技术趋势并制定产品开发策略。这些工具可以形成专利地图和专利网络。通过地图和网络分析专利，不仅可以洞察当前的技术趋势，还可以让研发政策制定者预测未来的技术并识别潜在的竞争对手。专利分析工具用于支持战略技术规划研发任务的另一个应用称为技术路线图（TRM）。TRM 是一种方法，用于支持组织机构的战略研发任务，旨在将技术发展与产品演变和市场机会联系起来。

专利分析工具通过分析已申请专利的质量，帮助组织机构决定是否投资新产品的制造。专利分析还用以识别用于技术转让的有前景的专利。

1.4.3 专利分析技术

由于专利包含大量结构化和非结构化数据，它需要足够智能的工具来完成分析任务。文本挖掘技术用于提取来自结构化或非结构化文本的信息。可视化技术旨在帮助决策者或技术专家直观地表示专利信息以分析结果。因此，可将专利分析技术划分为文本挖掘技术和可视化技术。

1.4.3.1 文本挖掘技术

文本挖掘是一个基于知识的过程，它使用分析工具从自然语言文本中获取有意义的信息。通过识别和检测未知文本数据中的重要模式而从文本中获取信息。更具体地说，文本挖掘处理的是来自非结构化数据而不是结构化数据中的有用模式的提取。

1. 自然语言处理（NLP）技术

NLP 是一种文本挖掘方法，它使用计算原理来分析和表示存在于电子文档中的文本信息。在专利分析中，NLP 还被用于通过从文本数据中提取语法结构并创建组件之间的结构关系，将技术信息转换为简单的语言结构。NLP 文本挖掘法被分为关键词法和主题-动作-对象（SAO）法。关键词文本挖掘法操作简单，但缺乏重要技术概念和关系的体现。另一方面，SAO 文本挖掘技术可通过关键技术部分之间的关系来分析非结构化信息。

2. 基于属性功能的技术

属性功能分析方法通过语法分析，从专利文献中提取属性和功能作为创新概念。属性表示系统的特定特征而功能表示系统的适当动作。不同于关键词文本挖掘法，它无需预定义关键词和关键短语。

3. 基于规则的技术

基于规则的文本挖掘技术大多使用某种推理规则和关联规则。这种技术对于从大型数据集中提取的结构之间创建有意义的关联是有效的。这些规则通常是有助于从专利中提取适当数据的 IF-THEN 规则。然而，基于规则的方法存在一些问题，例如规则在表示不完整的知识方面表现出不能胜任。而且，随着规则库中规则数量的增加，规则间获得虚假关联的风险也随之增加。

4. 基于语义分析的技术

基于语义的文本挖掘技术依赖于领域知识并在领域特定概念之间创建关系。这些技术的类型有效地识别专利之间的相似性，并通过逻辑关联的语法结构来确定未来的技术趋势。然而，基于语义的方法在解析自然语言的结构方面也面临特别的问题。因此，基于语义分析的方法可能无法准确地表示概念。

5. 基于神经网络的技术

基于神经网络的方法也被用于专利分类与技术预测。更具体地说，反向传播神经网络算法可用于训练专利网络以确定专利的质量。基于神经网络的方法也可与基于规则的方法相结合。

1.4.3.2 可视化技术

当代专利分析的另一个主要方法是使用可视化工具来表示专利信息和结果分析。例如，要了解特定领域的技术趋势，可以使用专利地图或聚类方法。同样，另一种称为专利网络的可视化方法有助于分析专利以确定相似性或侵权。尽管可视化技术可以直观地表示从专利中提取的信息，但它们仍然使用某些文本挖掘方法从专利文档中提取信息。然而，使用文本挖掘方法的可视化技术会遇到与文本挖掘方法相关的部分中提出的类似问题。

1.5 专利评估

1.5.1 概 述

专利价值必须包括研发的前期成本。专利评估的难点很大程度上取决于领域的适用性。在许多情况下，将整个专利集群作为单个专利进行评估更有意义。专利可用于保护产品或赚取许可收入。在拥有许多专利的公司，必须分析整个专利组合，其中可能包括改进专利、基础专利和保护专利。

专利评估是通过各种方法完成的资产评估（此处资产为待授权或已授权专利），以评估资产将获取的估计成本。

专利评估过程如图 1-2 所示。

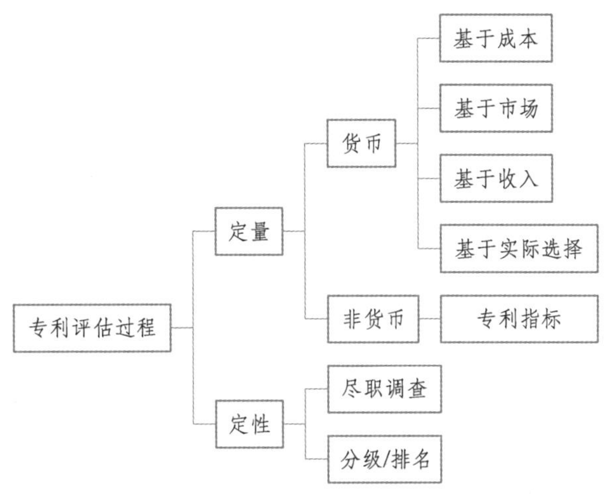

图 1-2 专利评估过程

1.5.2 专利评估方法

1.5.2.1 传统方法

传统专利价值评估方法主要包括成本法（Cost Method）、市场法（Market Method）和收入法（Income Method）。这些方法将专利视为普通的无形资产，基于传统资产评估方法来评估专利价值。

1. 成本法

成本法的观点是采用专利的研发成本或重置成本来测算专利价值。该方法中，专利被视为供交易的一般商品，形成专利的必要劳动生产率即为专利所含的价值。采用成本法估算专利价值的最大缺陷在于不符合专利价值的体现方式。许多公司对专利的应用不是直接出售专利，而是制造产品然后通过销售产品来获利。这样，专利的价值通常远远超出其研发成本。直接采用研发投入成本来测算专利价值会极大地低估专利价值。

2. 市场法

市场法的观点是采用市场上相似专利的价值来评估专利价值。该方法考虑的是市场对某专利的态度，相信公允价值可合理反映专利价值。与成本法类似，其不考虑专利价值反映的方式。显然，简单采用市场价值来测算专利价值会产生大的偏差。另外，该方法还存在实践难度。通常，专利不能用作直接交易。相似的参考专利缺乏市场价值。因此，该方法不适合测算专利价值。

3. 收入法

收入法背后的观点是使用专利的未来现金流的现值减去研发和维护专利的未来现金流出的现值。该方法能准确计算专利为企业带来的净现金流，它能在一定程度上反映专利价值。该方法的缺陷是很难确定计算所需参数以及计算量庞大。首先，不可能准确估计未来专利将产生多少收入。特别是当专利被更新的专利取代并失去其经济价值时就更难预测。其次，专利不同于成熟技术。技术可以包含许多专利，产品可以包含许多技术。即使可以准确预测产品未来的收入，也很难计算单独来自专利的特定收入。而且，当计算净现值时，折扣率可能是主观的。最后，该方法需要大量计算，参数的确定包含许多主观判断。即使观点正确，但计算结果经常与实际情况不一致。

1.5.2.2 新兴方法

包括技术价值、经济价值和法律价值。

1. 技术价值

技术价值只是专利在其自身技术中所包含的价值。与专利在未来将会带来的经济利益多少无关。相反，我们会从技术观点出发，发现专利包含的价值有多大。技术价值的评估指数包括参考数量、引用数量和可替代度。

（1）参考数量

参考数量是指专利引用其他相关文献的数量。如果专利参考大量现有研究结果，表明该专利与原有研究结果密切相关而具有技术延续性，其发展了原有的研究结果，是有价值并与事实一致的。另一方面，可用于证明专利的其他研究成果越多，专利中包含的技术就越难以推翻。当然，仅用参考数量来测算专利技术价值也有缺陷。如果几乎每一项专利都是以往研究成果的堆叠，也可能说明专利本身的创新性不够。

（2）引用数量

引用数量是指专利被其他专利引用的数量。该指数可从一定程度上反映专利的技术影响。如果一项专利从未被其他专利引用而单独存在，则可能表明该专利的技术价值有限，影响力较小。相反，如果专利被多次引用，表明该专利被高度认可而有影响力。采用的技术不仅可以被一项专利使用，还可以影响到很多后来的专利，这些专利很可能是核心专利。例如，新授权专利的被引次数远低于旧专利的引用数是很合理的，这通常并不表明新授权专利的价值低。此外，我们不能直接比较不同领域专利的引用数，因为它们的分布不一致。

（3）可替代度

可替代度是指专利可被其他专利取代的程度。建立专利体系的重要原因之一是避免重复研究和浪费资源。高技术价值的专利应该有低的可替代度。只有这样，才能凸显专利的核心竞争力。该指标最大的问题是可替代度难以量化，需要大量其他指标来计算可替代度。

2. 经济价值

经济价值是专利价值重要的组成部分。专利产生收入的最佳方式是将专利转变为技术，制造并销售产品，然后产生收入。由于存在规模效应，该方法产生的专利价值远高于专利本身研发投入的成本和专利技术价值。因此，计算专利的经济价值是评估专利价值的重要部分。以下将从专利转化程度、专利需求关系、市场竞争力和市场垄断程度、政策支持和其他指标来进行介绍。

（1）专利转化程度

专利转化程度是指专利是否能转化为生产产品的可用技术。应将具有高经济价值的专利投放市场以产生大量现金流入。专利转化程度是测算专利经济价值的重要指标。

（2）专利需求

专利需求关系是指在相应的产品市场，专利的需求程度。当专利转化为生产技术，其将会受到市场需求关系的影响。如果想要专利产生高的经济价值，就必须有足够的市场需求。

（3）市场竞争力和市场垄断

市场竞争力和市场垄断程度是指专利在相应的产品市场的竞争力以及是否形成市场垄断。将专利转化为产品并赢得大量经济效益是一个复杂的过程。专利转化为技术，然后进行生产和销售只是基本方面。重要的是产品要有市场竞争力。市场中只要有市场需求就会出现类似的产品。产品竞争力与专利竞争力是分不开的。当产品包含的专利技术具有很强的市场竞争力甚至达到市场垄断程度时，其技术壁垒往往可以使产品顺利销售，获得巨大的规模效益。

（4）政策支持

政策支持是指相应专利产品或专利相关领域的政策。政策对专利的支持力度越强，对专利的促进越大。

3. 法律价值

专利的法律价值是指专利申请后专利被赋予的价值。实际上，法律价值并不会直接给专利权人带来经济利益。然而，只有具有法律价值后，专利权人才能研发专利产品并产生经济价值。测量专利法律价值的方法包括专利剩余期限、专利稳定性和专利族的规模等。

（1）专利剩余期限

专利剩余期限是指在法律条款保护下，专利剩余的保护期限。没有法律是可以永远保护专利的。发明专利从申请日算起的期限是 20 年。实用新型专利和外观设计专利分别为 10 年期限。另外，如果专利权人没有按规定支付年费，专利的保护期限将会相应终止。保护到期后，专利权人不再拥有专利，也会失去对专利的控制权，专利的法律价值将会消失。因此，专利剩余期限越长，可能专利的其他价值就越多。换言之，专利剩余期限是专利价值的基本指标。

（2）专利稳定性

专利稳定性是指专利是否遭遇法律诉讼以及诉讼的结果。只有专利权人可以控制专利时才具有法律价值。如果专利权属发生纠纷，我们无法确认甚至否认专利权人对专利权属的归属，那么专利的法律价值将会降低甚至丧失。因此，专利稳定性类似专利剩余期限，都是专利法律价值的基本条件。丧失这些条件，我们就不能产生专利的法律价值，结果也会影响经济价值的形成。

（3）专利族的规模

狭义上讲，专利族的规模是指专利权人在不同国家申请一件专利的总和。广义上讲，还包括该专利的衍生专利。专利族的规模是专利影响力的体现。专利族规模越大，专利在区域性和相关领域的影响力越大。因此，可以采用专利族的规模来测量专利价值。但是，也有例外，比如由于各国专利体系的不同，一些专利权人未在境外申请专利，但专利价值可能很高。

1.5.2.3 其他评估方法

1. 专利生命周期理论

专利不同于普通产品，但其经济价值与产品的存在有关。专利也有一些类似普通货物的特征。

专利生命周期有许多类型。主流分类是指产品生命周期，一般分为领先阶段、成长期、成熟阶段和衰退阶段。将生命周期理论与具体指标相结合，可以明显观察到优势。首先，生命周期理论评估不同时间维度的专利价值。生命周期理论相比同时给出所有专利的理论更加详细和具有可比性。其次，生命周期理论避免了一些指标的缺陷。比如新专利和旧专利的引用次数明显不同。如果考虑专利的生命周期，可以消除指标的缺陷。最后，专利的经济价值主要反映相应产品的销售。结合专利生命周期和产品生命周期，有利于企业做出正确的战略决策。

2. 基于期限的专利价值理论

该理论不同于现有的主流经济价值和法律价值，其从 3 个不同维度测量专利价值。专利价值理论假定专利权人是理性的。当专利流入的经济利益不能补偿经济利益流出造成的年费时，专利持有人可以停止缴纳年费，即专利不再生存。该方式中，专利期限变成反映专利价值的重要指标。

根据该理论，基于期限对专利价值评估模型进行了经验性分析。

3. 专利价值模型理论

专利价值理论模型是指波士顿矩阵。以当期收益率为横轴，收入增长系数为纵轴，将专利价值分为成长型、问题型、优质型和短期型。该理论主要用作企业制定专利战略决策的参考。该理论的优势是简便易懂、容易观察，但劣势也很明显。一方面，在定义收益系数和成长能力时有主观的推测。当专利价值接近分界线时，很难确定专利应该属于哪个区间。另一方面，将专利分为四个区间过于简单，很难准确测量专利价值。

1.6 重要专利的判定

按照传统文献计量学评价标准，可从技术层面、经济价值层面和受重视程度 3 个方面来判定专利是否为重要专利。

1.6.1 技术层面

1.6.1.1 被引频次

一般而言，被引频次较高的专利可能在产业链中所处位置较关键，可能是竞争对手不能回避的。因此，被引频次在一定程度上反映专利在某领域研发中的基础性、引导性作用。通常情况下，专利文献公开时间越早，则被引证概率就越高。

1.6.1.2 技术发展路线关键节点

技术发展路线中的关键节点所涉及的专利技术不仅是技术的突破点和重要改进点，也是在生产相关产品时很难绕开的技术点。但在寻找这些节点时，需要行业专家花大量时间画出这个行业的技术发展路线图，然后按图索骥，找到相应的关键技术点。

1.6.1.3 技术标准化指数

标准化指数是指专利文献是否属于某技术标准的必要专利，以及该专利文献所涉及的标准数量、标准类别（如国家标准、行业标准等）。

1.6.2 经济价值层面

1.6.2.1 专利许可情况

如果一件专利被许可给多家企业，则证明该专利是生产某类产品时必须使用的专利技术，其重要性不言而喻。部分地区的专利文献（如欧洲专利文献）标注有专利许可信息。

1.6.2.2 专利复审无效、诉讼及异议

专利在复审、无效、异议及诉讼过程中需要花费大量的时间和费用。复审、无效、异议及诉讼的专利一定是得到申请人或行业重视的，其中“抵御成功”的专利的稳定性更强、价值更高。

1.6.2.3 专利实施情况

专利实施率越高，专利对于技术发展、技术创新做出的贡献就越大。

1.6.3 受重视程度

1.6.3.1 同族专利数量

一项发明可以在多个国家和地区申请专利保护。获得专利授权的国家的数量定义为一项专利的同族数量。由于国外专利申请和维持的费用远高于国内专利，同族专利的数量是衡量专利经济价值的重要指标，它可以反映出某项发明潜在的技术市场和经济势力范围。

1.6.3.2 政府支持

各国政府对于前瞻性技术或是新兴技术都会通过学术机构或是国家级研究单位法人研究机构，或者是产学研通力合作，进行技术布局与研发，希望技术能有效地商品化。

1.6.3.3 专利维持期限

只有当专利权带来的预期收益大于专利年费时，专利权人才会继续缴纳专利年费。因此，专利维持期限的长短在某种程度上反映了该专利的重要性。

2 加热雾化型固态发烟材料及产品简介

本书所述的固态发烟材料用于加热雾化型产品中，在加热作用下能形成可吸入气溶胶。一方面，这里的加热雾化型产品属于低风险产品（Reduced-Risk Products，RRP），因为其含有和/或产生的有害与潜在有害成分的量远低于卷烟烟气中的量；另一方面，这里的加热雾化型产品使用的是固态发烟材料，区别于使用液态发烟材料的电子烟，也区别于不会发烟的口腔烟草/尼古丁产品。固态发烟材料中可以含有或不含烟草，可以有多种形态，当固态发烟材料主要以烟草为原料制得并通过加热不燃烧产生可吸入气溶胶时，又称为加热卷烟。本章从固态发烟材料类型及制造工艺、目前市售的常见加热雾化型固态发烟制品及使用设备进行介绍，以使读者对本书涉及的技术和产品领域有大致的了解。

2.1 固态发烟材料简介

2.1.1 常见类型简介

目前加热卷烟的烟草段固态发烟材料主要有颗粒型（或块状）、传统烟丝型和烟草薄片型三种。其中颗粒或者块状的烟草段材料吸阻较大，对烟气的稳定性有一定影响；传统烟丝负载发烟剂的能力不高，在低温加热状态下香气及尼古丁释放效果不理想；因此，一般采用传统烟丝与烟草薄片混合作为加热卷烟烟草段材料，或者是对传统烟丝进行特殊处理以提升其感官品质及发烟效果后作为烟草段材料。相比传统烟草薄片，加热卷烟专用烟草薄片对品质要求更高。与颗粒状、传统烟丝作为烟草段材料相比，烟草薄片在保持自然烟叶有效成分的同时，具有可塑性较强、均质化及可调控水平较高的特点，因此是目前加热卷烟的主要烟草段材料之一。目前知名的加热卷烟均使用烟草薄片作为原料：菲莫国际开发的“IQOS”产品用烟支中采用的是有序排列的稠浆法烟草薄片；雷诺烟草开发的“Eclipse”产品用烟支中采用的是造纸法烟草薄片；英美烟草开发的“glo”产品用烟支中采用的是无序排列的造纸法烟草薄片。

加热卷烟的加热段结构主要有周向（外围）加热、中心加热、环绕-中心组合加热三种模式。不同加热方式的加热卷烟在进行烟草薄片的卷制加工时使用的加工工艺也不同。如中心加热或者环绕-中心组合加热模式的加热卷烟烟支卷制时，首先需要对烟草薄片聚拢成型，并进行有序排列后，再进行卷制；周向加热卷烟烟支卷制时，首先需要对烟草薄片切丝，然后再卷制。国外烟草龙头企业如菲莫国际、雷诺烟草和英美烟草等公司均针对其加热卷烟开发了专用的烟草薄片以及相关的生产工艺和设备，而国内在用于加热卷烟的烟草薄片研究上还处于起步阶段。

2.1.1.1 传统烟草薄片

烟草薄片又称再造烟叶或均质烟叶，是由卷烟生产过程中的废料烟叶碎片、烟末、烟梗或低次烟叶等经过加工处理，加入胶黏剂和其他添加剂，再经过干燥等工艺处理，制备成性状接近或优于天然烟叶的片状产品。其生产与应用始于20世纪50年代美国雪茄工业的机械化。烟草薄片的制作能够充分利用烟草废料，有效提升烟草材料的利用率，从而降低卷烟的生产成本。此外，烟草薄片还能够有效减少香烟带来的尼古丁、焦油等有害成分，同时保留香烟原本的口感，在不影响卷烟质量的情况下实现有效降焦，成为当下卷烟降焦减害一个较为有用的方式。辊压法、稠浆法、造纸法是三种主要的传统烟草薄片的加工工艺。

2.1.1.2 加热卷烟专用薄片

加热卷烟专用烟草薄片的生产工艺是以加热卷烟需求为导向，在传统薄片生产工艺的基础上进行优化和改造而形成的。目前加热卷烟专用烟草薄片的生产工艺主要有四种：造纸法、干法造纸法、稠浆法、辊压法。

2.1.1.3 颗粒型发烟材料

颗粒型加热卷烟具有烟雾量足、劲头大等特点，这些特性是由颗粒型发烟材料的物理性质决定的。颗粒型发烟材料的造粒工艺分为搅拌造粒法、沸腾造粒法、喷雾干燥造粒法、压力成型造粒法、滚圆法造粒和稠浆法造粒，具体的造粒工艺会在下一节详细介绍。

2.1.2 制造工艺简介

2.1.2.1 传统烟草薄片

辊压法是将烟草原料粉碎后，与天然纤维混合，加入胶黏剂和其他添加剂混合的溶液，搅和均匀，经辊压、干燥后制成薄片成品。用辊压法生产烟草薄片，工艺流程和设备较简单，能耗较少，生产成本较低，适用于中小规模的烟厂；但生产的薄片物理强度低，比重较大，填充性能较低，且焦油含量较高。

稠浆法是将烟草原料粉碎，均匀地分散在水中，加入胶黏剂和其他添加剂，然后将均匀的浆液铺在旋转的金属带上干燥、剥离后制成烟草薄片。用稠浆法生产的烟草薄片密度、气味及填充功能与天然烟叶接近，燃烧性较好，加工性能优良，不易破碎，生产成本介于造纸法和辊压法之间，并能够降低约25%的焦油释放量。

造纸法是国内外应用最为普遍的方法，其原料来自卷烟生产过程中的大量副产品，生产工艺分为一步法和两步法。目前应用最广泛的是两步法，将烟草原料加水浸渍后进行固液分离，将烟草中的水溶物和不溶物分离，其中的不溶物经制浆后通过抄纸机制成纤维片基，而水溶物则经过浓缩后还原加入基片，最终干燥后即成为造纸法再造烟叶。

2.1.2.2 加热卷烟专用薄片制造工艺

造纸法烟草薄片在加热卷烟中的应用是近年来烟草薄片的研究热点。目前的生产工艺是在传统工艺的基础上，研发、集成了专用片基制备工艺、涂布液（含发烟剂）制备工艺、涂布工艺、收卷工艺、制丝工艺等关键工艺而形成的。造纸法生产的烟草薄片优点在于调控性能较高，既可对涂布液进行调控，又可对片基进行改造，是形态和内质的双重塑造，且黏合剂用量较少；缺点在于受制于涂布率的影响，其有效负载干物质的含量低于稠浆法和辊压法烟草薄片，因此其发烟量及香气量稍低，并且发烟剂主要涂布在烟草薄片表面，易浸出和吸潮（如图 2-1 所示）。

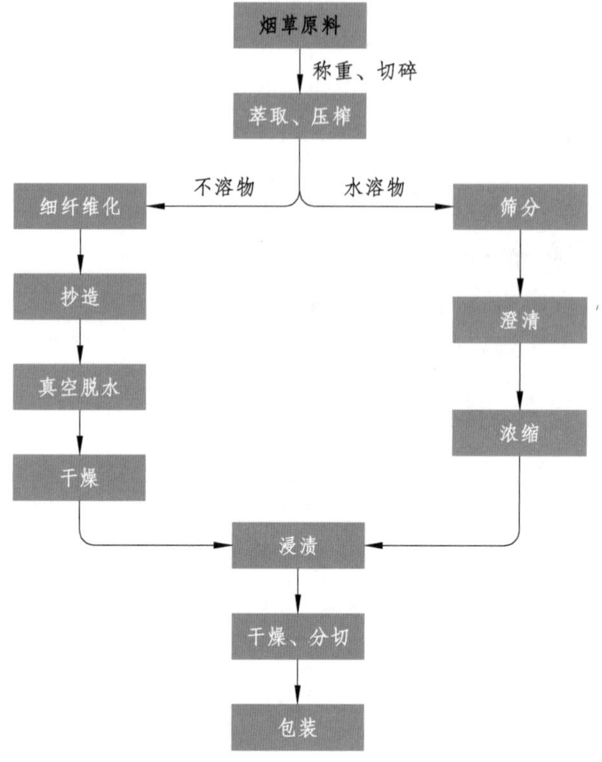

图 2-1　典型造纸法工艺流程图

干法烟草薄片是借鉴干法造纸技术发展起来的一种新型烟草薄片，与造纸法薄片相比，其最主要的特点是以净化空气代替水作为分散、输送纤维的介质，由于其在生产过程中几乎不使用水资源，所以称为干法薄片。美国金佰利克拉克公司是最早借鉴这一技术的企业，我国相关研究起步较晚，生产加热卷烟专用烟草薄片的技术是在传统干法烟草薄片生产工艺的基础上，集成创新了涂布液的制备工艺、多级涂布工艺、多级干燥工艺、压光工艺等关键工艺形成的。

干法制造薄片的优点是结构疏松适宜，发烟效果较好，目前是中心加热型加热卷烟的主要烟草段材料之一；缺点是片基成型时厚度控制难度较高，进而影响了干法烟草薄片涂布液负载的均匀性、厚度及定量的稳定性，同时，由于干法烟草薄片加工强度不高，在切丝或聚拢成型（中心加热型加热卷烟烟支卷制关键工艺）时，易出现掉粉、破碎、断裂现象，因此需进行压光处理。

稠浆法生产加热卷烟专用烟草薄片的技术是在传统稠浆法烟草薄片生产工艺的基础上，集成开发烟草原料的预处理工艺及混合精磨工艺、均质化浆料制备工艺、流延涂布工艺、多级干燥工艺形成的（如图 2-2 所示）。根据菲莫国际在中国布局的专利 CN106714590A、CN107072285A 和 CN107072286A 中公开的资料，稠浆法制造加热卷烟专用烟草薄片的加工步骤主要有 6 步：原料粗破、原料精磨、黏合剂添加、发烟剂添加、外加纤维添加、成型及干燥。国内其他有关稠浆法制造加热卷烟专用烟草薄片的研究报道较少，该领域的研究仍处于起步阶段。

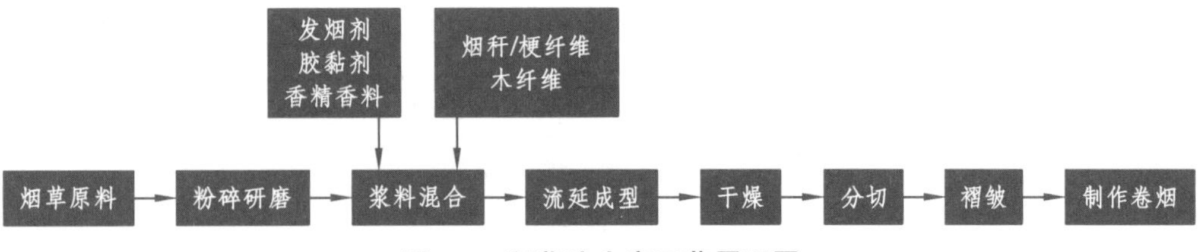

图 2-2　稠浆法生产工艺原理图

稠浆法烟草薄片在片基成型时，烟草原料粉末、黏合剂及发烟剂等材料均匀分布在片基表层和里层，其优点是厚度及定量的稳定性、导热均匀性和发烟效果较好，这也是其成为加热卷烟烟草段材料的主要原因；其缺点是在成型时浆料水分较高（水分 80%左右），因此其在干燥时需脱除较高的水分，易造成香气成分及发烟剂的流失，并且稠浆法薄片两面存在较明显的色差。

目前国内有关辊压法烟草薄片在加热卷烟中应用的研究报道较少，根据专利 CN108065448A 中公开的资料，加热卷烟专用薄片的辊压法生产技术是在传统辊压法的基础上，对烟草原料的预处理、干湿物料混合分散、挤塑成型、多级辊压、多级干燥、收卷或分切等工序进行了集成和创新后形成的。

辊压法薄片的优点是辊压成型时物料水分较低（20%～40%），成型干燥时间较短，脱水量较低，香气及尼古丁损失较少，较好地保留了烟草物料的原有品质；缺点是填充值较低，卷制成烟支后吸阻较大；并且辊压法烟草薄片伸长率低于稠浆法烟草薄片，拉伸强度不高，在切丝或聚拢成型时容易破碎、断裂。

不同类型加热卷烟用烟草薄片制造工艺与性能比较如表 2-1 所示。

表 2-1　不同类型加热卷烟专用烟草薄片比较

制作工艺	制作过程	优点	缺点
辊压法	将烟末、烟梗等原料粉碎后与天然纤维混合，加入胶黏剂、水和其他添加剂混合均匀后，经辊压、干燥后制成再造烟叶	成型时水分低，干燥时间短，香气及尼古丁损失较少；成本较低、消耗较少，生产工艺和设备结构简单，便于操作和维修	填充值较低，卷制后吸阻较大；拉伸强度不高，易破碎、断裂；强度较差、比重较大、填充性能较低、焦油含量较高
造纸法	将烟末、烟梗分别加水浸提，浸提后的烟梗经解纤后与烟末混合，纸浆抄造成烟草片基；而烟末、烟梗提取液进行精细化处理制备成涂布液，然后涂布到基片上，经干燥后制成烟草薄片	调控性高；黏合剂用量较少；强度大、耐水性强、不易破碎；密度小；成丝率高、造碎率低、燃烧速度快、焦油释放量较少；便于运输和存储；借鉴成熟工艺、适用于大规模生产	发烟量及香气量较低；发烟剂易浸出和吸潮；工艺复杂、能耗较大、设备投资大
稠浆法	将烟末、烟梗等烟草原料粉碎后与水、胶黏剂和其他添加剂等按一定比例混合并搅拌均匀，形成浆状物，然后均匀地铺在循环的金属带上，经干燥、剥制成烟草薄片	厚度稳定；导热均匀；发烟效果好；产品香气、密度和填充值接近天然烟叶；机械加工性能好；可降低约 25%焦油释放量	成型时水分较高，干燥脱水时易造成香气和发烟剂的流失，并导致色差；投资较大；产品的主要技术指标明显低于造纸法
干法造纸法	与造纸法相比，其最主要的特点是以净化空气代替水作为分散、输送纤维的介质	结构疏松适宜；发烟效果较好	片基成型时厚度控制难度较高；加工强度不高，需后续压光处理

2.1.2.3　颗粒制造工艺

在颗粒制造工艺方面，造粒技术已在化工、医药、食品、建材、冶金等各行各业得到了越来越广泛的应用，同时造粒技术本身也在应用的过程中不断地创新、发展和提高，并创造出了多种不同的造粒方法。

1. 搅拌造粒法

搅拌法造粒是将某种液体或黏结剂渗入固态细粉末中并适当地搅拌，使液体和固态细粉末相互密切接触，产生黏结力而形成团粒。最常用的搅拌方法是通过圆盘、锥形或筒形转鼓回转时的翻动、滚动以及帘式垂落运动来完成。

2. 沸腾造粒法

沸腾造粒法在几种方法中效率最高。其原理是利用从设备底部吹入的风力将粉粒浮起与上部喷枪喷出的浆液充分接触后相互碰撞而结合成颗粒。用此种方法生产出的颗粒较为疏松，真球度及表面光洁度都很差，适于制造要求不高的颗粒或为其他制剂做前期加工。

3. 喷雾干燥造粒法

喷雾干燥法是将浓缩的浆液通过喷嘴或离心转盘喷出形成微小液滴，在高温热风的作用下，水分迅速蒸发形成干燥颗粒。此种方法生产出的颗粒带有水分蒸发时留下的空隙，同样比较疏松，虽然可以连续生产，但产量较低，而且设备庞大，同时需要前期萃取、过滤、浓缩等一系列处理设备配套。此种方法适于制造速溶类食品或中药制剂。

4. 压力成型造粒法

压力成型法是将要造粒的粉体物料限定在特定空间中，通过施加外力压紧为密实状态。根据所施加外力的物理系统不同，压力成型法又可分为模压法、挤压法和挤出滚圆造粒法。

典型的模压法设备有重型压块机、台式压榨机、混凝土块压制机、压砖机、重型制片机等。其优点是可制造较大的团块，所制成的物料也有相当的机械强度，缺点是设备的适用范围较小，对有的物料不易脱模。这类设备多用于建筑、制药等领域。

挤压法是目前我国粉体工业中压力成型法造粒的主要方法。挤压法造粒设备根据工作原理和结构可分为真空压杆造粒机、单/双螺杆挤压造粒机、模型冲压机、柱塞挤压机、辊筒挤压机、对辊齿轮造粒机等。这类设备可广泛适用于石油化工、有机化工、精细化工、医药、食品、饲料、肥料等领域。该法具有适应能力强、产量大、粒度均匀、颗粒强度好、成粒率高等优点。

挤出滚圆造粒法是先将湿团状物料通过筛板挤成条状，切断形成棒状小粒，然后在离心盘中滚成圆粒。此方法简单实用效率较高，颗粒密度大，颗粒真球度和表面光洁度取决于转盘的转速和滚圆的时间，稍有凸凹现象。是一种较为理想的高密度颗粒制造方法。

5. 喷雾和分散弥雾法

喷雾和分散弥雾法是在特定设备中，使处于高度分散状态的液相或半液相物料直接成为固体颗粒。这种造粒设备有喷雾干燥塔、喷雾干燥器、造粒塔、喷动床和流化床干燥器以及气流输送干燥器等。这种喷雾和分散弥雾造粒法的共同特性为：液态进料必须是可用泵输送的和可弥散的；造粒过程通常应为连续、自动化的以及大规模的操作。

6. 滚圆法造粒

在普通造粒法基础上，利用滚圆设备进行整粒，使得颗粒结构更为紧实，外观更加规整，增强流动性，减少烟粉脱落。

7. 稠浆法造粒

将特定的烟草原料中加入黏合剂以及大量水分，充分拌匀，形成团状，通过螺杆挤出设备挤出，干燥后通过整粒设备制成具有特定形态、特定功能的颗粒。干法挤压造粒法具有能耗低、无需添加黏结剂、投资少、产能范围广等特点。粉末制品的强度加工主要体现在三个方面：① 用对辊挤压造粒机将粉末挤压成致密的板材。② 用辊挤压造粒机将压实后的板材粉碎造粒。③ 用筛选机筛分成品颗粒。

干辊造粒过程不需要添加黏结剂，不需要烧煤干燥，只需要电源，通过强大的辊压克服粉末的分子间结合力，使粉末干压成型。

8. 热熔成型

热熔黏合剂成型方法是利用产品的低熔点特性一般低于 300 °C，将熔融材料冷凝成所需的片材、带材、块体、半球等。通过冷凝熔融材料的特殊方式。根据成型设备的工作原理，它可以分为辊式成型机和旋转式冷带模具成型装置。

2.2 固态发烟制品及使用设备

2.2.1 固态发烟制品

作为新型卷烟产品的重要品类之一，加热卷烟，因具有低危害、低风险，且抽吸感受接近传统卷烟的特点，而迅速成为最具发展潜力的产品，是未来烟草行业发展的热点领域。按照热源类型来分，加热卷烟可分为燃料加热卷烟、电加热卷烟和化学反应加热卷烟。目前市售的加热卷烟以电加热卷烟为主。

2.2.1.1 市售固态发烟制品烟支结构

市售的电加热卷烟的烟支结构分为三类：第一类为中心加热卷烟烟支结构，第二类为周向加热卷烟烟支结构，第三类为颗粒型加热卷烟烟支结构。中心加热卷烟的烟支结构为烟芯段、中空段、聚乳酸（PLA）段和过滤段。烟芯段的发烟材料采用稠浆法薄片有序排列制成，中空段具有汇聚烟气的作用，PLA 段主要用于降低烟气温度，过滤段能够使烟气细腻并降低烟气中的有害成分。周向加热卷烟的烟支结构为烟芯段、支撑段、打孔降温段和过滤段。烟芯段为无序排列的烟丝组成，支撑段具有较好的耐热性能，能够很好地汇聚烟气并保持烟支不形变，打孔降温段一般是一个薄壁中空的材料并在薄壁上设有通气孔，采用引入冷空气的方式来降低烟气的温度，过滤段作用和中心加热卷烟的过滤段作用一致。颗粒型加热卷烟与中心和周向加热卷烟产品烟支结构不同，典型的颗粒型加热卷烟的烟支结构为封口膜、纸管、发烟颗粒、封堵件、空腔段和过滤段。因为发烟基质的不同，所以颗粒型加热卷烟需要封口膜和封堵件将颗粒固定在纸管内，封堵件为塑胶材质，主要起到封堵颗粒的作用，封堵件与支撑件类似，需要良好的耐热性能，空腔段起到降低烟气温度并用来汇聚烟气，过滤段作用和其他类型加热卷烟的过滤段作用一致（如图 2-3 所示）。

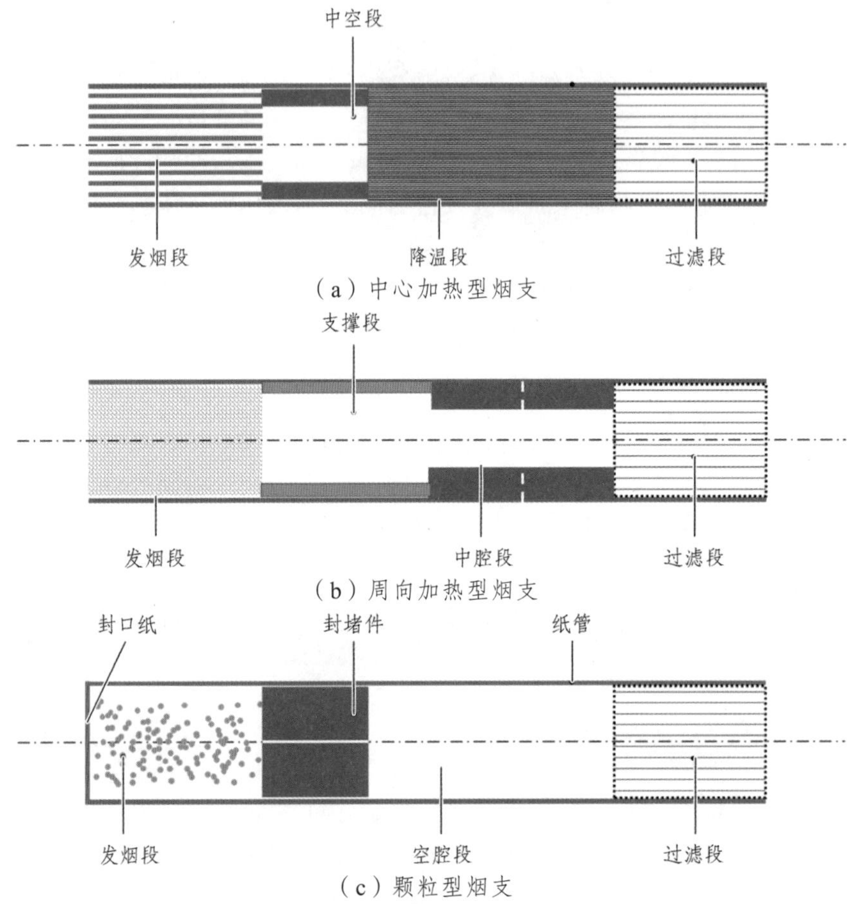

图 2-3 市售加热卷烟烟支结构示意图

2.2.1.2 市售固态发烟制品简介

1. 菲莫国际

菲莫国际是电加热卷烟领域的先行者，研发掌握了最系统、最全面的电加热卷烟整体技术，布局了极其严密的知识产权布局，主要涉及电子器件、加热曲线、烟支结构、发烟介质、关键辅材、制备工艺、生产装备以及烟具/烟支装配方式等。经过几代产品迭代升级，菲莫国际于 2014 年推出了 IQOS 及其配套烟支 Marlboro HeatSticks。

IQOS 配套烟支 Marlboro HeatSticks 圆周 22.8 mm，总长 45 mm，依次由四段组成：烟芯段 12 mm，醋纤中空段 8 mm，PLA 降温段 18 mm，过滤段 7 mm。在口味方面，Marlboro HeatSticks 有烟草味（浓原味、淡原味）、薄荷味（浓薄荷、淡薄荷）、蓝莓味和坚果味等口味。

该款加热卷烟采取“两次搓接”工艺路线制备。第一次搓接完成烟芯段、中空段以及聚乳酸降温段三元棒成型，第二次搓接则将该三元棒与过滤段接装成烟支。由于该工艺将基棒成型、两次搓接整合成一体化，生产效率较高，约为 1 万支/min。目前，菲莫公司已申请了加热卷烟“3+1”组合的专利（如图 2-4 所示）。

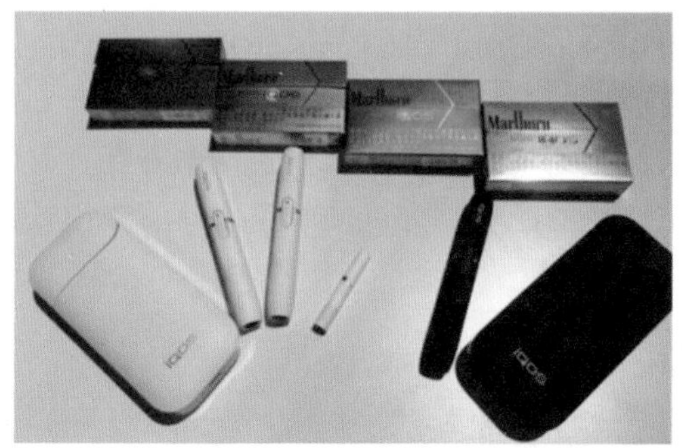

（a）实物图

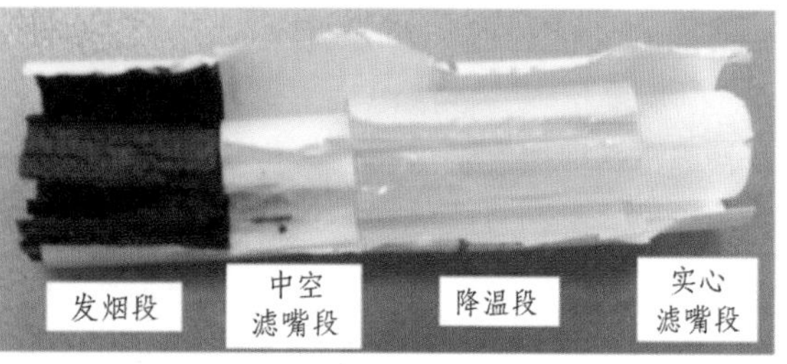

发烟段的薄片为稠浆法制备，约含有40%的甘油。
在降温段，主要是聚乳酸薄膜吸热降温。

（b）结构示意图

图 2-4 **菲莫公司加热卷烟烟支** Marlboro HeatSticks

IQOS 的另一款感应加热产品 iLUMA 配套烟支 TEREA 的圆周和总长与 Marlboro HeatSticks 相同，但为五段式结构，依次为前置过滤段 5 mm、发烟段（包含发烟基材和感受器）12 mm、中空支撑段 8 mm、降温段 8 mm 和滤嘴段 12 mm。该款烟支共有 11 种口味，包括 4 种烟草口味：“Rich Regular”“Regular”“Smooth Regular”和“Balanced Regular”；3 种薄荷醇口味：“黑冰薄荷”“浓薄荷”和“淡薄荷”；4 种风味薄荷醇口味：“紫薄荷醇”“黄色薄荷醇”“热带薄荷醇”“亮薄荷醇”（如图 2-5 所示）。

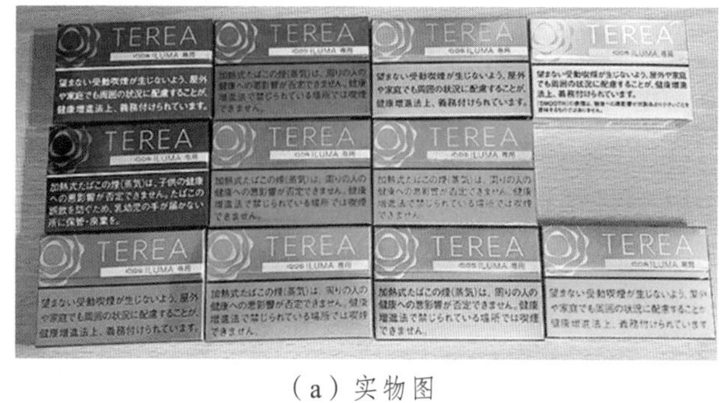

（a）实物图

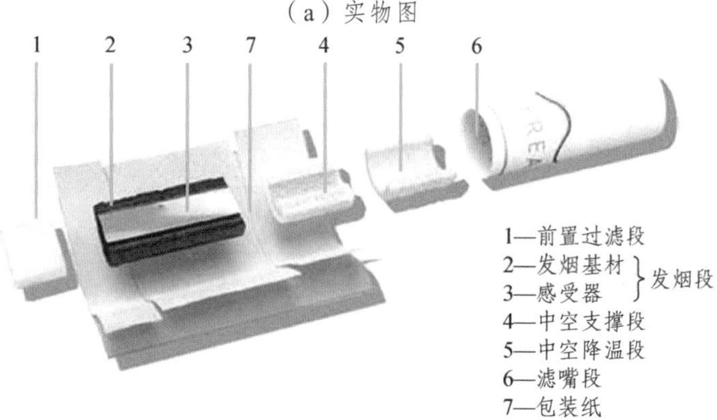

（b）结构示意图

图 2-5 **菲莫公司加热卷烟烟支** TEREA

2. 英美烟草

英美烟草于 2016 年推出了 glo 配套烟支 Kent Neostik。该烟支圆周 16.8 mm，总长 83 mm，依次由四段组成，烟芯段 40 mm，纸质中空段 20 mm，过滤段 12 mm，纸质中空段 10 mm。有 11 种口味供消费者选择：Mint Boost X、Rich Tobacco X、Bright Tobacco、Mint Boost、Intensely Fresh、Berry Boost、Dark Fresh、Spark Fresh、Citrus Fresh、Switch Ruby、Switch Green。烟芯段烟草材料为湿法薄片，呈自然排列状。可在改造的卷烟机上进行卷制，批量生产。由于烟支外观与细支卷烟相同，烟支较长，并采用机械打孔技术，在纸质中空段上开孔，有效降低烟气温度，与其他周向加热卷烟产品不同，该产品的滤嘴端为纸质中空，具有支撑及进一步降低烟气温度的作用（如图 2-6 所示）。

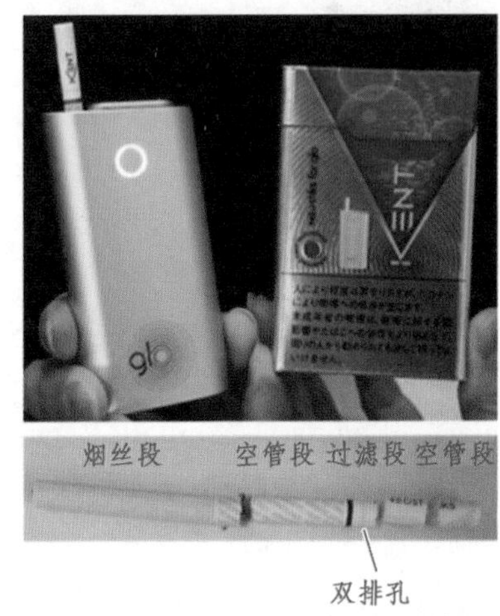

图 2-6　glo 及其配套烟支实物图

3. 韩国烟草

韩国烟草公司于2017年推出的加热卷烟 lil 的配套烟支产品 Fiit 由四段组成，总长 48 mm，烟芯段 12 mm，中空段 10 mm，编织降温段 14 mm，过滤段 12 mm（内含 1 颗爆珠），烟支直径为 7.2 mm。Fiit 有 4 种口味，柠檬味、酸奶味、银杏味和哈密瓜味（如图 2-7 所示）。

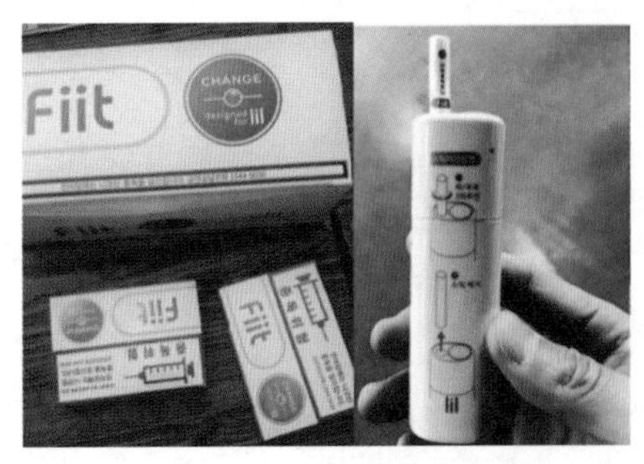

（a）实物图

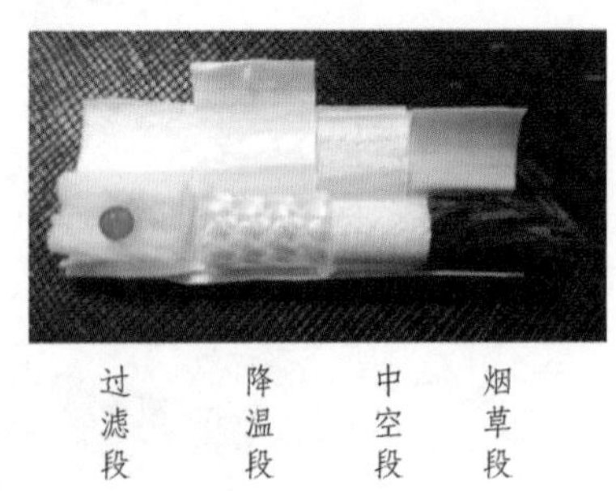

（b）结构示意图

图 2-7　lil 配套烟支 Fiit

该烟支利用四元复合一次成型，制得烟支。具体为首先制备出烟丝段、中空段、空腔降温段和过滤段基棒，然后将其分布放入四元复合设备的四个料斗，仅分切并拢后，利用带有商标图案的成型纸将四段复合在一起，形成烟支。与 IQOS 配套烟支相比，Fiit 的不同主要有以下几点：① IQOS 烟草沿烟支轴向有序排列，Fiit 烟草段烟丝整体上有序排列，但有序程度明显偏低，导致其插入烟具时的阻力较大。② IQOS 配套烟支的降温段采用的聚乳酸薄膜，Fiit 降温段采用的是聚乳酸纤维管，由聚乳酸纤维编织而成。③ IOQS 配套烟支制备工艺为“两次搓接”模式，Fiit 则直接采用四元复合制备。

韩国烟草另一款加热卷烟 Miix，烟支直径为 7.3 mm，总长度为 48 mm。Miix 烟支目前上市共有 3 种口味，分别为 Miix Presso、Miix Mix 和 Miix Ice。烟支结构共分为 4 段，从远唇端开始分别为第一中空段、烟芯段、第二中空段、滤嘴段。第一段中空段为“人”字形状中空醋纤棒，外部包有复合铝箔成型纸，其作用是烟液雾化后产生的烟气通道及设备识别。烟草段为有序排列切成条的稠浆法烟草薄片，外部包有高透成型纸，其作用为释放烟草烟气、产香。第二中空段为 ϕ4 mm 的中空醋纤棒，其作用为混合烟气、降低烟气温度。滤嘴段为实心醋棒。烟支使用 lil HYBRID 烟具进行抽吸。

Miix 烟支第一中空段、烟草段、第二中空段、滤嘴段四段先分别制成基棒，再使用四元复合设备用水松纸包裹进行四元复合一次成型。其中水松纸在烟草段位置处外表面四周均匀分布有四组、每组 3 个合计 12 个透气孔，作用应为降温和稀释进气（如图 2-8 所示）。

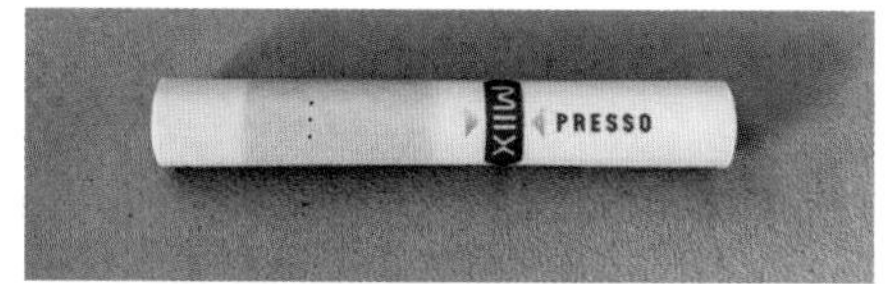

（a）实物图

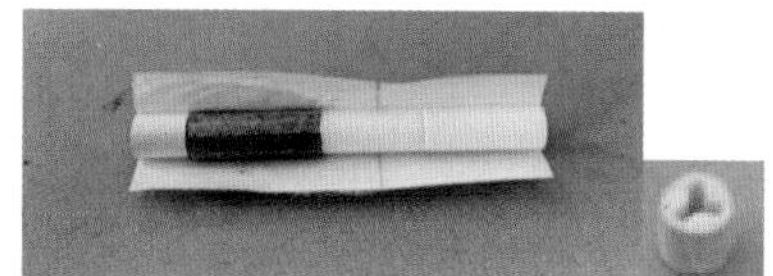

（b）结构示意图

图 2-8　Miix 烟支

值得一提的是 Miix 烟支与 lil Hybrid 烟具配套使用，其他烟支无法在 lil Hybrid 烟具上使用。使用烟支时，烟草段被 lil Hybrid 烟具加热至 160 °C 左右。20 支装的 Miix 烟支售价约为 4500 韩元（4 美元）。目前为止，韩国烟草拟将 lil Hybrid 销售到整个亚洲市场以及欧洲国家。

4. 日本烟草

日本烟草于 2019 年 1 月份推出了加热卷烟产品 Ploom S，属于外围式加热型卷烟，加热温度为 200 °C。配套烟支总长 55 mm，由烟丝段（20 mm）、纸管段（20 mm）、空腔醋纤段（8 mm）和过滤段（7 mm）组成。由于烟支长度较长，又有大小空腔组合，且纸管部位打孔，一起达到烟气降温的效果。该烟支采用“1+3”工艺制备，“1”指烟丝段，“3”指纸管、空腔醋纤和过滤段三元复合棒，然后利用接嘴机将烟丝段和三元复合棒搓接成加热卷烟烟支（如图 2-9 所示）。

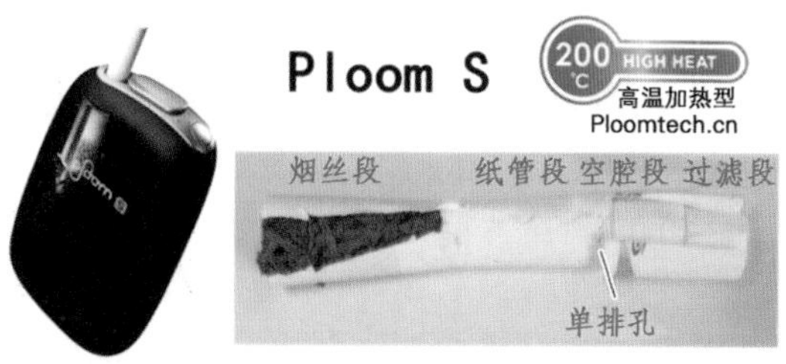

图 2-9　日本烟草的 Ploom S 配套烟支实物结构图

Ploom Tech 和 Ploom Tech+是结合了电子烟和加热卷烟的特点，设计开发的一款低温加热烟草制品。采用 30 ~ 40 °C 的温度加热烟草颗粒，利用烟液雾化后的蒸气将烟草中的香味物质递送到消费者的口中。烟草颗粒有 4 种口味可选，烘焙共混、温和共混、清凉薄荷和清爽薄荷（如图 2-10 所示）。

（a）

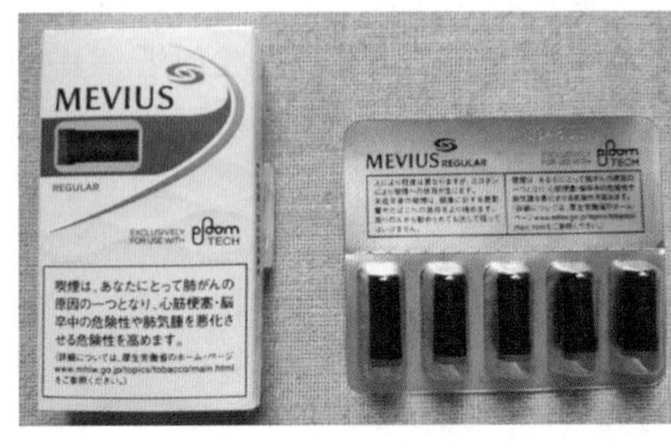

（b）

图 2-10 Ploom Tech 产品图

5. LEME（乐美）产品

LEME 为梅尔斯特（广东）生物科技有限公司旗下品牌，乐美有原味、薄荷、青柠、蓝莓爆珠、浓原味和莫吉托等多种口味（如图 2-11 所示）。

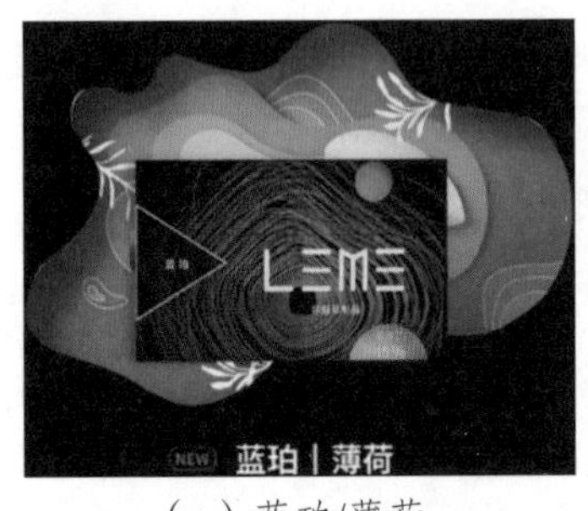

（a）蓝珀/薄荷

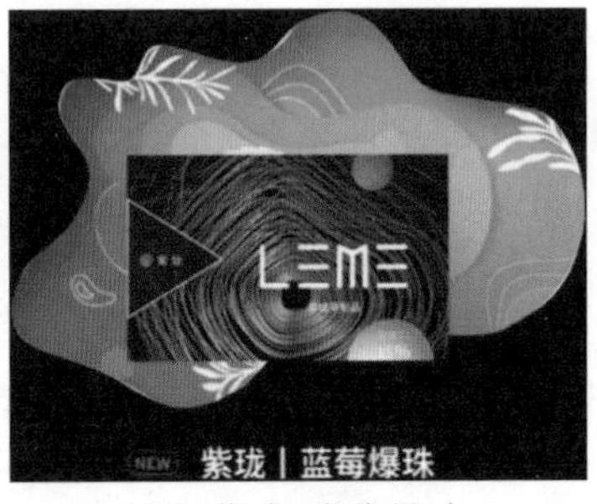

（b）紫珑/蓝莓爆珠

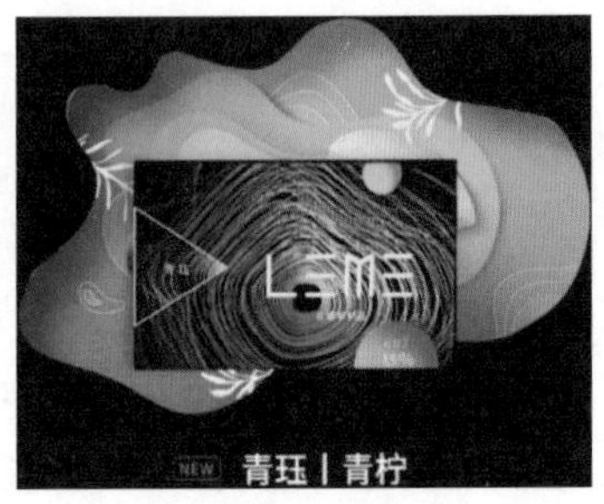

（c）青珏/青柠

图 2-11 LEME 产品盒包装效果图

LEME 烟支结构如图 2-12 所示。烟支为中空纸管装填过滤件、封堵件、颗粒，在颗粒端纸管用高透纸封堵；烟支由 2 mm 空管段、10 mm 过滤段、13 mm 中空段、7 mm 封堵段、13 mm 颗粒段组成；颗粒深棕色，粒径在 0.8 ~ 2.5 mm，散布有碎颗粒，颗粒疏松，多为短圆柱状，推测采用湿法重组摇摆工艺制备；每个烟支填充 200 mg 颗粒。

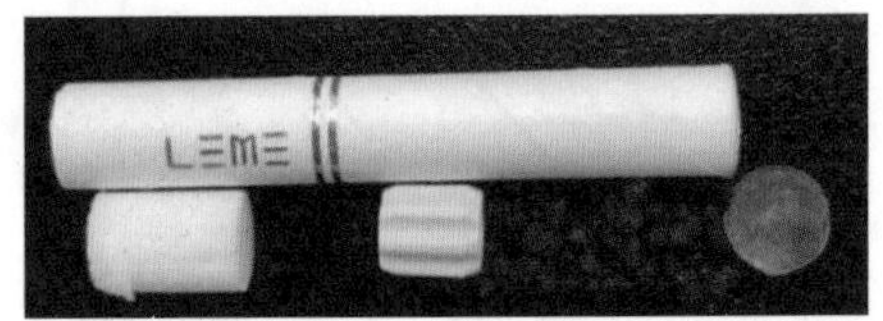

图 2-12 LEME 烟支实物结构图

颗粒型加热卷烟采用灌装工艺制作，首先将印有 logo 的空管段进行封口，然后依次灌装烟草颗粒、封堵件和过滤件。由于这种生产加工及包装方式的自动化程度较低、次品率高，导致颗粒型加热卷烟生产效率不高。

6. CIGOO（喜科）产品

CIGOO 为云南喜科科技有限公司旗下品牌。喜科有烟草、薄荷、咖啡、冰梅、芸香、劲爽凉瓜等口味（如图 2-13 所示）。

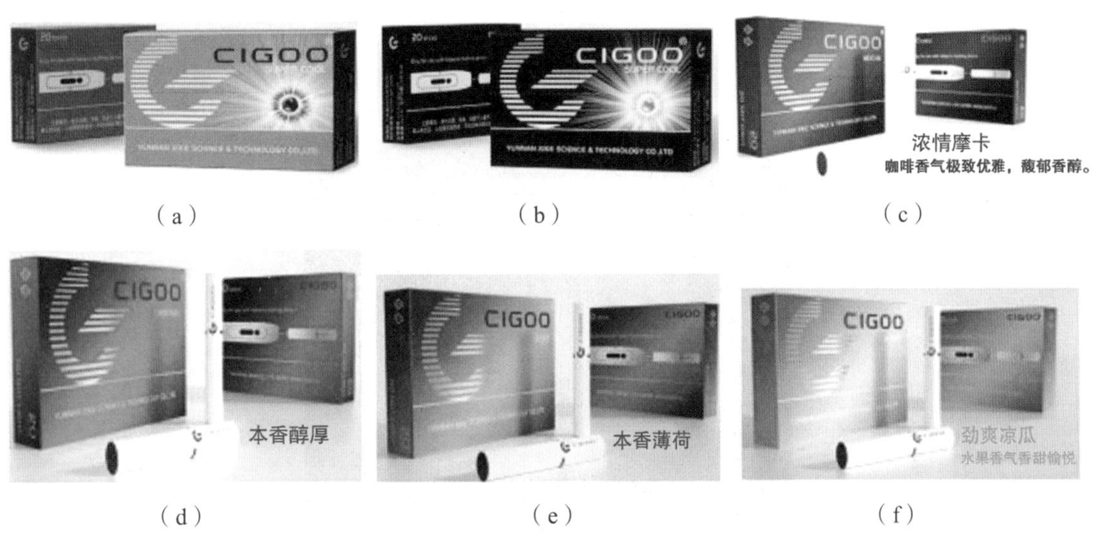

（a）　（b）　（c）

（d）　（e）　（f）

图 2-13　CIGOO 产品盒包装效果图

CIGOO 烟支结构（如图 2-14 所示）为中空纸管装填过滤件、封堵件、颗粒，在颗粒端用高透纸封堵纸管；烟支由 1 mm 空管段、10 mm 过滤段、13 mm 中空段、7 mm 封堵段、14 mm 颗粒段组成；颗粒棕色，颗粒粒径在 0.5 ~ 1.5 mm，不均一，形状各异，推测采用植物原料打碎后筛分工艺制备，2021 年 CIGOO 进行了技术升级，颗粒制备工艺调整为湿法重组造粒；每个烟支填充 110 mg 颗粒；封堵件也为塑胶材质，中心孔的直径为 1 mm。另外，喜科公司还推出了含爆珠的颗粒型产品。

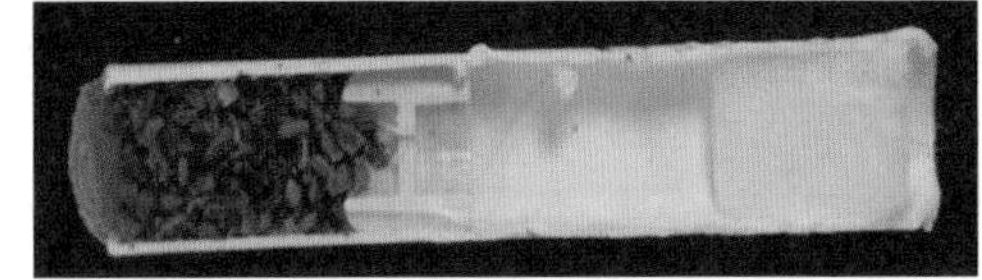

图 2-14　CIGOO 烟支实物结构图

2.2.2　使用设备

对于加热雾化型产品，往往利用特制的发热装置，将经过多道工艺处理的发烟基质加热到一定温度，形成气溶胶来供用户享用。目前来看，加热不燃烧产品所使用的设备普遍采用电加热技术，且专利申请数量最多的也与电加热相关。市面上陆续出现了“电阻加热”“电磁感应加热”“磁粒均热”等不同类型的烟具，均是通过把发烟基质加热到 200 ~ 350 °C，使其发生较低程度的热裂解和碳化反应，同时雾化基质中含有的潜香物质和低沸点发烟剂，通过抽吸为消费者带来生理满足感。

2.2.2.1 加热雾化方式及原理简介

结合技术发展来看，电加热技术是加热雾化型产品普遍采用的主流加热技术，同时也是已实现产品化应用的主要方式，其中又包括电阻加热雾化及电磁感应加热雾化两种方式。而燃料加热技术和理化反应加热技术的应用还尚处于初级发展阶段。

电阻加热是利用电流流过导体的焦耳效应产生的热能对物体进行加热，示意图如图 2-15 所示。基本原理是：让电流通过电热元件或导电介质，如电阻丝、热敏电阻（PTC）、电热膜等，使电热元件先发热，然后将电热元件产生的热量以热传导、热对流或热辐射等方式加热固态发烟材料。

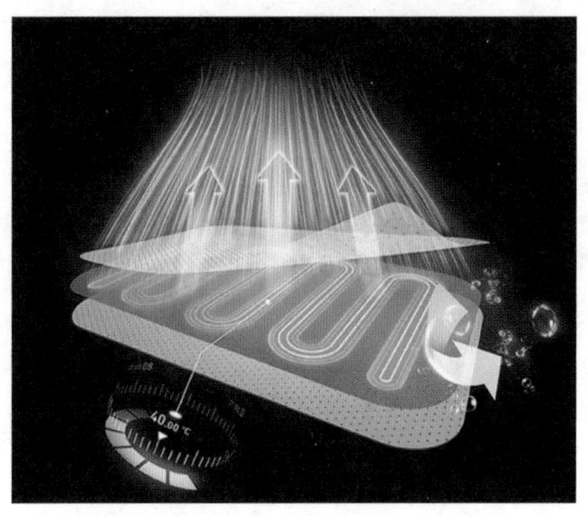

图 2-15 电阻加热示意图

电磁感应加热是利用电磁感应的方法使被加热的材料的内部产生电流，依靠这些涡流的能量达到加热目的，原理如图 2-16 所示。在高频感应线圈中通入高频交变电流，高频交变电流在线圈内产生高频交变磁场，高频交变磁场的磁力线穿过铁磁性金属材料时在金属内部产生环状涡流，小电阻大电流的涡流热效应释放出大量的热量使金属材料高速发热，进而再加热烘烤烟草。

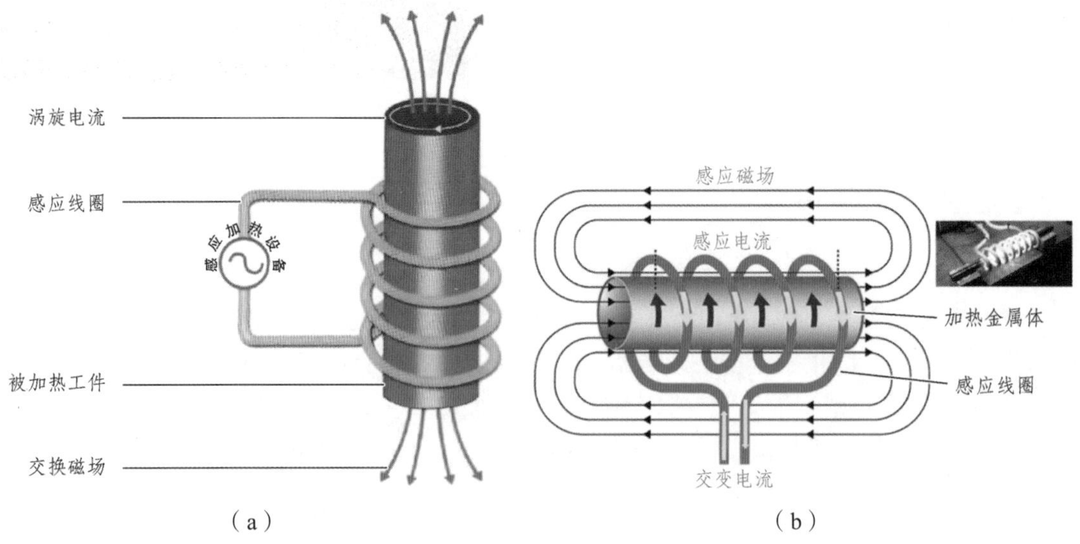

图 2-16 电磁感应加热原理图

2.2.2.2　使用设备的结构

通过技术调研和产品剖析发现，目前的电阻式加热卷烟烟具大致可分为中心电阻式和周向电阻式两类。中心加热卷烟烟具通常以陶瓷厚膜片或圆柱体发热针（通过在氧化锆陶瓷基片或基棒上印制银浆、银钯浆、铂金浆或合金浆料等金属电阻浆料形成发热电路，并经高温烘烧而得，分别以菲莫国际的 QOS 烟具和韩国 KT&G 公司的 lil 烟具为代表）作为加热元件，并对插入的烟支进行中心加热；周向加热卷烟烟具一般利用不锈钢管外包柔性电路板（以英美烟草的 glo 烟具为代表）来实现烟支的外周加热。

其中，中心加热陶瓷发热片[如图 2-17（a）所示]的优势是：升温速度快，传热面积大；发热片体积小、重量[①]轻，能够获得高功率密度；发热体材料不会氧化，耐酸碱性能优异；耐腐蚀，耐高温，导热性能好，但是存在发热片易折断，不易清洁，烟支提取困难，残留烟渣，易产生焦煳味以及易串味等问题。中心陶瓷发热针[如图 2-17（b）所示]的优势是强度高，致密性好，不容易被折断；升温速度快，长期使用可靠性好，耐高温，但存在加热区域小，不易清洁，烟支提取困难，烟渣残留，易产生焦煳味以及易串味等问题。中心电阻加热卷烟烟具普遍采用超过 300 °C 的加热温度，抽吸感官质量优于周向电阻式加热卷烟烟具。

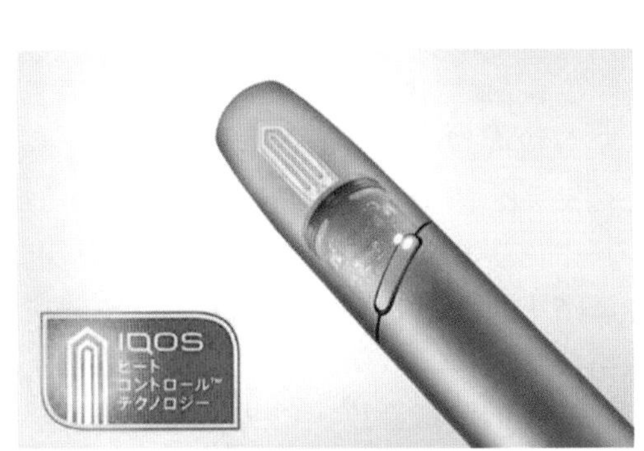

（a）陶瓷发热片

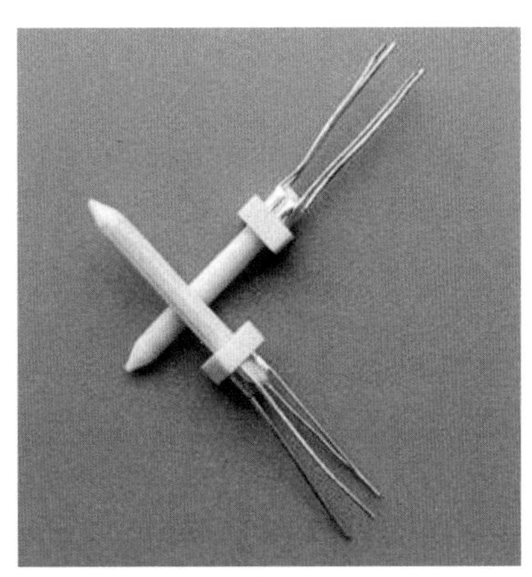

（b）陶瓷发热针

图 2-17　中心电阻式发热体结构示意图

周向加热卷烟烟具采用环抱式加热方式，可以采用 FPC 电热膜（glo 第一代产品）或金属网缠绕在发热管状载体外部，或直接采用厚膜加热管（如图 2-18 所示）进行电阻式加热，加热均匀性好、加热面积大，加热元件损坏率低，且器具适配加热卷烟烟支的烟芯材料可以无序填充，但不可避免地存在热量向外侧扩散的问题，导致器具热利用效率低、加热速率慢。此外，周向加热卷烟烟具可匹配现有传统卷烟的烟支结构，依托传统卷烟的产业链和现有先进的卷烟制造体系，实现传统卷烟现有产能与加热卷烟的有效对接，并快速形成规模化生产制造技术和能力。

注：① 实为质量，包括后文的克重、称重等。但由于现阶段我国烟草等行业的科研、生产实践中一直沿用，为使读者了解、熟悉行业现状，本书予以保留。——编者注

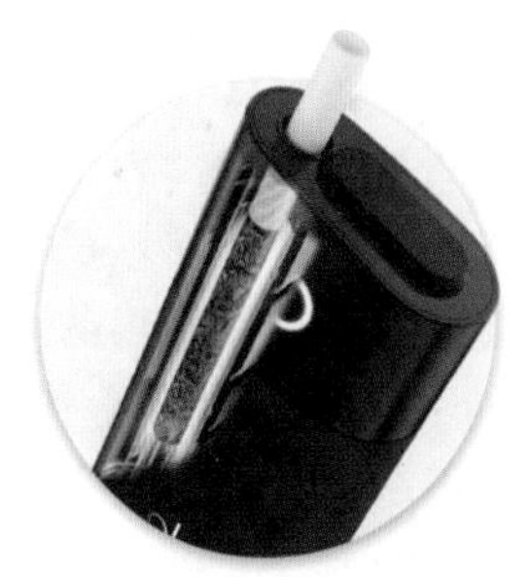

（a）FPC 发热膜包裹不锈钢管

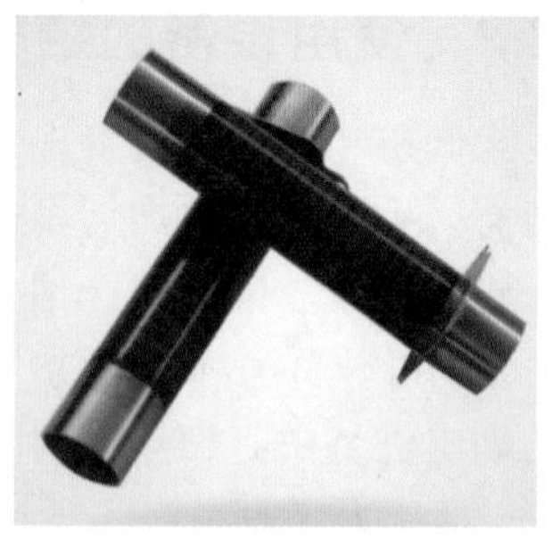

（b）不锈钢厚膜发热管

图 2-18　周向电阻式结构示意图

电阻加热方式还存在如下共性问题：核心专利均由国外烟草公司掌控，具有较大的知识产权侵权风险；靠近热源部分的烟芯由于受热过度极易出现碳化的现象，而远离热源部分的烟芯又因为加热不充分导致香气及有效成分释放量不足。

从市售产品的技术迭代来看，电阻加热型器具作为各家国际烟草公司的早期产品，仍占据着绝大部分消费市场，部分公司随后推出了基于电磁加热的器具。电磁感应加热具有两个明显特点：① 集肤效应。感应加热时，线圈中通以一定频率的交流电时，感应加热体中的涡流密度随磁场强度由表面向内层逐渐减小。集肤效应跟频率有关，频率越大，集肤效应越明显。② 圆环效应。交流电通过圆环形线圈传输，最大电流密度会出现于线圈内侧。采用电磁感应加热的器具具有以下优势：① 加热速度快，升温速度高于电阻加热方式；② 属于非接触式加热方式，较安全且加热体表面的氧化程度小；③ 加热效率高，热损失小。根据感应加热器相对于烟支的位置不同，电磁感应式器具又分成内置式和外置式两类。其中，感应加热体设置于烟支内部的称为内置式[如图 2-19（a）所示]，感应加热体位于烟支外部（即与烟具相连接）的称为外置式[如图 2-19（b）所示]。其中内置式感应加热彻底解决了中心电阻加热存在的痛点问题：插拔烟支时加热片易折断、清洁维护繁琐、使用方式复杂以及消费者教育成本高。而外置式仍可能存在发热体表面有物质烧结黏附需要清洁的情况，因此对于感应加热式器具而言，内置式相比外置式更具有优势。菲莫国际最新推出的 iLUMA 烟具采用了内置式电磁感应加热方式，在市场取得了良好的反馈。

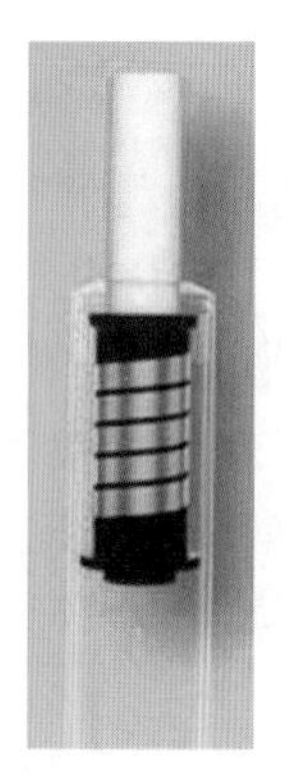

（a）内置式

（b）外置式

图 2-19　感应加热结构示意图

2.2.2.3 关键技术

1. 加热组件材料和制造技术

电阻加热技术的发热电路普遍采用厚膜印刷，厚膜电路厚度通常为 8 ~ 25 μm。“厚膜”是指一组电子元件经过涂覆特制浆料（或油墨）按一定的模式和顺序高温烧结在各种承印物上，以制成单个元件或整条电路。厚膜技术已经发展为一种精密、经济且全球公认的制造电路方法，印制的发热电路可靠性高且功能强大。良好的发热元件要求发热电路图案清晰完整、膜层均匀且厚度可控，丝网印刷工艺控制是制造发热元件的根本保证，影响印刷质量工艺效果的因素主要来自丝网掩膜、浆料与基板、印刷装置等三方面。

对于电磁感应加热，发热元件需选用磁性材料。磁性材料按照其磁化的难易程度，一般分为软磁材料及硬磁材料。一方面，材料特性会影响电磁频率，加热速度和加热效率；另一方面，材料的可制造性与厚度公差等会影响到产品设计以及品质控制。考虑到材料成本以及可加工性，磁感加热领域应用最广泛的是铁磁性材料，包括 Fe、Co、Ni 元素及其合金，稀土元素及其合金，以及一些 Mn 的化合物。由于电磁感应产生的涡流大小与材料的导电性、导磁性和几何尺寸存在密切关系，因此发热元件制造的关键在于材料组分配比以及尺寸公差的工艺控制。

2. 温度检测控制技术

发热组件工作温度对于产品抽吸品质具有重要影响，因此温度的快速检测与精确控制至关重要。对于电阻加热技术而言，通常采用闭环反馈控制，根据测温方式的差异又分为基于 TCR 特性的测温和基于热电偶采集的测温。其中，TCR 特性是指发热材料随温度变化产生显著的、可重复的阻值变化，它是材料的固有属性，不会出现与外部传感器一样的时滞现象（图 2-20）。控制系统以每秒数百或数千次的频率采集发热丝的阻值数据，基于测定的阻值可换算出发热元件的实时温度，进而启动或停止加热。所采用的数学公式为

$$R_{\text{measured}} = R_{\text{ref}}\,[1 + \alpha(T_{\text{actual}} - T_{\text{ref}})]$$

式中　R_{ref}——导体材料在参比温度 T_{ref}（通常为 20 °C）时的电阻；

　　α——导体的电阻温度系数。

对于不具有 TCR 特性的发热元件，则通过在发热元件特定位置布置高精度的热电偶完成温度检测，控制系统根据采集的温度数据实现加热的快速启停控制，进而使发热元件的工作温度稳定在较小的区间内。

电磁加热技术的控温技术也分成两种，对于外置式电磁感应方式，通常在感应发热体的底部特定位置布置有高精度热电偶，通过控制系统进行温度快速检测与实时控制，与电阻加热技术中采用热电偶检测控温的原理相似；对于内置式感应方式，则是基于感受器材料的特殊设计实现非接触式温度检测与控温。大致原理是，感受器通常采用多层材料，利用各层材料居里温度的不同实现发热材料磁性强弱的调控，进而实现间接控温。

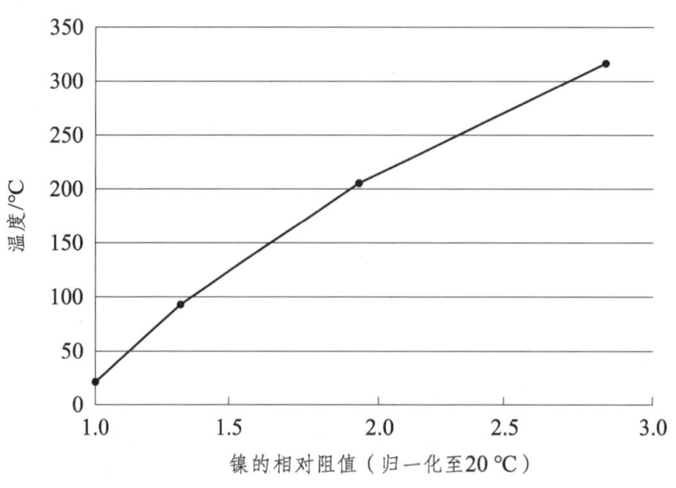

图 2-20 发热材料（镍）阻值变化与温度之间的关系

2.3 固态发烟型加热雾化产品简介

目前，全球加热卷烟市场的主流品牌包括菲莫国际的 IQOS 器具和 Marlboro、HEETS、PARLIAMENT 烟支，英美烟草的 glo 器具和 Kent 烟支，以及韩国 KT&G 的 lil 器具和 Fiit 烟支等。下面依次对菲莫国际、英美烟草、韩国 KT&G 和日本烟草的加热型产品进行概述。

2.3.1 菲莫国际

从全球加热卷烟发展进程来看，菲莫国际的研发历史至今已超过 30 年，最早可追溯至 1990 年开始研制的第一代烟具产品。自 2010 年以后，产品更新迭代速度明显加快，自 2014 年 11 月在日本名古屋推出 IQOS2.0 以后，明显加快了技术迭代，陆续推出 IQOS2.4、IQOS3.0、IQOS 3 Multi、IQOS 3 DUO、IQOSiLUMA 和 iLUMA ONE 等多代新品。表 2-2 列出了菲莫国际近年来上市的、比较具有代表性的 IQOS 3 Multi、IQOS 3 DUO、IQOSiLUMA 和 iLUMA ONE 这 4 款产品。IQOS 3 DUO 和 IQOSiLUMA 采用分体式设计，主单元均为侧开方式，增加了把玩性；IQOS 3 Multi 和 iLUMA ONE 采用一体式设计。上述产品的主要技术参数列于表 2-2。

表 2-2 菲莫国际代表性产品的参数列表

代表性产品	IQOS 3 DUO	IQOS 3 Multi	IQOSiLUMA	iLUMA ONE
结构特点	分体式设计	一体式设计	分体式设计	一体式设计
加热原理	中心电阻式加热		内置式电磁感应加热	
外观尺寸/mm×mm×mm	抽吸单元：Φ13.0×92.8 充电单元：114×40×22	119.0×25.5×14.5	抽吸单元：Φ14.5×101 充电单元：117.2×44.7×22.2（旗舰版）	121.6×30.6×16.4

续表

工作温度/°C	预热 385 恒温 345	预热 385 恒温 345	预热<300 恒温<300	同 iLUMA 分体式
电池容量/mA·h	抽吸单元：190 充电单元：2900	830	抽吸单元：250 充电单元：3000	1728
满电续航能力	抽吸单元：2 支 充电单元：20 支	可抽吸 10 支	抽吸单元：2 支 充电单元：20 支	可抽吸 20 支
充电时间	抽吸单元：110 s 充电单元：2.0 h	约 1.5 h	抽吸单元：305 s 充电单元：135 min	1.5 h
预热时长/s	20	20	20	20
充电接口	Type-C			

2.3.2　英美烟草

英美烟草自 2016 年于日本仙台率先推出 glo 产品后，为了抢占市场份额，围绕“周向加热”这一主线陆续推出了包括 gloSeries 2 mini、gloPro、gloHyper+等多款产品，并根据公司的销售战略逐渐将这些产品推广至更多国家。表 2-3 列出了较具代表的 gloSeries、gloPro、gloHyper+3 款产品的技术参数。其中，gloSeries 采用电阻加热方式，gloPro 和 gloHyper+均采用电磁加热方式。

表 2-3　英美烟草代表性产品的参数列表

代表性产品	glo series	glo pro	glo hyper+
结构特点	盒子状，一体式设计		
外观尺寸 /mm×mm×mm	86×44×22	83×43×20	81×44×22
工作温度/°C	上段：220 下段：200	普通模式：240 增压模式：262	普通模式：238 增压模式：250
电池容量/mA·h	2900	3000	3000
满电续航能力	20 支	标准模式：27 支 增强模式：29 支	标准模式：20 支 增压模式：25 支
充电时间	2.5 h	1.5 h	1 h 15 min
预热时长/s	20	普通模式：20 增压模式：10	普通模式：20 增压模式：15
工作循环时长/s	210	普通模式：260 增压模式：190	普通模式：260 增压模式：195
充电接口	Micro-USB	Type-C	

2.3.3 韩国烟草

随着菲莫国际的 IQOS 以迅雷不及掩耳之势走红全球，IQOS 在日本取得成功后又快速进军韩国市场，韩国的加热不燃烧市场随即被带动起来，韩国第一大烟草公司 KT&G 加入了市场争夺战，并于 2017 年推出其第一代产品 lil Solid 1.0（简称 lil 1.0）。lil 机型为长条圆柱状，外观相比 IQOS 2.4 与 glo 更加小巧，虽然也属于中心加热型设备，但发热针设计、电池续航等与 IQOS 还是有明显差异。随着产品的迭代升级，KT&G 公司又推出 lil plus、lil mini、lil Hybrid 和 lil Solid 2.0 等产品，此处以 lil plus、lil Hybrid 和 lil Solid 2.0 为代表对其技术参数进行汇总，见表 2-4。这几代产品外观造型较为相似，均采用一体式设计，仅在细节设计上体现出差异化，技术特点却明显不同，分别是中心发热针、“周向发热杯+电子烟”复合抽吸及外置式电磁感应加热的代表产品。自 2020 年初与菲莫国际公司（PMI）签署销售合作协议以来，lil 系列产品已销售超过 20 个国家或地区。

表 2-4 韩国烟草代表性产品的参数列表

代表性产品	lil plus	lil Hybrid	lil Solid 2.0
结构特点	长条圆柱状一体式设计，外观尺寸明显小于 glo		
外观尺寸 /mm×mm×mm	109×32×22	110.2×31.8×21.7	105×30.6×21
工作温度/°C	预热 370 工作 345	约 160	工作 340 自清洁 450
电池容量/mA·h	2900	2900	3000
满电续航能力	20 支	20 支	30 支
充电时间/min	约 100	120	约 110
预热时长/s	13	15	22
充电接口	Micro-USB	Type-C	

2.3.4 日本烟草

为了与菲莫国际的新型加热不燃烧产品进行竞争，2017 年日本烟草在本土推出了 PloomTECH，该产品通过产生的电子烟烟雾加热装有烟草颗粒的风味剂腔供消费者抽吸，与菲莫的 IQOS、英美的 glo 和韩国的 lil 等加热不燃烧产品明显不同。随着菲莫 IQOS 在日本市场上销售形势不断向好，而消费者对 Ploom 产品不太适应，日本烟草为了保持其国内竞争力，改进了该产品的技术，于 2019 年推出了 PloomTECH+和 Ploom S 两款产品。为了进一步增强产品的消费体验，2021 年推出了最新一代产品 Ploom X。表 2-5 列出了 PloomTECH、Ploom S 和 Ploom X 这 3 款代表性产品的主要技术参数。

表 2-5 日本烟草代表性产品的参数列表

代表性产品	PloomTECH	Ploom S	Ploom X
结构特点	笔杆型	盒子状	
外观尺寸 /mm×mm×mm	Φ9.3×130	93.2×56.3×24.5	88.4×43.5×24.0
工作温度/°C	电子烟雾化	高温加热，200 °C	高温加热，最高温度达 295 °C
电池容量/mA·h	190	1020	2800
满电续航能力	约 250 口	约 10 支	约 23 支
充电时间/min	90	90	140
预热时长/s	—	40	25
工作时长	—	210 s/14 口	300 s
充电接口	螺纹状	Type-C	

固态发烟材料专利检索及法律布局

3.1 专利检索目标

查询近 20 年来凝胶态烟油、颗粒型发烟材料/发烟颗粒/烟草颗粒、整块型固态发烟材料（烟草棒、烟草块、烟草管）领域的国内外专利，研究每一专利的技术要点和历年来专利技术的进化过程，进行技术脉络分析，明晰各家公司的研究进展；开展法律分析，明晰各家公司（包括但不限于菲莫、英美、日烟等）的专利权全球布局范围（至少包括中国、美国、欧盟、日本、韩国的专利权状态）。

本书中的专利检索首先是从技术层面上检索到凝胶态烟油、颗粒型发烟材料/发烟颗粒/烟草颗粒、整块型固态发烟材料（烟草棒、烟草块、烟草管）的国内外专利，这是进行后续专利技术分析和法律分析工作的数据源基础，对检索的完整性和全面性有较高要求。

3.2 专利检索源数据库的确定

本书检索中文专利采用了最权威的中国国家知识产权局专利局的专利检索系统 http://epub.sipo.gov.cn/gjcx.jsp、专业的专利检索商业数据库——吉江数据 https://www.iprdb.com，检索国际专利采用了最权威的世界知识产权组织（IPO）的 Patentscope 数据库 https://patentscope2.wipo.int/search/en/structuredSearch.jsf，各专利的同族信息检索采用了最权威的欧洲专利局（EPO）的 Espacenet 数据库 http://worldwide.espacenet.com/?locale=en_EP。

3.3 专利检索策略

3.3.1 专利检索步骤

第一步：目标产品定义和技术特征的关键词化——定义目标产品，用一组技术关键词刻画目标产品；准确界定相关专利，排除干扰性专利。

第二步：关键词提炼和扩展——针对已知的中文专利，详细分析不同专利权人的技术语言表达习惯和术语体系，总结出中英文关键词（含等效关键词）列表。

第三步：构建检索表达式并进行检索——每个数据库都有特定的检索表达式语法规则，通过这些语法规则可以构建出逻辑上极为复杂的检索表达式，并可对检索结果进行必要的集合运算；基于上述中英文关键词列表，并结合 IPC 国际专利分类号，利用商业化数据检索引擎，建立检索表达式，进行详细的中文专利和 PCT 国际专利检索。

第四步：人工分析检索结果及修正检索关键词——人工阅读检索到的每一件专利的全文，根据其相关性，修正完善中英文关键词（含等效关键词）和 IPC 国际专利分类号，甚至必要时修订目标产品定义，以及修正检索表达式后，再次进行上述第二步和第三步，如此反复迭代，直至不再出现新的关键词为止。

第五步：深入阅读专利及修正和优化检索策略——上述步骤得到的检索结果，再次经过逐一粗读和精读，按照技术相关性强弱进行分类，从中提取有价值的技术信息和法律信息，确定需要深入剖析的专利；如果发现原来的技术关键词和检索策略仍有可改进之处，则再次执行上述第二步和第三步，以查缺补漏。

3.3.2 专利分类号

检索基于国际通用的专利分类体系 IPC 分类号体系，其根据技术领域进行分类，可细分为若干小类。根据 IPC 分类表（2008 版），与烟草有关的分类号和技术领域如表 3-1 所示。

表 3-1 烟草相关 IPC 分类号和技术领域

IPC 分类号	技术领域
A24	烟草；雪茄烟；纸烟；吸烟者用品
A24B	吸烟或嚼烟的制造或制备；烟草；鼻烟
A24C	制造雪茄烟或纸烟的机械
A24D	雪茄烟；纸烟；烟油滤芯；雪茄烟或纸烟的烟嘴；烟油滤芯或烟嘴的制造
A24F	吸烟者用品；火柴盒

由于凝胶态烟油产品是新出现的产品类型，在 IPC 分类表中并未对此有专门的分类指引。考虑到凝胶态烟油本质上属于电子烟，而电子烟通常被归入 A24F47/00“在其他类未列入的吸烟者用品”中，因此，将凝胶态烟油相关专利归入 A24F47/00 类下。为了避免因分类号限定过窄导致检索不完备而遗漏相关专利，基于检全优先原则，使用了最上位、最宽泛的分类号 A24。

表中 A24B 和 A24D 体现发烟材料的制备和烟支，A24F 体现烟具或烟支。通过对明确为烟草颗粒类专利首页的查询，发现无一例外被归入 A24F47/00 类，因此对于发烟颗粒型产品，均以 A24F47 这个分类号来检索。

对于整块型固态发烟材料的检索，可按照烟草颗粒类专利的检索方式，直接限定为 A24B、A24D 和 A24F。

3.3.3 检索关键词

立足于从发明构思和发明细节的角度出发，检索得到涉及凝胶态烟油、发烟颗粒型产品和整块型固态发烟材料的中英文关键词，分别列于表 3-2 至表 3-4。

表 3-2 凝胶态烟油专利检索关键词

英文	中文	英文	中文
Gelation temperature	胶凝温度	Gellan gum	吉兰糖胶
Thermoreversible	热可逆的	Nicotine	尼古丁
Gelling agent	凝胶剂或胶凝胶	Aerosol	气溶胶
Solid medium	固体介质	Gel composition	凝胶组合物
Gel phase	凝胶相	Alginate	海藻酸盐
Xanthan gum	黄原胶	Hydrogel	水凝胶
Agar	琼脂	Temperature sensitive	温敏，温敏型
Gelllant or gellan	胶凝胶，胶凝剂	Magnetic sensitive	磁敏，磁敏型
Gellan	吉兰糖胶，结冷胶	Leakage	漏，泄漏
Aerosol-former Aerosol former	气溶胶前体	Agarose	琼脂糖
Degrees Celsius	摄氏度	Solid aerosol former	固体烟油，固态烟油
E-cigarette	电子烟		

表 3-3 烟草颗粒及发烟颗粒型产品专利检索关键词

英文	中文	英文	中文
Particle (*n.*) Grain (*n.*) Granule (*n.*) Pellet (*n.*) Bead (*n.*) Particulate (*n.&adj.*) Granular (*adj.*) Granulated (*adj.*) Pariticulated (*adj.*) Particulates (*n.*)	颗粒，微粒，粒子，球粒，丸粒，珠粒，微粒	Extruder Extruding machine	挤出机
Tobacco	烟草	Prilling Pelletin Granulate	造粒
Particulate tobacco Granular tobacco Granulated particles of the tobacco	颗粒烟草	Pelletizer Granulation equipment	造粒机，造粒设备
Bind Binding	粘合，粘结，粘接，黏合，黏结，黏接	Sealing film	封口膜

续表

英文	中文	英文	中文
Binder Adhesive Binding agent Adhesion agent	黏合剂	Sealing paper	封口纸
Seal Sealing Sealed Stopper Plug	封口，密封，堵头，封堵，底座	Sealing foil	封口箔
Cap	帽，端盖	Extrude Extrusion	挤出
Cover	盖，覆盖物	Penetrate Pierce Insert	插入，刺入，刺破，刺穿
Crimp Crimped	褶皱，卷曲	Smokeless	无烟
Sheet	片		

表 3-4 整块型固态发烟材料专利检索关键词

英文	中文	英文	中文
Particle (*n.*) Grain (*n.*) Granule (*n.*) Pellet (*n.*) Bead (*n.*) Particulate (*n.*&*adj.*) Granular (*adj.*) Granulated (*adj.*) Particulated (*adj.*) Particulates (*n.*)	颗粒，微粒，粒子，球粒，丸粒，珠粒，微粒	Vaporization Vapor Vapour	雾化，汽化
tobacco	烟草	Carbonaceous Combustible Heat source Carbon stick	碳棒，碳质，可燃，热源

续表

英文	中文	英文	中文
Rod Column Block Shape Foam	棒，条，块，成型体，泡沫	Smokeless	无烟
Bind Binding	粘合，粘结，粘接，黏合，黏结，黏接，	Filter rod	滤棒，嘴棒
Binder Adhesive Binding agent Adhesion agent	黏合剂	Crimp Crimped	褶皱，卷曲
Extrude Extrusion Mould Moulding Molded Shaped Squeeze	挤出，模压，模制，模塑，成型，	Sheet	片
Heat Heating Heated Not burn Not-burn	加热，不燃烧，非燃烧	Smoke oil Tobacco tar E-liquid Cigarette oil	烟油
Push	推动	Porous	多孔的

3.3.4　中文检索表达式

3.3.4.1　凝胶态烟油

凝胶态烟油的最终中文检索表达式为：

tscd：（凝胶 OR 固体烟油 OR 固态烟油 OR 固体烟液 OR 固态烟液 OR 固体吸烟 OR 固体发烟 OR 固态吸烟 OR 固态发烟 OR 无定型 OR 无定形 OR 固体电子烟 OR 固态电子烟）AND tacd：（烟油 OR 烟液 OR 气溶胶前体 OR 气溶胶源 OR 烟雾前体 OR 烟雾源）AND ipc：（A24）AND ad：[2000-01-01 TO 2020-08-26]

共检索到中文专利 494 篇。

3.3.4.2 发烟颗粒型产品

发烟颗粒型产品合并了以下 3 种检索表达式：

检索表达式 A：

tscd：（烟草粒子）OR tscd：（烟叶粒子）OR tscd：（烟梗粒子）OR tscd：（烟草颗粒）OR tscd：（烟叶颗粒）OR tscd：（烟梗颗粒）AND ipc：（A24B OR A24D OR A24F OR A61K OR A61P）AND tsc：（烟草颗粒）OR tsc：（烟叶颗粒）OR tsc：（颗粒烟草）OR tsc：（烟草粒子）OR tsc：（烟叶粒子）OR tsc：（烟草多孔颗粒）OR tsc：（烟草香味颗粒）OR tsc：（烟草提取物颗粒）AND ipc：（A24B OR A24D OR A24F OR A61K OR A61P）NOT d：（褶皱 OR 卷曲 OR 片）

检索表达式 B：

tscd：（烟草粒子）OR tscd：（烟叶粒子）OR tscd：（烟梗粒子）OR tscd：（烟草颗粒）OR tscd：（烟叶颗粒）OR tscd：（烟梗颗粒）AND ipc：（A24B OR A24D OR A24F OR A61K OR A61P）AND tsc：（烟草颗粒）OR tsc：（烟叶颗粒）OR tsc：（颗粒烟草）OR tsc：（烟草粒子）OR tsc：（烟叶粒子）OR tsc：（烟草多孔颗粒）OR tsc：（烟草香味颗粒）OR tsc：（烟草提取物颗粒）AND ipc：（A24B OR A24D OR A24F OR A61K OR A61P）

检索表达式 C：

tscd：（颗粒 OR 珠粒 OR 球粒 OR 丸 OR 球）AND tscd：（粘合 OR 粘结 OR 粘接 OR 黏合 OR 黏结 OR 黏接）AND tscd：（烟）AND tscd：（加热）AND tscd：（封口 OR 密封 OR 堵头 OR 帽 OR 盖 OR 封堵 OR 底座）AND tscd：（插入 OR 刺入 OR 刺破）AND ipc：（A24F47）NOT cl：（烟油 OR 烟液）NOT cl：（碳棒 OR 碳质 OR 可燃 OR 热源）NOT tscd：（无烟 OR 口含）

基于检全优先原则，共检索到中文专利 746 篇。

3.3.4.3 整块型固态发烟材料

整块型固态发烟材料合并了以下 2 种检索表达式：

检索表达式 A：

tscd：（棒 OR 条 OR 块 OR 成型体 OR 泡沫）AND cl：（粘合 OR 粘结 OR 粘接 OR 黏合 OR 黏结 OR 黏接）AND tscd：（挤出 OR 模压 OR 模制 OR 模塑 OR 成型）AND tscd：（烟草）AND tscd：（加热 OR 不燃烧 OR 非燃烧）AND ipc：（A24F OR A24B OR A24D）NOT ti：（滤棒 OR 嘴棒）NOT ab：（滤棒 OR 嘴棒）NOT cl：（碳棒 OR 碳质 OR 可燃 OR 热源）

检索表达式 B：

tscd：（棒 OR 条 OR 块 OR 成型体 OR 泡沫）AND cl：（粘合 OR 粘结 OR 粘接 OR 黏合 OR 黏结 OR 黏接）AND tscd：（挤出 OR 模压 OR 模制 OR 模塑 OR 成型）AND tscd：（烟草）AND tscd：（加热 OR 不燃烧 OR 非燃烧）AND ipc：（A24F OR A24B OR A24D）NOT ti：（滤棒 OR 嘴棒）NOT cl：（碳棒 OR 碳质 OR 可燃 OR 热源）NOT tscd：（烟油 OR 烟液）

基于检全优先原则，共检索到中文专利 434 篇。

上述检索到的中文专利，通过去重（专利公布版和公开版重复时仅保留公布版）后，作为最终检索结果，进行后续逐一筛选。

3.3.5 PCT 国际专利检索表达式

3.3.5.1 凝胶态烟油

凝胶态烟油的最终 PCT 国际专利检索表达式为：

ad：[1998-01-01 TO 2020-12-31] AND ipc：（A24）AND eds：（aerosol AND heat* AND gelling）AND eds：（liquid OR liquef* OR solid OR solidif*）AND eds：（tobacco OR nicoti*）AND eds：（gel OR amorphous）NOT eab：（reconstituted OR re-constituted OR smokeless OR layer OR aerogel）NOT eti：（homogenized OR sheet）

共检索到外文专利 110 篇。

3.3.5.2 发烟颗粒型产品

发烟颗粒型产品合并了以下 3 种检索表达式：

检索表达式 A：

tscd：（particle OR grain OR granul* OR pellet OR bead OR particulat*）AND tscd：（binder OR adhesive OR binding OR adhesion）AND tscd：（tobacco）AND tscd：（heat OR heating OR heated）AND tscd：（seal OR sealing OR sealed OR cap OR cover OR stopper OR plug）AND tscd：（penetrate OR pierce OR insert）AND ipc：（A24F47）NOT tscd：（vaping OR vaporize）NOT tscd：（smokeless）NOT tscd：（crimp OR crimped OR sheet）

检索表达式 B：

tscd：（particle OR grain OR granul* OR pellet OR bead OR particulat*）AND tscd：（binder OR adhesive OR binding OR adhesion）AND tscd：（tobacco）AND tscd：（heat OR heating OR heated）AND tscd：（extrud* OR pelleti*）AND ipc：（A24F47）NOT tscd：（vaping OR vaporize）NOT tscd：（smokeless）NOT tscd：（crimp OR crimped OR sheet）

检索表达式 C：

cl：（tobacco OR nicoti*）AND cl：（particl* OR bead OR pellet OR ball OR granul* OR grain）AND tscd：（particl* OR bead OR pellet OR ball OR granul* OR grain）AND tscd：（bonding OR binder OR adhesiv*）AND tscd：（tobacco OR nicoti*）AND tscd：（heat*）AND tscd：（seal* OR plug* OR cap OR cover* OR base）AND tscd：（insert* OR pierc* OR punctur*）AND ipc：（A24F47）NOT ti：（smoke oil OR tobacco tar OR E-liquid OR cigarette oi）NOT ti：（carbon stick OR combustible OR heat source）NOT ti：（smokeless）

基于检全优先原则，共检索到 PCT 国际专利 229 篇。

3.3.5.3 整块型固态发烟材料

整块型固态发烟材料合并了以下 2 种检索表达式：

检索表达式 A：

tscd：(particle OR grain OR granul* OR pellet OR bead OR particulat* OR powder OR pelleti*)AND tscd：(rod OR column OR block OR shape OR foam)AND cl：(binder OR adhesive OR binding OR adhesion) AND tscd：(extrud* OR mould OR moulding OR mold* OR shaped) AND tscd：(tobacco) AND tscd：(heat OR heating OR heated OR not burn OR not-burn) AND ipc：(A24F OR A24B OR A24D) NOT ti：(filter) NOT cl：(carbonaceous OR combustible OR heat source)NOT tscd：(vap*)NOT tscd：(smokeless)NOTtscd：(crimp OR crimped OR sheet)

检索表达式 B：

tscd：(heat*) AND tscd：(binder OR adhesive OR binding OR adhesion)AND cl：(tobacco rod OR tobacco strip OR tobacco block)AND tscd：(extrus* OR mold* OR squeeze OR push) AND ipc：(A24F OR A24B OR A24D) NOT ti：(smoke oil OR tobacco tar OR E-liquid OR cigarette oil) NOT ti：(carbon stick OR combustible OR heat source) NOT ti：(smokeless)

基于检全优先原则，共检索到 PCT 国际专利 286 篇。

上述检索到的 PCT 专利，通过去重（专利公布版和公开版重复时仅保留公布版）后，作为最终检索结果，进行后续逐一筛选。

3.3.6 检索结果筛选方式

对于最终检索得到的中文专利和 PCT 国际专利的结果，采用逐一分析摘要进行初筛、逐一分析全文进行精筛和确认的方法，确定各专利的相关性强弱。

3.3.6.1 凝胶态烟油

由于凝胶态烟油和固体烟油等形态各异，为了准确进行筛分，可对凝胶态烟油采用以下多维度定义：

（1）凝胶态烟油，顾名思义，是指液体烟油与胶凝剂混合后凝固成的冻状固体或半固体，在室温下不再具有流动性，但在加热后能产生固液相变变成液体而具有流动性，降温后再次成为固体。

（2）凝胶态烟油首先是烟油，即必须含有雾化剂（通常为多元醇，如甘油或丙二醇），其必须作为主发烟材料经加热或振动雾化产生烟雾（或称为气溶胶），其可以含或不含各种口味的香精香料，其可以含或不含烟碱，但其必须含有雾化剂和胶凝剂。

（3）凝胶态烟油还必须是凝胶态，此处的凝胶取其通常定义，是指溶胶凝固后得到的原液体溶剂分子被束缚在由胶凝剂构成的三维巨型分子网络的孔隙中而得到的固体物质。该固体物质通常具有弹性，通常是透明或半透明的，但不是必须的。

（4）凝胶态烟油可以含有少量作为额外增香物质的固体烟草粉末，但其主体必须仍是凝胶态烟油。

基于上述定义，以下形态的产品，无论其称谓如何，都不能被认作是凝胶态烟油，应该从凝胶态烟油的专利检索结果中排除掉：

（1）固体或半固体烟膏，因为其不能产生固液相变。

（2）烟草粉末或其他固体粉末与液体烟油混合而得到的糊状烟油或烟糊，因为其不能产生固液相变。

（3）用多孔整体材料（如多孔陶瓷体、多孔气溶胶体）吸附液体烟油后得到的所谓“固体烟油”或“固态烟油”，因为其不能产生固液相变。

（4）纯粹用来增香的凝胶（如载香凝胶线或载香凝胶织物），因为其不是用作烟雾源来雾化产生气溶胶。凝胶增香的典型专利如CN111000288A、CN111109653A和CN111117767A，三件专利的名称都是《一种烟用凝胶及烟草制品》，这些专利中凝胶基质为聚乙二醇与硬脂酸的混合物，特定分子量范围的聚乙二醇本身就是凝胶，故无需外加胶凝剂，发明点在于添加特定比例的茶多糖、苹果酸和柠檬酸作为矫味剂，消除油脂气息，赋予冰感和抹茶香。因此，不能将此类增香型凝胶认定是凝胶态烟油。

（5）以气凝胶形态存在的发烟材料，因为气凝胶尽管名称中带有“凝胶”二字，但是气凝胶是刚性的干材料，其在物理性质方面与凝胶并不相似，其名称的由来是仅仅因为它们的制备衍生自凝胶，是常规液体凝胶中的液体成分被气体代替后所得到的高度多孔性材料。

3.3.6.2 发烟颗粒型产品

由于该类产品形态各异，为了准确进行筛分，将该类产品分为以下几类：

1. 发烟颗粒

发烟颗粒是指植物碎屑经过黏合剂黏结成型和/或经过模压或挤出成型后得到的有一定直径的宏观球粒，且该球粒被用于受热发烟或释放气溶胶。“发烟颗粒”包括“烟草类发烟颗粒”（简称“烟草颗粒”）和“非烟草类发烟颗粒”（简称“非烟草颗粒”）。其中，“烟草颗粒”是指烟草粉末经过黏合剂黏结成型和/或经过模压或挤出成型后得到的有一定宏观直径的烟草球粒，且该烟草球粒被用于加热发烟。“非烟草颗粒”是指其他非烟草植物的碎屑经过黏合剂黏结成型和/或经过模压或挤出成型后得到的有一定直径的宏观球粒，且该非烟草球粒被用于受热产生气溶胶。

基于上述定义，仅仅是烟草经过粉碎后得到的烟叶碎屑、烟梗碎屑、烟丝碎屑等（此处可称为“一次颗粒”或“粉末”），无论是呈松散状态，还是呈团聚状态，无论其微观形状是否为球形，都不认定为“烟草颗粒”。进而，上述各种一次颗粒上喷洒诸如发烟剂、香精香料或其他化学试剂后，也不认定为“烟草颗粒”。

上述“一次颗粒”经过黏合剂黏结成型和/或经过模压或挤出成型后得到的有一定宏观直径的烟草球粒（此处可称为“二次颗粒”），无论其宏观形状是球形还是圆柱形或其他规则或不规则形状，都认定为“烟草颗粒”，其上再喷洒、涂覆或吸附诸如发烟剂、香精香料或其他化学试剂后，也都认定为“烟草颗粒”。

若烟草粉末经过黏合剂黏结成型和/或经过模压或挤出成型后得到的有一定宏观直径的烟草球粒，但未被用于加热发烟，而是用于载香增香或用于吸附过滤或冷却，则不将其认定为“烟草颗粒”。

其他非烟草类植物源的发烟颗粒，其定义和分类参照“烟草颗粒”来定义。

2. 颗粒型烟支

以发烟颗粒（包括烟草颗粒或非烟草颗粒）作为唯一发烟材料或主要发烟材料，且除了发烟颗粒段之外还具有冷却段和/或过滤段的烟支，称为“颗粒型烟支”。该定义要求必须将烟草颗粒或非烟草颗粒置于受热发烟段中。

若烟草颗粒或非烟草颗粒未被置于受热发烟段中，而是被置于冷却段或滤棒段中，尽管其在烟雾余热作用下也能或多或少释放烟雾或香味，但不认为这样的烟支是颗粒型烟支。若只有发烟颗粒段而没有冷却段或过滤段，也不被称为颗粒型烟支，而是被称为下文所述的“颗粒型烟弹”。

3. 颗粒型烟弹

只有发烟颗粒段而没有冷却段或过滤段，被称为“颗粒型烟弹”，其通常已经被置于两端封口的圆柱形容器中，封口上可以带有透气孔或不带透气孔，圆柱形容器可以是纸筒、陶瓷筒或金属筒。颗粒型烟弹是个独立的圆柱形，可拿可放，可用后抛弃，冷却段、增香段或过滤段则位于使用颗粒型烟弹的烟具中。

4. 颗粒型烟具

对颗粒型烟支或颗粒型烟弹加热进而发烟的烟具，被称为“颗粒型烟具”。此处的加热仅限于电加热（电阻加热或电磁感应加热或红外加热），不包括点燃型（碳加热或其他燃料加热）和化学反应加热。

5. 发烟颗粒型产品

上述发烟颗粒、颗粒型烟支、颗粒型烟弹或颗粒型烟具，都可以被称为“发烟颗粒型产品”。

日本烟草株式会社（以下简称“日烟”）开发了一系列使用松散烟草碎屑作为烟雾源的烟具和烟支产品（Ploom 系列产品），也在中国申请了很多专利，但这些产品中，因使用的是包括烟草粉末、烟丝碎屑、烟梗粉末在内的“松散烟草碎屑”（即属于一次颗粒）而不是经黏合或模制成型的“发烟颗粒”（即属于二次颗粒），故不被认定为发烟颗粒型产品。另外，日烟该产品的一大特色是常温下气流抽吸，仅靠流动的空气来气提或洗脱出“松散烟草碎屑”中的烟香成分，不进行加热，从这个角度来说，也不能将日烟的产品视为发烟颗粒类产品。因此，本书未将与此类产品相关的专利纳入剖析的范畴。

3.3.6.3 整块型固态发烟材料

由于整块型固态发烟材料的形态各异，为了准确进行筛分，采用以下多角度定义：

1. 烟草块/棒/管的定义

上述二次颗粒团聚成宏观的块的被称为烟草块，团聚成宏观的棒的，被称为烟草棒，团聚成空心棒（即管）的被称为烟草管。上述一次颗粒若直接经过黏合剂黏结成型和/或经过模压或挤出成型后得到的有一定宏观直径的块或棒或管，也可以被称为烟草块或烟草棒或烟草管。该定义也适用于其他非烟草类植物源的发烟颗粒。

2. 整块型固态发烟材料应满足的技术要素

以烟丝、烟屑、烟末或发烟颗粒（包括烟草颗粒或非烟草颗粒）作为唯一发烟材料或主要发烟材料；经过诸如黏结、模压等成型工艺（但不包括卷制）成型为圆柱体或块状体，具有形状自我维持性；置于加热卷烟烟支的发烟段，而非冷却段或增香段。

上述技术要素将用卷烟纸包裹成型的烟草条、用两端封口的空管或胶囊容纳烟草颗粒构成的圆柱形烟弹，都排除在“烟草块/棒/管”概念之外，这种烟草条或烟弹由于去掉卷烟纸、空管或胶囊约束后将散落而不能维持固定的形状，故不能算作是烟草棒/块/管。

3. 整块型固态发烟材料的特点

上述烟草块/棒/管本身可以不用卷烟纸包裹而直接作为加热卷烟烟弹使用，也可以用卷烟纸包裹并用接装纸和滤棒接装后作为加热卷烟烟支使用。

为了便于烟雾递送，尤其是便于内部发烟材料发出的烟雾能扩散到外部，烟草块/棒/管多制成多孔形状或设置通孔。

烟草片材被卷成烟草棒或很厚的烟草片材也被视为整块型固态发烟材料专利。

对烟草块/棒/管加热进而发烟的烟具，被称为“烟草块/棒/管型烟具”。

3.4 相关专利的确定

根据对检索到的专利全文技术方案的理解，符合目标产品定义的专利，被确定为相关专利。关联专利的 IPC 分类号通常至少有一个与目标产品所在的 IPC 专利分类号一致。例如，目标产品是烟草颗粒产品时，若某专利的技术方案为烟草颗粒型烟支或烟弹，且符合上述 3.3.6.2 中所述的烟草颗粒定义，则认为该专利是相关专利；相反，如果不符合该定义，即使该专利全文充斥“烟草颗粒”的字样，也不认为是相关专利。

有些专利虽然看起来不符合目标产品的定义，但在技术上可以合理预测到其能够直接用于目标产品，则这样的专利也被认为是相关专利。例如凝胶烟具领域，其通常要求必须以凝胶态烟油为烟雾源，而专利《具有分度运动的气溶胶递送装置》（CN112218552A）虽然看起来与凝胶烟具毫不相关，但换个思路理解，它给出了一种解决凝胶态烟油与加热元件之间的相对靠近问题的技术方案，即将凝胶态烟油制成棒状，然后借鉴上述加热器轴向移动方案，就可以对凝胶烟油棒从一端到另一端依次分段加热液化，实际上是向凝胶烟油棒连续供应加热元件。既然能转用，故也将该专利列入凝胶烟具相关专利。

与目标产品的核心零部件（或核心组分）有关的专利，也被认为是相关专利；但通用零部件（或通用组分），不被认为是相关专利。例如，凝胶态烟油中，胶凝剂是核心组分，则属于烟草领域（IPC 分类号 A24）胶凝剂主题的专利也是相关专利，但其他普通药物领域（IPC 分类号 A61）内的胶凝剂专利，则不被认为是相关专利。主题为其他常规组分（例如常规香精香料和常规助剂）的专利，也不认为是相关专利。

目标产品有创造性的特色性加工方法，也被认为是相关专利，但通用加工方法，不被认为是相关专利。例如烟草颗粒领域，如何由烟草粉末制备烟草颗粒（即造粒技术）就是通用加工方法，不认为是相关专利；但如果是制备具有特定几何结构的烟草颗粒，而该特定几何结构构成该烟草颗粒相对于现有烟草颗粒的发明创新点，则该专利是相关专利。

3.5 重要专利的评价标准

3.5.1 传统的重点专利判定方法缺陷分析

3.5.1.1 被引频次

专利与论文的不同之处在于：如果论文被同行引用可能代表着同行对该论文一定程度的认可，但专利被其他专利引用则未必该专利被同行所认可，因为专利被引用存在两种情况：

一是该专利被后续发明人发现存在某些缺陷和问题，被引用的专利通常出现在后人专利的背景技术部分，后续发明人引用该专利是为了指出其存在的技术问题，然后据此指出自己的新技术方案相对于此专利的改进和创新之处。这种情况下，专利被后人专利所引用，不是因为它有优势，而是它存在问题，是对被引用专利的技术价值的否定。

二是后人专利在实施方案中引用了某专利，后人专利在阐述技术方案时，对于某些非主要发明点的技术特征，可以直接以“拿来主义”的方式引用某专利所记载的技术，以避免对某些成熟技术方案的赘述。这种情况下，被引用的专利往往代表着某种成熟的、可被后人沿用的技术方案，是对被引用专利的技术价值的肯定。

遗憾的是，现在各大专利数据库所提供的专利引用数据，并不能区分上述两种截然相反的引用，二者混杂在一起。因此，不能简单认为专利被引频次越多，该专利就越重要。

3.5.1.2 专利权利要求数目

传统专利文献计量学评价标准中，常将专利权利要求数目作为重点专利判定的指标之一，往往认为权利要求数目越多的专利，其价值越高，但事实并非如此。

事实上，专利保护范围仅仅由其独立权利要求（通常是权利要求 1）决定，更具体地说，是由独立权利要求中的技术特征精简程度、是否有非必要技术特征、技术特征的上位概括程度、技术特征显性化程度等因素综合确定的，技术特征越精简、没有非必要技术特征、技术特征上位概括程度越高、技术特征显性化程度越高（即举证越容易），则该专利保护范围越宽，行使专利权越容易，保护力度越强，法律价值越高。如果该专利同时还具有技术价值和商业价值，那么该专利无疑是重要专利。而上述几个判断标准，没有一个是跟权利要求个数有关的。因此，不能认为权利要求数量多，专利就重要。

3.5.1.3 同族专利数量

人们通常认为，同族专利越多，该专利所记载的技术方案越重要，因为去各国申请专利和维护专利都耗资不菲，专利权人舍得花大量真金白银去各国申请专利，这本身就代表着对专利技术的技术价值和商业价值的认可。这种看法是合理的，但也仅适用于欧美日等科技发达国家的大公司的专利，而对很多中国专利申请人而言，目前并不适用，原因在于：中国申请人仅仅是这几年才刚刚有了专利国际布局的意识和资金实力，而在此之前很多重要的中国专利，因为主观意识和客观资金原因，并未申请国际专利，但并不意味着这些专利就不重要。鉴于很多技术领域（如电子烟和颗粒型烟支）的起源和发展壮大都是在中国，该领域内的核心申请人也在中国，该领域内的关键专利也都是最开始申请了中国专利，因此，不能因为某中国专利没有同族专利，就否定该中国专利的重要性。

3.5.1.4 专利转让许可情况

传统的专利文献计量学理论认为，专利如果发生技术转移，那么说明专利重要程度高，这种观点是合理的。所谓技术转移，是指专利权的转让、作价入股等；所谓许可，是指专利权人许可他人使用其专利技术，并可以收取相应的许可费用。

但不能单独使用该指标，实际上，很多重要的专利，专利权人是舍不得或者根本不会转让和许可他人使用的。透过现象看本质，专利技术转移或专利技术许可的本质还是专利技术得到或即将得到实践应用。专利能否具有实践应用价值，才是检验专利是否重要的本质标准，这样的本质标准不仅体现在专利转移和专利许可上，还体现在专利诉讼上，能用来据以起诉他人侵权的专利，无疑更是重要专利。

3.5.2 基于本质判定的重要专利评价标准

本书将专利能否具有实践应用价值作为检验专利是否重要的本质标准。专利具有实践应用价值，既可以是技术层面的应用，也可以是法律层面的应用，具体体现在以下几个方面：

3.5.2.1 专利技术在产品中得到或即将得到应用

专利中某些技术特征在产品（无论是历史产品、当前产品还是将来的产品）中得到或者即将得到应用，说明该专利的技术价值高，是重要专利。通俗来讲，被划入技术脉络进化树的专利，都是至少在历史上曾经重要的专利（或者是技术发展路线中的关键节点所涉及的专利技术），这些专利的技术特征如果在当前主流产品仍被采用，则当前技术价值非常高；如果仅在历史产品中得到应用而在当前产品未被沿用，则说明该专利技术价值曾经非常高，至少起到了技术上承前启后继往开来的作用，这样的专利当前不再具有技术价值，但仍然具有相当大的法律价值，可以作为对当前重要核心专利发起专利无效宣告时的过硬证据来使用；

还有一些面向未来布局的超前性专利，有远见的技术人员能够预期其将来能在产品中得到应用，这样的专利，位于技术进化脉络树的必经之路上，同样在技术角度来说是重要专利，如果其专利保护范围宽、权利稳定、抗规避性强且举证容易的话，其在法律角度也是重要专利。这样的专利，由于代表下一代的主流技术发展方向，或者对竞争对手具有强烈的封锁效应，其重要程度甚至比当前产品所应用的专利还要高。

3.5.2.2 专利发生过技术转移或专利许可

专利发生过技术转移，说明该专利技术价值和商业价值高，是重要专利。

技术转移是指技术所有方通过专利转让、专利许可、专利作价入股等方式，将技术的所有权、使用权、处分权和收益权之中的至少一种转移给其他人的过程。技术转移作为科技成果转化的重要方式，有利于充分发挥资源整合的优势，这不难理解，有技术的不见得有资金，有资金的不见得有市场，有市场的不见得有技术，通过技术转移，可以将技术、资金、市场等市场要素集中在一起，推动科技成果转化。技术转移和技术扩散虽然从形式上都是技术内容从一方知晓变成另一方也知晓，但技术转移不等同于技术扩散，它强调的是技术的法律属性（如所有权、使用权、处分权和收益权）的转变且通常有明确的合同依据或者有政府部门备案以确保技术出让方和技术受让方的权利义务有据可查，而技术扩散通常没有这种法律属性的转移过程和法律文书见证过程。

专利转让是将专利所有权转让给他人（自然也就将使用权、处分权和收益权一并转让），专利许可是保留专利所有权和处分权而仅将使用权和收益权转让给他人，专利作价入股是专利所有权人以专利的财产权评估后以公允价格作为股本金投入新公司的过程，这些都是需要在国家知识产权局登记备案的技术转移过程，其公信力非常高，故得到技术方、资金方和市场方各方的普遍认可。

技术受让人作为微观市场主体，绝不会掏钱买没用的技术，其既然肯花真金白银掏钱买某项专利技术，说明该技术的价值得到了其认可。因此，专利是否发生过技术转移，可以从一个侧面反映专利的重要程度。但没有发生技术转移或许可的专利未必就不重要，最终还是以能在产业中应用作为本质标准。

3.5.2.3 专利法律保护严密且具有强烈的排他性

专利制度的本意是以公开换保护，使专利权人在一定期限内获得合法而值得鼓励的技术垄断。这种由专利导致的技术垄断，其法律属性的本质就是排他性，即排除专利权人以外的任何人实施该专利的合法性，除非实施人向专利权人缴费购买专利或者获得其许可。这种排他性也是有强弱之分的。专利的排他性越强，说明其法律价值越高。排他性强就是指保护力度强，主要体现在权利要求 1 技术特征精简、没有非必要技术特征、技术特征上位概括程度高、技术特征显性化程度越高（即举证容易）、专利权稳定、抗规避性强等等，简单来说，就是专利权布局稳、准、狠。

3.5.2.4 专利被人发起无效宣告

专利授权后被提过无效宣告请求，说明该专利的排他性已经强到足以威胁竞争对手（例如已经对竞争对手发起专利侵权诉讼或竞争对手预计要被发起侵权诉讼），使其不得不采取应对和反制行动的程度，说明其技术价值、商业价值和法律价值都相当高，必然是重要专利。

专利无效是各国专利法中都必然存在的一种制度设计，因各国专利审查员都有可能因为对某项专利技术领域不熟悉或者在技术检索方面的经验不足，而误将不该授权的专利给予了授权，如此，则破坏了专利法鼓励创新（保护创新性技术）和平衡公共利益（自由使用现有技术）的立法初衷。专利无效程序，则从法律上允许任何人对已经授权的专利提出有理有据的质疑，例如提供对比文件证明该专利缺乏新颖性、创造性、清楚性、完整性等等而对该专利实施无效，而一旦被专利局认定为专利无效，则法律上视为该专利自始不存在。专利无效要求请求人一方准备充分的技术证据，且要走专门的法律程序，是耗资不菲的法律行为。

必须指出的是，专利技术价值高和经济价值高不必然会导致专利无效，因为其法律价值可能很低，例如保护范围也可能很有限，很容易被他人规避，或者很难去举证证明他人专利侵权，这种情况，其他人随便改头换面使用就可以避免专利侵权，而专利权人也没有信心发起专利侵权诉讼，故双方更多情况是相安无事。只有技术价值高且专利保护范围宽的专利，专利权人才适合起诉他人专利侵权，其他人才会预感到不易规避或专利侵权风险高，才会触发专利无效。由此可见，专利被人提出无效宣告，是对一个专利技术价值、经济价值和法律价值三方面的巨大肯定，缺少上述任何一项价值，都不会令竞争对手感到不安和威胁，因此专利被提无效，是来自竞争对手的褒奖。

3.6　专利法律布局

3.6.1　专利法律布局检索

待所有强相关专利确定后，可通过欧洲专利局（EPO）Espacenet 数据库，明晰近 20 年来在凝胶态烟油、发烟颗粒型产品和整块型固态发烟材料领域的所有 PCT 专利进中美欧日韩等国家授权情况，标出专利权分布图或表并筛选出核心专利和外围专利。

3.6.2　核心专利筛选

根据筛选出的相关专利，从技术上和法律上综合考虑以下层级（部分或全部满足），用于从中确定核心专利。

3.6.2.1　技术层级

属于偏底层的基础技术，具有广泛的适用面，且技术效果良好。

3.6.2.2　法律层级

法律上，在中美欧日韩俄中至少一个国家授权；权利要求 1 保护范围比较宽泛；经历过至少一次专利无效。

发烟颗粒型产品专利技术

4.1 颗粒型发烟材料

4.1.1 相关专利和重要专利

在检索到的发烟颗粒型产品专利中，与颗粒型发烟材料相关的专利共计 22 件，其中，重要专利 11 件，用下画线标示，如表 4-1 所示。

表 4-1 颗粒型发烟材料相关专利和重点专利（下画线标示）

序号	公布号/授权号	申请人/专利权人	标题	申请日	公开（公告）日	专利状态
1	CN1204234A	英美烟草（投资）有限公司	再制的烟草	1996/11/29	1999/1/6	失效
3	CN106998817A	菲利普莫里斯生产公司	供烟草蒸发器中使用的烟草小袋	2015/12/15	2017/8/1	授权
4	CN108135275A	菲利普莫里斯生产公司	气溶胶生成制品、气溶胶生成团块、气溶胶生成团块的形成方法和包括气溶胶生成团块的气溶胶生成系统	2016/10/21	2017/4/27	授权
5	CN108135278A	菲利普莫里斯生产公司	气溶胶生成系统	2016/10/21	2018/4/16	授权
6	CN107373775A	周金成	一种固体烟草颗粒以及新型烘烤电子烟装置	2017/9/4	2017/11/24	失效
7	CN108065456B	安徽中烟工业有限责任公司	一种包含烟草颗粒的加热不燃烧烟草制品及制备方法	2017/12/22	2018/5/25	授权
21	CN110839953A	云南恒罡科技有限公司	一体成型加热不燃烧发烟制品	2018/8/16	2020/2/28	实质审查
24	CN109363230A	云南恒罡科技有限公司	一种加热不燃烧卷烟发烟颗粒材质及其制备方法	2018/10/31	2019/2/22	实质审查
36	CN109363231A	赵雪	一种新型电子烟的烟弹及其制备方法	2018/11/30	2019/2/22	实质审查

续表

序号	公布号/授权号	申请人/专利权人	标题	申请日	公开（公告）日	专利状态
45	CN209331185U	广东精彩国际生物科技有限公司	一种低温不燃烧烟弹结构	2018/12/10	2019/9/3	授权
46	CN111358043A	云南恒罡科技有限公司	一种蜂窝状加热不燃烧烟弹	2018/12/26	2020/7/3	授权
47	CN111358044A	云南恒罡科技有限公司	一种多孔淀粉加热不燃烧发烟颗粒及其制备方法	2018/12/26	2020/7/3	实质审查
48	CN111387563A	云南恒罡科技有限公司	一种适用于蜂窝状加热不燃烧烟弹的烟具	2018/12/29	2020/7/10	实质审查
51	CN112167695A	赵雪	一种微波膨胀重组烟草丝/颗粒的制备方法	2019/7/3	2021/1/5	实质审查
65	CN211211442U	深圳市舜宝科技有限公司	电子烟烟弹及其堵头	2019/9/30	2020/8/17	授权
66	CN110537726A	深圳市舜宝科技有限公司	一种茶烟弹及一种电子烟	2019/9/30	2020/12/6	失效
70	CN111000282A	云南喜科科技有限公司	用于低温加热不燃烧制品的生物碱发烟颗粒及其制备方法	2019/12/16	2020/4/14	实质审查
71	CN111213903A	云南氪莱铂科技有限公司	用于加热不燃烧制品的高发烟颗粒及其制备方法与应用	2020/2/20	2020/6/2	授权
72	CN111616404A	安徽中烟工业有限责任公司	一种加热卷烟用颗粒的微波干燥方法	2020/6/5	2020/9/4	实质审查
74	CN110693070A	深圳市舜宝科技有限公司	茶梗发烟基质的制备方法	2019/9/30	2020/1/17	实质审查
75	CN110537725A	深圳市舜宝科技有限公司	电子烟烟弹用发烟基质及制备方法	2019/9/30	2019/12/6	实质审查
76	CN110693074A	深圳市舜宝科技有限公司	茶叶制品的加工方法及其在茶烟和/或茶弹产品中的应用	2019/9/30	2020/1/17	实质审查

4.1.2 关键词解释

（1）颗粒粘连：发烟颗粒打包运输及贮存时，由于颗粒表面的发烟剂存在吸湿现象，颗粒之间容易粘连结块，影响后续的烟支装填操作。

（2）烘焙醇化：是发烟颗粒制备工序之一。如表 4-1 专利【7】CN108065456B 所述，烘焙醇化的作用：① 能够让预混物中各组分混合更加均匀；② 此过程中，物料发生梅拉德反应，能够使产物烟草颗粒材料香气更加丰富，同时去除青杂气等不良气味；③ 还可去除预混物中的部分水分，有利于挤出成型和产物的感官体验。

（3）微波膨胀：利用大功率微波发生器和专业化配套设备，通过微波射线辐射，作用于被膨胀物料中的极性分子，使极性分子产生高频振动，从而通过振动摩擦加热极性分子使其快速升温并蒸发，产生的势能和动能冲击其周边的束缚屏障，从而造成物料整体宏观上表现出膨胀效果，如表 4-1 专利【51】CN112167695A 所述。

（4）烟梗微波膨胀：是指使用微波膨胀工艺对烟梗进行膨胀，烟梗中的细胞在不被破坏的情况下体积会增大，形成了类似于蜂巢的多空腔结构，便于吸附发烟剂和香料等。同时，烟梗中的纤维在微波辐照加热的作用下熟化，会明显降低纤维的木质气息，如表 4-1 专利【51】CN112167695A 所述。

（5）浸泡式反应分离：是指切成片状的微波膨胀烟梗完全浸泡在含有生物酶制剂的水中，这里的生物酶是具有靶向反应作用的生物酶，具体来说是作用于烟梗中的果胶、蛋白、淀粉、氯离子、硝酸盐等特定成分，使其快速分解溶出的一种高效分离方式，如表 4-1 专利【51】CN112167695A 所述。

（6）发烟剂：是指主体由多元醇构成的气雾生成剂。在产品的使用中可以促进气雾的生成。气雾生成剂在现有的技术中是已知的，包括但不限于：丙二醇、丙三醇、三甘醇、1,3-丁二醇、多元醇的酯类化合物等。

（7）脱气处理：指颗粒状载体的一种预处理方法。例如利用生化法、炒制法、物理法、机械法预处理原料，去除原料香味成分，得到空白载体。这样可以去除原料中不期待的香味成分，原料仅仅起到载体的作用。如表 4-1 专利【47】CN111358044A 所述。

（8）造粒：将几种物料通过一定工序混合制备得到更大尺寸的颗粒的过程，常规造粒方法包括：① 干法造粒：流化床造粒、喷雾式造粒、剪切造粒、转子造粒等；② 湿法造粒：滚圆造粒、摇摆造粒法等；③ 其他方法：破碎造粒法等。

4.1.3 重要专利剖析

4.1.3.1 CN1204234A

1. 专利简述

此专利申请人为英美烟草（投资）有限公司（表 4-1【1】CN1204234A 再制的烟草）。

专利记载了一种烟草工业操作程序，颗粒打包运输及贮存时，为了防止再制烟草颗粒间粘连而发生结团，先将颗粒与粒状防黏剂进行掺混处理。之后，当再制烟草开包时，对所述料体再进行分离处理，从而将防粘剂与再制烟草分开。具体的操作方法：烟草颗粒制成后，与粒度小于 100 μm 的防粘剂（淀粉、烟末、二氧化钛、氢氧化镁、碳酸镁、硫酸镁、白垩）掺混以防止颗粒结块。

2. 核心专利点分析

该专利首次提出了将颗粒与粒状防粘剂进行掺混处理防止颗粒结块的方法，烟末作为最常用防粘剂也包含在内。

4.1.3.2　CN108135275A

1. 专利简述

此专利申请人为菲利普莫里斯生产公司（表 4-1【4】CN108135275A 气溶胶生成制品、气溶胶生成团块、气溶胶生成团块的形成方法和包括气溶胶生成团块的气溶胶生成系统）。

专利记载的颗粒特征（图 4-1）如下：

（1）颗粒形貌：发烟颗粒可以是规则或不规则的，表面可以是平滑、粗糙或者有棱角的，整体形状可以是圆形、扁平，或纵向延伸的。

（2）颗粒配方：发烟颗粒含有颗粒芯、烟草、植物纤维、发烟剂、黏合剂、香料，颗粒芯是用作感应加热的铁磁性物质。

（3）颗粒制备方法：在颗粒芯表面涂布（包括湿式涂布和干式涂布）含烟草浆料涂层、干燥，得到发烟颗粒；含烟草浆料涂层包括烟草粒子、纤维粒子、气溶胶形成剂、黏合剂且还包括香料，优选的，涂层呈由含烟草浆料形成的复原烟草的形式；湿法造粒（流化床造粒、喷雾式造粒）和干式造粒（剪切造粒、滚圆、转子造粒）均可。

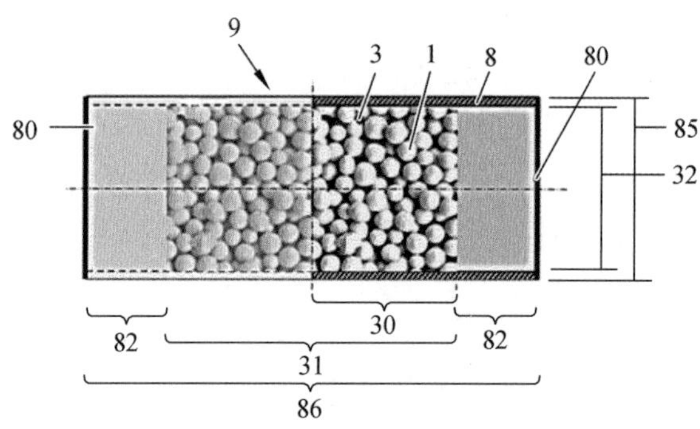

图 4-1　专利 CN108135275A 记载的颗粒特征

2. 核心专利点分析

该专利首次提出了电磁加热的发烟颗粒，保护了最适于发烟的电磁发烟颗粒形式，即颗粒内部受热，产生的烟雾由内而外扩散出。

4.1.3.3　CN108065456B

1. 专利简述

此专利申请人为安徽中烟工业有限责任公司（表 4-1【7】CN108065456B 一种包含烟草颗粒的加热不燃烧烟草制品及制备方法）。

专利记载的颗粒特征如下：

（1）颗粒形貌：球状颗粒，直径 0.5 ~ 0.8 mm，含水率不大于 5%（质量分数，以下如无特殊说明，均为质量分数）。

（2）颗粒配方/成分：烟草超微粉末 40% ~ 60%，其他生物质粉末（陈皮、檀皮、乌梅、石斛、红薯、板栗、麦芽）0 ~ 10%，烟草干馏物 5% ~ 10%，雾化剂 20% ~ 40%，黏结剂 1% ~ 5%，余量为烟用香精香料。

（3）颗粒制备方法：经过原料混合、烘焙醇化、挤出成型、滚圆造粒、干燥得到烟草颗粒。其中，将烟草超微粉末和其他生物质粉末按配比量混合得到的主料与烟草干馏物、雾化剂、黏结剂和烟用香精香料按配比量混合得到的辅料用雾化剂进行湿法混合；烘焙醇化处理的条件为：气氛条件为氮气连续通气，温度为 100 ~ 200 °C，时间为 2 ~ 4 h，烘焙醇化处理时，预混物置于可加热、可通气的不锈钢罐中进行；挤出工艺采用筛网式挤出机或可变密度式挤出机（即螺杆挤出机），挤出温度≤40 °C，孔直径为 0.5 ~ 0.8 mm（相当于颗粒直径），挤出速率为 5 ~ 10 kg/h。

2. 核心专利点分析

该专利的创新点是采用烘焙醇化的方法处理预混物，其优势包括：混合更均匀，通过美拉德反应丰富香气和去除青杂气，去除水分而利于挤出成型和产物的感官体验。

4.1.3.4 CN109363230A

1. 专利简述

此专利申请人为云南恒罡科技有限公司（表 4-1【24】CN109363230A 一种加热不燃烧卷烟发烟颗粒材质及其制备方法）。

专利记载的颗粒特征如下：

（1）颗粒形貌：50 ~ 300 目颗粒，含水率 8% ~ 13%。

（2）发烟颗粒配方：包括颗粒状载体、发烟剂、表面包裹剂（1% ~ 30%）和致香组分。

（3）发烟颗粒制备方法：颗粒状载体先经生物活性处理，然后与发烟剂和香料混合，特定温度下静置（吸收料液）、烘干到特定含水率，加香，加入表面包裹剂（封锁香味）得到成品。

2. 核心专利点分析

该专利的创新点是在颗粒制备中提出了生物活性处理和二次加香。生物活性处理是原料经过生物活性处理（酶处理）以溶出不良成分，分解木质素，中和蛋白质，减少木质气息和杂气；二次加香是造粒得到的颗粒干燥后，二次补充加香，手段一般是将香料喷洒在颗粒表面，然后加包裹剂封锁香味。

4.1.3.5 CN111358044A

1. 专利简述

此专利申请人为云南恒罡科技有限公司（表 4-1【47】CN111358044A 一种多孔淀粉加热不燃烧发烟颗粒及其制备方法）。

专利记载的颗粒特征如下：

（1）颗粒形貌：10 ~ 120 目发烟颗粒，水分 8% ~ 15%。

（2）颗粒配方：多孔淀粉载体（玉米淀粉、山药粉、葛根粉等等）、香料、发烟剂、黏合剂、包裹剂。

（3）颗粒制备方法：淀粉去除原有香味后酶解得到多孔淀粉，与香料、发烟剂、黏合剂、包裹剂混合造粒，颗粒在无菌环境下静置 12 h（吸收料液），干燥，加香，加包裹剂封锁香味。

2. 核心专利点分析

该专利的创新点是利用生化法、炒制法、物理法、机械法预处理原料，去除原料香味成分，得到空白载体。这样可以去除原料中不期待的香味成分，原料仅仅起到载体的作用。值得注意的是，造粒得到的颗粒先干燥，后加香，加包裹剂封锁香味，该方法已经被专利【24】CN109363230A 公开，说明该方法有明显优势。

4.1.3.6　CN112167695A

1. 专利简述

此专利申请人为赵雪（表 4-1【51】CN112167695A 一种微波膨胀重组烟草丝/颗粒的制备方法）。

专利记载的颗粒特征如下：

（1）颗粒形貌：形状不规则，表面粗糙，水分含量小于等于 12%。

（2）发烟颗粒配方：膨胀烟梗、发烟剂、烟粉、烟草提取物、中草药提取物、果类提取物，食品胶等。

（3）发烟颗粒制备方法：以复烤后的烟梗为原料，通过“烟梗原料制备→微波膨胀烟梗→储存（通过较长时间的储存，固化膨胀后烟梗内部的组织结构，确保回水后不回缩）→回潮润梗（平衡水分到 20%～30%）→造粒→浸泡式反应分离（生物酶反应，溶出不良成分，分解木质素，中和蛋白质，减少木质气息和杂气）→脱水干燥（水分 10%～18%）→切丝→回填料液→包裹烟粉（防止颗粒黏结，烟粉吸附油性香料）→挤压固化→松散烘干（防止挤压后粘连）”的工艺制成。

2. 核心专利点分析

该专利使用微波膨胀工艺对烟梗进行膨胀，膨胀度≥200%，烟梗中的细胞在不被破坏的情况下体积增大了 2 倍以上，形成了类似于蜂巢的多空腔结构，同时，烟梗中的纤维在微波辐照加热的作用下熟化，明显地降低了纤维的木质气息。

开发了对膨胀后的烟梗先切片，然后进行浸泡反应分离，再切丝的优化工艺。这样的处理工艺没有传统的压梗成片的工艺过程且在切片后即进行浸泡反应。一是使得切丝的造碎率大幅降低，二是在梗丝中原有成分被脱除的基础上，并未破坏梗丝中被微波膨胀的细胞，具有良好的负载能力，呈现出明显的三维体积。

采用的膨胀梗丝/膨胀梗颗粒状载体，具有优异的负载能力，回填料液的重量至少可以达到膨胀梗丝/膨胀梗颗粒状载体重量的 2 倍甚至以上，对产品的吸味提升发挥了重要的作用。

首次精准确定了烟梗膨胀参数，以防止膨胀度过大或过小；生物酶反应去除原料不良成分已被专利【24】CN109363230A 公开过，说明此工艺具有明显优势。

4.1.3.7　CN211211442U

1. 专利简述

此专利申请人为深圳市舜宝科技有限公司（表 4-1【65】CN211211442U 电子烟烟弹及其堵头）。

专利记载的颗粒特征如下：

发烟基质可以为颗粒状，具体含有茶颗粒，为烟雾增加茶香，或者用茶材料代替烟草；净化基质可以包含茶梗和/或活性炭颗粒，可以吸附烟雾中的有害颗粒，以及使烟雾的香味更纯正。

发烟基质间的间隙小于净化基质间的间隙，使净化部的压强低于发烟部的压强，便于烟雾自动向净化部渗透，或者增加烟雾的渗透速率。产生间隙变大的方法可以为：当发烟部和净化部的基质为均质时，使两者的颗粒度不相同，二是在净化部掺杂较大颗粒，从而也可增加净化部的间隙。

2. 核心专利点分析

该专利提出了利用颗粒的粒度不同导致的间隙不同，而在烟支内产生压强差的方法。在此基础上，可以进一步将发烟部本身的颗粒的粒度设计为具有梯度的排布，在发烟部内产生压差。

4.1.3.8 CN111213903A

1. 专利简述

此专利申请人为云南氪莱铂科技有限公司（表 4-1【71】CN111213903A 用于加热不燃烧制品的高发烟颗粒及其制备方法与应用）。

专利记载的颗粒特征如下：

（1）颗粒形貌：该专利的高发烟颗粒是由高发烟颗粒基材和凝胶颗粒按质量比 1∶1～7∶3 掺配混合制成；凝胶颗粒表面光滑、颗粒目数为 60～200 目；高发烟颗粒基材表面粗糙，颗粒目数为 20～40 目，水分含量为 8%～12%。

（2）颗粒配方：高发烟颗粒基材由主料和发烟料混合造粒得到，其中，主料由提取天然植物后残留的水提渣的粉碎物与滇橄榄粉碎物、酸木瓜粉碎物、茯苓粉碎物、瓜果壳粉碎物中的一种或几种组成；发烟料由丙二醇、丙三醇、丁二醇中的一种或几种组成。凝胶颗粒是由凝胶料和发烟料混配后喷雾干燥得到，所述凝胶料由聚乙二醇、十四酸、香原料组成。

（3）颗粒制备方法和工艺

将主料 A 与发烟剂按质量比 2.5∶1～1∶1 混配，进行湿法造粒，经干燥、微波膨化，得到高发烟颗粒基材；将凝胶料 C 和发烟剂混配后进行喷雾干燥造粒，得到凝胶颗粒；将高发烟颗粒基材与凝胶颗粒按质量比 1∶1～7∶3 掺配混合，得到成品高发烟颗粒。

2. 核心专利点分析

该专利首次用到凝胶颗粒，将凝胶颗粒和高发烟颗粒基材掺配使用。凝胶颗粒增加混配后所得的高发烟颗粒的流动性，利于后续装填。

4.1.3.9 CN110693070A

1. 专利简述

此专利申请人为深圳市舜宝科技有限公司（表 4-1【74】CN110693070A 茶梗发烟基质的制备方法）。

专利记载的颗粒特征如下：

（1）颗粒形貌：具体形状没有限定，粒状即可，颗粒目数为 8～40 目。

（2）颗粒配方：必要组分为膨化处理后的茶梗和发烟剂，可选添加组分为稳定剂（包括广藿香油、香兰素、乙醇中的任意一种或多种组合）和香味剂（包括香精油、香精凝脂、香精粉末中的任意一种）。

（3）颗粒制备方法和工艺：新鲜茶叶经过杀青、干燥、膨化和分拣处理，从中分拣出茶梗，再将茶梗粉碎并筛分出预设粒度的颗粒；再与发烟剂以及可选添加的稳定剂和香味剂混合造粒。

2. 核心专利点分析

该专利以茶梗代替烟草来制作发烟颗粒，优势包括：茶梗中丰富的木质素在与发烟剂湿法混合时具有黏合的作用，便于与发烟剂结合，增强烟气持久性，木纤维具有孔隙结构，加热时可以容纳烟气，使烟弹整体的烟量提高；茶多酚和茶碱具有提神的保健效果，可溶性糖和氨基酸在加热时会散发香味，改善烟弹口感；膨化过程可以使较粗的茶梗由内到外充分干燥，并且增加茶梗中木质素和木纤维的表面积，使与发烟剂的结合力以及发烟剂量更高，提高烟量和烟气持久性；茶梗不含焦油、尼古丁等有害物质，有利于吸食者健康。

4.1.3.10　CN110537725A

1. 专利简述

此专利申请人为深圳市舜宝科技有限公司（表 4-1【75】CN110537725A 电子烟烟弹用发烟基质及制备方法）。

专利记载的颗粒特征如下：

（1）颗粒形貌：具体形状没有限定，粒状即可，颗粒粒径未提及。

（2）颗粒配方：必要组分为茶颗粒、茶丝、茶粉、发烟剂；可任选添加组分为稳定剂和/或香味剂。

（3）发烟颗粒制备方法和工艺：将新鲜茶叶经过杀青、切丝、干燥后得到茶丝；将新鲜茶叶经过杀青、切丝、干燥后，磨粉得到茶粉，粒度为 300 ~ 2000 目；用香味剂、稳定剂以及所述发烟剂中的任意一种或多种组合湿法混合茶粉，并造粒至粒径 20 ~ 50 目；将上述茶颗粒、茶丝和茶粉按比例与发烟剂、稳定剂、香味剂混合，并湿法造粒。

2. 核心专利点分析

该专利以茶梗代替烟草来制作发烟颗粒，混合不同粒径的茶粉、茶丝和茶颗粒。优势是不同颗粒形态的混合物作为发烟基质，可以调节发烟基质整体的密度，调节吸烟时的吸阻；由于茶颗粒、茶丝和茶粉的粒径不同，与发烟剂的结合度不同，颗粒越大，和发烟剂的结合度越低，发烟持久性越差，不同粒径的设置，可以梯度释放烟雾，增加烟雾的持久性。

4.1.3.11　CN110693074A

1. 专利简述

此专利申请人为深圳市舜宝科技有限公司（表 4-1【76】CN110693074A 茶叶制品的加工方法及其在茶烟和/或茶弹产品中的应用）。

专利记载的颗粒特征如下：

（1）颗粒形貌：具体形状没有限定，粒状即可，颗粒粒径未提及。

（2）颗粒配方：必要组分为茶叶粉、发烟剂和稳定剂；可任选添加组分为香精。

（3）发烟颗粒制备方法和工艺：将茶叶干燥和微波膨化后磨粉，得到 300 ~ 500 目茶叶粉；将茶叶粉与助剂混合造粒。

2. 核心专利点分析

该专利以茶叶代替烟草来制作发烟颗粒，与烟丝制得的发烟颗粒相比，使用茶叶粉发烟效果良好，常规化学添加剂类发烟剂的用量减少 30%以上；口感良好，抽吸体验佳。

4.1.4 关键技术解析

4.1.4.1 颗粒形貌

现有专利所述颗粒大部分是不规则形状或球形，表面粗糙，粒径从 0.2 ~ 2 mm 不等，含水率为 3% ~ 15%。选择 3% ~ 15%的含水率是因为含水率太低，颗粒不易成型；含水率太高，会影响抽吸口感，烟气水蒸气含量高而易烫嘴。除含水率外的颗粒特征应属于常规技术特征，与发烟性能无特定关系。

此外，专利中没有描述颗粒形状、粒径、表面光滑或粗糙程度、含水率等与发烟性能之间的关系，也没有提及颗粒形貌特征的比较优势，但从装填角度来说，球形颗粒流动性更好，比不规则形状颗粒更易于装填操作。

4.1.4.2 颗粒配方

1. 颗粒成分

颗粒成分通常包括颗粒型载体、发烟剂、香料、黏结剂（有或无）。详见表 4-2。

表 4-2 颗粒成分列表

颗粒状载体		发烟剂	香料	黏结剂
烟草物质	非烟草物质			
选自烟梗、烟粉、烟叶、烟草提取物、烟草干馏物、再造烟叶薄片丝、膨胀烟梗颗粒中的一种或几种	1. 植物粉末：如植物的茎叶、果实，例如陈皮、檀皮、乌梅、石斛、红薯、板栗、麦芽、咖啡渣、咖啡豆、薄荷、甘菊、柠檬、茶叶、可可豆、瓜果壳粉碎物、灯芯草、禾本科植物颗粒、葛根、紫荆泽兰、羟丙基甲基纤维素、β-环糊精、明胶、海藻酸钠、壳聚糖、甲基纤维素、木质素、秸秆粉末、甘草粉末、淀粉、提取天然植物后残留的水提渣的粉碎物、滇橄榄粉碎物、酸木瓜粉碎物、茯苓粉碎物 2. 矿物粉末：如硅藻泥 3. 合成物质：如活性炭颗粒、合成颗粒、石墨烯、碳纤维管、微晶纤维素	丙三醇、柠檬酸三乙酯、山梨醇、三醋酸甘油酯、1,3-丁二醇	如可可提取物、蓝莓提取物、黑加仑提取物、红枣提取物、菊苣提取物、薄荷脑、酰胺类凉味剂、烟草提取物、烟草净油、烟碱、烟碱盐和烟草精制物、无花果浸膏，蜂蜜，可可提取物、辛夷花提取物、防风提取物、柴胡提取物、百合提取物、黄芪提取物、鹅不食草提取物、白术提取物、白芷提取物、蜂蜜、蜂胶	如食品胶（阿拉伯树胶、卡拉胶、黄原胶、魔芋胶、瓜儿豆胶等）

2. 发烟剂和香料与颗粒状载体的位置关系

现有专利没有专门强调发烟剂和香料与颗粒状载体的位置关系，如发烟剂和香料是被载体包裹而处于颗粒内部，还是发烟剂与香料位于载体表面；现有专利也未强调不同位置关系导致的发烟效果上的区别。

实际上，现有专利中上述两种情况都存在，当物料先混合再造粒时，发烟剂和香料是被载体包裹而处于颗粒内部；当颗粒干燥后进行二次加香或再加发烟剂时（例如专利【24】CN109363230A），部分香料或发烟剂又位于载体表面。

经过分析，现有专利中未研究发烟剂和香料与颗粒状载体的不同位置关系导致的发烟效果上的区别，但是实际上，两者各有优劣：发烟剂和香料在颗粒状载体表面时，可能会挥发过快，无法和尼古丁共同散发，使得抽吸过程中口感不一致；发烟剂和香料在颗粒状载体内部时，干燥过程会损失一部分。

现有专利的解决方法包括：在颗粒干燥后进行二次加香或再加发烟剂进行补充；对干燥过程进行改进，例如冷冻干燥、微波干燥等，尽量降低发烟剂和香料损失。

3. 烟梗与其他烟草原料的优劣比较

理论上，烟草物质中烟梗、烟粉、烟叶、再造烟叶薄片丝、膨胀烟梗颗粒都可以作为颗粒状载体（表 4-2），但是选择膨胀梗丝更佳。原因如下：

梗丝膨胀度为 200%～400%时，膨胀梗丝具有三维体积、多空腔结构、低造碎、高回填能力等优势，且木质纤维经过熟化而具有优质吸味。此处的多空腔结构不同于烟丝和烟叶的多孔结构，特指经过微波膨胀后，烟梗内部的纤维管束在此状态下全部打开，形成的类似于蜂巢的多空腔结构。此时，烟梗中的细胞在不被破坏的情况下体积增大了两倍以上。相比而言，未膨胀处理的烟丝、梗丝、烟叶内部不能形成多空腔结构，其对回填香料的负载率很低，含水率不均匀且木质气息严重。

烟粉本身在制粉过程中细胞壁遭到了破坏，因此基本没有对香料及发烟剂的吸附能力，与其他外源性香料的配伍性很差，导致吸味单调。此外，烟粉聚合时结构紧密，热分散性能较差，在与加热体直接接触时，极易产生焦煳的情况。再造烟叶薄片丝的料液吸收效果也不如膨胀梗丝。

4. 添加物质的必要性分析

对于以非烟草物质为载体的发烟颗粒，为保证发烟效果，必加发烟剂；因为通常要将非烟草物质经过脱气处理后作为空白载体使用，所以必加香料以提供香味；黏结剂不是必加的，非烟草物质本身如甲基纤维素等可作为黏结剂。

对于以烟草物质为载体的发烟颗粒，为保证发烟效果，必加发烟剂；香料不是必加物质，因为可以依靠烟草物质本身提供烟草香味；黏结剂不是必加的，烟草物质中也含有内源性黏结剂如烟草本身含有的烟草果胶或烟草树胶等。

水可以根据情况，加或不加。

4.1.4.3 颗粒制备方法

1. 通行方法

颗粒状载体、发烟剂、香料、黏结剂（有或无）、水（有或无）等原料混合，造粒，干燥，二次加香（有或无），筛分，制得发烟颗粒。其中的造粒方法包括：湿法造粒（如流化床造粒、喷雾式造粒、挤出造粒）、干法造粒（如剪切造粒、滚圆造粒、转子造粒）、其他方法（如摇摆造粒法、沸腾造粒法、破碎造粒法）。

2. 各造粒方法制得颗粒的优劣势

湿法造粒的颗粒表面比较粗糙，后续需要经过滚圆处理，再干燥得到比较光滑的烟草颗粒（表 4-1【7】CN108065456B）。表面粗糙颗粒的优势是比表面积较大，烟雾的散发效果更好；劣势是流动性差，不利用装填。表面光滑颗粒的劣势是同体积下比表面积最小，烟雾的散发效果不好；优势是流动性好，利于颗粒装填。

3. 特色技术

（1）预处理颗粒状载体

预处理的目的一是增加载体孔隙度以吸收料液，方法是采用生化法、炒制法、物理法、机械法对颗粒型载体进行预处理（表 4-1【47】CN111358044A）；二是溶出原载体中的不良成分，避免木质气息和杂气，方法是酶解处理和炒制（表 4-1【51】CN112167695A，【47】CN111358044A，【24】CN109363230A）。

（2）防止颗粒黏结

方法一是包裹烟粉防止颗粒黏结，烟粉还能吸附油性香料（表 4-1【51】CN112167695A）；方法二是与粒度小于 100 μm 的防粘剂（淀粉、烟末、二氧化钛，氢氧化镁，碳酸镁，硫酸镁，白垩）掺混以防止颗粒结块（表 4-1【1】CN1204234A）。

（3）香味保存

颗粒干燥后再加香，加包裹剂封锁香味（表 4-1【47】CN111358044A，【24】CN109363230A）。

（4）造粒前的处理

一种是造粒前静置物料（无菌环境，12 h）以吸收料液（表 4-1【47】CN111358044A，【24】CN109363230A），另一种是烘焙醇化（100 ~ 200 °C，通入氮气，2 ~ 4 h），目的是混合更均匀，发生美拉德反应而丰富香气和去除青杂气，去除水分，利于挤出成型和改善口感（表 4-1【7】CN108065456B）。

4.1.4.4 颗粒分布状态和使用方法

现有专利中没有对颗粒分布状态（如粒径要求、填充密度、在颗粒段中的位置与颗粒性质的关系等）有特殊的描述，但是根据分析，颗粒段中，从上游到下游（烟气从上游流到下游），颗粒粒径是越大越好，这样颗粒间的空隙逐渐变大，这使得压强逐渐变低，便于烟气自动向下游流动。

为了保证发烟段不同粒径颗粒在颗粒段中不会到处移动以确保下游为大颗粒，上游为小颗粒，可以对发烟颗粒进行精细化分层装填，每层设置滤网或透气薄膜作为隔离部，但是将会加大装填工艺复杂程度。上述技术点在表 4-1【65】CN211211442U 中有运用，是过滤段颗粒的间隙大于发烟段颗粒的间隙，另外，过滤段本身的间隙也可以相同或者梯度变化。为了防止过滤段颗粒与发烟段颗粒的混淆，在过滤段与发烟段之间设置滤网或透气薄膜作为隔离部。

除了单一使用发烟颗粒外，也可将表面光滑的凝胶颗粒与高发烟颗粒基材混配使用，目的是增加颗粒流动性，便于装填（表 4-1【71】CN111213903A）。

4.2 烟支/烟弹结构

4.2.1 相关专利和重要专利

在检索到的发烟颗粒型产品专利中，与烟支/烟弹结构相关的专利共计 35 件，其中，重要专利 30 件，用下画线标示，如表 4-3 所示。

表 4-3 烟支/烟弹结构相关专利和重点专利（下画线标示）

序号	公布号/授权号	申请人/专利权人	标题	申请日	公开（公告）日	专利状态
2	CN105828646B	菲利普莫里斯生产公司	气溶胶生成装置以及用于气溶胶生成装置中的胶囊	2014/12/16	2016/8/3	授权
3	CN106998817A	菲利普莫里斯生产公司	供烟草蒸发器中使用的烟草小袋	2015/12/15	2017/8/1	授权
4	CN108135275A	菲利普莫里斯生产公司	气溶胶生成制品、气溶胶生成团块、气溶胶生成团块的形成方法和包括气溶胶生成团块的气溶胶生成系统	2016/10/21	2017/4/27	授权
5	CN108135278A	菲利普莫里斯生产公司	气溶胶生成系统	2016/10/21	2018/4/16	授权
7	CN108065456B	安徽中烟工业有限责任公司	一种包含烟草颗粒的加热不燃烧烟草制品及制备方法	2017/12/22	2018/5/25	授权
10	CN207626560U	安徽中烟工业有限责任公司	一种加热不燃烧烟草制品	2017/12/22	2018/7/20	授权
11	CN108078012A	安徽中烟工业有限责任公司	一种包含烟草颗粒的加热不燃烧烟草制品	2017/12/22	2018/5/29	授权
13	CN207626562U	安徽中烟工业有限责任公司	一种外围电加热气雾产生系统	2017/12/22	2018/7/20	授权
14	CN108185524A	安徽中烟工业有限责任公司	一种包含烟草颗粒的内部电加热气雾产生系统	2017/12/22	2018/6/22	失效
15	CN108669662A	赵雪	一种加热不燃烧卷烟	2018/5/31	2018/10/19	实质审查
16	CN108669663A	赵雪	一种加热不燃烧卷烟	2018/5/31	2018/10/19	实质审查
19	CN208639627U	山东精彩香料科技开发有限公司	一种颗粒型烟草封装胶囊壳体、颗粒型烟草胶囊及烟具	2018/8/2	2019/3/26	授权
20	CN209135476U	广东精彩国际生物科技有限公司	一种颗粒型烟草制品封装壳体及颗粒型烟草制品	2018/8/14	2019/7/23	授权

续表

序号	公布号/授权号	申请人/专利权人	标题	申请日	公开（公告）日	专利状态
21	CN110839953A	云南恒罡科技有限公司	一体成型加热不燃烧发烟制品	2018/8/16	2020/2/28	实质审查
23	CN209862292U	深圳龙舞科技创新有限公司	一种烟弹及电子烟	2018/9/28	2019/12/31	授权
36	CN109363231A	赵雪	一种新型电子烟的烟弹及其制备方法	2018/11/30	2019/2/22	实质审查
38	CN109512031A	安徽中烟工业有限责任公司	种包含烟草颗粒材料的非卷制新型烟草制品	2018/12/6	2019/3/26	实质审查
39	CN109527638A	安徽中烟工业有限责任公司	一种烟草颗粒型加热不燃烧烟草制品及其制作方法	2018/12/6	2019/3/29	实质审查
40	CN109527639A	安徽中烟工业有限责任公司	基于纸空管一体成型的加热不燃烧烟草制品及制备方法	2018/12/6	2019/3/29	实质审查
43	CN109349683A	陈征	带封口膜的空管填充式加热不燃烧发烟制品及应用	2018/12/6	2019/2/19	实质审查
44	CN109512022A	陈征	带封口膜的空管填充式加热不燃烧发烟制品的制备方法及应用	2018/12/6	2019/3/26	失效
45	CN209331185U	广东精彩国际生物科技有限公司	一种低温不燃烧烟弹结构	2018/12/10	2019/9/3	授权
46	CN111358043A	云南恒罡科技有限公司	一种蜂窝状加热不燃烧烟弹	2018/12/26	2020/7/3	授权
48	CN111387563A	云南恒罡科技有限公司	一种适用于蜂窝状加热不燃烧烟弹的烟具	2018/12/29	2020/7/10	授权
49	CN109691692A	深圳市科伊斯科技有限公司	一种颗粒香烟	2019/3/6	2019/4/30	实质审查
52	CN112167709A	赵雪	一种带有滤嘴的气雾冷却装置	2019/7/3	2021/1/5	实质审查
53	CN112244349A	赵雪	一种两段式气雾产生制品及其制备方法	2019/7/3	2021/1/22	实质审查
54	CN112244350A	赵雪	一种二元结构的气雾产生制品及制备方法	2019/7/3	2021/1/22	实质审查
55	CN112244351A	赵雪	一种通过加热产生气雾的烟草制品及制备方法	2019/7/3	2021/1/22	实质审查
57	CN110367587A	索图电子（惠州）有限公司	烟气处理部、使用该烟气处理部的低温不燃烧颗粒型烟支及其生产工艺	2019/7/18	2019/10/25	实质审查

续表

序号	公布号/授权号	申请人/专利权人	标题	申请日	公开（公告）日	专利状态
64	CN210869848U	上海方禹机电科技有限公司	一种颗粒加热不燃烧烟支	2019/9/20	2020/6/30	授权
65	CN211211442U	深圳市舜宝科技有限公司	电子烟烟弹及其堵头	2019/9/30	2020/8/17	授权
66	CN110537726A	深圳市舜宝科技有限公司	一种茶烟弹及一种电子烟	2019/9/30	2020/12/6	失效
67	CN110537742A	深圳市舜宝科技有限公司	一种卷烟结构及一种电子烟	2019/9/30	2020/12/6	实质审查
73	CN210809258U	深圳市舜宝科技有限公司	烟弹及电子烟	2019/9/30	2020/6/23	授权

4.2.2 关键词解释

（1）外套管：颗粒型烟支或颗粒型烟弹内至少用来容纳发烟颗粒段的管状构件。外套管可以是预成型的管状构件例如空纸管，也可以是在卷接烟支各段后而成型的卷筒。

（2）发烟颗粒段：颗粒型烟支或颗粒型烟弹内用来加热产生尼古丁气溶胶的部分。

（3）限位段：用于限定发烟颗粒段的位置，防止插入加热体后后移或阻隔各段，其内具有烟气通道。

（4）降温过滤段：包括降温段、中空段、滤嘴段中的一段或几段，用于对烟气进行降温、过滤等操作。

4.2.3 重要专利剖析

4.2.3.1 CN108065456B

1. 专利简述

此专利申请人为安徽中烟工业有限责任公司（表 4-3【7】CN108065456B 一种包含烟草颗粒的加热不燃烧烟草制品及制备方法）。

该专利的核心点在于烟草颗粒段两端用过滤材料段进行封堵，防止烟草颗粒漏出。其技术要点是用卷烟纸包裹两个过滤材料段 1 和 3，二者之间的空腔内容纳烟草颗粒，即用过滤材料段 1 和 3 将烟草颗粒 2 封堵在中间，构成复合发烟棒；然后用接装纸 6 将该复合发烟棒和过滤棒 4 接装成烟支。用后整体更换烟支，在烟具内无任何残留物。

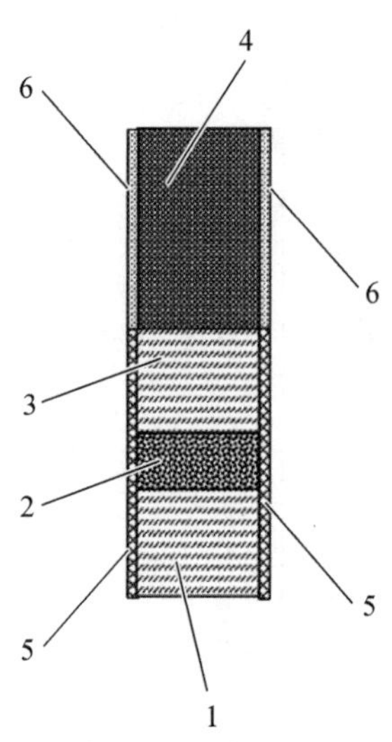

图 4-2 CN108065456B 中的烟支各段结构

（1）烟支各段结构

如图 4-2 所示，烟支依次包括：第一过滤段 1（长度 5 ~ 12 mm）、空腔颗粒段 2（长度 5 ~ 10 mm）、第二过滤段 3（长度 5 ~ 12 mm），降温滤棒段 4（长度 20 ~ 30 mm）。烟支直径为 7.2 ~ 7.8 mm。

（2）烟支各段材料及功能

第一过滤段和第二过滤段材质为醋酸纤维丝束，功能是封堵颗粒段，其中，第二过滤段还具有过滤烟气的作用。降温滤棒段所选材料为纸质滤棒、铝箔纸、聚乳酸无纺布、聚乳酸薄膜、改性聚乳酸无纺布、改性聚乳酸薄膜中的至少一种，功能是对烟气过滤降温。

（3）烟支各段制造方法和工艺

空腔式三元复合滤棒成型工艺为现有技术，接装卷烟后每个滤嘴内含有两个功能性滤棒段以及一个空腔段。所述空腔段长度为 3 ~ 20 mm。所述功能性颗粒占空腔段容积的 30% ~ 90%。纸滤棒成型工艺和其他烟支各段制备工艺专利均未涉及，应为现有技术。

2. 核心专利点分析

该专利已经证明烟草颗粒的发烟量和发烟速度均优于烟草薄片和烟草粉末，展现了烟草颗粒的技术优势；已经意识到要对松散的烟草颗粒进行必要的约束，使其不至于散落且位置相对集中且固定，以便于加热，但尚未意识到烟支端部封口膜封口的技术特征，而仅仅是采用过滤材料段两端封堵烟草颗粒。

专利仍采用卷制工艺，这样的烟支结构很难工业化生产。另外，这样的烟支也很难使用，若周向加热，加热效率不高，影响烟雾释放；若采用中心加热，虽然加热效率有所提高，但加热元件着实难以刺破过滤材料段而进入烟草颗粒内部。

4.2.3.2 CN207626560U

1. 专利简述

此专利申请人为安徽中烟工业有限责任公司（表 4-3【10】CN207626560U 一种加热不燃烧烟草制品）。

该专利作为专利 CN108065456B（4.2.3.1）的并列技术方案，核心点在于烟草颗粒段两端用底座 22 和顶盖 23 进行封堵，防止烟草颗粒漏出。

2. 核心专利点分析

该专利用底座和顶盖代替专利 CN108065456B（4.2.3.1）中的两个过滤材料段；内外套筒结构，先将烟草颗粒封在内套筒 21 内，两端用底座和顶盖密封，构成圆柱形发烟段，再将该发烟段与过滤棒装填到外套筒中；底座设有加热元件插入孔，顶盖设有烟雾流出孔，颗粒两端封而成型为颗粒段，再与其他段填入外筒中；但底座的加热元件插入孔尺寸不易控制，太小则加热元件难以插入，太大则烟草颗粒容易泄漏。

4.2.3.3 CN108078012A

1. 专利简述

此专利申请人为安徽中烟工业有限责任公司（表 4-3【11】CN108078012A 一种包含烟草颗粒的加热不燃烧烟草制品）。

该专利核心与专利 CN207626560U（4.2.3.2）相同，重点对烟支结构进行了描述。

（1）烟支各段结构

如图 4-3 所示，烟支包括外部套筒 1、依次设置于外部套筒 1 内的过滤部 3 和颗粒部。所述颗粒部由套管 21，以及依次设置于套管内的顶盖 23、颗粒段 24 和底座 22 组成。所述套管 21 上在对应颗粒段的部位设有内通气孔。所述顶盖 23 上设有顶部通气孔，所述底座上开有供加热烟杆的加热组件插入的插孔。内通气孔的直径小于颗粒段 24 的烟草颗粒的颗粒粒径，以防止烟草颗粒漏出来。顶盖 23 和底座 22 用于封闭烟草颗粒。

所述外部套筒上设有与内通气孔相对应的外通气孔，作用是通入外界空气。

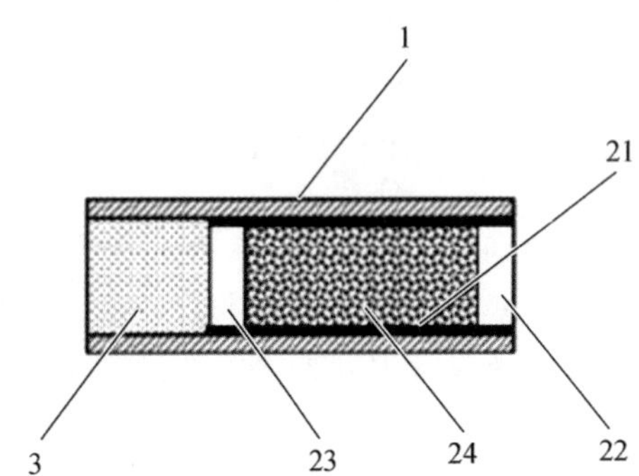

图 4-3 CN108078012A 中的烟支各段结构

（2）烟支各段材料及功能

过滤部 3 所用材料为醋酸纤维滤棒、纸质滤棒、活性炭、铝箔、聚乳酸无纺布、聚乳酸薄膜、改性聚乳酸无纺布、改性聚乳酸薄膜中的至少一种，功能是对烟气过滤、降温。

2. 核心专利点分析

同 4.2.3.2（略）。

4.2.3.4 CN207626562U

1. 专利简述

此专利申请人为安徽中烟工业有限责任公司（表 4-3【13】CN207626562U 一种外围电加热气雾产生系统）。

该专利作为专利 CN108078012A（4.2.3.3）的并列技术方案，核心点由中心加热改为周向加热。

（1）烟弹结构

如图 4-4 所示，烟弹包括金属套管 21、过滤段 22 和加热段 23。所述金属套管 21 顶端敞口、底端通过一个金属底座 24 密封。过滤段 22 和加热段 23 呈上下排列设置在金属套管 21 内部的空腔内。加热段 23 底部依靠金属底座 24 来支撑，加热段 23 由烟草颗粒组成。金属套管 21 侧壁在对应加热段 23 的位置上开有内通气孔，功能是通入外界空气，对烟雾进行降温，引导烟雾扩散。

（2）烟弹材料和功能

套管、底座均为金属，功能是方便传热，不易发生形变。所述烟弹的过滤段为纸质滤棒。

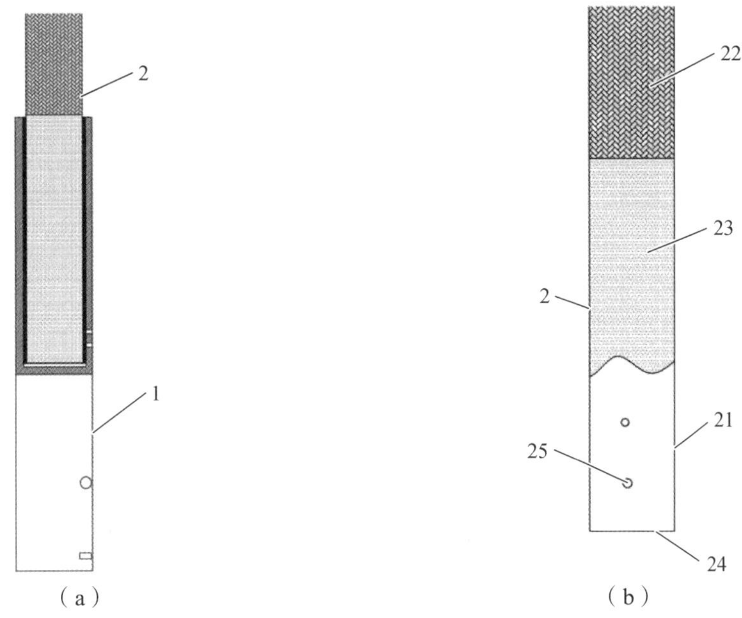

图 4-4　CN207626562U 中的烟弹结构

2. 核心专利点分析

该专利与烟弹适配烟具采用周向加热方式。烟支无需设置加热元件插入孔，避免了加热元件插入孔尺寸的困扰，但周向加热显然效率不高，不得不使用导热性良好的带底的金属套管 21 来容纳发烟颗粒。金属套管侧部开设通气孔 25。

金属套管显然成本更高，故这种技术方案不具有经济优势。

4.2.3.5　CN108185524A

1. 专利简述

此专利申请人为安徽中烟工业有限责任公司（表 4-3【14】CN108185524A 一种包含烟草颗粒的内部电加热气雾产生系统）。

（1）烟弹结构

如图 4-5 所示，烟弹包括外部套管、过滤部、颗粒部、底座。所述外部套管顶端敞口、底端通过底座封闭。所述过滤部、颗粒部从上往下依次设置在外部套管内部的空腔内，所述颗粒部底部依靠底座来支撑。底座 24 上开有供电加热组件插入的插孔 26。套管功能是装填发烟颗粒。所述颗粒部由烟草颗粒组成。所述外部套管侧壁在对应颗粒部的位置上开有内通气孔，功能是通入外界空气对烟雾降温。

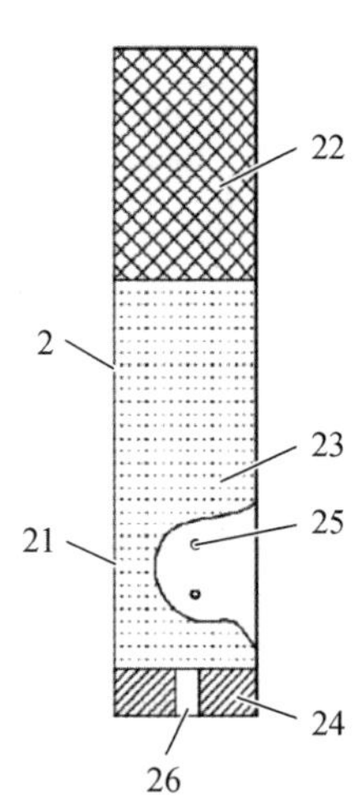

图 4-5　CN108185524A 中的烟弹结构

（2）烟弹材料和功能

烟弹的过滤段所用材料可选择醋酸纤维滤棒、纸质滤棒、活性炭、铝箔、聚乳酸无纺布、聚乳酸薄膜、改性聚乳酸无纺布、改性聚乳酸薄膜中的至少一种。金属套管和金属底座 24 的材料可选择铜、铝、铝合金、铁、不锈钢中的至少一种，功能是容纳并支撑发烟段、传热。

2. 核心专利点分析

该专利为重要技术节点性专利，摒弃了用卷烟纸卷制成型的工艺，而是使用了整体的外套管，将各段依次填充到外套管内，尤其是烟草颗粒是通过灌装方式加入烟支的烟草颗粒段中，颗粒灌装比卷制更易于工业化生产；使用底座代替过滤材料段来密封烟支的端部，底座带有插孔以供加热元件插入，解决了加热元件插入的困难；放弃周向加热，使用中心加热，提高了加热效率。

带孔底座加工成本较高，安装仍不便于全自动化；底座上预留的加热元件插入孔，其尺寸仍然不易控制，太小了加热元件插入困难，太大了则烟草颗粒容易从该孔泄漏。

4.2.3.6　CN109512031A

1. 专利简述

此专利申请人为安徽中烟工业有限责任公司（表 4-3【38】CN109512031A 一种包含烟草颗粒材料的非卷制新型烟草制品）。

基于专利 CN108078012A（4.2.3.3）在颗粒型烟支结构方面做出改进。

（1）烟支结构

如图 4-6 所示，烟支包括具有空心管结构的纸空管 1，在所述纸空管 1 内从前端到尾端依次包裹有烟嘴段 2、降温段 3 和烟草颗粒段 4。所述纸空管 1 的尾端口通过透气片状材料 5 进行封堵。透气片状材料 5 在厚度方向上具有以根据 JIS L1096 的规定测定的弗雷泽数表示，透气度在 200 ~ 2000 $cm^3/(cm^2 \cdot s)$之间。降温段 3 的吸阻为 40 Pa/20 mm。

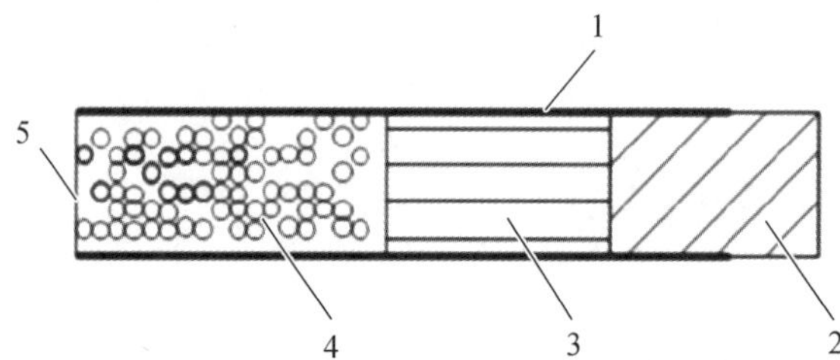

图 4-6　CN109512031A 中的烟支结构

烟嘴段 2 和所述降温段 3 均设有沿轴向贯通的通气孔，通气孔内径 2 mm。烟嘴段 2 是由透气结构或透气组织构成的实心圆柱体或中空圆柱体，烟嘴段 2 的一部分包裹在所述纸空管 1 内、剩余部分裸露在所述纸空管 1 外，作用是消费者使用时可以叼住烟嘴段，避免直接接触较为坚硬的纸空管外壁，舒适性更佳。

烟草制品的直径为 7.6 mm，烟嘴段 2、降温段 3 和烟草颗粒段 4 的长度分别为 10 mm、20 mm 和 15 mm，纸空管长度为 40 mm。

（2）烟支材料和功能

透气片状材料 5 是在超细玻璃纤维棉上贴合一层石墨烯薄膜，且是以所述石墨烯薄膜朝内，封堵在所述纸空管 1 的尾端口处。透气片状材料 5 的功能：材料可透气、可防止液体渗透、可耐受加热时的 350 °C 高温，设计好的透气性能可以保证烟草加热后正常使用；而且在烟草的储存过程中，即使烟草颗粒材料发生烟油渗出现象，也可以保证烟油不渗漏，安全可靠。

降温段 3 的降温材料为醋酸纤维、聚乳酸、聚丁二酸丁二醇酯、改性聚乳酸、改性淀粉和改性丁二酸丁二醇酯中的一种，功能是对烟气进行降温过滤。

烟嘴段 2 的透气结构或透气组织为醋酸纤维、植物纤维、聚乳酸无纺布、聚乳酸薄膜、改性聚乳酸无纺布和改性聚乳酸薄膜中的一种，功能是对烟气进行降温过滤。

纸空管一体成型，方法简单。

（3）透气片状材料制造方法和工艺

将 0.1 ~ 1 μm 直径的超细玻璃纤维在成型网上制成超细玻璃纤维棉；用脉冲激光沿厚度方向轰击石墨烯薄膜，以增加石墨烯薄膜的透气度；然后采用静电吸附的方式将经过预处理的石墨烯薄膜贴合在所述超细玻璃纤维棉上，形成复合膜；在所述复合膜上形成沿厚度方向贯穿的若干个通孔，以使复合膜达到所需透气度；最后将复合膜裁切成所需尺寸，即获得透气片状材料。

2. 核心专利点分析

延续了专利 CN108078012A（4.2.3.3）提出的外套筒的技术特征，并具体选择空纸管 1 作为外套筒。

远唇端使用透气封堵片 5（本身是透气材质或带有透气孔）代替了专利 CN108078012A（4.2.3.3）中的带孔底座 24，更节省材质，且易于被加热元件刺穿而插入，更重要的是，端部贴片式封口，比专利 CN108078012A（4.2.3.3）将带孔底座塞入空纸管端部，在操作上更省事，因为不用考虑塞入摩擦和控制塞入深度，便于工业化实施。后来的技术发展路线证明，这样的端部贴片式密封最具技术优势，因此得到了沿用和普及。

烟嘴段 2 伸出空纸管 1 一段距离，避免用户唇部直接接触硬纸管 1 时的不舒适感，毕竟烟嘴段 2 的外包裹纸可以是常规的水松纸，口感同传统卷烟过滤嘴一样舒适。

烟支生产方式上，提出了先进行端部封口，再灌装烟草颗粒，然后依次填充其余各功能段。后来的技术发展路线证明，这种生产方式最具技术优势，因此得到了沿用和普及。

4.2.3.7 CN109527638A

1. 专利简述

此专利申请人为安徽中烟工业有限责任公司（表 4-3【39】CN109527638A 一种烟草颗粒型加热不燃烧烟草制品及其制作方法）。

基于专利 CN108078012A（4.2.3.3）在颗粒型烟支结构方面做出改进。

（1）烟支结构

如图 4-7 所示，所述烟草制品包括烟草颗粒段（1）和滤嘴段。所述烟草颗粒段（1）是在纸空管（11）的前端和尾端分别固定有前端封堵结构（13）和尾端封堵结构（14），在所述前端封堵结构（13）和尾端封堵结构（14）之间填充有烟草颗粒（12）。所述尾端封堵结构（14）与所述滤嘴段相邻近。所述滤嘴段包括依次相连的第一降温段（2）、第二降温段（3）和过滤段（4）。所述第一降温段（2）靠近所述烟草颗粒段（1）、所述过滤段（4）位于唇端。

所述前端封堵结构（13）和所述尾端封堵结构（14）皆呈瓶盖状，包括一圆片状的盖部和具有凸起褶皱和凹陷牙口的裙部，盖部设置有若干通孔。所述前端封堵结构（13）以盖部临近纸空管内的烟草颗粒，裙部黏结固定在所述纸空管（11）的内壁上，且裙部顶端与纸空管（11）的前端口平齐。所述尾端封堵结构（14）以裙部临近纸空管内的烟草颗粒，塞入在所述纸空管（11）内，且盖部底端与纸空管（11）的尾端口平齐。

所述前端封堵结构（13）和所述尾端封堵结构（14）的盖部通孔直径在 0.05 ~ 0.4 mm、孔边距在 1 ~ 2 mm。通孔功能：若通孔直径低于 0.05 mm，会导致吸阻过大，烟气量小，抽吸体验差；若通孔直径高于 0.4 mm，会导致烟草颗粒掉落。

所述前端封堵结构（13）的裙部高度和所述尾端封堵结构（14）的裙部高度均为 1.0 ~ 2.5 mm。功能：若封堵结构的裙部高度低于 1.0 mm，其与纸空管黏结强度不够，存在封堵结构因黏结不牢固而掉落的风险，若封堵结构裙部高度大于 2.5 mm，会降低烟草颗粒的有效填充量，还会给制备带来难度，降低生产效率。

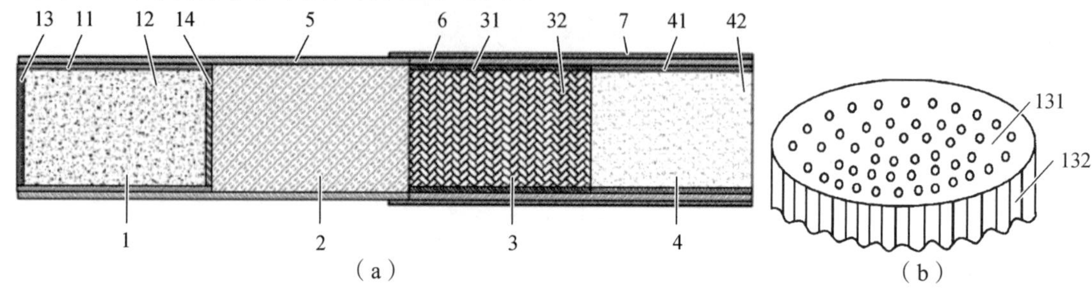

图 4-7　CN109527638A 中的烟支结构

封堵结构的作用：封堵牢固、耐热性好，不会收缩脱落，不会导致烟草颗粒掉落，且烟草颗粒承载封堵材料安全环保、环境友好。具体的，尾端封堵结构和前端封堵结构的裙部采用具有凸起褶皱和凹陷牙口的啤酒瓶盖式结构，可以增加与纸空管内壁的接触面积，避免滑动；且可以保证前端封堵结构在纸空管内壁的黏结强度。尾端封堵结构的盖部用以防止烟草颗粒掉落至空腔嘴棒中，前端封堵结构的盖部用以防止烟草颗粒从纸空管中掉落至烟支外。

所述纸空管（11）的外径为 22.0 ~ 24.0 mm、壁厚为 0.2 ~ 0.4 mm、长度为 12 ~ 20 mm。

第一降温段（2）的长度为 7 ~ 12 mm；所述第二降温段（3）的长度为 15 ~ 18 mm、所述过滤段（4）的长度为 7 ~ 10 mm。所述烟草颗粒段（1）、所述第一降温段（2）、所述第二降温段（3）及所述过滤段（4）的直径相同为 22.0 ~ 24.0 mm。

（2）烟支材料和功能

所述前端封堵结构（13）所用材料为铝箔衬纸，所述尾端封堵结构（14）所用材料为铝箔。功能：前端封堵材料采用铝箔衬纸，是由于需通过黏合剂将铝箔衬纸的衬纸面与纸空管内壁黏合在一起，其黏合强度远远好于铝箔面与纸空管内壁之间的黏合强度。另外，采用铝箔衬纸作为前端封堵材料也要好于直接采用纸张作为前端封堵材料，原因是铝箔衬纸中因为金属铝箔的存在，其塑性和防渗透性均好于纸张。尾端封端材料采用铝箔，耐热性好、受热不会释放有害成分，并有一定的降温功效。

所述纸空管（11）的内层黏附有一层铝箔。功能：该铝箔层具有优良的阻隔功能，可有效防止储存或抽吸过程中烟草颗粒中化学物质的渗出。

所述第一降温段（2）为含有相变材料的异型醋纤嘴棒，所述第二降温段（3）为聚乳酸嘴棒，所述过滤段（4）为实心或异型醋纤嘴棒。

用作所述第一降温段（2）的异型醋纤嘴棒的异型结构位于嘴棒外围和/或嘴棒内部；位于嘴棒外围的异形结构是在嘴棒圆柱面沿周向均匀分布有 3 ~ 5 个“V”形沟槽。位于嘴棒内部的异形结构是在嘴棒中轴设置有一个沿嘴棒轴向贯通的空腔。所述相变材料聚乙二醇，是在异型醋纤嘴棒加工时均匀喷洒在二醋酸纤维素上。

用作所述第二降温段（3）的聚乳酸嘴棒是在成形纸内包裹有聚乳酸降温材料；所述聚乳酸降温材料为丝束状聚乳酸或面条状聚乳酸。

用作所述过滤段的醋纤嘴棒是在成型纸内包裹有醋酸纤维素；当所述过滤段采用异型醋纤嘴棒时，异形结构是在嘴棒中轴设置的一个沿嘴棒轴向贯通的空腔。

滤嘴段通过两个降温段的组合，是为了同时提高降温效果，降低烟气截留，特定组合后具有烟气降温和烟气低截留的双重功效。

（3）烟支/烟弹各段制造方法和工艺

纸空管的制备：利用螺旋纸管机将纸制成纸空管，或利用螺旋纸管机将纸和铝箔纸螺旋黏结形成纸空管。

第一降温段（2）的制备：将相变材料聚乙二醇通过高压雾化的工艺均匀喷洒在醋酸纤维素中，然后利用嘴棒成型机制成作为第一降温段的异型醋纤嘴棒。

第二降温段（3）的制备：利用嘴棒成型机将聚乳酸降温材料包裹在成型纸内，形成用作第二降温段的聚乳酸嘴棒。

过滤段（4）的制备：利用嘴棒成型机将醋酸纤维素包裹在成型纸内，形成用作过滤段的实心或异型醋纤嘴棒。

2. 核心专利点分析

该专利将烟草颗粒段制成了两端封口的颗粒型烟弹形式，然后与第一降温段 2 卷制成二元复合发烟棒，第二降温段 3 与过滤段 4 卷制成二元复合滤棒，然后二元复合发烟棒与二元复合滤棒用接装纸 7 接装成成品烟支；因为各段已经做成圆柱体，好处是可以利用现有的卷烟机和接装机进行工业化生产。

该专利远唇端的前封结构可以是扁平封口膜，也可以是如图 4-7 所示啤酒瓶盖式结构，后者靠裙部黏结固定在纸管内壁上；还公开了可以用纸和铝箔纸复合卷制成空纸管，其中铝箔向内。

4.2.3.8 CN109527639A

1. 专利简述

此专利申请人为安徽中烟工业有限责任公司（表 4-3【40】CN109527639A 基于纸空管一体成型的加热不燃烧烟草制品及制备方法）。

基于专利 CN108078012A（4.2.3.3）在颗粒型烟支结构方面做出改进。

（1）烟支结构

如图 4-8 所示，所述纸空管内从左向右依次设有颗粒段 1、降温段 2、过滤段 3。

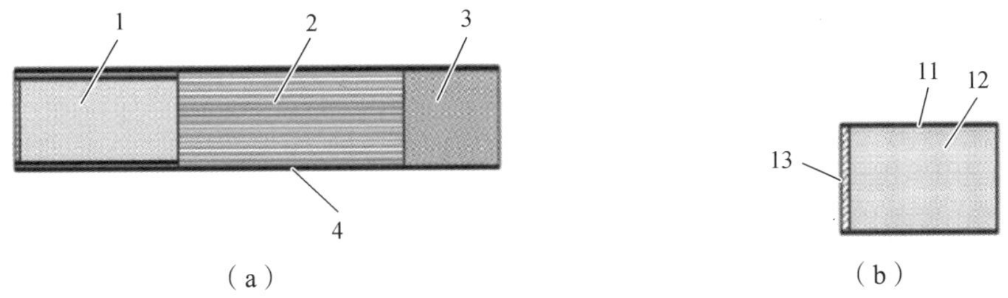

图 4-8　CN109527639A 中的烟支结构

所述颗粒段 1 包括耐热桶 11、烟草颗粒 12 和封堵层 13。所述耐热桶 11 一端开口，所述烟草颗粒填充在耐热桶 11 内，并通过封堵层 13 对耐热桶 11 的开口端进行封堵。所述耐热桶 11 的封闭端上开有多个透气孔，所述封堵层 13 上开有多个透气孔。所述封堵层 13 与耐热桶 11 的开口端卡接。

所述纸空管的外径为 7 ~ 7.8 mm，壁厚为 0.1 ~ 0.5 mm，长度为 45 ~ 50 mm。所述颗粒段 1 长度为 12 ~ 18 mm、所述降温段 2 的长度为 15 ~ 25 mm、所述过滤段 3 的长度为 7 ~ 10 mm、所述颗粒段 1、降温段 2、过滤段 3 的直径相同，为 7 ~ 7.8 mm。

（2）烟支材料和功能

所述降温段的降温材料为聚乳酸，具体为颗粒状聚乳酸、丝状聚乳酸或细片状聚乳酸中的一种，所述颗粒状聚乳酸的直径在 0.2 ~ 0.1 mm，所述丝状聚乳酸的直径为 50 ~ 500 μm，所述细片状聚乳酸宽度为 0.5 ~ 2 mm、厚度为 25 ~ 50 μm。

其中耐热桶可采用液晶高分子材料、铝、陶瓷材质中的任一种。液晶高分子材料耐热温度高于 300 °C。功能：不易发生形变，导热性好。

封堵层材料是铝箔纸或铝箔衬纸。功能：封堵层材料牢固、耐热性好，不会收缩脱落，不会导致烟草颗粒掉落。

（3）烟支/烟弹各段制造方法和工艺

步骤一、制备颗粒段 1：

首先制备耐热桶 11，其中耐热桶 11 可采用液晶高分子材料、铝、陶瓷材质中的任一种，液晶高分子材料耐热温度高于 300 °C，不同材质耐热桶 11 需用不同制备方法，铝制耐热桶 11 需用冲压技术制备，液晶高分子材料耐热桶 11 需用注塑设备制备，陶瓷耐热桶 11 需用高温烧结技术制备；然后，利用激光打孔技术、针辊打孔技术或静电打孔技术在铝箔纸或铝箔衬纸上打多个透气孔，形成封堵层 13；最后将烟草颗粒 12 灌入耐热桶 11 中，并采用封堵层 13 对耐热桶 11 开口端进行封堵，得到颗粒段 1。

步骤二、可采用如下两种方式之一来制备降温段 2：

方式一：利用刀辊将聚乳酸薄膜切成细片状，并送入嘴棒成型机的成型部件中，得到细片状聚乳酸降温段 2；

方式二：利用熔融纺丝法得到丝状聚乳酸，并送入嘴棒成型机成型部件中，得到丝状聚乳酸降温段 2。

步骤三、制备过滤段 3：

利用醋纤嘴棒成型技术制备实心或异型醋纤过滤段 3。

步骤四、制备纸空管 4：

利用螺旋纸管机将多层克重为 100 ~ 130 g/m^2 的高克重纸黏结形成纸空管 4。

2. 核心专利点分析

沿用了空纸管这一技术特征；直接使用了一端有底的耐热桶 11 来灌装颗粒，其底部在图 4-8 中右侧，桶底有孔供烟雾通过，桶口用封堵层 13（打孔透气或材质透气）封堵，形成烟草颗粒段 1，相当于将烟草颗粒预成型为圆柱体；装填时，将烟草颗粒段 1、降温段 2 和过滤段 3 依次装填到空纸管 4 中即可，装填方便。

4.2.3.9 CN110839953A

1. 专利简述

此专利申请人为云南恒罡科技有限公司（表 4-3【21】CN110839953A 一体成型加热不燃烧发烟制品）。是云南恒罡最早申请的颗粒类发烟产品专利。

（1）烟弹结构

如图 4-9 所示，所述发烟制品包括近唇段和远唇段，所述该发烟制品从远唇端到近唇端由固定厚度成型纸一体填充四种以上不同单元段构成，所述四种以上不同单元段包括过滤单元 1，凝胶降温载香单元 2，中空特种颗粒单元 3，中空支撑单元 6，空腔单元 5，阻隔薄片单元 4 和发烟单元 7。远唇端或两端封口。

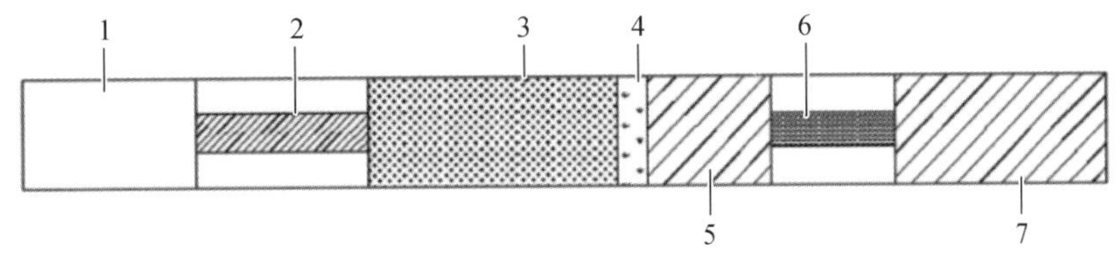

图 4-9 CN110839953A 中的烟弹结构

空管单边厚度为 0.2 mm，空管外部直径 7.2 mm，长度 45 mm，将独立单元段组合后一体填充入空管内，其中过滤单元 10 mm，凝胶降温单元 10 mm，空腔单元 8 mm，阻隔薄片单元 2 mm，发烟单元 15 mm。发烟单元使用胶囊装载发烟颗粒，完成整段制备。发烟制品圆周 22.6 mm。

（2）烟弹材料和功能

所述过滤单元内部填充的是麻浆纤维纸、聚乳酸纤维、聚乙烯等材料制成的低吸阻滤棒。功能：对烟气过滤，降温。

所述凝胶降温载香单元内部材料为聚乳酸复合物圆柱体，所述聚乳酸复合物圆柱体为聚乳酸、聚乙二醇、β-环糊精、壳聚糖、羟丙基甲基纤维素、十六醇、石蜡、阿拉伯胶、氢氧化铝、氢氧化镁、纳米二氧化硅等材料中的一种或几种，但不限于该几种材料，且凝胶降温载香单元内部材料在所有单元段中的质量分数为 1%～40%。功能：对烟气降温，加香。

远唇端或两端封口，封口材质包含但不局限铝箔、纤维素膜等，封口模式可采用施胶或压延等。

阻隔薄片由可耐受 400 °C 高温聚酯材料依磨具压制而成，薄片有透气孔，气孔直径小于特种颗粒粒径。功能：隔离各段，限制中空特种颗粒单元 3 中颗粒位置。

（3）烟弹各部分制造方法和工艺

凝胶载香降温单元制造方法：由质量分数为 80%的聚乳酸和质量分数为 20%的聚乙二醇复配在高混机中混合均匀后，加入双螺杆挤出机共混、挤出、拉条、冷却切粒，得到聚乳酸复合物颗粒；再将得到的聚乳酸复合物颗粒通过模具制备成圆周为 15～23 mm，长度为 5～30 mm 的内部为蜂窝状圆柱体。最后将聚乳酸复合物圆柱体在质量分数为 20%十水硫酸钠水溶液中浸渍 1 h，干燥后即得凝胶降温载香单元。

2. 核心专利点分析

烟支外壳为空纸管，内部依次填充各段，空纸管可以是单层或多层管，提到了空纸管可以内壁是铝箔纸；空纸管这个技术特征提出日晚于安徽中烟专利 CN108078012A 提出的外套筒概念。

空纸管远唇端封口或两端封口，封口方式为施胶或延压，无需滤棒复合机，无需卷烟机；比安徽中烟专利 CN207626562U 更早提出封口膜和施胶封口的概念。

发烟单元 7 内填充发烟颗粒，发烟颗粒段两头被其他各段封住；公开了烟支结构，但未提到各段的装填顺序；以上 1 ~ 7 各段任选四段以上进行填充，不必同时具备。

4.2.3.10 CN109349683A

1. 专利简述

此专利申请人为陈征（表 4-3【43】CN109349683A 带封口膜的空管填充式加热不燃烧发烟制品及应用）。

（1）烟支/烟弹结构

如图 4-10 所示，烟支由圆形空管（1）、顺序连接填充在圆形空管内的过滤段（2）、支撑段（3）、阻隔片（4）、发烟段（5）和封口膜（6）构成。

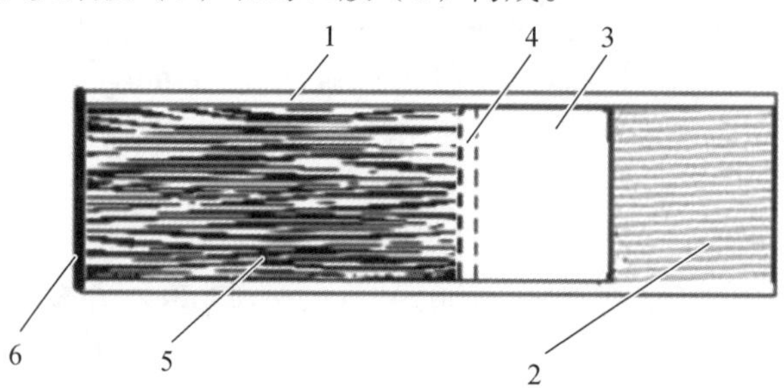

图 4-10 CN109349683A 中的烟支/烟弹结构

所述支撑段（3）空腔腔体内填充功能负载材料，填充材料包含但不限于吸味调节颗粒、载香缓释珠状物、载香爆珠或降温材料。作用：填充材料对通过的烟气起到增加香味物质、吸附过滤及降温作用。

所述过滤段（2）为不填充材料的空腔，端部用与封口膜（6）或阻隔片（4）相同的材料封口。

所述圆形空管（1）外部直径 5 ~ 20 mm，壁厚度 0.1 ~ 1 mm，长度 30 ~ 100 mm。过滤段（2）长度 10 ~ 35 mm。所述支撑段（3）为长度 10 ~ 35 mm 空腔。所述阻隔片（4）厚度 1 ~ 8 mm。

（2）烟支/烟弹材料和功能

所述圆形空管（1）采用有足够硬度对填充物起到包裹且支撑其不变形的材料制作，制作材料包含但不限于纸管、铝箔管、铝箔纸管、陶瓷管、硅橡胶管和耐高温树脂管。

所述发烟段（5）中装填的发烟材料为透气的圆柱体或柱体立体结构，发烟材料的立体结构包含但不限于颗粒状、丝状、丝状与颗粒状混合体或蜂窝状体构成。

所述阻隔片（4）材料包含但不限于耐高温塑料、陶瓷和金属等耐高温材料。功能：对发烟材料起到隔断作用且对烟气起到过滤、降温及改变气流路径的作用。

过滤段（2）填充材料包含但不限于纤维纸、聚乳酸纤维、聚乙烯、模具成型或3D打印成型的具有螺旋状或蜂窝状透气结构材料。功能：对烟气过滤、降温。

所述封口膜（6）采用易被加热片或针戳破的材料，包含但不限于打孔铝箔、高透气度纸张、覆膜纸或耐高温塑料薄膜。作用：封堵发烟材料，被刺破后透气。

2. 核心专利点分析

空纸管1作为烟支外筒，端部用封口膜6封口，烟草颗粒近下游设阻隔片4；制备时，先封口，后装填烟草颗粒和其他各功能段，且发烟颗粒直接用该空纸管容纳，而不是先把烟草颗粒卷制或两端密封成圆柱体或成型为圆柱体再装填到空纸管中；先远唇端封口，后依次装填发烟颗粒和各功能段，即先封口，后装填。

4.2.3.11 CN109512022A

此专利申请人为陈征（表4-3【44】CN109512022A 带封口膜的空管填充式加热不燃烧发烟制品的制备方法及应用）。

该专利与上述专利 CN109349683A 为同时申请专利，主要区别是权利要求不同。

4.2.3.12 CN111358043A

1. 专利简述

此专利申请人为云南恒罡科技有限公司（表4-3【46】CN111358043A 一种蜂窝状加热不燃烧烟弹）。是云南恒罡关于颗粒型烟弹结构的专利。

（1）烟弹结构

如图4-11所示，所述烟弹主体（1）的两端外壁均设置有封头（2），且封头（2）和烟弹主体（1）的连接处为圆角结构，所述烟弹主体（1）包括开孔区（5）和烟弹外壳（6）。所述烟弹外壳（6）为圆柱状结构。

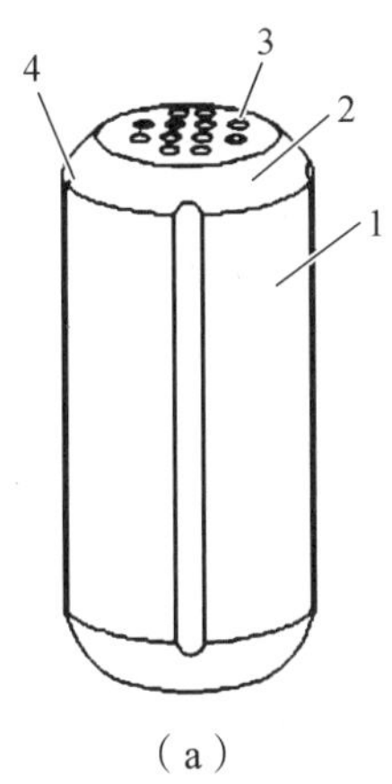

（a）

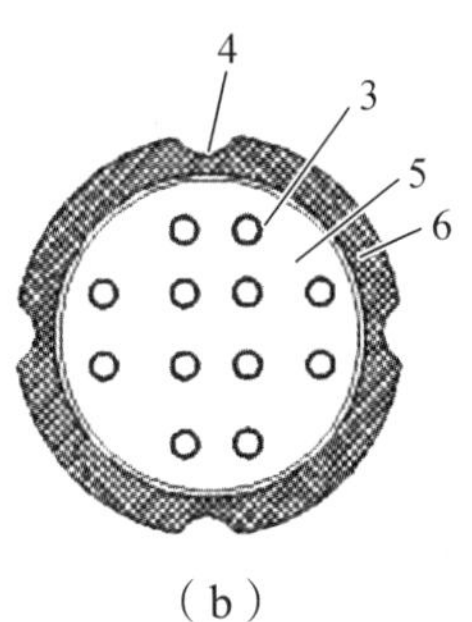

（b）

图 4-11 CN111358043A 中的烟弹结构

开孔区（5）的轴心处填充有发烟物质，所述发烟物质的内壁开有均匀对穿分布的微孔（3），且微孔（3）的内壁填充有附香型凝胶，所述烟弹外壳（6）的四侧外壁均开有侧气槽（4）。作用：在加热不燃烧过程中，凝胶融化，使烟弹可充分进行香味释放，微孔开设在烟弹上类似于蜂窝煤结构，使加热不燃烧过程中，香味释放得更加充分均匀。

烟弹外壳（6）的截面直径为 0.2 ~ 1.0 cm，烟弹外壳（6）的长度为 0.2 ~ 4.0 cm。

（2）烟弹材料和功能

烟弹外壳（6）为但不局限于耐高温陶瓷材料制成。功能：容纳发烟物质，传热。

2. 核心专利点分析

烟弹外壳为陶瓷外壳，两端具有带圆倒角的带孔封盖，外壳外壁设有轴向通气槽。外壳内填充有烟草颗粒或非烟草颗粒作为发烟颗粒。

作为可更换型烟弹，与云南恒罡专利 CN111387563A 所示的烟具配套使用。

4.2.3.13　CN108669662A

1. 专利简述

此专利申请人为赵雪（表 4-3【15】CN108669662A 一种加热不燃烧卷烟）。为其最早申请的颗粒类发烟产品专利。

（1）烟支结构

如图 4-12 所示，卷烟由圆柱形中空卷筒 1 以及顺序设置在卷筒 1 内的卷烟前段 12、卷烟中段 3 和卷烟后段 4 组成。

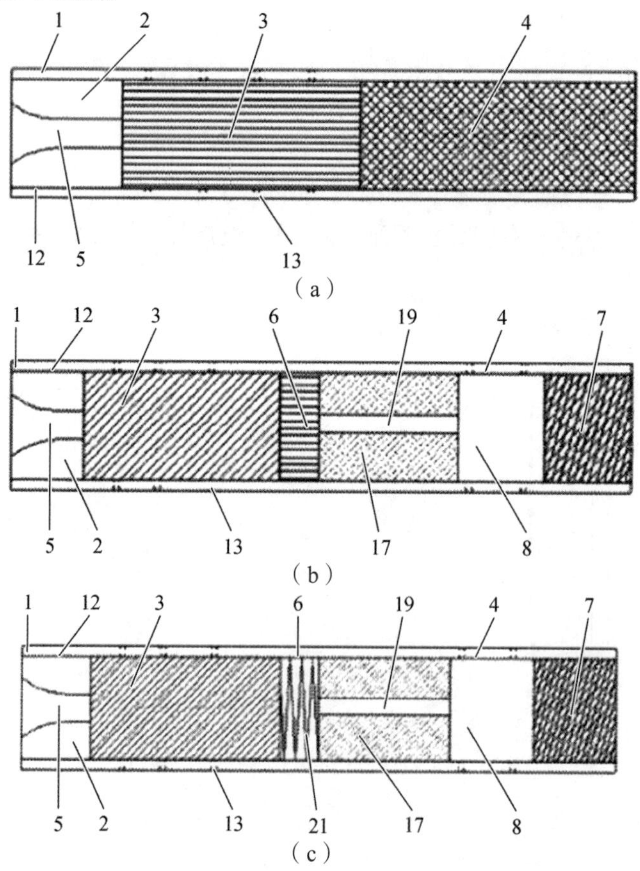

图 4-12　CN108669662A 中的烟支结构

所述的卷烟前段 12 由圆柱形的隔离构件 2 组成；所述的隔离构件 2 上开设有加热体插入口 5 和吸阻调节气孔 10。

所述的卷烟中段 3 由发烟制品填充而成。

所述的卷烟后段 4 为限控过滤单元，所述的限控过滤单元由限位段 6、控温段 17、中空段 8 及过滤吸附段 7 四种中的一种或多种组合形成。

中空段功能：主要是配合控温段来联合降低气雾温度。同时作为一个在卷烟后段可灵活设置的单元，不但能够起到冷却降温的作用，还具有减少吸阻、疏导气雾及为限位段或控温段提供活动空间的作用。

所述的限位段 6 上开设有至少 1 个贯通式的气雾通过口，所述气雾通过口的形状为圆形、椭圆形、梭形、扇形、三角形、4 ~ 24 边形中的一种。

控温段 17 中还贯通设置有至少 1 根中空管道，所述的中空管道的管壁上开设有若干个孔，中空管道的总横截面积为限控过滤单元横截面积的 10% ~ 95%。开孔功能：降低烟支中心部分气雾的温度。

所述的加热体插入口为一个贯通式开设在隔离构件中心位置的针式加热体插入孔，所述的针式加热体插入孔沿烟支轴向的内部形状为渐变的喇叭形状或圆柱状，针式加热体插入孔横截面的形状为圆形、椭圆形、梭形、扇形、三角形、4 ~ 24 边形中的一种，针式加热体插入孔的最细处的直径为 1.5 ~ 5 mm。功能：本发明优选的针式加热体插入孔采用喇叭状，片式加热体插入槽采用楔形结构，使得加热体（针式加热体或片式加热体）在插入烟支时比较容易进入，防止由于使用不当而损坏加热体。加热体插入口（针式加热体插入孔或片式加热体插入槽）最窄处略大于加热体（针式加热体或片式加热体）的尺寸，使得加热体在退出烟支时能够受到加热体插入口的刮除作用，从而对加热体上黏附的焦化物进行清洁，防止其附着在加热体上。

所述的吸阻调节气孔为贯通式开孔，吸阻调节气孔的形状为圆形、椭圆形、梭形、扇形、三角形、4 ~ 24 边形中的一种，吸阻调节气孔沿隔离构件的外表面开设在隔离构件上或开设在隔离构件外壁到加热体插入孔之间的位置上。

包裹卷烟中段的卷筒上和/或中空段对应的卷筒上还开设有若干个补气孔。

所述的卷筒 1 的筒壁厚度为 0.05 ~ 2 mm。卷烟前段 12、卷烟中段 3、卷烟后段 4 的直径均等于卷筒 1 的内径。卷烟前段 13 沿卷筒轴向的长度为 1 ~ 8 mm，卷烟中段 3 沿卷筒轴向的长度为 5 ~ 20 mm。卷烟后段 4 沿卷筒轴向的长度为 15 ~ 50 mm。

（2）烟支材料和功能

所述的隔离构件和限位段是由陶瓷、木材、硅胶、塑料、聚乳酸、醋酸纤维、植物粉末、金属或其他可塑形的耐高温材料中的一种或几种组合制备成型的圆柱体。功能：防止了加热体（特别是刀片式加热体）在插入烟支时将卷筒中的发烟制品（特别是缠绕卷曲的丝状发烟制品）挤入烟支后段，导致加热体和发烟制品接触不充分从而影响加热效果，也能有效缓解发烟制品被挤压变形堵塞气雾通道的问题出现。同时，限位段上有多个开孔，在起到限定发烟制品位置的同时还能有效输送气雾，设计极为合理。

所述的控温段是由多股聚乳酸纤维或具有吸热功能的纤维按卷筒轴向通过纸质材料包裹形成的圆柱体。功能：因其带有中空管道的特点，可以在聚乳酸纤维因吸热产生形变时堵塞部分气雾通道的同时，中空管道不会形变，能起到正常输送气雾的功能。从而既能够有效地控制降低气雾的温度，又解决了聚乳酸纤维热形变堵塞气雾通道的问题。

控温段也可以采用包裹有聚乳酸纤维或其他具有吸热功能纤维的金属制螺旋弹簧。功能：其弹簧内部为中空通道，能够有效输送气雾，同时气雾在通过螺旋弹簧降温段时，气雾中的热量会被聚乳酸纤维和金属材料同时吸收，而且可以根据需要通过调整螺旋弹簧的直径、长度和包裹在其上的聚乳酸纤维的密度来吸收相应的气雾热量，是一种科学有效的控温手段。

控温段也可以采用均匀添加了聚乳酸粉末或颗粒的醋酸纤维滤棒。功能：当较热的气雾通过该段时，气雾中的热量将优先被醋酸纤维中的聚乳酸粉末吸收，聚乳酸粉末吸收热能时产生相变逐步熔融变形，但醋酸纤维不会形变，仍能保持良好的气雾通过性，因此能在降低烟气温度的同时保证烟气的正常流动，不会堵塞烟气的输送通道。

所述的过滤吸附段是由多股聚乳酸纤维、醋酸纤维、木浆纤维中的至少一种通过纸质材料包裹形成的圆柱体。

限位段采用金属材料制成的限位弹簧时，通过调整限位弹簧的螺旋圈的密集度可以吸收相对更多的烟气热能，且同时具有限位功能。功能：由于限位弹簧具有弹性，所以能够吸收加热体插入发烟制品中时产生的向烟支后段推送的压力，不会导致发烟制品被挤压变形堆积在一起导致与加热体接触不良或部分堵塞烟气通道。当加热体插入到位后，其反弹力会使被挤压向后段位移的发烟制品（特别是烟丝状）被回推到原有位置，从而保持与加热体的良好接触。

2. 核心专利点分析

烟支外壳为空纸管 1，内部依次填充各段，空纸管这个技术特征是对安徽中烟专利 CN108078012A（4.2.3.3）提出的外套筒概念的具体化，说明空纸管具有技术优势。

空纸管远唇端设置有空心的隔离构件 2，既可以插入发热件，又可以封堵发烟颗粒，比安徽中烟专利 CN108065456B（4.1.3.3）更晚提出封堵件的概念。

发烟段 3 内填充发烟颗粒，发烟颗粒下游设有限位段 6，限制发烟段。

创新点是隔离构件 2 上还径向分布有吸阻调节气孔，以导气并调节吸阻。

4.2.3.14 CN108669663A

1. 专利简述

此专利申请人为赵雪（表 4-3【16】CN108669663A 一种加热不燃烧卷烟）。为其最早申请的颗粒类发烟产品专利。

（1）烟支结构

如图 4-13 所示，烟支由圆柱形中空卷筒以及设置在卷筒前端的清洁隔离套 1、顺序设置在卷筒内的发烟制品段 3 和降温过滤段 7 组成。

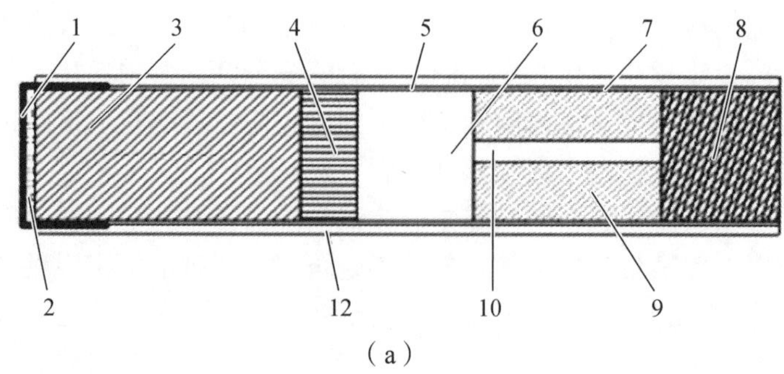

（a）

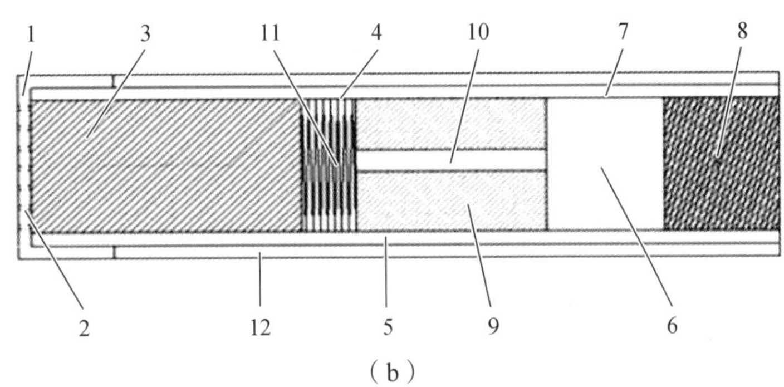

（b）

图 4-13　CN108669663A 中的烟支结构

所述的清洁隔离套 1 覆盖在卷筒横截面的区域上开设有多个进气孔。功能：为了向发烟段通入外界空气。

清洁隔离套 1 的具体结构：所述的清洁隔离套由片状的柔性材料制成，清洁隔离套包裹并覆盖在卷筒的前端，覆盖超过卷筒横截面积的部分经折叠挤压后，通过食品胶黏合在卷筒前段的筒壁上，与卷筒外壁紧密结合形成一体。或者所述的清洁隔离套为圆片状，清洁隔离套的直径等于卷筒的外径，清沽隔离套通过粘贴的方式覆盖在卷筒及发烟制品段的端头上。或者所述的清洁隔离套为套设在卷筒前端的圆形瓶盖状结构，清洁隔离套的紧固边沿部分包裹咬合在卷筒前端外筒壁上，或卡入在卷筒前端的内筒壁里。

如以上两个图，所述的降温过滤段 7 由限位段、控温段、中空段及过滤吸附段四种中的一种或多种组合形成。限位段、控温段、中空段及过滤吸附段的结构见专利 CN108669662A（4.2.3.13）。

所述的发烟制品段和降温过滤段的直径等于卷筒的内径。清洁隔离套的厚度为 3 μm ~ 3 mm。

（2）烟支材料和功能

所述的卷筒材料和清洁隔离套的材料同为铝箔、铝箔与纸的复合物、塑料、硅胶、凝胶、纸质材料、金属、木材、聚乳酸中的一种。

所述的控温段为圆柱状的醋酸纤维滤棒或木浆纤维纸质滤棒，在滤棒的醋酸纤维或木浆纤维中均匀地添加有聚乳酸粉末或颗粒，所述聚乳酸粉末或颗粒的粒径范围在 20 ~ 1200 目。功能：同专利 CN108669662A（4.2.3.13）。当较热的气雾通过该段时，气雾中的热量将优先被醋酸纤维中的聚乳酸粉末吸收，聚乳酸粉末吸收热能时产生相变逐步熔融变形，但醋酸纤维不会形变，仍能保持良好的气雾通过性，因此能在降低烟气温度的同时保证烟气的正常流动，不会堵塞烟气的输送通道。

2. 核心专利点分析

烟支外壳为空纸管 12，内部依次填充各段，空纸管这个技术特征是对安徽中烟专利 CN108078012A（4.2.3.3）提出的外套筒概念的具体化；空纸管远唇端封口用隔离套 1 密封，隔离套可以是片状隔离套贴在端面上（相当于封口膜），也可以是帽式隔离套套在端面上，比安徽中烟专利 CN207626562U（4.2.3.4）更早提出封口膜和施胶封口的概念；发烟段 3 内填充发烟颗粒，发烟颗粒下游设有限位段 4，封堵颗粒；各段的装填顺序是必须先将烟草颗粒卷制或两端密封成圆柱体或成型为圆柱体再装填到空纸管中，然后填充各段，最后再远唇端封口，即先装填后封口。

4.2.3.15　CN109363231A

1. 专利简述

此专利申请人为赵雪（表 4-3【36】CN109363231A 一种新型电子烟的烟弹及其制备方法）。

（1）烟支结构

如图 4-14 所示，烟支由一端设有封口片 1 的圆柱形中空卷筒和依次装填在卷筒中的发烟制品段 10、阻隔段和扰流降温段组成。

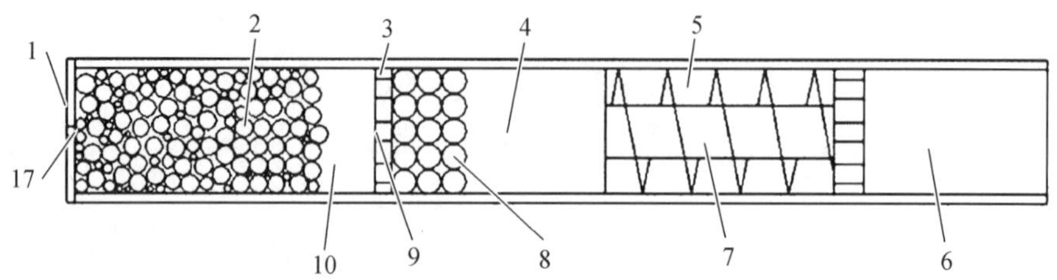

图 4-14　CN109363231A 中的烟支结构

所述的封口片 1 的厚度< 2 mm。所述的发烟制品段内装填有发烟颗粒 2。封口片上有通气孔。封口片可以为：圆片状，内嵌式盖形，圆形瓶盖状。功能：封口片不但能够起到阻止发烟颗粒掉落的作用，同时还使得整个烟弹的整体结构更加美观大方。

所述的阻隔段为圆柱状的多孔挡片 3。所述的多孔挡片 3 分为两段，第一段的厚度为总厚度的 1/3，其形状为圆台状；第二段的厚度为总厚度的 2/3，其形状为圆柱状；第二段的直径等于卷筒的内径，第一段底面与第二段顶面共面，所述的多孔挡片上开设有至少一个贯通式的气雾通过口，气雾通过口的孔径 < 发烟颗粒的粒径。所述的多孔挡片上开设有若干条与多孔挡片中心轴平行的气雾通过槽，所述的气雾通过槽沿多空挡片外壁均匀开设。功能：多孔挡片在提供良好的烟气通过率的同时还能够有效地防止颗粒物移动出应有位置。

所述的扰流降温段由可填充段 4、烟气导流段 5 和空腔段 6 中的至少一种组成。功能：扰流降温段可以同时实现降低烟气温度、过滤大颗粒物质、香气补偿和为烟气提供扰流通道的功能。

所述的可填充段 4 内装填有多孔颗粒物或无序丝状材料。所述的烟气导流段 5 内设有导流单元 7。

所述的导流单元 7 为毛刷状圆柱体、螺旋状圆柱体、多孔圆柱体中的一种或多种构成。所述的导流单元为 PLA 纤维滤棒或醋酸纤维滤棒。所述的毛刷状圆柱体由多根金属丝绞结成的毛刷轴与设置在毛刷轴上的聚乳酸纤维组成；毛刷状圆柱体的直径≤12 mm。所述的多孔圆柱体上至少开设有一个导流孔，所述的导流孔的孔径≤4 mm。所述的多孔圆柱体和螺旋状圆柱体均分为两段，第一段的长度为总长度的 1/3，其形状为圆台状；第二段的长度为总长度的 2/3，其形状为圆柱状；第二段的直径等于卷筒的内径，第一段底面与第二段顶面共面。所述的中空卷筒的长度为 25 ~ 60 mm，直径为 5.5 ~ 8 mm。

（2）烟支材料和功能

所述的导流单元的材质为耐高温塑料或 PLA。

所述的多孔挡片是由陶瓷、木材、硅胶、塑料、聚乳酸、植物粉末聚合物、金属或其他可塑型的耐高温材料中的一种或几种组合制备而成。

所述的卷筒材料和封口片的材料同为铝箔、铝箔与纸的复合物、塑料、硅胶、凝胶、纸质材料、金属、木材、聚乳酸中的一种。

2. 核心专利点分析

烟支外壳为中空卷筒，内部依次填充各段，中空卷筒这个技术特征是对安徽中烟专利CN108078012A（4.2.3.3）提出的外套筒概念的具体化；中空卷筒远唇端设置有封口片，比安徽中烟专利 CN108065456B（4.1.3.3）更晚提出封堵件的概念；发烟段 3 内填充发烟颗粒，发烟颗粒下游设有多孔挡片，限制发烟段，多孔挡片比专利 CN108669662A（4.2.3.13）中圆柱形的隔离构件厚度更小，所占体积更小。

4.2.3.16 CN112167709A

1. 专利简述

此专利申请人为赵雪（表 4-3【52】CN112167709A 一种带有滤嘴的气雾冷却装置）。该专利公开了一种气雾冷却段，用于加热卷烟中。

（1）烟支结构

如图 4-15 所示，气雾冷却段，由包裹件 3 和依次装填设置在包裹件中的多孔变径降温单元 1、中空单元 2 和滤棒单元 4 组成，包裹件 3 由纸带制成。

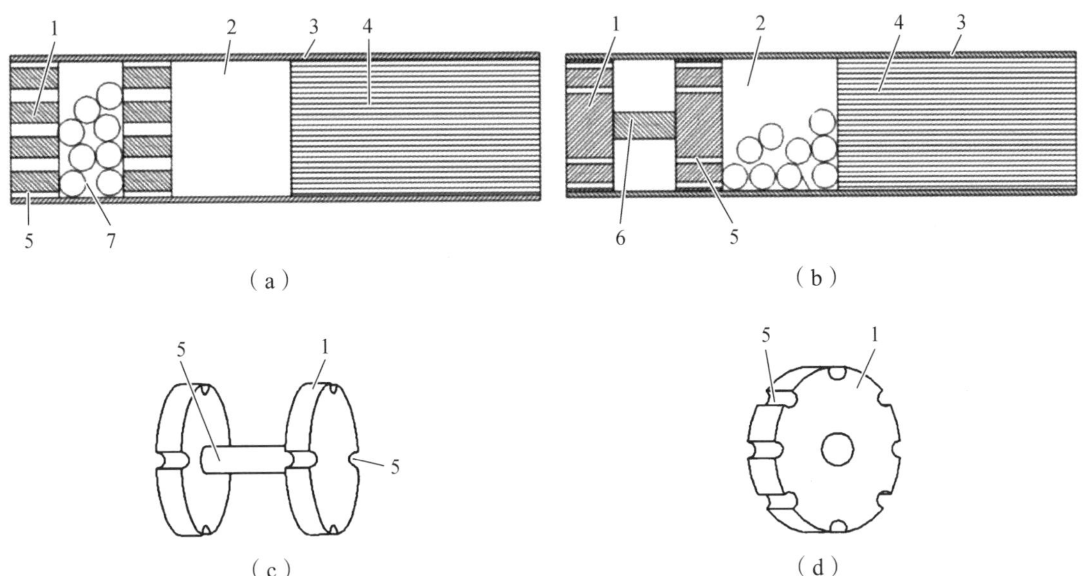

图 4-15 CN112167709A 中的烟支结构

所述的多孔变径降温单元 1 的形状为哑铃状。该多孔变径降温单元由两个冷却元件通过一个中轴连接而成，所述的中轴的直径≤冷却元件的直径的 3/4。功能：当采用这种形式的多孔变径降温单元时，热气流在纸筒中流通的横截面积将会有两次急剧减小的变化过程，从而对热气流产生更有效的降温作用。

所述的中空单元2为多孔变径降温单元和滤棒单元隔开一定距离后形成的空腔或为两个相邻的冷却元件之间形成的空腔。功能：在增加了多孔变径降温单元的情况下，吸阻势必会随之增加；设置多个中空单元一方面可以降低吸阻，同时还可满足烟支中不同香料组分的添加。

所述的冷却元件的直径≥包裹件的内径，当冷却元件的直径大于包裹件的内径时，冷却元件的直径-包裹件的内径≤2 mm，冷却元件的长度为 2 ~ 10 mm。

所述的冷却元件上开设有至少 2 个的贯通式的气雾冷凝通道。气雾冷凝通道截面的形状可以是圆形，也可以是其他多边形。所述的气雾冷凝通道开设在冷却元件中部或者冷却元件的边壁上，气雾冷凝通道的直径≤2.5 mm。所述的空腔即中空单元 2 中装填有多孔颗粒，所述的多孔颗粒的粒径 > 气雾冷凝通道的直径。功能：多孔颗粒将对通过的热气流形成扰流作用，延长气流的流通路径，同时多孔颗粒本身还能吸收一定的热量。

包裹件 3 的壁厚为 0.2 ~ 0.5 mm，直径为 6 ~ 9 mm，长度为 15 ~ 40 mm。

气雾冷却段直径为 5 ~ 9 mm，总长为 10 ~ 40 mm。多孔变径降温单元 1 长度为 2 ~ 17 mm、中空单元 2 为 6 ~ 8 mm 和滤棒单元 4 为 11 ~ 16 mm。

（2）烟支材料和功能

所述的多孔变径降温单元为：可塑型耐高温材料制成的圆柱形的冷却元件。所述的可塑型耐高温材料为 PLA、陶瓷、硅胶、金属、塑料中的一种。

所述的滤棒单元为多股聚乳酸纤维按纸筒轴向通过纸质材料包裹形成的圆柱体滤棒或醋酸纤维滤棒中的一种。功能：过滤、降温。

空腔即中空单元 2 中装填的多孔颗粒的材料可以是凝胶、经膨胀工艺处理后的植物的杆茎、多孔陶瓷、多孔改性淀粉、PLA 或其他高分子聚合物。功能：加香、过滤、降温。

（3）烟支各段制造方法和工艺

所述的包裹件是将 2 ~ 5 层克重为 50 ~ 200 g 的纸带在内侧涂抹白乳胶，以螺旋搓紧卷制成型的方式制成的圆柱形中空纸管。

2. 核心专利点分析

烟支外壳为空纸管，内部依次填充各段，空纸管这个技术特征是对安徽中烟专利 CN108078012A（4.2.3.3）提出的外套筒概念的具体化；空纸管远唇端封口用封口片密封，该特征之前已经被公开；降温段的形状是多孔变径降温段；整体是沿用之前的结构，只在降温段有微小改进。

4.2.3.17 CN112244349A

1. 专利简述

此专利申请人为赵雪（表 4-3【53】CN112244349A 一种两段式气雾产生制品及其制备方法）。该专利公开了一种烟支，发烟段是烟条，也可用烟草颗粒。

（1）烟支结构

如图 4-16 所示，烟支由滤嘴段和气雾生成段组成。滤嘴段的结构见专利 CN112167709A（4.2.3.16）。从中空单元处分为纸筒 A 和纸筒 B。中空单元可以在纸筒 A 和/或纸筒 B 中。

气雾生成段的端部上设有封口片，封口片的直径等于纸筒 B 的外径。封口片为圆片状，可带有紧固环，封口片通过紧固环外盖/内嵌在纸筒一端，紧固环厚度为 0.1 ~ 0.2 mm。

（2）烟支材料和功能

滤嘴段的各段材料见专利 CN112167709A（4.2.3.16）；所述的封口片由较高透气度的纸

质材料制成，封口片通过粘贴的方式覆盖在纸筒 B 一端的端面上，封口片与纸筒端面黏结的胶可采用 PVAC 乳液或 VAE 乳液改性后制成的卷烟胶；封口片的一面还涂有环保型光油。功能：为了防止发烟材料中含有的油性物质在接触封口片时渗透转移到封口片上影响烟支外观。

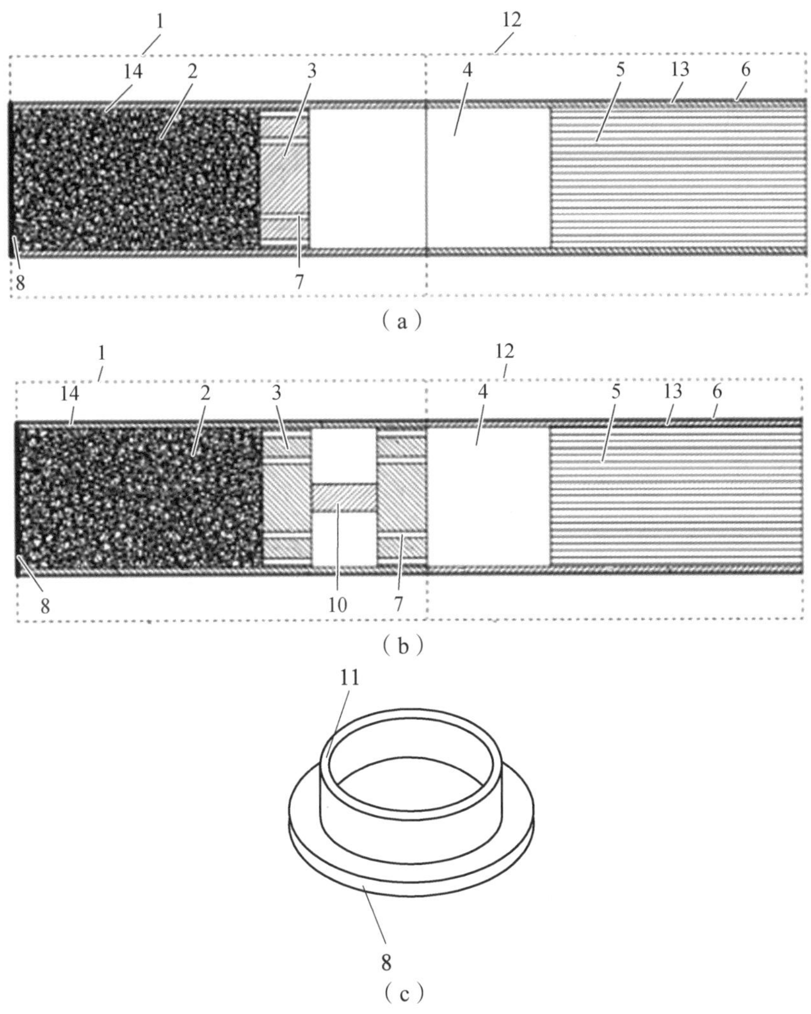

图 4-16　CN112244349A 中的烟支结构

2. 核心专利点分析

同 4.2.3.16（2）。

4.2.3.18　CN112244350A

1. 专利简述

此专利申请人为赵雪（表 4-3【54】CN112244350A 一种二元结构的气雾产生制品及制备方法）。该专利公开了一种烟支，发烟段是烟条，而非烟草颗粒。

（1）烟支结构

如图 4-17 所示，烟支由滤嘴段和气雾生成段组成。滤嘴段的结构见专利 CN112167709A（4.2.3.16）。与专利 CN112244349A（4.2.3.17）区别是：滤棒单元外包裹纸筒 B，气雾生成段加多孔变径降温单元、中空单元外包裹纸筒 A。

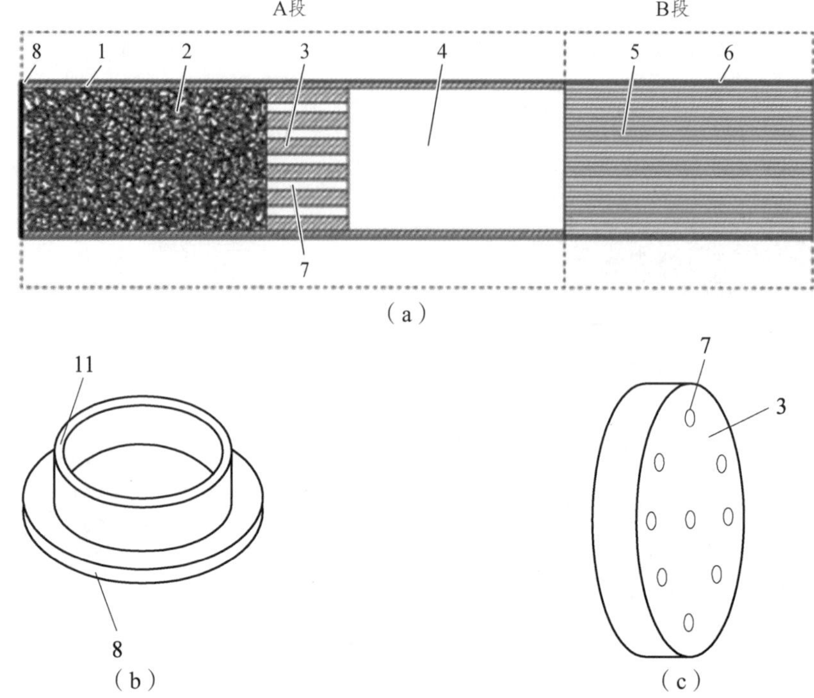

图 4-17 CN112244350A 中的烟支结构

气雾生成段的端部上设有封口片，封口片的直径等于纸筒 B 的外径。封口片为圆片状，可带有紧固环，封口片通过紧固环外盖/内嵌在纸筒一端，紧固环厚度为 0.1 ~ 0.2 mm。

纸筒 A 和纸筒 B 的壁厚均为 0.2 ~ 0.5 mm，直径均为 6 ~ 9 mm；纸筒 A 的长度为 15 ~ 30 mm，纸筒 B 的长度为 12 ~ 20 mm。

（2）烟支材料和功能

同 4.2.3.17 中的 1.（2）。

2. 核心专利点分析

同 4.2.3.16 中的 2。

4.2.3.19 CN112244351A

1. 专利简述

此专利申请人为赵雪（表 4-3【55】CN112244351A 一种通过加热产生气雾的烟草制品及制备方法）。该专利公开了一种烟支，发烟段是烟条，而非烟草颗粒。

（1）烟支结构

如图 4-18 所示，烟支由滤嘴段和气雾生成段组成。滤嘴段的结构见专利 CN112167709A（4.2.3.16）。与专利【53】CN112244349A（4.2.3.17）的区别是：滤嘴段外包裹纸筒 A。气雾生成段外包裹纸筒 B。

气雾生成段的端部上设有封口片，封口片的直径等于纸筒 B 的外径。封口片为圆片状，可带有紧固环，封口片通过紧固环外盖/内嵌在纸筒一端，紧固环厚度为 0.1 ~ 0.2 mm。

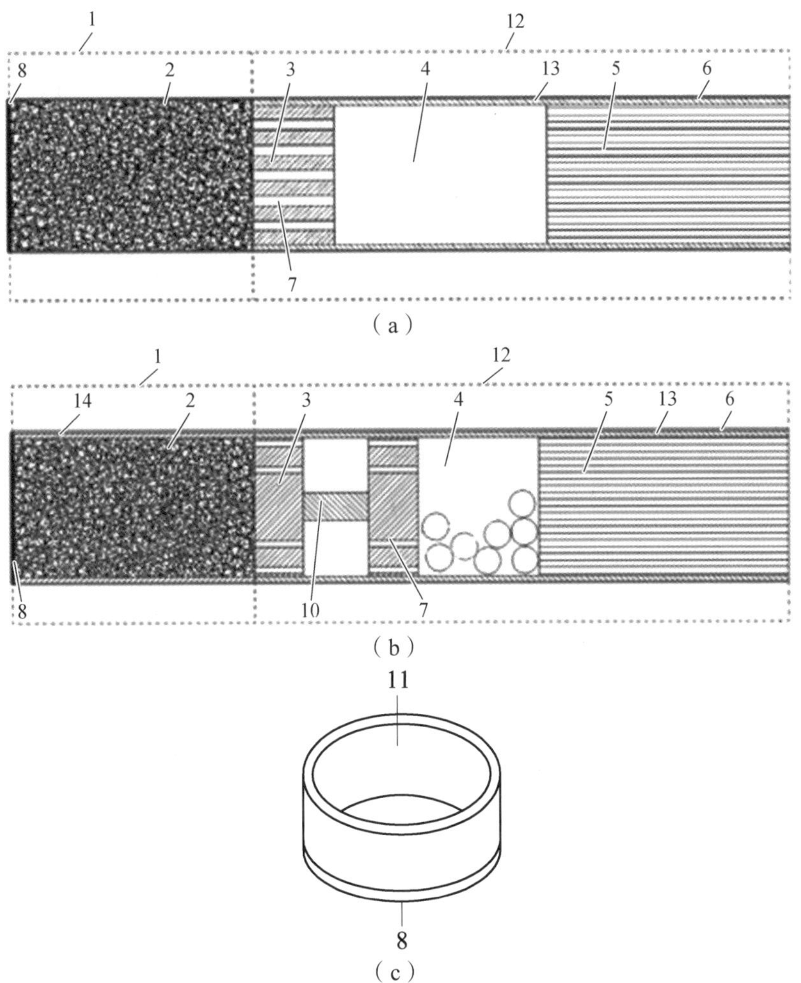

图 4-18 CN112244351A 中的烟支结构

纸筒 A 和纸筒 B 的壁厚均为 0.2～0.5 mm，直径均为 6～9 mm；纸筒 A 的长度为 15～30 mm，纸筒 B 的长度为 12～20 mm。

（2）烟支材料和功能

同 4.2.3.17 中的 1.（2）。

2. 核心专利点分析

同 4.2.3.16 中的 2。

4.2.3.20 CN105828646B

1. 专利简述

此专利申请人为菲利普莫里斯生产公司（表 4-3【2】CN105828646B 气溶胶生成装置以及用于气溶胶生成装置中的胶囊）。该专利为烟草颗粒类烟弹专利。

（1）烟弹结构

如图 4-19 所示，烟弹 100，具有壳 102，凹部 110 和盖 200。

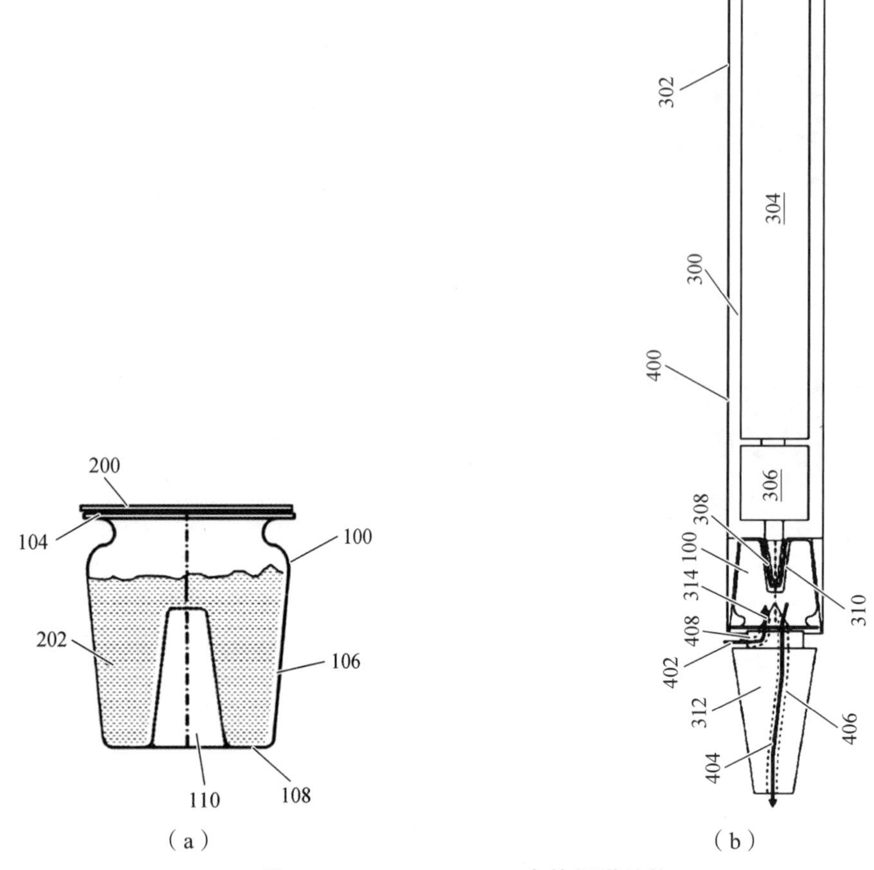

图 4-19 CN105828646B 中的烟弹结构

凹部 110 形状为截头圆锥，凹部半径为 1.5 ~ 3 mm。功能：用于接纳加热器。凹部有利于减少从加热器到气溶胶形成基质的最大距离，减少功率需求，并且减少加热器处对所有气溶胶形成基质提供最低温度所需的最高温度。凹部的并入增加气溶胶形成基质的表面积与体积比。因此，气溶胶形成基质的最大厚度减少。此外，气溶胶形成基质的绝缘效应以及加热器和装置外表面之间的各种其他部件和材料层有利于减少装置的外部温度。

凹部 110 的纵横比 50% ~ 75%的功能：允许气溶胶形成基质的最大厚度减少，同时在胶囊内提供足够的体积以含有足够的气溶胶形成基质。

烟弹基部半径为 3 ~ 6 mm，烟弹纵向长度是 7 ~ 13 mm。壳的壁厚是 0.1 ~ 0.5 mm。凹部的壁厚等于或小于壳的壁厚。

功能：提供薄壁壳减少需要加热的壳的热质量，并且因此可减少将胶囊加热至操作温度所需的时间。

（2）烟弹材料和功能

壳 102，凹部 110 和盖 200 整体形成。材质为金属，如铝，或耐高温聚合物，以承受烟具的加热温度。

（3）烟弹各部分制造方法和工艺

壳和凹部使用拉深工艺制备。然后填充发烟基质。盖使用黏合剂、热密封、超声波焊接，激光焊接等密封到壳上。

2. 核心专利点分析

烟草材料（包括烟草颗粒）被封装在导热性良好的坛子形容器内，顶部用柔性膜密封，坛底向上内凹成圆台状以供烟具的加热元件插入；抽吸时，柔性膜被烟具近唇端的烟嘴上的刺穿元件刺穿，外界空气从刺穿处一半圆侧进入，烟雾从刺穿处另半圆侧释放，据称可减少首次抽吸等待时间且中心加热可降低烟具外壳温度。

4.2.3.21　CN106998817A

1. 专利简述

此专利申请人为菲利普莫里斯生产公司（表 4-3【3】CN106998817A 供烟草蒸发器中使用的烟草小袋）。该专利为烟草颗粒类烟弹专利。

（1）烟弹结构

如图 4-20 所示，烟弹是多孔的小袋 100。用以形成小袋的材料厚度可在 50 ~ 300 μm。用以形成小袋的材料纤维尺寸可在 10 ~ 30 μm。功能：提高传热效果。

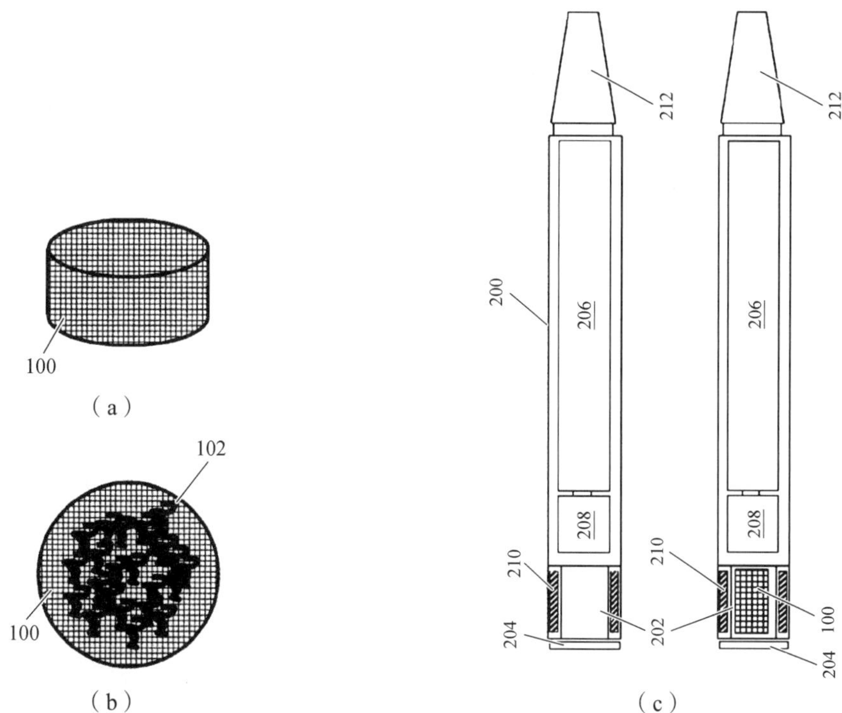

图 4-20　CN106998817A 中的烟弹结构

小袋容器可为任何合适的形状和尺寸。横截面可以是：椭圆形、圆形、矩形、正方形以及三角形。纵截面可以是：矩形、三角形圆形以及椭圆形。

（2）烟弹材料和功能

小袋优选地由筛网形成。材料：天然纤维剑麻、苎麻、陶瓷纤维或金属。功能：传热、耐高温、加热不会产生异味，用于释放气溶胶并冷凝。

（3）烟弹各部分制造方法和工艺

形式小袋的筛网可由任何合适的工艺形成，诸如编织材料，或通过使用齿形滚筒或类似物切割，并且随后通过提供与齿形滚筒的轴线垂直的力扩展材料。

2. 核心专利点分析

将均质烟草球体置于陶瓷纤维网或金属筛网构成的容器中，置于周向加热腔中进行周向加热发烟。

4.2.3.22 CN108135275A

1. 专利简述

此专利申请人为菲利普莫里斯生产公司（表 4-3【4】CN108135275A 气溶胶生成制品、气溶胶生成团块、气溶胶生成团块的形成方法和包括气溶胶生成团块的气溶胶生成系统）。该专利为烟草颗粒类烟弹专利。

（1）烟弹结构

如图 4-21 所示，烟弹 9 包括壳体 8 和布置在所述壳体中的多个气溶胶生成粒子 3。壳体

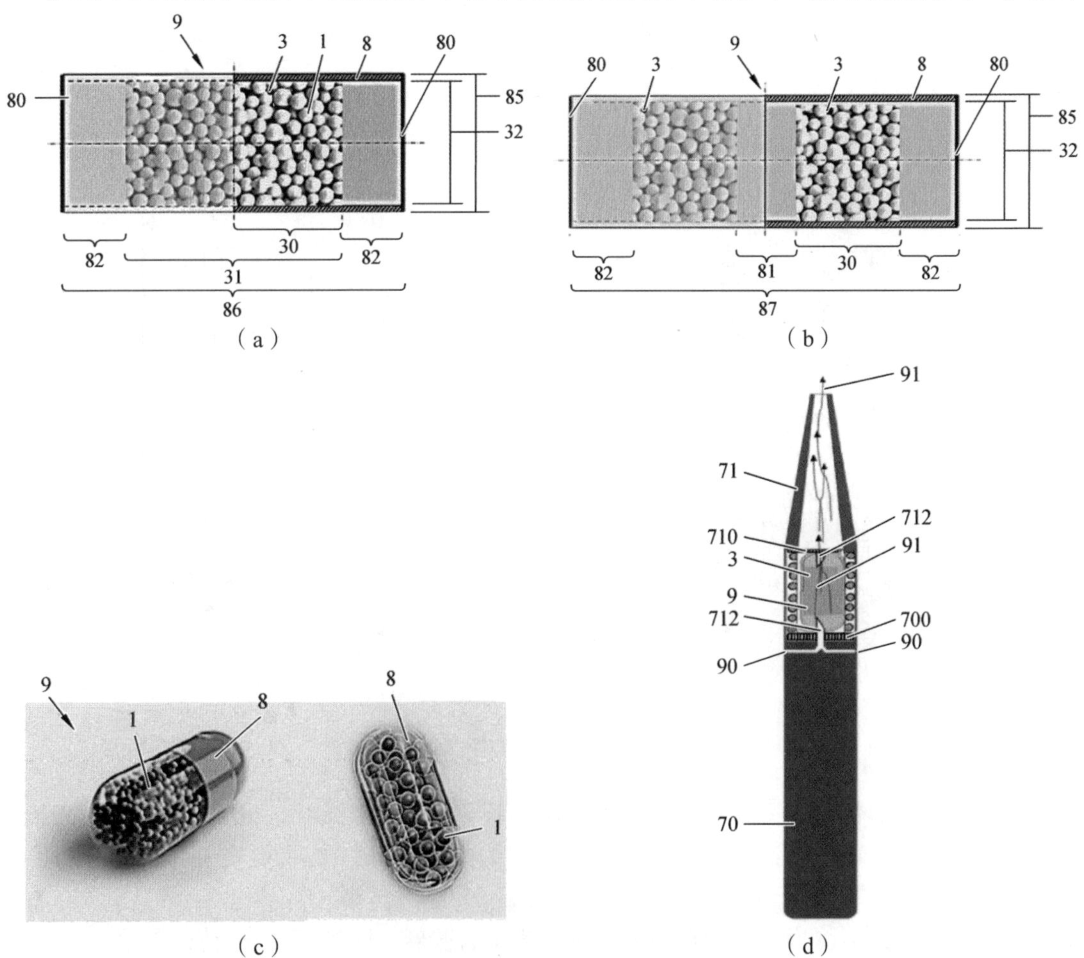

图 4-21 CN108135275A 中的烟弹结构

末端具有易碎或可除去屏障。壳体 8 可为圆柱形，长度 5 ~ 30 mm，外径 2.2 ~ 15 mm，内径 2 ~ 12 mm。壳体 8 末端中至少一个为平面。功能：以方便去除屏障。

烟弹 9 可以为胶囊形式或为管状，两端具有密封盖 80。

（2）烟弹材料和功能

壳体材质：聚合物（医用级聚合物，聚乙烯，聚丙烯，聚氯乙烯，聚乳酸，聚对苯二甲酸乙二醇酯），纤维素（醋酸纤维素、羟丙基甲基纤维素），纸，胶凝剂。功能：具有低黏弹性，以方便被刺穿。

屏障的材质：金属箔片或薄膜。功能：方便被刺穿或除去。

烟弹内为烟草颗粒。烟草颗粒 1 为核壳结构，核为电磁受体颗粒（球、片或纤维），壳为发烟材料层，壳层可以为单层或多层。功能：可用于电磁加热。

2. 核心专利点分析

烟草颗粒 1 为核壳结构，核为电磁受体颗粒（球、片或纤维），壳为发烟材料层，壳层可以为单层或多层；多个烟草颗粒 1 可以装入胶囊中进行封装，则得到颗粒类烟弹；或者多个烟草颗粒 1 也可以被压紧成团块 3，一个或多个团块 3 被装填在管壳 8 内，管壳 8 两端用密封箔片进行密封；烟草颗粒 1 可以在管壳 8 内被原位压紧成团块，也可以先预压紧成团块 3 后被装填到管壳 8 内；使用时，用烟具内的刺破元件刺穿胶囊两端或刺穿密封箔片构成气流通道即可，多个团块 3 还可以设置成分段加热模式；电磁加热是非接触式加热，且由于每个颗粒都是内部加热，受热非常均匀，烟雾释放和迁移也都容易且均匀。

4.2.3.23 CN108135278A

1. 专利简述

此专利申请人为菲利普莫里斯生产公司（表 4-3【5】CN108135278A 气溶胶生成系统）。该专利为烟草颗粒类烟弹专利。

（1）烟弹结构

如图 4-22 所示，烟弹即胶囊 1，包括壳 10 和盖 11。盖 11 容易被刺穿。

壳 10 的一部分可以是感受器材料制成，或者在壳 10 的内侧用感受器材料涂布或加衬。感受器材料要可以加热到超过 250 °C 的温度。功能：电感加热以加热发烟制品。

壳 10 的一部分也可以由隔热材料制成，或者将隔热材料布置于感受器材料外侧。功能：隔热，防止烟具过热。

盖 11 的材料可以包括感受器材料或不包括感受器材料。

胶囊、壳和盖可以用一种或多种抗性材料涂布，所述抗性材料对气溶胶形成基质的成分具抗性。功能：提高胶囊的耐用性，且不产生有害物质。

胶囊 1 的纵向长度是 7 ~ 13 mm。壳 10 的壁厚度是 0.1 ~ 0.5 mm。胶囊 1 的底部半径是 3 ~ 6 mm。

（2）烟弹材料和功能

感受器材料包括：金属、碳或铁磁性材料。例如铁磁体铁、铁磁性合金（如铁磁性钢或不锈钢）和铁氧体。感受器优选包括大于 5%、优选大于 20%、优选大于 50%或 90%的铁磁性或顺磁性材料。

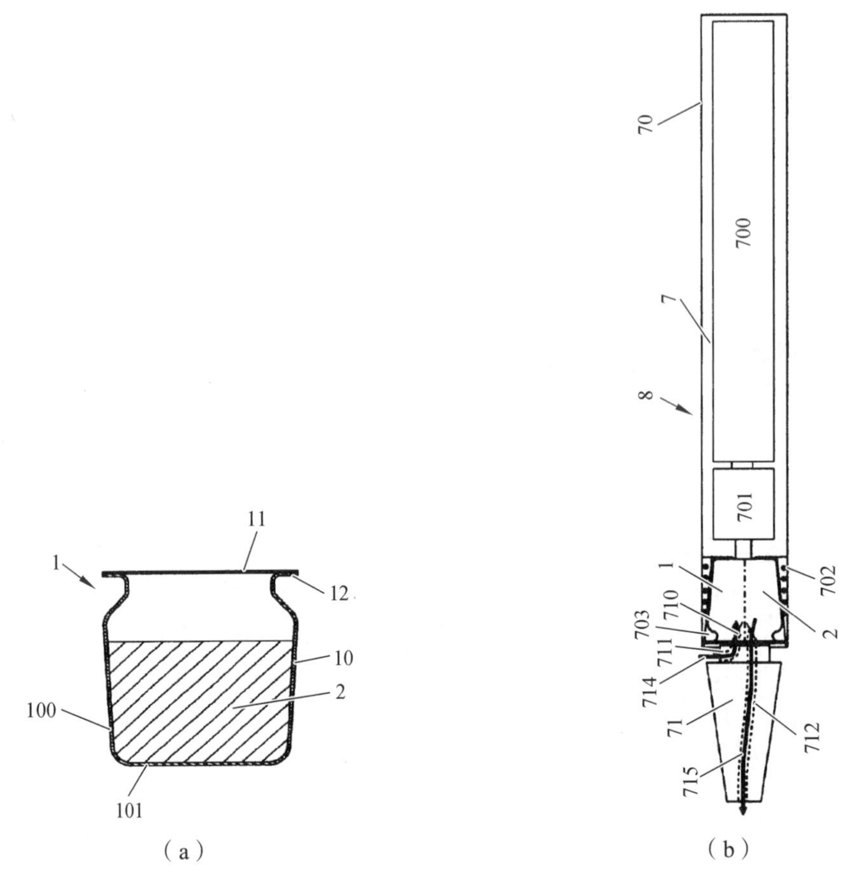

图 4-22 CN108135278A 的烟弹结构

合适的感受器可以包括非金属芯体，其具有安置在非金属芯体上的金属层，例如形成于陶瓷芯体的表面上的金属迹线。

壳的材料也可以选择：聚对苯二甲酸乙二酯（PET）、非晶形聚对苯二甲酸乙二酯（APET）、高密度聚乙烯（HDPE）、聚氯乙烯（PVC）、低密度聚乙烯（LDPE）、聚丙烯、聚苯乙烯和聚碳酸酯。

盖的材料：优选由聚合物或金属制成，并且更优选由铝制成。盖可以经过层压以提高密封能力。优选的，盖由层压的食品级阳极化铝制成。

（3）烟弹各部分制造方法和工艺

壳可以使用深拉制或模制工艺制造。盖可以使用任何合适的方法密封到胶囊壳，所述方法包括：黏合剂，如环氧黏合剂；热封；超声波焊接和激光焊接。

2. 核心专利点分析

烟草材料（包括烟草颗粒和烟草膏）被封装在坛子形容器内，顶部用柔性膜密封，坛底平坦，烟草材料内混有电磁受体材料，或坛子内壁为电磁受体材料；感应发热，抽吸时，外界空气从刺穿处一半圆侧进入，烟雾从刺穿处另半圆侧释放，据称可减少首次抽吸等待时间且中心加热可降低烟具外壳温度。

4.2.3.24 CN208639627U

1. 专利简述

此专利申请人为山东精彩香料科技开发有限公司（表 4-3【19】CN208639627U 一种颗粒型烟草封装胶囊壳体、颗粒型烟草胶囊及烟具）。该专利为烟草颗粒类烟弹结构专利。

（1）烟弹结构

如图 4-23 所示，烟弹由囊帽（1）和囊体（2）构成；该囊帽（1）和囊体（2）均具有一开口端和一端面；组装时，囊体（2）的开口端与囊帽（1）的开口端对向插接，该囊体（2）的开口端位于囊帽（1）的开口端内，通过囊帽（1）的开口端内壁与囊体（2）的开口端外壁之间的摩擦力连接；该囊帽（1）和囊体（2）的端面或端面附近设置有气孔（4）。

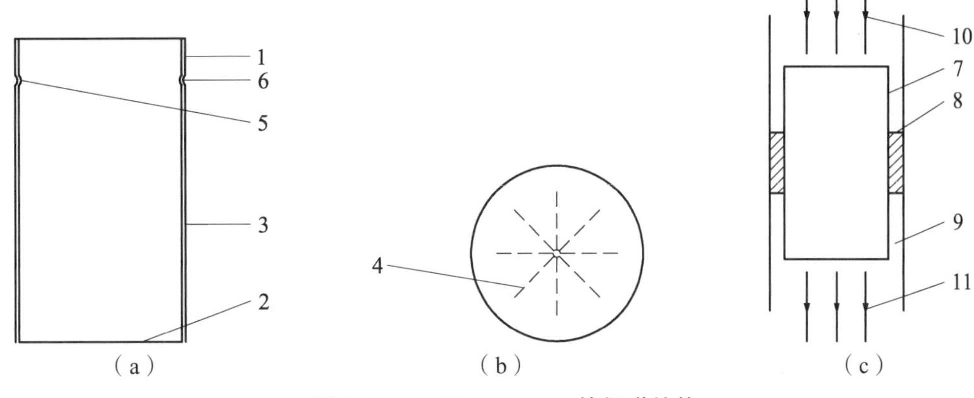

图 4-23 CN208639627U 的烟弹结构

该囊体（2）的开口端的外壁环设凹陷结构（5），该囊帽（1）的内壁环设有对应于凹陷结构（5）的凸出结构（6）；组装时，凸出结构（6）扣合在凹陷结构（5）上。功能：上述结构有利于防止囊帽 1 和囊体 2 的脱离。

该囊帽（1）和囊体（2）的端面均为平面。作用：方便加热片插入。

该气孔（4）为网状孔。打孔面的直径为圆柱面直径的 1/3 至全部不等。该气孔 4 设置多个并形成渐段线。作用：这样比较有助于加热片的插入，加热片可以随着气孔构成的渐断线位置插入胶囊中，非常省力。

该胶囊的高度在 5 ~ 25 mm，气孔的孔径尺寸 30 ~ 100 目。

烟具装填腔 9 用于装填该烟弹。装填腔 9 内壁环设有将胶囊两端的气孔 4 隔开的密封结构 8。功能：这样可以确保通过密封结构 8 和胶囊 7 的结合后，充分隔离空气气流入口 10 和烟气气流出口 11，也就是说，防止空气从胶囊和烟具的装填腔 9 内壁缝隙中通过，保证空气气流全部通过胶囊，且起固定作用保证加热部件从胶囊端面网孔中心插入。

（2）烟弹材料和功能

胶囊外壳成品颜色为白色、米白色和纸白色或所需要的任何颜色。囊帽 1 和囊体 2 材料可选用明胶、二氧化钛、着色剂等组成。功能：生产配方须保证封装胶囊外壳成品易于被烟具刺破且不变形。

（3）烟弹各部分制造方法和工艺

囊帽 1 和囊体 2 可用相同材料按硬胶囊的制备方法制成。

2. 核心专利点分析

双杯口对口交扣，形成烟草颗粒胶囊，杯壁具有凹凸结构来适配，这一结构特点是亮点；双杯底上都有气孔 4，胶囊不分正反端，加热元件从哪端插入都行；气孔 4 为切口型；烟支外套筒内壁上具有内凸的密封结构，将胶囊与内壁之间的间隙堵塞，强制空气从胶囊中流过；该胶囊可单独作为颗粒型烟支内构件，也可以作为独立的烟弹使用，独立使用时直接放入烟具的烟支容纳腔中。

4.2.3.25 CN209135476U

1. 专利简述

此专利申请人为广东精彩国际生物科技有限公司（表 4-3【20】CN209135476U 一种颗粒型烟草制品封装壳体及颗粒型烟草制品）。该专利提出了一种与山东精彩上述专利大同小异的颗粒类烟弹结构专利。

（1）烟弹结构

如图 4-24 所示，与专利 CN208639627U（4.2.3.24）烟弹结构类似。烟弹包括一筒状本体（1），该筒状本体（1）两端分别设置顶盖（2）和底盖（3），该顶盖（2）和底盖（3）分别具有气孔（4），该气孔（4）的孔径小于颗粒型烟草的外径。

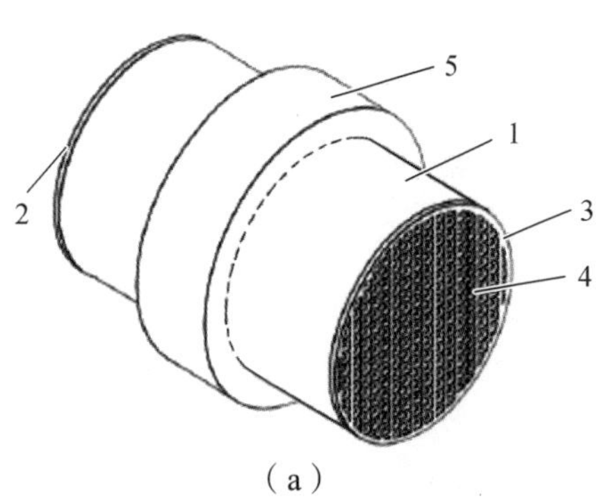

（a）

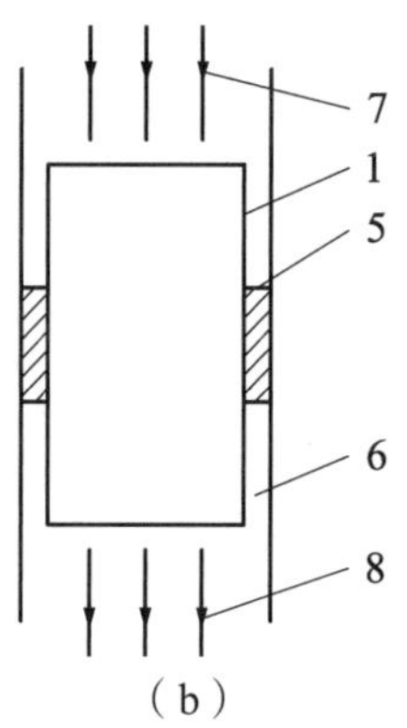

（b）

图 4-24　CN208639627U 的烟弹结构

该筒状本体（1）外环设有密封件（5）。功能：这样可以确保隔离空气气流入口 7 和烟气气流出口 8，也就是说，防止空气从颗粒型烟草制品外壁和烟具的装填腔内壁缝隙中通过，保证空气气流全部通过颗粒型烟草制品。此外，其特定的封闭结构，对颗粒型烟草具有一定的防潮和保持香气的功能。

该顶盖（2）和底盖（3）均为平面结构。

该气孔（4）为网状孔。该气孔（4）设置多个并形成渐段线。

该颗粒型烟草制品的高度在 5 ~ 25 mm，气孔的孔径尺寸 20 ~ 60 目。

（2）烟弹材料和功能

未涉及，应为常规烟弹材料。

2. 核心专利点分析

双杯口对口交扣，形成烟草颗粒胶囊，杯壁具有凹凸结构来适配；这一结构特点是亮点；

双杯底上都有气孔，胶囊不分正反端，加热元件从哪端插入都行；与山东精彩专利不同之处在于，密封件 5 不是设在外套筒内壁上，而是设在烟草颗粒胶囊外壁上，这样的好处是外套筒用普通等内径套筒就行，免得设置密封件缩小内径后影响其他烟支构成段的装填，密封件 5 将胶囊与外套筒内壁之间的间隙堵塞，强制空气从胶囊中流过；该胶囊可单独作为颗粒型烟支内构件，也可以作为独立的烟弹使用，独立使用时直接放入烟具的烟支容纳腔中。

4.2.3.26 CN209331185U

1. 专利简述

此专利申请人为广东精彩国际生物科技有限公司（表 4-3【45】CN209331185U 一种颗粒型烟草制品封装壳体及颗粒型烟草制品）。该专利为颗粒类烟弹专利。

（1）烟弹结构

如图 4-25 所示，烟弹结构，其由烟弹封装壳体和容纳在壳体中的低温不燃烧烟草颗粒构成。烟弹封装壳体由烟弹杯 1、封口膜 201 和密封膜 301 构成。烟弹杯 1 设有顶端口和底端面，封口膜 201 和底端面设有气体流通孔，封口膜 201 封闭所述顶端口 101，封口膜 201 和底端面 102 的外表面由密封膜 301 密封。

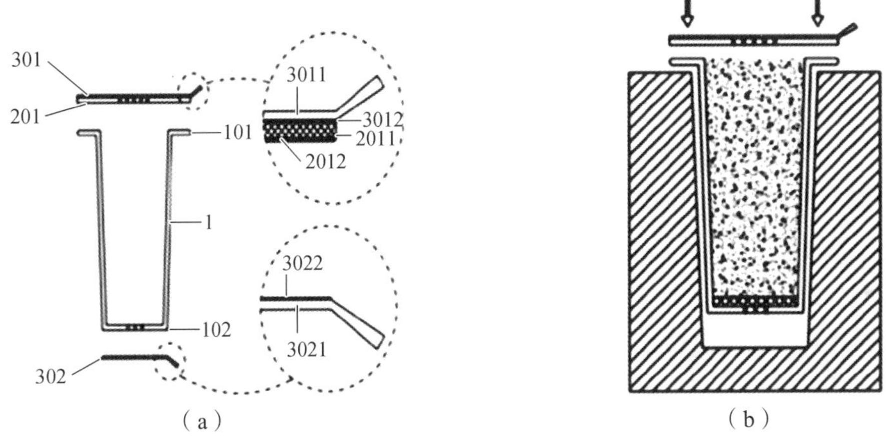

图 4-25 CN209331185U 的烟弹结构

在烟弹杯 1 内的底端面 102 处设有脱脂棉。烟弹杯 1 的杯身具有一定锥度。烟弹杯 1 的横截面可以为圆形、椭圆形、四边形、多边形或不规则形。本实用新型的烟弹结构适用于各种低温不燃烧加热烟具，其能够提高烟弹与烟具的加热腔配合度及两者间的气密性，从而明显提升烟弹使用的加热效果和抽吸效果。

（2）烟弹材料和功能

有孔的封口膜优选热塑性多层复合材料，由 PE（聚乙烯）层和铝层构成。无孔的密封膜优选黏合性多层复合材料，由胶层和密封层构成。烟弹杯优选由耐高温且热导性优良的材料（例如，由耐 400 °C 以上高温、不产生气味、热导性能优良并具有一定强度的材料）制造而成。

（3）烟弹各部分制造方法和工艺

烟弹的制造过程为：首先，将封底的烟弹杯 1 摆正，使顶端口 101 向上，可采用气体冲压装方式，从顶端口向下填脱脂棉 4，脱脂棉在气压的冲击力下和自身蓬松作用下铺满底部；

然后，从顶端口向下装填烟草颗粒 5；接着，在顶端口的外凸缘上热封由封口膜 201 和密封膜 301 一体复合而成的复合膜；最后，在底端面 102 封上密封膜 302，从而完成烟弹的制备。

2. 核心专利点分析

烟弹为圆台形的烟杯（杯底有孔，杯口敞开），杯口用封口膜封口，封口膜上有透气孔，并在封口膜外加封密封膜，烟杯内填充烟草颗粒，杯底外侧还有密封膜；圆台形是发明人刻意强调的发明点，但设成圆台形后，就只能作为独立烟弹使用了，不能再作为烟支的内构件来使用；装填时，先用密封膜封好杯底，然后向杯中装填入脱脂棉铺底，然后装填发烟颗粒，然后用带孔封口膜封口，然后用密封膜密封；使用前撕去两端的密封膜，放入烟具中即可加热抽吸，可周向加热或中心加热；烟杯顶部设有外凸缘，增加封口膜与杯顶的黏合面积。烟杯圆台形状更适合烟弹与烟具的烟弹容纳腔牢固适配，改善传热。

4.2.3.27 CN109691692A

1. 专利简述

此专利申请人为深圳科伊斯科技有限公司（表 4-3【49】CN109691692A 一种颗粒香烟）。该专利为颗粒型烟支结构专利。

（1）烟支结构

如图 4-26 所示，烟支包括封装有烟草颗粒（1）的烟管（2），所述烟管（2）一端设有过滤部件（3）、另一端设有用于防止烟草颗粒（1）漏出的封口部件（4）。所述烟草颗粒（1）布置于过滤部件（3）、封口部件（4）之间。

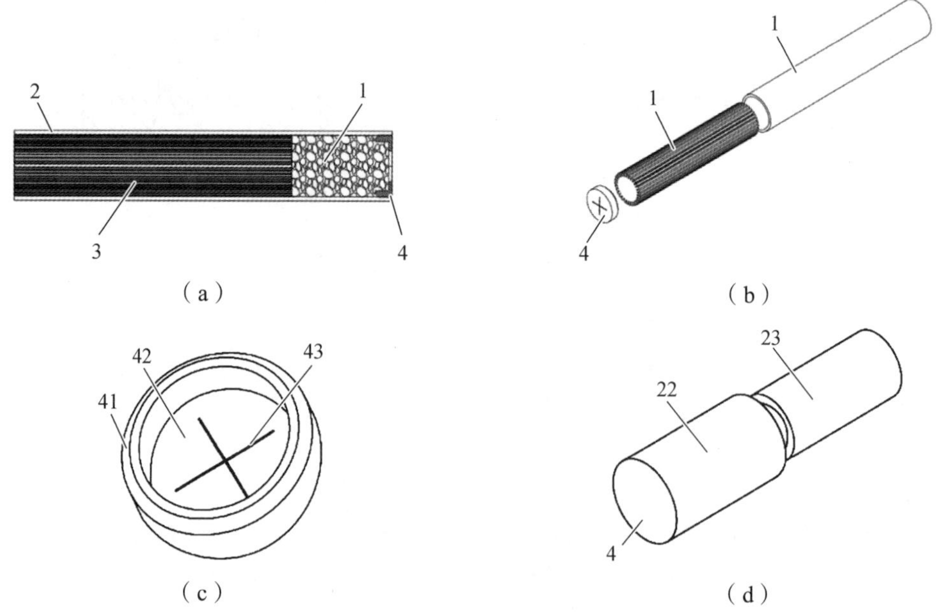

图 4-26 CN109691692A 的烟支结构

所述过滤部件（3）为过滤硅胶条，所述过滤硅胶条上带有至少一条过滤气道。所述过滤气道为沿过滤硅胶条长度方向布置的齿槽结构，所述过滤硅胶条的齿槽结构端面和烟管（2）

的内壁接触。所述过滤硅胶条的齿槽结构端面和烟管（2）的内壁过盈配合。过滤硅胶条功能：具有降温、冷凝的功能，能够起到降低烟雾温度，冷凝管，烟焦油等有害物质的作用，且具有耐热性能好、价格便宜、受热不会产生异味的优点。

烟管 2 可为类似普通香烟的两段式结构，过滤部件 3 外侧的部分为厚度较薄的烟纸管，烟草颗粒 1 部分则采用厚度较厚的烟纸管，用于保护内部的烟草颗粒 1，防止挤压变形。

烟管 2 的长度为 45 mm，过滤硅胶条的长度 33 mm，内部封装烟草颗粒 1 的空间大约为 12 mm 长（封口部件 4 需要占据部分长度）。

第二种方案中，烟管 2 也可以分为两段，具体结构如下：

烟管 2 包括相连的第一管体 21 和第二管体 22，过滤部件 3 插设于第一管体 21 内，第二管体 22 的一端通过设置封口部件 4 形成桶状结构。第二管体 22 上设有插接连接的桶状体 23，桶状体 23 的桶底上设有透气孔 231，烟草颗粒 1 布置在第二管体 22、桶状体 23 两者插接形成的胶囊内腔体中。

第二管体 22 的一端通过设置封口部件 4 厚度为 0.3 mm 以方便刺穿，第二管体 22 的内径为 7 mm；桶状体 23 的外径为 7 mm。

（2）烟支材料和功能

所述封口部件（4）为铝箔、烟片、自闭合硅胶塞或胶水膜。

所述封口部件（4）为烟片时：胶水膜表面设有烟草颗粒层，以保持封口部件（4）颜色与烟草物质一致。胶水膜功能：胶水膜可以将封口部件 4 的厚度做到非常薄，便于将低温不燃烧香烟具的发热针或发热片插入。但是由于需要胶水涂覆或者喷涂工艺，并需要后续的干燥处理，使得加工周期较长。

所述自闭合硅胶塞包括圆柱管（41），所述圆柱管（41）套设或者嵌设在烟管（2）的端部，所述圆柱管（41）的内孔一端设有一体形成的膜片（42），所述膜片（42）上设有切口（43）。优点：自闭合硅胶塞的使用则直接将其套设或者嵌设在烟管 2 的端部即可，因此能够极大地简化封口部件 4 的工艺和缩短封口部件 4 的生产周期。

所述封口部件（4）为烟片时：采用烟草叶片或者将烟草叶片采用类造纸工艺（主要包括制浆、抄纸、晾干等工序）或者模压工艺制成的烟草纸片，通过粘贴或者其他复合工艺和烟管 2 端部连接。优点：烟片具有口味纯正，方便插穿的优点。

烟管 2 采用一体式纸管，此外也可以采用烟叶制备，制备工艺可以采用卷绕、模压等等。

第二种方案中，第二管体 22、桶状体 23 两者均为采用烟草颗粒模压制成。功能：桶状体可以释放烟香，口味纯正。

（3）烟支各部分制造方法和工艺

胶水膜的制备步骤如下：在往烟管 2 中灌装烟草颗粒 1 时，预留一定高度（本实施例中具体为 2 mm）不要装满，在烟草颗粒 1 的上面涂覆或者喷涂一层烟用胶水（食品级胶水），胶水干透后即可形成胶水膜，使得烟管 2 中灌装烟草颗粒 1 的端口封闭，从而防止烟草颗粒 1 掉落。

2. 核心专利点分析

创新之处在于，用食品级胶水涂覆在填充好的颗粒表面干燥后形成胶水膜封口，为使色调一致，还可以在胶水没干燥之前撒一层烟草颗粒，一同干燥；还可戴帽式封口；外管也可以分为两段；左右双杯口对口交扣，装成烟草颗粒胶囊。

4.2.3.28 CN110367587A

1. 专利简述

此专利申请人为索图电子（惠州）有限公司（表 4-3【57】CN110367587A 烟气处理部、使用该烟气处理部的低温不燃烧颗粒型烟支及其生产工艺）。该专利为颗粒型烟支结构专利。

（1）烟支结构

如图 4-27，所述烟支包括烟管（1）以及内置于所述烟管（1）内的嘴棒（2）、第一烟气处理部（3）、第二烟气处理部（4）、烟草颗粒（5）和封堵层（6）。

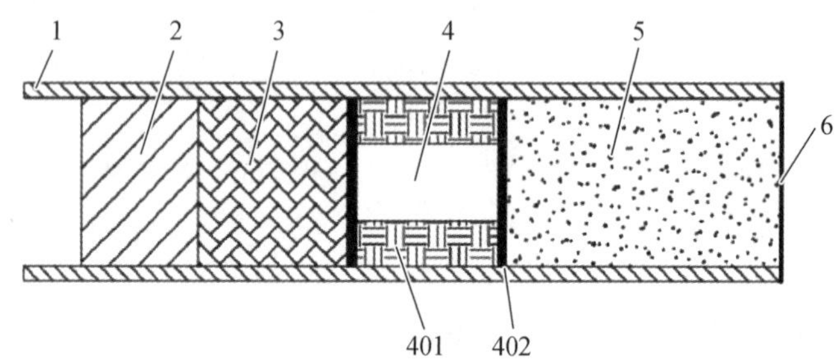

图 4-27 CN110367587A 的烟支结构

烟气处理部 4，其以具有中空结构的纸管作为主体且两端由透气片层封闭。所述第二烟气处理部（4）与所述烟管（1）内壁紧密接触。所述第一烟气处理部由管体与球状体或颗粒体构成。所述管体设置在所述纸管内部并与所述纸管形成夹层空腔，所述球状体或颗粒体设置在该夹层空腔中。

所述第二烟气处理部（4）以中空结构的粗纸管（401）为主体且两端由透气片层（402）封闭，所述透气片层（402）的外缘与所述烟管（1）内壁紧密接触。

所述封堵层（6）封闭所述烟管（1）的一端并与第二烟气处理部（4）之间形成烟管（1）内保持所述烟草颗粒（5）的空间。所述封堵层（6）由食品级胶水黏附在所述烟管（1）的一端以形成低温不燃烧颗粒型烟支的封堵端。

近唇端留有一小段空腔。功能：可能是为了保持嘴端卫生。

所述烟管（1）的外直径为 5.0 ~ 9.0 mm，壁厚为 0.10 ~ 0.40 mm，长度为 35 ~ 80 mm。

（2）烟支材料和功能

所述透气片层为棉片。所述棉片中添加艾草、芦荟、壳聚糖、甲壳素、海藻、竹、麻、天丝、蚕丝中的一种或多种。功能：对烟气过滤、干燥、增香。

所述第一烟气处理部包括香精微粒，活性炭，二氧化硅，玻璃纤维纸卷，和/或由醋酸、聚丙烯、聚乳酸、聚酯纤维或类似材料中的一种或多种制成的球状体或颗粒体。

所述管体与所述球状体或颗粒体由醋酸、聚丙烯、聚乳酸、聚酯纤维或类似材料制成。

所述烟管（1）由浆料和黏合剂制成。

所述嘴棒（2）为醋酸纤维棒，在所述醋酸纤维棒中添加有活性炭和/或香精微粒。

所述封堵层（6）由透气性纤维纸或纤维水刺无纺布制成。所述透气性纤维纸或纤维水刺无纺布材料采用棉纤维、黏胶纤维、甲壳素纤维、超细纤维、天丝、蚕丝、竹纤维、木浆纤维、海藻纤维、聚乳酸纤维、烟草纤维、草纤维中的一种或多种制成。功能：纤维制成的封堵层更牢固，不易变形，耐撕性好，透气性好。

（3）烟支各部分制造方法和工艺

烟管 1 利用黏合剂，由纸浆纤维卷制脱模干燥制成。

2. 核心专利点分析

填充顺序上，倒序安装（从近唇端向远唇端装填各段，最后装填颗粒并封口），这是首次创新，据称倒序安装能避免烟草颗粒松散和泄漏；近唇端留有一小段空腔，作用未提及，估计是为了保持嘴端卫生。

4.2.3.29 CN210869848U

1. 专利简述

此专利申请人为上海方禹机电科技有限公司（表 4-3【64】CN210869848U 一种颗粒加热不燃烧烟支）。该专利为颗粒型烟支结构专利。

（1）烟支结构

如图 4-28 所示，烟支依次包括：颗粒段（1）、滤嘴段（3）和筒形包裹件（2）；所述筒形包裹件（2）的一端包裹所述滤嘴段（3），且筒形包裹件（2）远离滤嘴段（3）的一端填充有所述颗粒段（1）。

所述颗粒段（1）和滤嘴段（3）之间留有间隙，所述滤嘴段（3）的中心靠近颗粒段（1）处夹设有储水或混有香精香料液体的胶管（4），所述胶管（4）设有开口（41），且胶管（4）的开口（41）正对所述颗粒段（1）。

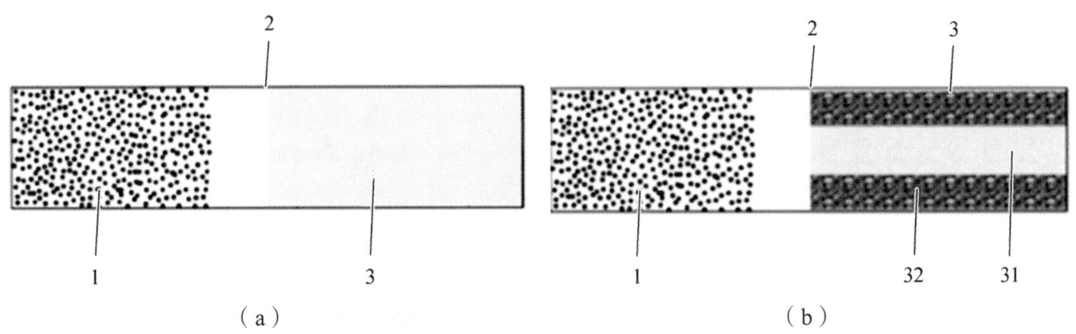

图 4-28 CN210869848U 的烟支结构

（2）烟支材料和功能

所述筒形包裹件（2）为硬纸管或其他材质管件。

所述颗粒段（1）为加热可产生烟雾的烟草颗粒或发烟材料颗粒。

所述滤嘴段（3）为含聚乳酸丝束和醋酸纤维丝束的同心圆滤棒。

所述滤嘴段（3）包括内圆滤棒（31）及包裹在内圆滤棒（31）外围的外圆滤棒（32）。

所述内圆滤棒（31）包括由醋酸纤维丝束成型制备的滤棒，所述外圆滤棒（32）包括由聚乳酸丝束成型制备的滤棒。或者所述内圆滤棒（31）包括由聚乳酸丝束成型制备的滤棒，所述外圆滤棒（32）包括由醋酸纤维丝束成型制备的滤棒。

滤嘴段作用：含有聚乳酸丝束形成的滤棒，由于聚乳酸丝束具有良好的热量吸附效果，能吸附烟气携带的大量热量，所以能够有效地降低烟气温度，使得烟气到达滤嘴段末端无明显烫嘴；滤嘴段中聚乳酸丝束和醋酸纤维丝束构成同心圆结构，减小了传统的聚乳酸丝束和醋酸纤维丝束构成多元复合嘴棒的吸阻，使得烟气到达滤嘴段末端仍烟气充足，不会影响烟气质量，极大地满足消费者的抽吸体验；滤嘴段含有醋酸纤维丝束形成的滤棒，由于聚乳酸材料在受热情况下会吸热变形，而同心设计的醋酸纤维能起到很好的过滤和支承作用，避免了聚乳酸滤棒在吸热后发生变形塌陷。

2. 核心专利点分析

硬纸管内间隔填充颗粒段和过滤段，两段式烟支，无第三段；过滤段可以为聚乳酸丝束和醋酸纤维丝束构成的同心圆结构，聚乳酸受热塌陷后可以被醋纤棒支撑住，避免聚乳酸滤棒在吸热后发生变形塌陷。

4.2.3.30 CN211211442U

1. 专利简述

此专利申请人为深圳舜宝科技有限公司（表 4-3【65】CN211211442U 电子烟烟弹及其堵头）。该专利为颗粒型烟弹结构专利。

（1）烟弹结构

如图 4-29 所示，电子烟烟弹，包括发烟部 6、过滤部 2 和外包装构件 3，外包装构件 3 为两端贯通的筒状结构。

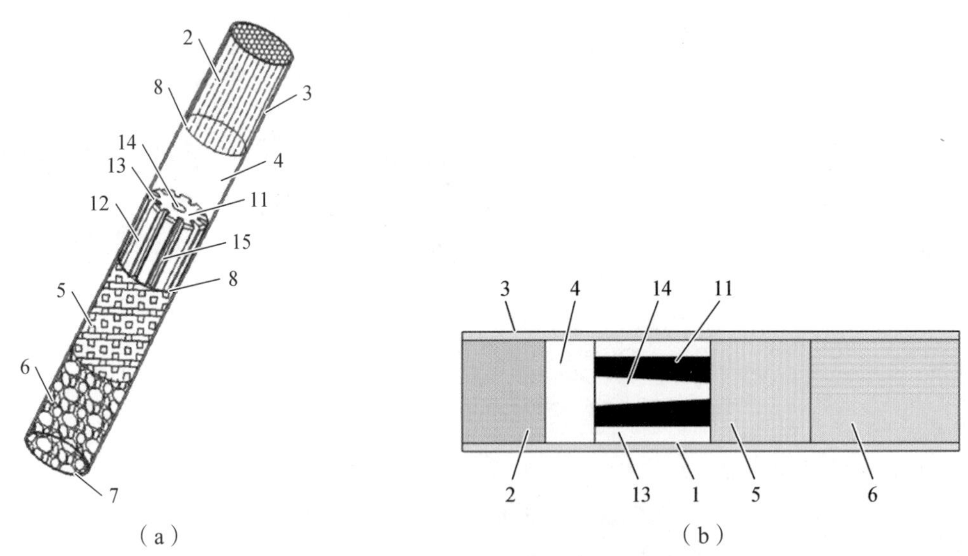

图 4-29 CN211211442U 的烟弹结构

气源部 4 为位于发烟部 6 和过滤部 2 之间的一段中空内腔。功能：发烟部 6 产生的烟雾在气源部 4 被存储、缓冲和冷却。

在气源部 4 与发烟部 6 的交界处设置堵头 1。功能：堵头 1 的作用为作为气源部 4 外形轮廓的支撑，同时作为填充发烟部 6 时的限位作用，保留足够的气源部空间用来冷却、存储和缓冲烟雾。另外，将烟弹安装于电子烟本体时，加热棒会插入发烟部 6 内部对发烟基质进行加热，插入时，发烟部 6 内的发烟基质受加热棒推力的作用，会向气源部 4 挤压，此时堵头 1 还起限位作用，避免发烟部基质进入气源部 4，以及避免气源部 4 被挤压变形。

堵头包括本体 11 和限位部 13，本体 11 沿烟弹长度方向的中心轴线设置，本体 11 上具有沿中心轴线同心设置的通孔 14，限位部 13 为多个，且从本体 11 向外延伸并与烟弹的外包装构件 3 接触，限位部的侧部 12 与外包装构件接触，限位部 12 可以与外包装构件 3 通过胶黏固定在外包装构件 3 内。功能：限位部 13 起支撑外包装构件 3 的作用，维持外包装构件 3 不坍塌，同时限位部 13 在轴向上具有限制发烟基质轴向移动的作用，尤其在加热棒插入发烟部 6 推动发烟基质沿轴向运动时，起限位作用。

相邻两个限位部 13 之间设置有凹槽 15，凹槽 15 的个数大于等于 2，凹槽 15 是由相邻两个限位部 13 和外包装构件 3 的内壁构成。功能：凹槽 15 是开放性的，最大限度地增加烟雾的流量。通孔 14 和所有凹槽 15 构成供烟雾流动的通道，不仅增加了烟雾通过的总直径大小，而且通道的数量被增加，一旦有某个通道被堵塞，其余通道仍可以继续工作，降低了全部通道均被堵塞的概率。

优选的，通孔 14 和各个凹槽 15 的直径均为从发烟部 6 方向至过滤部 3 方向逐渐变宽。功能：堵塞的颗粒物易被吸出，保证通孔的烟雾流畅。

在发烟部 6 和堵头 1 之间还包括净化部 5，其内填充有净化基质。功能：其具有吸附作用以及净化烟雾，降低烟雾的刺激性，吸附烟雾中有害颗粒，例如可以是茶材料或活性炭材料。

发烟部 6 基质间的间隙小于净化部 5 基质间的间隙。作用：使净化部 5 的压强低于发烟部 6 的压强，便于烟雾自动向净化部 5 渗透，或者增加烟雾的渗透速率。净化部 5 的各部分的间隙可以相同，也可以沿烟弹长度方向呈梯度变化。产生间隙变大的方法可以为：当发烟部 6 和净化部 5 的基质为均质时，使两者的颗粒度不相同，二是在净化部掺杂较大颗粒，从而也可增加净化部的间隙。

在发烟部 6 的端部设置密封部 7，密封部 7 可以为带有通孔的滤网，或透气薄膜。为了保持发烟部 6、净化部 5 以及过滤部 2 的独立，各部分的填充基质不混淆，优选的，可以在发烟部 6 与净化部 5 之间、净化部 5 与堵头 1 之间、过滤部 2 与气源部 4 之间的任意一处或多处设置隔离部 8，具体的，隔离部 8 可以为带有通孔的滤网，或透气薄膜。优选的，隔离部 8 也粘贴到外包装构件上，也起限位作用。

（2）烟弹材料和功能

发烟部 6 位于烟弹外包装构件 3 内一端部，其内填充有发烟基质，可以是烟草或非烟草的颗粒物、长条状或者卷片状物质。功能：加热发烟被用户吸食。

烟弹另一端的外包装构件 3 内设置有过滤部 2，即烟嘴，内填充有过滤材料，如海绵、纤维等。功能：过滤烟雾中的有害颗粒。

堵头为草本压缩或者是耐高温塑料产品一体成型而成。优选的，草本为具有吸附性能的草本，例如含茶梗的草本压缩一体成型制成。功能：茶梗具有耐高温、吸附性强、兼具茶香的功能，因此，由茶梗制备的堵头还具有冷却烟雾、吸附烟雾中有害颗粒，以及为烟雾增香的优点。

（3）烟弹各部分制造方法和工艺

堵头 1 为草本压缩一体成型而成。

2. 核心专利点分析

堵头 1（即支撑导气段）具有中心轴向通孔和周向分布的轴向通气槽，扩大烟雾流通截面积，防止堵塞，且防止发烟颗粒段 6 进入下游各段。

4.2.3.31　CN110537726A

1. 专利简述

此专利申请人为深圳舜宝科技有限公司（表 4-3【66】CN110537726A 一种卷烟结构及一种电子烟）。该专利为颗粒型烟支结构专利。

（1）烟支结构

如图 4-30 所示，茶烟弹由下至上的结构分别为：密封部 4、发烟部 1、隔离部 5、净化部 21、隔离部 5、控温部 22、隔离部 5、气源部 23、隔离部 5、过滤部 24，整个外侧茶烟弹的外侧套有定型部 3。

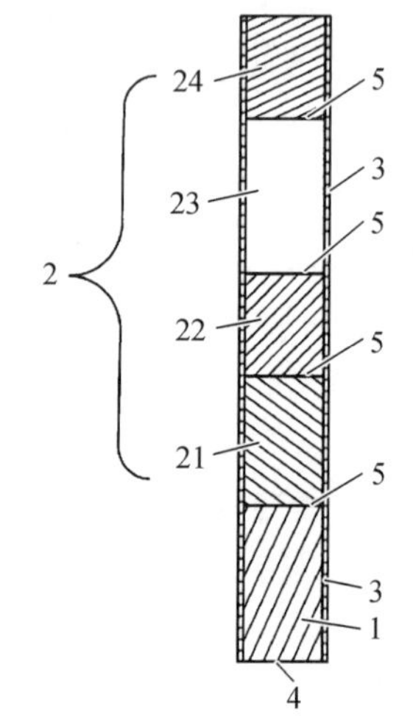

图 4-30　CN110537726A 的烟支结构

（2）烟支材料和功能

净化部 21 为茶梗净化部 21 进行净化，疏松多孔的茶梗可有效吸附烟雾中的有害物质，同时，净化部 21 的茶梗，还可以起到烟雾的增香作用，茶梗中的茶多酚，还可以起到提神的作用。

隔离部 5 作用：隔离各结构的作用。由于茶烟弹的结构较为复杂，各结构在受到外力（例如，发热片插入或抽吸）或加热后，结构容易松散，各结构之间容易相互影响而导致抽吸效果变差。

定型部 3 套在发烟部 1 与烟嘴 2 的外侧。作用：可有效维持茶烟弹的结构稳定性，在受到外界震动影响后，依然可以维持茶烟弹结构的稳定，便于茶烟弹的存放与运输；同时，由于定型部 3 的定型作用，在茶烟弹制备时，可使用逐个压入的方法，有效减少了黏合剂的使用，可避免在加热时黏合剂受热分解释放有害气体，进一步地提升了茶烟弹的抽吸口感，抽吸更加安全。

密封部 4 设置于发烟部 1 的下方。作用：用于防止发烟部 1 的内容物掉出。密封部 4 的设置，可有效降低在烟丝贮存过程中卷烟结构的损坏，以及，当加热片插入发烟部 1 后，密封部 4 可有效防止发烟部 1 在受热以及异物插入后的松散而导致的烟丝掉落入电子烟本体中，防止电子烟本体被污染。

2. 核心专利点分析

茶颗粒烟支结构，发烟材料为茶丝+茶颗粒，方便加热片插入。

4.2.4　关键技术解析

4.2.4.1　烟支结构共性技术

颗粒型烟支产品一般用外套管装填各段，外套管内一般从远唇端到近唇端包括：发烟颗粒段，限位段（有或无），降温过滤段。发烟颗粒段的端部用密封件密封。

1. 外套管

功能：装填烟支各段；要求：不易变形，有一定硬度，耐 350 °C 高温；材料：铝箔、铝箔与纸的复合物、塑料、硅胶、凝胶、纸质材料、金属、木材、聚乳酸中的一种[CN108669663A（4.2.3.14）]，陶瓷管、硅橡胶管、耐高温树脂管[CN109349683A（4.2.3.10）]。

2. 发烟颗粒段

装填方式：可直接填充在外套管内[CN108065456B（4.2.3.1）、CN109512031A（4.2.3.6）、CN109527638A（4.2.3.7）]，外套管端部封口；或者装填在内管中，内管端部封口[CN109527639A（4.2.3.8）]。

内管材料：耐 350 °C 以上高温，液晶高分子材料、铝、陶瓷材质中的任一种[CN109527639A（4.2.3.8）]。

3. 发烟颗粒段的密封件设计

发烟颗粒段密封件的功能是防止烟草颗粒泄露。

（1）密封方式

使用堵头密封，例如使用过滤段[CN108065456B（4.2.3.1）]。

使用底座和顶盖密封[CN207626560U（4.2.3.2）]。

使用封口膜或者封口帽密封：封口膜为圆片状[CN109512031A（4.2.3.6）]。封口帽为瓶盖状，外包或内嵌在纸管中[CN109527638A（4.2.3.7）、CN108669662A（4.2.3.13）]。

（2）密封工艺

胶黏：使用 PVAC 乳液或 VAE 乳液改性后制成的卷烟胶[CN112244349A（4.2.3.17）、CN112244351A（4.2.3.19）、CN112244350A（4.2.3.18）]。缺点：如果需要涂胶干燥则耗时太长。

紧固环密封[CN112244349A（4.2.3.17）、CN112244351A（4.2.3.19）、CN112244350A（4.2.3.18）]：紧固环厚度为 0.1 ~ 0.2 mm。缺点：操作不便。

压延法[CN110839953A（4.2.3.9）]：效率较高，操作方便。

（3）密封件材质

材质要求：可耐受加热时的 350 °C 高温[CN109512031A（4.2.3.6）]，可防止液体如烟油等渗透[CN109512031A（4.2.3.6）、CN112244349A（4.2.3.17）]，有强度，容易撕下或刺破，容易黏附到纸管上[铝箔纸优于铝箔：CN109527638A（4.2.3.7）]，透气性好，或者开孔[CN109527638A（4.2.3.7）]，耐撕[CN110367587A（4.2.3.28）]，不会受热收缩脱落[CN109527639A（4.2.3.8）]。

透气材料透气度：在厚度方向上具有以根据 JIS L1096 规定测定的弗雷泽数表示的、在 200 ~ 2000 $cm^3/(cm^2 \cdot s)$的透气度[CN109512031A（4.2.3.6）]。

密封件材质选择：贴有石墨烯薄膜的超细玻璃纤维棉（可透气、防渗透、耐高温）[CN109512031A（4.2.3.6）]，铝箔、铝箔与纸的复合物、塑料、硅胶、凝胶、纸质材料、金属、木材、聚乳酸[CN108669663A（4.2.3.14）、CN109363231A（4.2.3.15）]，涂有环保型光油的透气纸（防渗透）[CN112244349A（4.2.3.17）]，覆膜纸或耐高温塑料薄膜[CN109349683A

（4.2.3.10）]等。为使密封件色调与发烟颗粒一致，还可以在胶水没干燥之前撒一层烟草颗粒，一同干燥[CN109691692A（4.2.3.27）]。

密封件若不透气，开孔要求：通孔直径在 0.05 ~ 0.4 mm，通孔太大会掉落烟草颗粒，太小吸阻过大烟气量小[CN109527638A（4.2.3.7）]。

密封件厚度 3 μm ~ 3 mm[CN108669663A（4.2.3.14）]。

若烟支采用中心加热，密封件上需设计发热元件插入口或者发热元件刺破密封件。

4. 降温过滤段

降温过滤段包括：降温段、中空段、滤嘴段中的一段或几段。

（1）降温段

降温段通用材料：为醋酸纤维、聚乳酸、聚丁二酸丁二醇酯、改性聚乳酸、改性淀粉和改性丁二酸丁二醇酯中的一种[CN109512031A（4.2.3.6）]。

降温段结构：一般为中空圆柱体。

（2）中空段

作用：主要是配合降温段来联合降低气雾温度，还具有减少吸阻、疏导气雾及为限位段或降温段提供活动空间的作用[CN108669662A（4.2.3.13）]。

中空段还可以填充载香颗粒加香[CN109512022A（4.2.3.11）]。

（3）滤嘴段

滤嘴段结构：一般为醋酸纤维丝束或聚乳酸丝束成型的实心圆柱体。

5. 烟支各段尺寸

烟支外径一般是：6 ~ 24 mm 不等[CN108065456B（4.2.3.1）、CN109363231A（4.2.3.15）、CN109527638A（4.2.3.7）、CN109349683A（4.2.3.10）、CN112244351A（4.2.3.19）、CN112244350A（4.2.3.18）]。

烟支长度一般是 21 ~ 78 mm[CN109512031A（4.2.3.6）、CN108669662A（4.2.3.13）]。

纸管壁厚一般是 0.05 ~ 2 mm[CN108669662A（4.2.3.13），CN109527638A（4.2.3.7）、CN109349683A（4.2.3.10）]。

烟支发烟段长度：10 ~ 18 mm[CN109527638A（4.2.3.7）]

降温过滤段长度一般是：10 ~ 40 mm[CN109527638A（4.2.3.7）、CN112167709A（4.2.3.16）]。

烟支各段尺寸根据烟支具体情况而定，一般降温过滤段长度大于发烟段长度。发烟段内只要能填充发烟材料即可。降温过滤段的长度与降温过滤性能成正相关。

6. 限位段

功能：用于限定发烟颗粒段的位置，防止插入加热体后后移或阻隔各段，其内具有烟气通道。

结构：一般为带气流通道的圆柱体。

7. 烟支各段制备方法

（1）外套管的制备

纸空管作为外套管时，纸空管的制备：利用螺旋纸管机将纸制成纸空管，或利用螺旋纸管机将纸和铝箔纸螺旋黏结形成纸空管[CN109527638A（4.2.3.7）]。

其他材质外套管的制备：不同材质外套管需用不同制备方法，铝制外套管需用冲压技术制备，液晶高分子材料外套管需用注塑设备制备，陶瓷外套管需用高温烧结技术制备[CN109527639A（4.2.3.8）]。

（2）密封件打孔方法

密封件打孔方法包括激光打孔技术、针辊打孔技术或静电打孔技术[CN109527639A（4.2.3.8）]。

（3）降温过滤段的制备

利用嘴棒成型机制备，将材料包裹在成型纸内，形成相应段。

例如，专利 CN109527638A（4.2.3.7）中，第一降温段（2）的制备：将相变材料聚乙二醇通过高压雾化的工艺均匀喷洒在醋酸纤维素中，然后利用嘴棒成型机制成作为第一降温段的异型醋纤嘴棒；第二降温段（3）的制备：利用嘴棒成型机将聚乳酸降温材料包裹在成型纸内，形成用作第二降温段的聚乳酸嘴棒；过滤段（4）的制备：利用嘴棒成型机将醋酸纤维素包裹在成型纸内，形成用作过滤段的实心或异型醋纤嘴棒。

4.2.4.2 烟支结构特色技术

1. 限位段

限位段结构包括弹簧[CN108669662A（4.2.3.13）]、圆柱状多孔挡片[CN109363231A（4.2.3.15）]、蜂窝状圆柱体[CN211211442U（4.2.3.30）]。

弹簧的优势：由于限位弹簧具有弹性，所以能够吸收加热体插入发烟制品中时产生的向烟支后段推送的压力，不会导致发烟制品被挤压变形堆积在一起导致与加热体接触不良或部分堵塞烟气通道。当加热体插入到位后，其反弹力会使被挤压向后段位移的发烟制品（特别是烟丝状）被回推到原有位置，从而保持与加热体的良好接触。

蜂窝状圆柱体作为限位段时，通孔 14 和各个凹槽 15 的直径均为从远唇端至近唇端方向逐渐变宽。功能：堵塞的颗粒物易被吸出，保证通孔的烟雾流畅[CN211211442U（4.2.3.30）]。

2. 降温段

（1）中空圆柱体

通气孔内径 2 mm[CN109512031A（4.2.3.6）]，管壁上可开孔。

功能：若材料用聚乳酸纤维，其降温效果较好，但是容易降温段因其带有中空管道的特点，可以在聚乳酸纤维因吸热产生形变时堵塞部分气雾通道的同时，中空管道不会形变，能起到正常输送气雾的功能。从而既能够有效地控制降低气雾的温度，又解决了聚乳酸纤维热形变堵塞气雾通道的问题[CN108669662A（4.2.3.13）、CN108669663A（4.2.3.14）]。

（2）纤维和金属制成的螺旋弹簧

专利 CN108669662A（4.2.3.13）采用，功能：热量会被聚乳酸纤维和金属材料同时吸收，而且可以根据需要通过调整螺旋弹簧的直径、长度和包裹在其上的聚乳酸纤维的密度来吸收相应的气雾热量。

（3）添加聚乳酸粉末或颗粒的醋酸纤维滤棒

专利 CN108669662A（4.2.3.13）采用，功能：当较热的气雾通过该段时，气雾中的热量将优先被醋酸纤维中的聚乳酸粉末吸收，聚乳酸粉末吸收热能时产生相变逐步熔融变形，但醋酸纤维不会形变，仍能保持良好的气雾通过性，因此能在降低烟气温度的同时保证烟气的正常流动，不会堵塞烟气的输送通道。

（4）毛刷状圆柱体、螺旋状圆柱体或多孔圆柱体

专利 CN108135278A（4.2.3.23）采用，功能：还具有导流的作用，可以同时实现降低烟气温度、过滤大颗粒物质、香气补偿和为烟气提供扰流通道的作用。

（5）多孔变径段

专利 CN112167709A（4.2.3.16）采用，功能：当采用这种形式的多孔变径降温单元时，热气流在纸筒中流通的横截面积将会有两次急剧减小的变化过程，从而对热气流产生更有效的降温作用。

3. 滤嘴段

滤嘴段结构：实心圆柱体，中空圆柱体（通气孔内径 2 mm），具有螺旋状或蜂窝状透气结构[CN109349683A（4.2.3.10）]。

其中，实心圆柱体结构可以采用同心圆结构：内圆滤棒包括由醋酸纤维丝束成型制备的滤棒，外圆滤棒包括由聚乳酸丝束成型制备的滤棒；或者内圆滤棒包括由聚乳酸丝束成型制备的滤棒，外圆滤棒包括由醋酸纤维丝束成型制备的滤棒。功能：由于聚乳酸材料在受热情况下会吸热变形，而同心设计的醋酸纤维能起到很好的过滤和支承作用，避免了聚乳酸滤棒在吸热后发生变形塌陷[CN210869848U（4.2.3.29）]。

滤嘴段端部可以相对外套管端部不齐平：滤嘴段裸露出可以直接与唇端接触，提高唇端舒适度[CN109512031A（4.2.3.6）]；滤嘴段端部低于外套管端部，近唇端留有一小段空腔，可以保持滤嘴段卫生[CN110367587A（4.2.3.28）]。

4. 降温过滤段的设计

（1）防止材料发生热形变阻塞烟气通道

例如，专利 CN210869848U（4.2.3.29）中使用醋酸纤维丝束和聚乳酸丝束制备的同心圆结构的过滤段。又如，专利 CN108669662A（4.2.3.13）和 CN108669663A（4.2.3.14）中降温段为添加了聚乳酸粉末或颗粒的醋酸纤维滤棒。

（2）防止材料受热产生异味

使用耐高温聚合材料或者使用植物纤维如茶叶梗[CN211211442U（4.2.3.30）、CN110537726A（4.2.3.31）]。

（3）平衡吸阻和降温效果之间的关系

降温材料填充多了会提高降温效果，但是会增大吸阻；降温材料填充少了虽然吸阻较小，但是达不到预期的降温效果。例如降温段吸阻为 40 Pa /20 mm[CN109512031A（4.2.3.6）]，过滤段吸阻不高于 1000 Pa/100 mm[CN109527638A（4.2.3.7）]。

（4）香料的填充

若填充香料，最好设置在降温段之后。原因：烟雾通过降温层降温之后再通过调味件进行调味，以降低进入调味件的烟雾的温度，从而进一步降低调味件的消耗速度，以实现延长调味件的使用寿命的效果。当调味件采用香精作为调味材料时，经降温层之后的烟雾温度远

低于 300 °C，从而避免香精释放有害物质（表 4-3【73】CN210809258U）。

4.2.4.3 烟弹结构共性技术

1. 烟弹整体结构设计

（1）中心加热结构

颗粒型烟弹由外壳和盖组成，外壳具有凹部[CN105828646B（4.2.3.20）]以插入发热元件。烟弹包括：具有底座的外套桶，外套桶内填充颗粒段和过滤段[CN207626562U（4.2.3.4）、CN108185524A（4.2.3.5）]，底座上具有发热元件插入孔以插入发热元件。

（2）周向加热结构

双杯交扣胶囊式[CN108135275A（4.2.3.22）]，胶囊外环可设有密封件[CN209135476U（4.2.3.25）]，类烟支状：具有底座的外套桶内填充有颗粒段和过滤段[CN207626562U（4.2.3.4）、CN108185524A（4.2.3.5）]。

2. 烟弹通风孔设计

一般将烟弹的密封盖刺破后形成通风孔[CN105828646B（4.2.3.20）]。

3. 烟弹材质设计

（1）烟弹壳体材质要求

传热性能好，支撑性能好，不易发生形变。一般烟弹壳体材质为金属[CN207626562U（4.2.3.4）、CN108185524A（4.2.3.5）]、耐高温聚合物、陶瓷[CN111358043A（4.2.3.12）]。

（2）烟弹盖体材质要求

密封性能好，容易被刺穿或撕下。一般烟弹盖体材质为聚合物或金属[CN108135278A（4.2.3.23）]。

4. 烟弹尺寸

烟弹的高度是 5 ~ 25 mm 不等[CN105828646B（4.2.3.20）、CN208639627U（4.2.3.24）]，应该是根据烟具情况而定。

壁厚是 0.1 ~ 0.5 mm[CN105828646B（4.2.3.20）]，太厚影响加热效果。

孔的孔径尺寸在 20 ~ 100 目[CN208639627U（4.2.3.24）、CN209135476U（4.2.3.25）]，太大颗粒泄露，太小吸阻太大，烟雾量不足。

5. 烟弹各部分制备方法

具有壳和盖结构的烟弹：壳可以使用深拉制或模制工艺制造。盖可以使用任何合适的方法密封到胶囊壳，所述方法包括：黏合剂如环氧黏合剂、热封、超声波焊接和激光焊接[CN108135278A（4.2.3.23）]。其他为常规工艺。

4.2.4.4 烟弹结构特色技术

1. 烟弹通风孔设计

一般将烟弹的密封盖刺破后形成通风孔[CN105828646B（4.2.3.20）]。但是存在以下几种特殊设计方式：烟弹外壳为多孔结构，如筛网[CN106998817A（4.2.3.21）]，周壁自然具有通风孔；烟弹外壳对应颗粒段处具有通风孔[CN207626562U（4.2.3.4）、CN108185524A（4.2.3.5）、CN111358043A（4.2.3.12）]，或者烟弹底座密封件处设置的通风孔[CN209135476U（4.2.3.25）]。

2. 烟弹材质设计

若烟弹是感应加热式，则烟弹壳体或烟弹盖体包含感受器材料[CN108135278A（4.2.3.23）]，如金属、碳或铁磁性材料、铁磁体铁、铁磁性合金（如铁磁性钢或不锈钢）和铁氧体。

综合以上分析，烟支密封件、限位段、降温过滤段的设计，以及烟弹结构设计等是研发的主要方向。

4.3　颗粒与烟支/烟弹组合方式

4.3.1　相关专利和重要专利

在检索到的发烟颗粒型产品专利中，涉及颗粒与烟支/烟弹组合方式的专利共计 24 件，其中，重要专利 12 件，用下画线标示，如表 4-4 所示。

表 4-4　颗粒与烟支/烟弹组合方式的相关专利和重点专利（下画线标示）

序号	公布号/授权号	申请人/专利权人	标题	申请日	公开（公告）日	专利状态
2	CN105828646B	菲利普莫里斯生产公司	气溶胶生成装置以及用于气溶胶生成装置中的胶囊	2014/12/16	2016/8/3	授权
4	CN108135275A	菲利普莫里斯生产公司	气溶胶生成制品、气溶胶生成团块、气溶胶生成团块的形成方法和包括气溶胶生成团块的气溶胶生成系统	2016/10/21	2017/4/27	授权
5	CN108135278A	菲利普莫里斯生产公司	气溶胶生成系统	2016/10/21	2018/4/16	授权
7	CN108065456B	安徽中烟工业有限责任公司	一种包含烟草颗粒的加热不燃烧烟草制品及制备方法	2017/12/22	2018/5/25	授权
9	CN207626559U	安徽中烟工业有限责任公司	一种加热不燃烧烟草制品	2017/12/22	2018/7/20	授权
16	CN108669663A	赵雪	一种加热不燃烧卷烟	2018/5/31	2018/10/19	实质审查
19	CN208639627U	山东精彩香料科技开发有限公司	一种颗粒型烟草封装胶囊壳体、颗粒型烟草胶囊及烟具	2018/8/2	2019/3/26	授权
21	CN110839953A	云南恒罡科技有限公司	一体成型加热不燃烧发烟制品	2018/8/16	2020/2/28	实质审查
23	CN209862292U	深圳龙舞科技创新有限公司	一种烟弹及电子烟	2018/9/28	2019/12/31	授权

续表

序号	公布号/授权号	申请人/专利权人	标题	申请日	公开（公告）日	专利状态
36	CN109363231A	赵雪	一种新型电子烟的烟弹及其制备方法	2018/11/30	2019/2/22	实质审查
38	CN109512031A	安徽中烟工业有限责任公司	种包含烟草颗粒材料的非卷制新型烟草制品	2018/12/6	2019/3/26	实质审查
39	CN109527638A	安徽中烟工业有限责任公司	一种烟草颗粒型加热不燃烧烟草制品及其制作方法	2018/12/6	2019/3/29	实质审查
40	CN109527639A	安徽中烟工业有限责任公司	基于纸空管一体成型的加热不燃烧烟草制品及制备方法	2018/12/6	2019/3/29	实质审查
43	CN109349683A	陈征	带封口膜的空管填充式加热不燃烧发烟制品及应用	2018/12/6	2019/2/19	实质审查
44	CN109512022A	陈征	带封口膜的空管填充式加热不燃烧发烟制品的制备方法及应用	2018/12/6	2019/3/26	失效
45	CN209331185U	广东精彩国际生物科技有限公司	一种低温不燃烧烟弹结构	2018/12/10	2019/9/3	授权
46	CN111358043A	云南恒罡科技有限公司	一种蜂窝状加热不燃烧烟弹	2018/12/26	2020/7/3	授权
49	CN109691692A	深圳市科伊斯科技有限公司	一种颗粒香烟	2019/3/6	2019/4/30	实质审查
50	CN110279145A	广东精彩国际生物科技有限公司	一种封堵装置以及封堵工艺	2019/6/14	2019/9/27	实质审查
53	CN112244349A	赵雪	一种两段式气雾产生制品及其制备方法	2019/7/3	2021/1/22	实质审查
54	CN112244350A	赵雪	一种二元结构的气雾产生制品及制备方法	2019/7/3	2021/1/22	实质审查
55	CN112244351A	赵雪	一种通过加热产生气雾的烟草制品及制备方法	2019/7/3	2021/1/22	实质审查
57	CN110367587A	索图电子（惠州）有限公司	烟气处理部、使用该烟气处理部的低温不燃烧颗粒型烟支及其生产工艺	2019/7/18	2019/10/25	实质审查
64	CN210869848U	上海方禹机电科技有限公司	一种颗粒加热不燃烧烟支	2019/9/20	2020/6/30	授权

4.3.2 关键词解释

（1）卷接：将烟支各段使用成型纸卷接为成品烟支的方法。

（2）装填：先将烟草颗粒卷制或两端密封成圆柱体或成型为圆柱体再装填到外套管中，然后填充各段，最后在远唇端封口的烟支制备方法。

在本书中，当直接将烟草颗粒灌装到外套管中时（烟草颗粒不卷制或两端密封成圆柱体或成型为圆柱体），这种装填烟草颗粒的方法叫作“灌装”。其余各段装入外套管的方法仍为“装填”，因此整个成品烟支的制作方法仍叫作装填法。

（3）分切：在烟棒的滤棒正中切断，形成两支成品烟支的方法。

（4）一体式空管烟支：烟支的发烟段和滤嘴段用同一个管的烟支。

（5）分体式空管烟支：烟支的发烟段和滤嘴段不是同一个管的烟支。一般是发烟段管体较硬，滤嘴段管体较软。滤嘴段管体较软的优势是在接触用户嘴唇时，用户较舒适。

4.3.3　重要专利剖析

4.3.3.1　CN105828646B

1. 专利简述

此专利申请人为菲利普莫里斯生产公司（表 4-4【2】CN105828646B 气溶胶生成装置以及用于气溶胶生成装置中的胶囊）。

（1）烟弹结构

如图 4-31 所示，壳和盖内密封发烟颗粒。

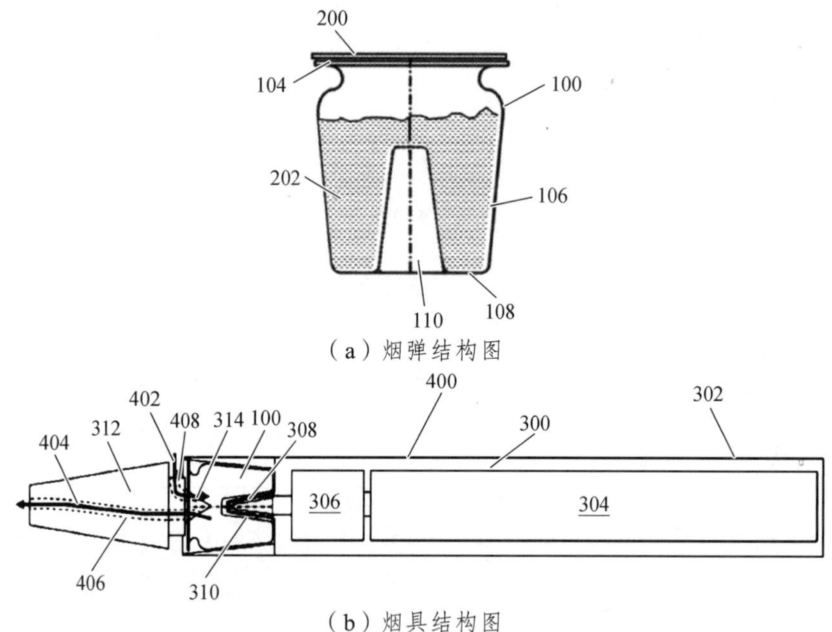

（a）烟弹结构图

（b）烟具结构图

图 4-31　CN105828646B 中的烟弹结构

（2）颗粒与烟弹组合方式

壳和凹部使用拉深工艺制备。将发烟物质填充到壳内，然后用盖密封壳。盖密封方式有：黏合剂黏合、热密封、超声波焊接，激光焊接等方式。

2. 核心专利点分析

是常用的烟弹制备方法。

4.3.3.2　CN108135275A

1. 专利简述

此专利申请人为菲利普莫里斯生产公司（表 4-4【4】CN108135275A 气溶胶生成制品、气溶胶生成团块、气溶胶生成团块的形成方法和包括气溶胶生成团块的气溶胶生成系统）。

（1）烟弹结构

如图 4-32 所示胶囊内密封发烟颗粒。

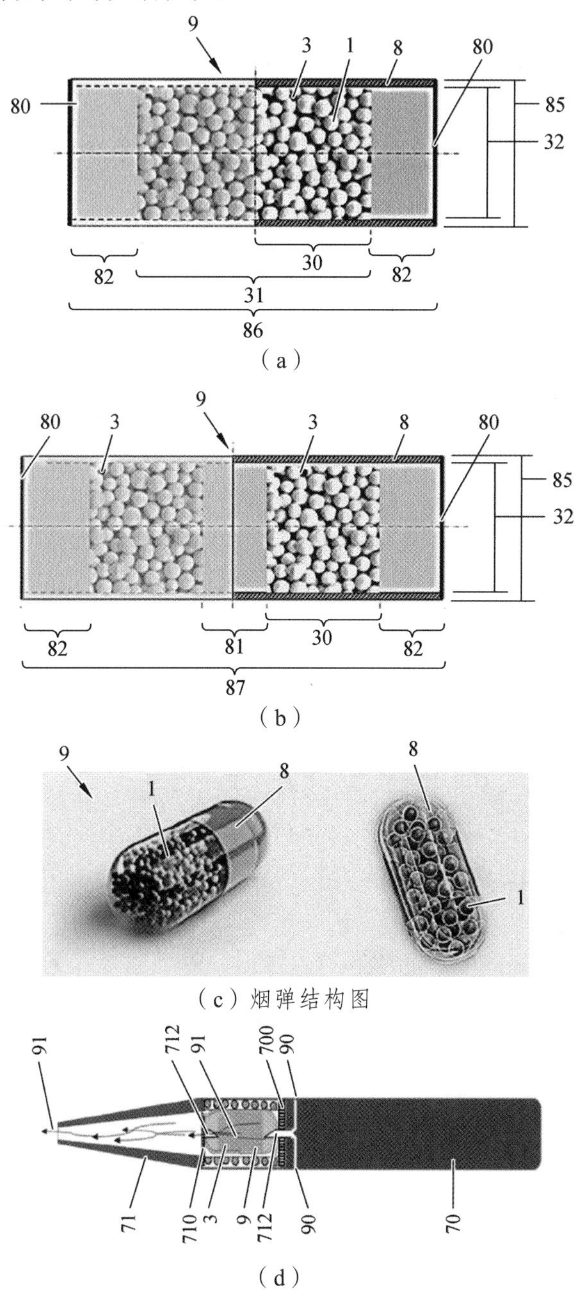

图 4-32　CN108135275A 中的烟弹结构

（2）颗粒与烟弹组合方式

先将颗粒填充到胶囊中，再闭合胶囊的两半。

2. 核心专利点分析

未说明颗粒填充到胶囊的方式，可能是使胶囊的一半壳体开口向上竖直方式，将颗粒先填充到竖直放置的胶囊中，再安装另一半胶囊壳体；该专利保护了最适于发烟的电磁发烟颗粒形式，即颗粒内部受热，产生的烟雾由内而外扩散出。

4.3.3.3　CN108065456B

1. 专利简述

此专利申请人为安徽中烟工业有限责任公司（表 4-4【7】CN108065456B 一种包含烟草颗粒的加热不燃烧烟草制品及制备方法）。

该专利的核心点在于烟草颗粒段两端用过滤材料段进行封堵，防止烟草颗粒漏出。

（1）烟支结构

如图 4-33 所示，采用过滤材料段两端封堵烟草颗粒：第一过滤段 1，空腔颗粒段 2，第二过滤段 3，降温滤棒 4，卷烟纸 5，卷烟接装纸 6。

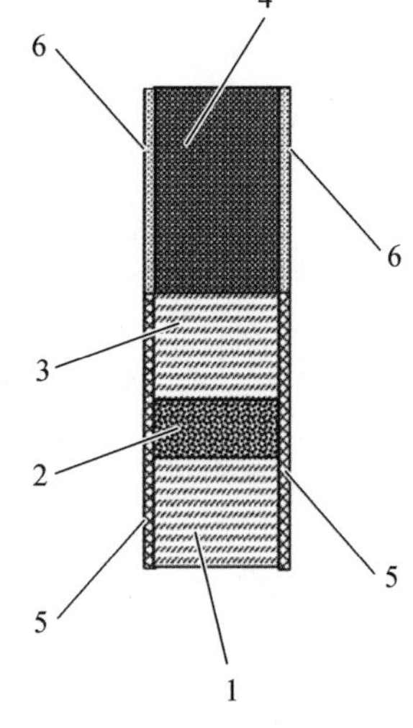

图 4-33　CN108065456B 的烟支结构

（2）颗粒与烟支组合方式

第一步：通过空腔式三元复合滤棒成型工艺将过滤材料和烟草颗粒相间隔地依次填充到滤芯中，形成第一基棒。

第二步：在第一基棒外包裹卷烟纸，形成第二基棒。

第三步：将所述第二基棒分切成多个第二基棒单元，使得每个第二基棒单元均由两段过滤材料段和位于两段过滤材料段之间的烟草颗粒段组成，每个所述第二基棒单元形成所述复合滤棒。

第四步：通过纸质滤棒成型工艺将降温材料制作成滤棒形状，形成第三基棒。

第五步：将所述第三基棒分切成多个第三基棒单元，每个所述第三基棒单元形成所述降温滤棒。

第六步：将第三步得到的复合滤棒和第五步得到的降温滤棒通过卷烟接装纸在复合滤棒成型机组上进行复合，即制得烟草制品。

2. 核心专利点分析

烟支应该是通过卷接工艺完成。其中，该专利中记载空腔式三元复合滤棒成型工艺为现有技术。

纸滤棒成型工艺为现有技术，方法是：滤芯包括两段烟草纤维纸质滤芯和设置于两段烟草纤维纸质滤芯之间的烟丝滤芯。将基材经辊压，卷制，切段，得烟草纤维纸质滤芯；将烟丝滤芯设置于两段烟草纤维纸质滤芯之间；在三段滤芯外包裹成型纸即得复合烟丝的三元烟草纤维纸质滤棒。

4.3.3.4 CN108669663A

1. 专利简述

此专利申请人为赵雪（表 4-4【16】CN108669663A 一种加热不燃烧卷烟）。

（1）烟支结构

如图 4-34 所示，烟支由圆柱形中空卷筒以及设置在卷筒前端的清洁隔离套、顺序设置在卷筒内的发烟制品段和降温过滤段组成。

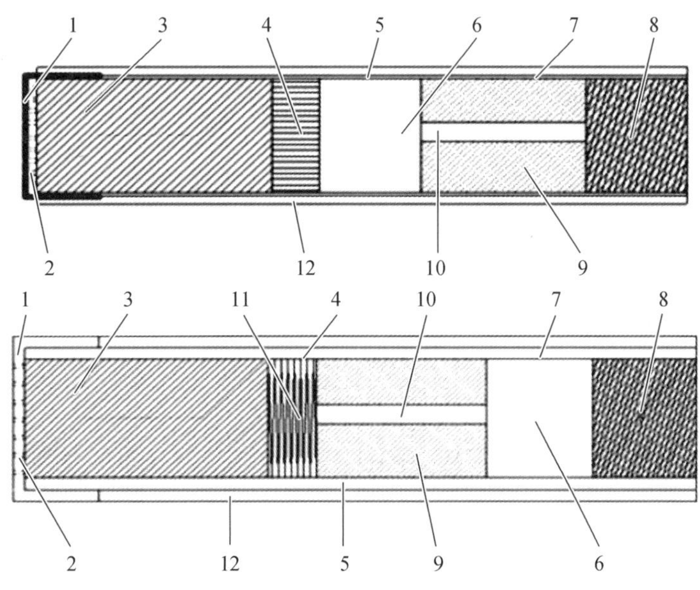

图 4-34 CN108669663A 中的烟支结构

（2）颗粒与烟支组合方式

采用装填法。将纸卷制成圆柱形中空卷筒，再按顺序将发烟制品段和降温过滤段放置在卷筒内。然后，将隔离清洁套覆盖在烟支的前端面上，并通过磨具挤压收紧的方式使其与外筒壁紧密贴合。最后，将常规卷烟用水松纸（美观纸）沿卷筒轴向用胶水将卷筒包裹起来，得到烟支。

2. 核心专利点分析

各段的装填顺序是：必须先将烟草颗粒卷制或两端密封成圆柱体或成型为圆柱体再装填到空纸管中，然后填充各段，最后在远唇端封口，即先装填后封口。

4.3.3.5 CN209862292U

1. 专利简述

此专利申请人为深圳龙舞科技创新有限公司（表 4-4【23】CN209862292U 一种烟弹及电子烟）。

（1）烟弹结构

如图 4-35 所示，烟弹包含外壳 10，外壳 10 内部从上到下为过滤芯 40（可填充香料爆珠），间隔垫 60（可省略），烟草仓 20。烟草仓 20 内填充烟草颗粒 30。烟草仓 20 下底部具有切口，切口为十字形切口或米字型切口。

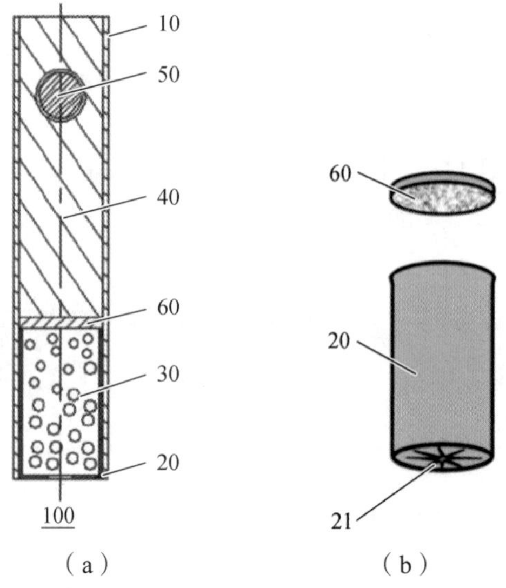

图 4-35　CN209862292U 中的烟弹结构

（2）颗粒与烟弹组合方式

采用灌装方法：烟草颗粒 30 装入烟弹后，再依次装间隔垫 60，过滤芯 40，过滤芯 40 封闭烟弹开口。

2. 核心专利点分析

和常规壳盖式烟弹和胶囊式烟弹相比，多了间隔垫 60 和过滤芯 40，过滤芯 40 既过滤烟气又可以封闭烟弹开口，不用盖或囊帽来密封；使用常规无过滤装置的烟弹的烟具上需要设置过滤装置，过滤装置需要定期更换、清洗，不便使用，本发明这种烟弹的配套烟具可以不设置过滤装置。

4.3.3.6　CN109363231A

1. 专利简述

此专利申请人为赵雪（表 4-4【36】CN109363231A 一种新型电子烟的烟弹及其制备方法）。

（1）烟支结构

如图 4-36 所示，烟支由一端设有封口片的圆柱形中空卷筒和依次装填在卷筒中的发烟制品段、阻隔段和扰流降温段组成。

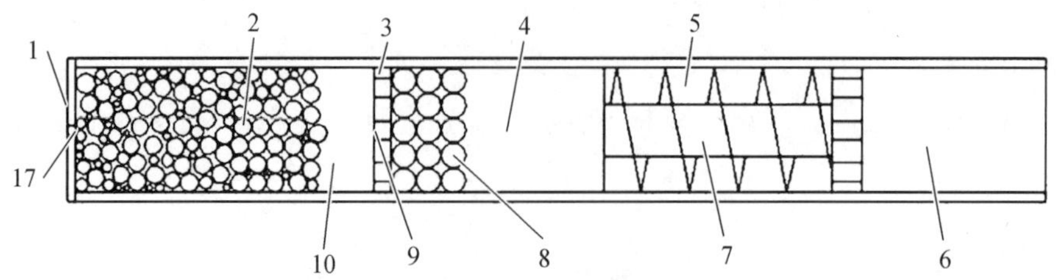

图 4-36　CN109363231A 中的烟支结构

（2）颗粒与烟支组合方式

第一步：通过空心卷筒成型机将卷筒制备出来，包裹好商标纸，分切成所需的长度。

第二步：将预先制备好的封口片粘贴、扣合或覆盖包裹在卷筒一端的端面上。

第三步：使用颗粒灌装装置，将预先添加好发烟剂及香精香料的植物或淀粉颗粒，从卷筒没有封口片的一端按既定重量灌装在纸筒内。

第四步：使用筒式装填设备，将预先制备好的多孔挡片按预定位置嵌入装填在卷筒内发烟颗粒的上端。

第五步：使用颗粒灌装装置，将多孔颗粒从卷筒没有封口片一端按既定重量灌装在纸筒内多孔挡片的上端。

第六步：使用筒式装填设备，将预先制备好的导流单元从卷筒没有封口片一端按预定位置依次嵌入装填在卷筒内多孔颗粒的上端，导流单元与卷筒端面齐平或留出一段空腔段。

其中，第二步至第六步的顺序为可逆的。

2. 核心专利点分析

首次提出灌装颗粒。整个烟支的装填方法可以是正序装填或者倒序装填。正序装填：中空卷筒竖直放置，远唇端朝下，先远唇端封口，再从未封口端依次装填发烟段等后续各段；倒序装填：中空卷筒竖直放置，远唇端朝上，先装过滤段到发烟段，再远唇端封口。据称倒序安装能避免烟草颗粒松散和泄漏。

4.3.3.7 CN109527638A

1. 专利简述

此专利申请人为安徽中烟工业有限责任公司（表 4-4【39】CN109527638A 一种烟草颗粒型加热不燃烧烟草制品及其制作方法）。

（1）烟支结构

如图 4-37 所示，烟支包括烟草颗粒段（1）和滤嘴段。

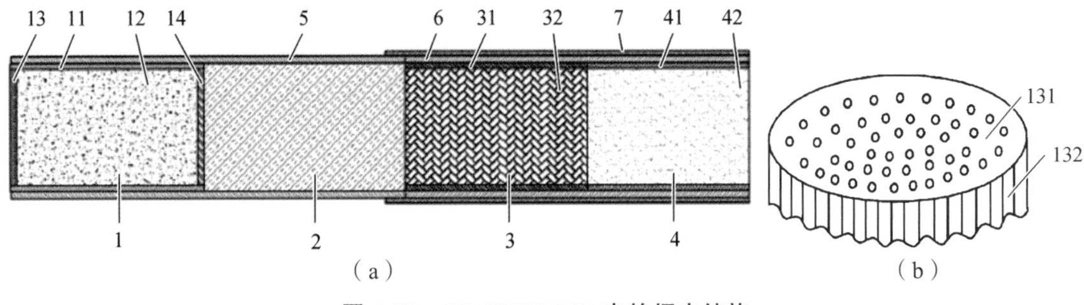

图 4-37 CN109527638A 中的烟支结构

所述烟草颗粒段（1）是在纸空管（11）的前端和尾端分别固定有前端封堵结构（13）和尾端封堵结构（14），在所述前端封堵结构（13）和尾端封堵结构（14）之间填充有烟草颗粒（12）。所述尾端封堵结构（14）与所述滤嘴段相邻近。

所述滤嘴段包括依次相连的第一降温段（2）、第二降温段（3）和过滤段（4）。所述第一降温段（2）靠近所述烟草颗粒段（1）、所述过滤段（4）位于唇端。

（2）颗粒与烟支组合方式

基棒制备：利用螺旋纸管机将纸制成纸空管，或利用螺旋纸管机将纸和铝箔纸螺旋黏结形成纸空管。将相变材料聚乙二醇通过高压雾化的工艺均匀喷洒在醋酸纤维素中，然后利用嘴棒成型机制成作为第一降温段的异型醋纤嘴棒；利用嘴棒成型机将聚乳酸降温材料包裹在成型纸内，形成用作第二降温段的聚乳酸嘴棒；利用嘴棒成型机将醋酸纤维素包裹在成型纸内，形成用作过滤段的实心或异型醋纤嘴棒。

复合嘴棒制备：利用二元复合嘴棒成型机，将纸空管和第一降温段通过不透气成型纸包裹连接，将第二降温段和过滤段通过高透气成型纸包裹连接，分别获得纸空管/第一降温段二元复合棒、第二降温段/过滤段二元复合棒。

空管烟支制备：利用卷烟搓接机，将纸空管/第一降温段二元复合棒与第二降温段/过滤段二元复合棒通过商标纸搓接，形成空管烟支。

烟草颗粒的灌封：利用转换鼓轮将空管烟支转移到纸空管垂直向上的状态；将尾端封堵结构塞入纸空管内；再利用量杯法将烟草颗粒定量灌装进纸空管内，并在前端预留出前端封堵结构所需的高度；然后利用移印涂胶技术将未灌装烟草颗粒的纸空管内壁涂胶后，将前端封堵结构塞入并粘牢；最后经干燥，即完成烟草颗粒型加热不燃烧烟草制品的制作。

2. 核心专利点分析

采用先卷接再灌装的方法。空纸管和第一降温段、第二降温段、过滤段通过搓接而成空管烟支。空管烟支的纸空管垂直向上，再装入尾端封堵结构、烟草颗粒，最后装入前端封堵结构封堵，得到成品烟支。

4.3.3.8 CN110279145A

1. 专利简述

此专利申请人为广东精彩国际生物科技有限公司（表 4-4【50】CN110279145A 一种封堵装置以及封堵工艺）。该专利涉及烟支封堵件结构与工艺。

（1）烟支（封堵）结构

如图 4-38 所示，封堵装置包括烟支管壳（103），食品级胶水（102）和封堵层（101），所述封堵层（101）由纤维原料和辅料制成；烟支管壳（103）采用包括内层（103a）、中间层（103b）和外层（103c）的多层复合结构。

（2）颗粒与烟支组合方式

第一步：卷制形成烟支管壳（103），使烟支管壳（103）竖立并以其向下开口的端部作为底端。

第二步：在烟支管壳（103）的底端边缘涂敷食品级胶水（102），将烟支管壳（103）的底端按压在封堵层（101）上并使食品级胶水（102）固化。

第三步：对黏结在烟支管壳（103）底端上的封堵层（101）进行裁切。

第四步：将烟草颗粒（2）灌装至烟支管壳（103）内并填充过滤部件（3）和嘴棒（4）。

2. 核心专利点分析

端部封堵层未采用常规的透气纸或透气膜，而是采用复合植物纤维层，其好处是不仅具有透气性，还具有柔韧性且裁切不起毛。

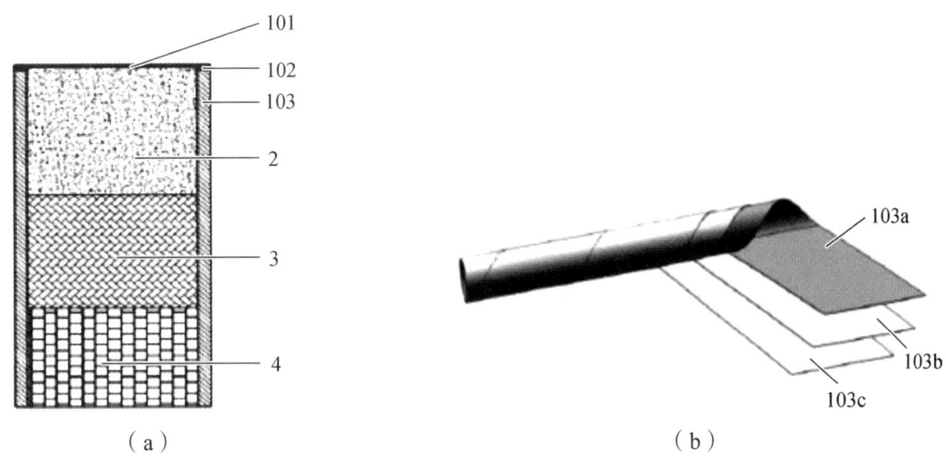

图 4-38　CN110279145A 中的烟支（封墙）结构

4.3.3.9　CN112244349A

1. 专利简述

此专利申请人为赵雪（表 4-4【53】CN112244349A 一种两段式气雾产生制品及其制备方法）。

（1）烟支结构

如图 4-39 所示，烟支由滤嘴段和气雾生成段组成。滤嘴段的结构见专利 CN112167709A（4.2.3.16）。从中空单元处分为纸筒 A 和纸筒 B。中空单元可以在纸筒 A 和/或纸筒 B 中。

气雾生成段的端部上设有封口片。

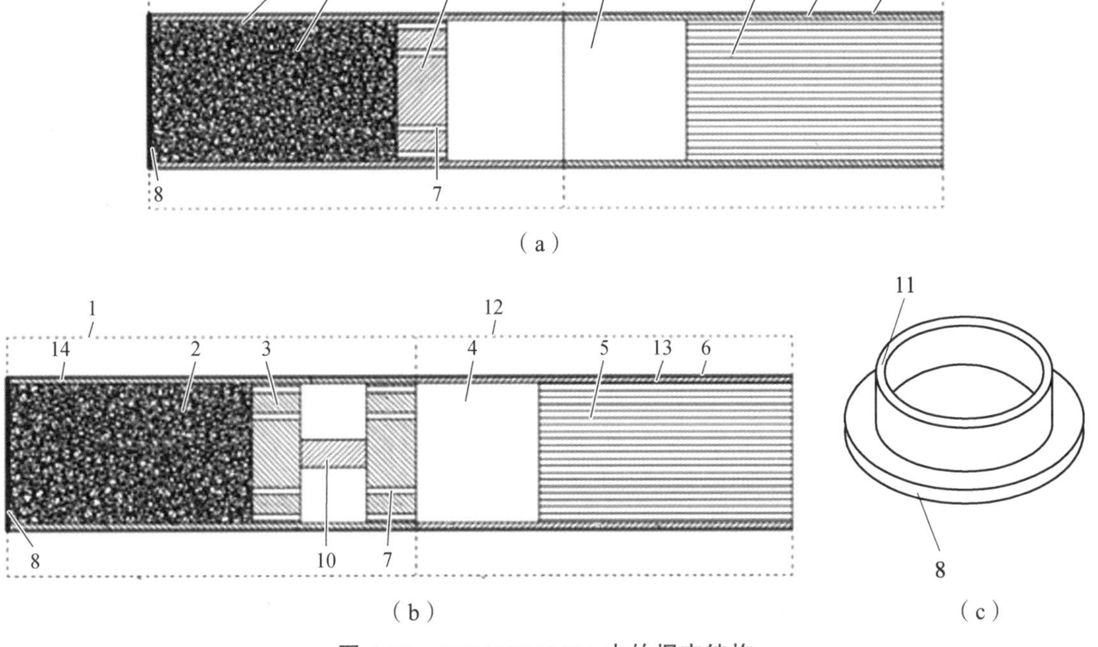

图 4-39　CN112244349A 中的烟支结构

（2）颗粒与烟支组合方式

方案一：

① 备料：将微波膨胀重组烟草丝、烟丝、膨胀烟丝及干法烟草薄片丝按预定比例配制为叶组，备用。

将滤棒分切至设定的长度，备用。

将卷制好的纸筒分切成预定长度，制得纸筒 B 和长度为纸筒 A 长度两倍的纸筒段，备用。

按设定的加工尺寸加工好多孔变径降温单元，备用。

② 滤嘴段制备：将分切好的滤棒装填在纸筒段中间，所装填的滤棒的长度≤纸筒段的长度，使得滤棒的中心点和纸筒段的中心点重合，制备形成一个包含两个滤嘴段的纸管，备用。

③ 气雾生成段的制备：通过卷烟机将已备好的叶组卷制成烟条，并分切成预定长度，将分切好的烟条输送至纸管装填设备，通过纸管装填设备将烟条装填进已在一端设置好封口片的纸筒 B 中，然后将多孔变径降温单元装填在纸筒 B 中，使多孔变径降温单元一端与烟条紧密对接，制成气雾生成段。

④ 中空单元的预留：在气雾生成段非封口片一端的纸筒 B 中和/或纸筒段两端预留出空腔；所预留出的空腔即为中空单元；然后将气雾生成段和滤嘴段送入装盘机。

⑤ 接装：将已制备好的气雾生成段和包含两个滤嘴段的纸管输送至卷烟滤嘴接装机，在纸管的两端分别接装好所制成的气雾生成段，对接完成后包裹水松纸，形成包含两支烟支的烟棒，纸管的两端分别与纸筒 B 的非封口片一端紧密对接。

⑥ 分切：将烟棒从滤棒的正中切断，形成两支成品烟支。

方案二：

步骤③和步骤④还可以合并为以下的方法：通过卷烟机将已备好的叶组卷制成烟条，并分切成预定长度，将分切好的烟条输送至纸管装填设备，通过纸管装填设备将烟条装填进已在一端设置好封口片的纸筒 B 中；将第一个冷却元件装填在纸筒 B 中，使冷却元件一端与烟条紧密对接，在纸筒 B 中预留出空腔作为中空单元，在空腔中装填多孔颗粒，然后将第二个冷却元件装填在纸筒 B 的非封口片一端，使第二个冷却元件的端面与纸筒 B 非封口片一端的端面平齐。

2. 核心专利点分析

创新点是采用先装填，再卷接，再分切的工艺。具体操作是：在包含两个滤嘴段的纸管的两端分别卷接包含发烟段和降温单元（中空单元有或无）的气雾生成段，再从滤棒的正中切断，形成两支成品烟支。

本发明的方法通过一次卷接，一次分切即得到两个烟支。与通常每个烟支至少需要一次卷接相比，减少了卷接次数。

装填时，在空管端部预留空腔，空腔段是在卷接过程中形成的。

只使用一个空纸管直接装填各段得到整支烟支的方案虽然不用卷接，但是滤嘴段外也是空纸管，管壁较硬，抽吸时接触唇端，不舒适。

实际上，发烟段需要较硬的空管，以防止变形。滤嘴段需要较软的空管，抽吸时接触唇端，比较舒适。中空段和降温段可与发烟段一起制备或者与滤嘴段一起制备。因此，这种情况下，使用两种硬度不同的空管卷接比较合适。而对于分散状态的发烟颗粒来说，必须先灌装在发烟段空管内，因此得出本发明先装填，再卷接的方案。综上可见，直接用较硬空管灌装各段得到烟支属于较劣方案。更优方案是，发烟段使用较硬空管，滤嘴段使用较软空管。

先灌装颗粒得到发烟段，再与滤嘴段卷接。

4.3.3.10 CN112244350A

1. 专利简述

此专利申请人为赵雪（表 4-4【54】CN112244350A 一种二元结构的气雾产生制品及制备方法）。

（1）烟支结构

如图 4-40 所示，烟支由滤嘴段和气雾生成段组成。滤嘴段的结构见专利 CN112167709A（4.2.3.16）。与专利 CN112244349A（4.2.3.17）的区别是：滤棒单元外包裹纸筒 B。气雾生成段加多孔变径降温单元、中空单元外包裹纸筒 A。

气雾生成段的端部上设有封口片。

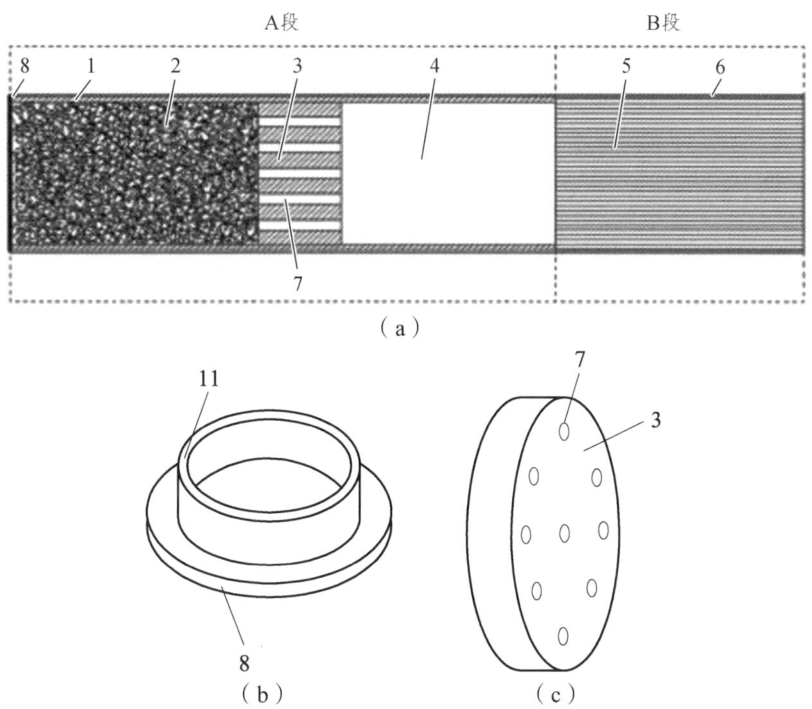

图 4-40 CN112244350A 中的烟支结构

（2）颗粒与烟支组合方式

方案一：

第一步：将微波膨胀重组烟草丝、烟丝、膨胀烟丝及干法烟草薄片丝按预定比例配制为叶组，备用；将滤棒分切至设定的长度，备用。

第二步：通过卷烟机将已备好的叶组卷制成烟条，并分切成预定长度，进入柔性输送机。

第三步：柔性输送机将分切好的烟条送入自动化装填设备，装填进已在一端设置好封口片的纸管中，烟条与封口片紧密对接；将多孔变径降温单元装填在纸管中并与烟条紧密对接在一起，留出中空段，制备为 A 段。

第四步：将已制备好的 A 段和滤棒输送至卷烟滤嘴接装机，在滤棒的两端分别接装好 A

段，A 段非封口片一端与滤棒对接，对接完成后包裹水松纸，再从滤棒的正中一切为二，形成两支成品烟支。

第五步：成品烟支进入装盘机，通过卷烟储存输送装置输送至包装机进行包装【专利 55 权利要求 14】。

方案二：

方案一中，第三步中所述的 A 段还可用如下方法制备：柔性输送机将分切好的烟条送入自动化装填设备，装填进已在一端设置好封口片的纸管中，烟条与封口片紧密对接；将一个多孔变径降温单元装填在纸管中并与烟条紧密对接在一起，留出第一中空段并在第一中空段中灌装多孔颗粒；在多孔颗粒后段再装入一个多孔变径降温单元，并在其后留出第二中空段，制备为 A 段。

2. 核心专利点分析

创新点是采用先装填，再卷接，再分切的工艺。具体操作是：在滤嘴段的两端分别卷接 2 个包含发烟段、冷却元件、空腔段的 A 段，再从滤棒的正中切断，形成两支成品烟支。

方案二中，第一中空段在装填过形成，第二中空段在空管端部预留出，是卷接过程中形成的。

4.3.3.11 CN112244351A

1. 专利简述

此专利申请人为赵雪（表 4-4【55】CN112244351A 一种通过加热产生气雾的烟草制品及制备方法）。

（1）烟支结构

如图 4-41 所示，烟支由滤嘴段和气雾生成段组成。滤嘴段的结构见专利 CN112167709A（4.2.3.16）。与专利 CN112244349A（4.2.3.17）的区别是：滤嘴段外包裹纸筒 A。气雾生成段外包裹纸筒 B。气雾生成段的端部上设有封口片。

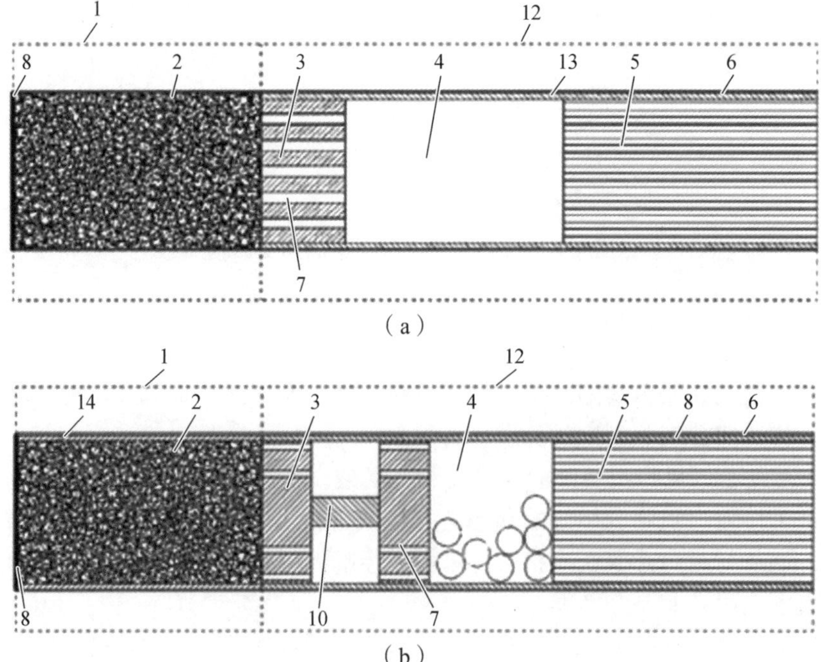

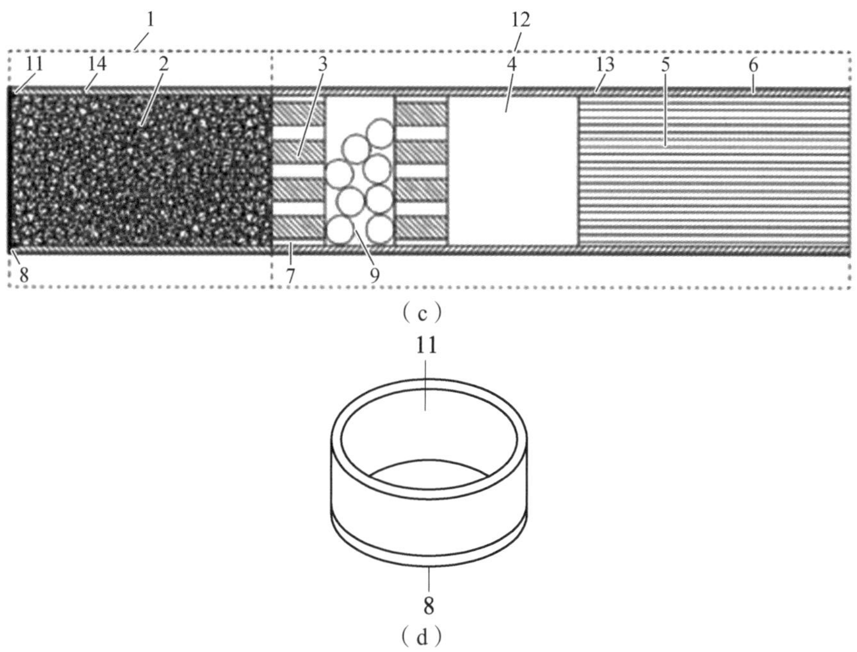

（c）

（d）

图 4-41 CN112167709A 中的烟支结构

（2）颗粒与烟支组合方式

同专利 CN112244349A（4.3.3.9）类似。

方案一：

① 备料：将微波膨胀重组烟草丝、烟丝、膨胀烟丝及干法烟草薄片丝按预定比例配制为叶组，备用。

将滤棒分切至设定的长度，备用。

将卷制好的纸筒分切成预定长度纸筒段，备用。

按设定的加工尺寸加工好冷却元件，备用。

② 复合滤嘴段制备：使用自动化装填设备，按顺序先将第一个冷却元件装填在纸筒段一端，第一个冷却元件的一个端面与纸筒段一端的端面平齐，在纸筒段中预留出第一个空腔；然后将分切好的滤棒装填在纸筒段中部，预留出第二个空腔；最后再将第二个冷却元件装填在纸筒段另一端，第二个冷却元件的一个端面与纸筒段另外一端的端面平齐，制备形成一个包含两个复合滤嘴段的纸管，备用。

③ 气雾生成段的制备：通过卷烟机将已备好的叶组卷制成烟条，并分切成预定长度，制成气雾生成段后进入装盘机。

④ 接装：将已制备好的包含两个复合滤嘴段的纸管和气雾生成段输送至卷烟滤嘴接装机，在纸管的两端分别接装好气雾生成段，对接完成后包裹水松纸，形成包含两支烟支的烟棒。

⑤ 分切：将烟棒从滤棒的正中切断，形成两支成品烟支。

⑥ 包装：将成品烟支送入装盘机，然后通过卷烟储存输送装置输送至包装机进行包装。

方案二：

方案一中，步骤③中所述的气雾生成段的制备方法如下：将分切好的烟条输送至纸管装填设备，通过纸管装填设备将烟条装填进已在一端设置好封口片的纸筒 B 中，从而制成气雾生成段；纸筒 B 的长度与分切好的烟条的长度相等；步骤④中的纸管两端所接装的为气雾生成段的非封口片一端。

2. 核心专利点分析

创新点是采用先装填，再卷接，再分切的工艺。具体操作是：在包含两个滤嘴段、两个空腔段、两个冷却元件的复合滤嘴段的两端分别卷接气雾生成段，再从滤棒的正中切断，形成两支成品烟支。

装填时在两个元件之间预留一段空腔，空腔段是在装填过程而非卷接过程中形成的。

4.3.3.12 CN210869848U

1. 专利简述

此专利申请人为上海方禹机电科技有限公司（表 4-4【64】CN210869848U 一种颗粒加热不燃烧烟支）。

（1）烟支结构

如图 4-42 所示，烟支依次包括：颗粒段（1）、滤嘴段（3）和筒形包裹件（2）；所述筒形包裹件（2）的一端包裹所述滤嘴段（3），且筒形包裹件（2）远离滤嘴段（3）的一端填充有所述颗粒段（1）。

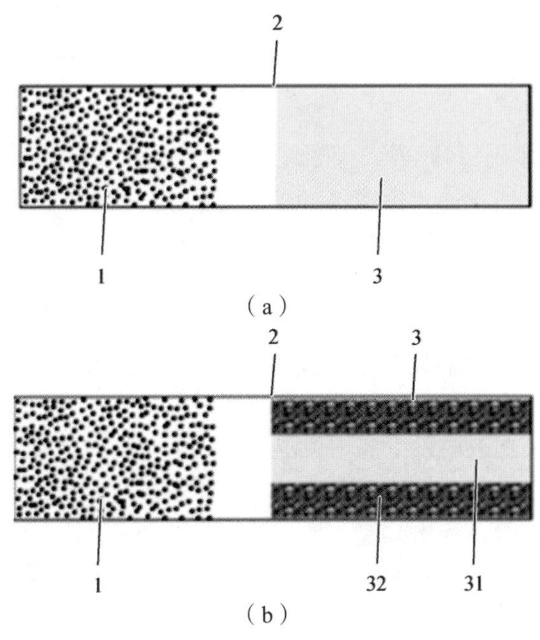

图 4-42 CN210869848U 中的烟支

（2）颗粒与烟支组合方式

用筒形包裹件包裹滤嘴段，再填充颗粒，在颗粒段和滤嘴段之间留有间隙，未提及密封问题。

2. 核心专利点分析

硬纸管内间隔填充颗粒段和过滤段，两段式烟支，无第三段；过滤段可以为聚乳酸丝束和醋酸纤维丝束构成的同心圆结构，聚乳酸受热塌陷后可以被醋纤棒支撑住，避免聚乳酸滤棒在吸热后发生变形塌陷。

4.3.4 关键技术解析

4.3.4.1 颗粒与烟支组合方式共性技术

颗粒与烟支组合方式一般采用：卷接[CN108065456B（4.3.3.3）]、装填[CN108669663A（4.3.3.4）、CN109363231A（4.3.3.6）]或卷接与装填结合[CN109527638A（4.3.3.7）、CN112244349A（4.3.3.9）、CN112244350A（4.3.3.10）、CN112244351A（4.3.3.11）]的方法。

4.3.4.2 颗粒与烟支组合方式特色技术

颗粒与烟支组合方式有明显的发展历程。经分析，对于一体式空管烟支（发烟段和滤嘴段用同一个管），适合采用正序装填或倒序装填方法；对于分体式空管烟支（发烟段和滤嘴段不是同一个管，发烟段管较硬，滤嘴段管较软），适合采用先装填，再卷接，再分切的方法[CN112244349A（4.3.3.9）、CN112244350A（4.3.3.10）、CN112244351A（4.3.3.11）]。如表4-5 所示。

表 4-5 颗粒与烟支组合方式特色技术时序表

组合方式	分析	公布号/授权号	申请日
卷接	卷接工艺中，烟草颗粒的填充是个难题，容易泄露。上述工艺中还未想到使用一端封口的纸空管，装填烟草颗粒的方法	CN108065456B（4.3.3.3）	2017/12/22
装填	必须先将烟草颗粒卷制或两端密封成圆柱体或成型为圆柱体再装填到空纸管中，然后填充各段，最后在远唇端封口，即先装填后封口。还未想到专利CN109363231A（4.3.3.6）中直接针对烟草颗粒的装填方式	CN108669663A（4.3.3.4）	2018/5/31
正序装填或者倒序装填	首次提出直接灌装颗粒。整个烟支的制备方法可以是正序装填或者倒序装填。正序装填：纸筒竖直放置，远唇端朝下，先远唇端封口，再从未封口端依次装填发烟段等后续各段。倒序装填：纸筒竖直放置，远唇端朝上，先装过滤段到发烟段，再远唇端封口。据称倒序装填能避免烟草颗粒松散和泄漏	CN109363231A（4.3.3.6）	2018/11/03
先卷接，再装填法。	空纸管和第一降温段、第二降温段、过滤段通过搓接而成空管烟支。空管烟支的纸空管垂直向上，再装入尾端封堵结构、烟草颗粒，最后装入前端封堵结构封堵，得到成品烟支。降温段和过滤段可以使用与空纸管不同的材料	CN109527638A（4.3.3.7）	2018/12/6

续表

组合方式	分析	公布号/授权号	申请日
先装填，再卷接，再分切。	方法是：先装填，再卷接，再分切。具体操作是：在包含两个滤嘴段的纸管的两端分别卷接包含发烟段和降温单元（中空单元有或无）的气雾生成段，再从滤棒的正中切断，形成两支成品烟支。 本发明的方法通过一次卷接，一次分切即得到两个烟支。与通常每个烟支至少需要一次卷接相比，减少了卷接次数。 装填时，在空管端部预留空腔，空腔段是在卷接过程中形成的。 只使用一个空纸管直接装填各段得到整支烟支的方案虽然不用卷接，但是滤嘴段外也是空纸管，管壁较硬，抽吸时接触唇端，不舒适。 实际上，发烟段需要较硬的空管，以防止变形。滤嘴段需要较软的空管，抽吸时接触唇端，比较舒适。中空段和降温段可与发烟段一起制备或者与滤嘴段一起制备。因此，这种情况下，使用两种硬度不同的空管卷接比较合适。而对于分散状态的发烟颗粒来说，必须先灌装在发烟段空管内。因此得出本发明先装填，再卷接的方案。 综上可见，直接用较硬空管灌装各段得到烟支属于较劣方案。更优方案是，发烟段使用较硬空管，滤嘴段使用较软空管。先灌装颗粒得到发烟段，再与滤嘴段卷接	CN112244349A（4.3.3.9）	2019/7/3
先装填，再卷接，再分切。	方法是：先装填，再卷接，再分切。具体操作是：在包含两个滤嘴段、两个空腔段、两个冷却元件的复合滤嘴段的两端分别卷接气雾生成段，再从滤棒的正中切断，形成两支成品烟支。 装填时在两个元件之间预留一段空腔，空腔段是在装填过程而非卷接过程中形成的。 具有专利 CN112244349A（4.3.3.9）的各项优点。此外，还具有以下启示： 中间有空腔段的烟支也可以用装填方式得到，只需确定好空腔段的长度即可。那么，只使用一个纸管直接装填得到也可以得到有空腔段的整支烟支（如果忽略烟支外管硬度一样的缺点）	CN112244351A（4.3.3.11）	2019/7/3
先装填，再卷接，再分切。	具体操作是：在滤嘴段的两端分别卷接 2 个包含发烟段、冷却元件、空腔段的 A 段，再从滤棒的正中切断，形成两支成品烟支。第一中空段在装填过形成，第二中空段在空管端部预留出，是卷接过程中形成的。具有专利 CN112244349A（4.3.3.9）和 CN112244351A（4.3.3.11）的各项优点	CN112244350A（4.3.3.10）	2019/7/3

4.3.4.3 颗粒与烟弹组合方式共性技术

综上所述，颗粒与烟弹组合方式均比较常规，将颗粒填充到壳或者囊体内，再安装盖或者囊帽。如表 4-6 所示。

表 4-6 颗粒与烟弹组合方式技术时序表

组合方式	分析	专利号	申请日
壳盖结构。先在壳内填充颗粒后密封	壳和凹部使用拉深工艺制备。将发烟物质填充到壳内，然后用盖密封壳。盖密封方式有：黏合剂黏合、热密封、超声波焊接，激光焊接等方式	CN105828646B（4.3.3.1）	2014/12/16
颗粒先填充到竖直放置的囊体中，再安装囊帽密封	未说明颗粒填充到胶囊的方式，可能是使囊体开口向上竖直方式，将颗粒先填充到竖直放置的胶囊中，再安装囊帽	CN108135275A（4.3.3.2）	2016/10/21
使用间隔垫 60 或过滤芯 40 密封烟草颗粒，不用盖	和常规壳盖式烟弹和胶囊式烟弹相比，多了间隔垫 60 和过滤芯 40，过滤芯 40 既可过滤烟气又可以封闭烟弹开口，不用盖或囊帽来密封	CN209862292U（4.3.3.5）	2018/9/28

4.3.4.4 颗粒与烟弹组合方式特色技术

专利 CN209862292U（4.3.3.5）中提出一种特色技术，使用间隔垫 60 或过滤芯 40 密封烟草颗粒形成烟弹。常规壳盖式烟弹和胶囊式烟弹相比，多了间隔垫 60 和过滤芯 40，过滤芯 40 既可过滤烟气又可以封闭烟弹开口，不用盖或囊帽来密封。

4.4 配套烟具与加热方式

4.4.1 相关专利和重要专利

在检索到的发烟颗粒型产品专利中，涉及配套烟具与加热方式的专利共计 10 件，其中，重要专利 6 件，用下画线标示，如表 4-7 所示。

表 4-7 配套烟具与加热方式的相关专利和重点专利（下画线标示）

序号	公布号/授权号	申请人/专利权人	标题	申请日	公开（公告）日	专利状态
2	CN105828646B	菲利普莫里斯生产公司	气溶胶生成装置以及用于气溶胶生成装置中的胶囊	2014/12/16	2016/8/3	授权
3	CN106998817A	菲利普莫里斯生产公司	供烟草蒸发器中使用的烟草小袋	2015/12/15	2017/8/1	授权
4	CN108135275A	菲利普莫里斯生产公司	气溶胶生成制品、气溶胶生成团块、气溶胶生成团块的形成方法和包括气溶胶生成团块的气溶胶生成系统	2016/10/21	2017/4/27	授权

续表

序号	公布号/授权号	申请人/专利权人	标题	申请日	公开（公告）日	专利状态
5	CN108135278A	菲利普莫里斯生产公司	气溶胶生成系统	2016/10/21	2018/4/16	授权
6	CN107373775A	周金成	一种固体烟草颗粒以及新型烘烤电子烟装置	2017/9/4	2017/11/24	失效
12	CN207626561U	安徽中烟工业有限责任公司	一种内部电加热气雾产生系统	2017/12/22	2018/7/20	授权
13	CN207626562U	安徽中烟工业有限责任公司	一种外围电加热气雾产生系统	2017/12/22	2018/7/20	授权
14	CN108185524A	安徽中烟工业有限责任公司	一种包含烟草颗粒的内部电加热气雾产生系统	2017/12/22	2018/6/22	失效
19	CN208639627U	山东精彩香料科技开发有限公司	一种颗粒型烟草封装胶囊壳体、颗粒型烟草胶囊及烟具	2018/8/2	2019/3/26	授权
48	CN111387563A	云南恒罡科技有限公司	一种适用于蜂窝状加热不燃烧烟弹的烟具	2018/12/29	2020/7/10	实质审查

4.4.2 关键词解释

（1）衔嘴：颗粒型烟弹配套烟具的烟嘴，烟气从此处流出烟具，并流入用户口中。

（2）中空刺穿元件：内部为中空的刺穿元件，用于刺穿烟弹的盖。中空刺穿元件刺穿烟弹后，其内的中空腔可作为气流通道，用于烟弹内烟气的流出或外界空气流入烟弹。

（3）感应器：在电磁感应加热中产生交变磁场的部件，如感应线圈。

（4）感受器：在电磁感应加热中在交变磁场中自发热的部件，如铁磁性材料。

4.4.3 重要专利剖析

4.4.3.1 CN105828646B

1. 专利简述

此专利申请人为菲利普莫里斯生产公司（表 4-7【2】CN105828646B 气溶胶生成装置以及用于气溶胶生成装置中的胶囊）。该专利为烟草颗粒类烟弹专利，其烟弹和烟具结构如图 4-43 所示。

（1）烟弹配套烟具

如图 4-43 所示，专利所述烟具包括：至少一个加热器 308；用于接纳含有气溶胶形成基质的胶囊的腔；以及包括用于刺穿胶囊盖的刺穿元件的烟嘴 312。至少一个加热器 308 配置为可插入胶囊 100 的凹部 110 内。

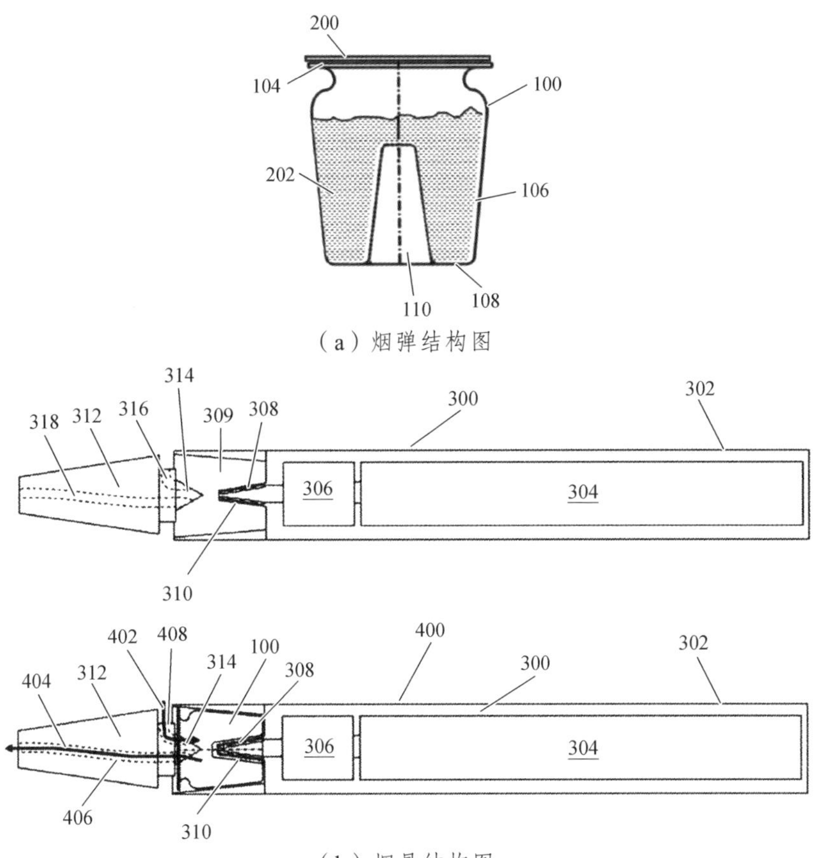

（a）烟弹结构图

（b）烟具结构图

图 4-43　CN105828646B 中的烟弹配套烟具结构

气溶胶生成装置的烟嘴 312 优选包括至少一个空气入口和至少一个空气出口，并且刺穿元件包括在至少一个空气入口和刺穿元件的远端之间延伸的至少一个第一导管 316。烟嘴优选还包括在刺穿元件的远端和至少一个空气出口之间延伸的至少一个第二导管 318。

（2）加热方式

中心加热或者中心加热+周向加热。

2. 核心专利点分析

（1）烟具为杆状，具有中心加热元件和周向加热元件。

（2）烟具近唇端的烟嘴具有刺穿元件 314 用来刺穿烟弹的封口膜，且刺穿元件内有 2 个烟气通道，分别供空气流入和烟气流出烟弹。这样直接将烟弹放入加热腔，安装上衔嘴时，烟弹自然被刺穿形成烟气通道。此设计比较新颖。

（3）加热腔靠近烟具近唇端，烟气的降温和过滤效果不太好。

（4）此专利中，外界空气也从烟弹上方流出，可能不利于引导烟气。

4.4.3.2　CN106998817A

1. 专利简述

此专利申请人为菲利普莫里斯生产公司（表 4-7【3】CN106998817A 供烟草蒸发器中使

用的烟草小袋)。该专利为烟草颗粒类烟弹专利，其烟弹和烟具结构如图 4-44 所示。

（1）烟弹配套烟具

如图 4-44 所示，烟具 200 包括：外部壳体、电加热器 210、电源 206、控制器 208、检测器、烟嘴 212。

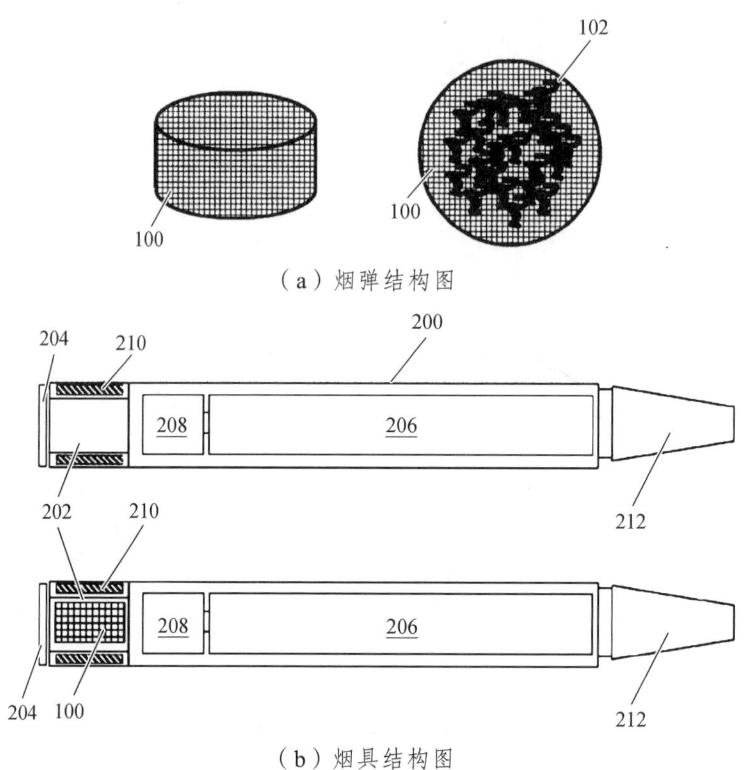

图 4-44　CN106998817A 中的烟弹配套烟具结构

所述外部壳体具有用于接纳所述小袋 100 的腔。所述电加热器包括至少一个用于加热所述腔中的所述小袋 100 以产生气溶胶的加热元件。所述电加热器 210 邻近所述腔的至少一个壁而提供。

控制器 208 被配置为控制所述电源 206 至所述电加热器 210 的电力供应的。所述检测器能够检测所述腔中所述小袋的存在并且区分所述小袋与被配置为用于与所述系统一起使用的其他小袋。

（2）加热方式

周向加热元件，烟弹置于周向加热腔中进行周向加热发烟。

2. 核心专利点分析

（1）烟具为杆状，具有周向加热腔，腔壁上是电加热器，是常规设计。

（2）相比于专利 CN105828646B（4.4.3.1），周向加热元件位于烟具的远唇端，延长了气流路径，可以对烟气进行降温、过滤等操作。

（3）小袋是多孔的，烟气自然会流出，不用刺破元件。

4.4.3.3 CN108135275A

1. 专利简述

此专利申请人为菲利普莫里斯生产公司（表 4-7【4】CN108135275A 气溶胶生成制品、气溶胶生成团块、气溶胶生成团块的形成方法和包括气溶胶生成团块的气溶胶生成系统）。该专利为烟草颗粒类烟弹专利，其烟弹和烟具结构如图 4-45 所示。

（1）烟弹配套烟具

如图 4-45 所示，可感应加热的气溶胶生成装置包括主外壳 70 和衔嘴 71。优选呈管状形式的主外壳 70 包括用于容纳消耗品 9 的空腔，所述消耗品包括由多个可感应加热的粒子 1 制成的团块 3。主外壳 70 还包括用于感应地加热布置在空腔中的团块 3 的粒子 1 的感受器芯的感应器，此处呈感应线圈的形式。感应线圈被布置成在纵向方向上环绕空腔，且能够热感应布置在空腔中的材料。

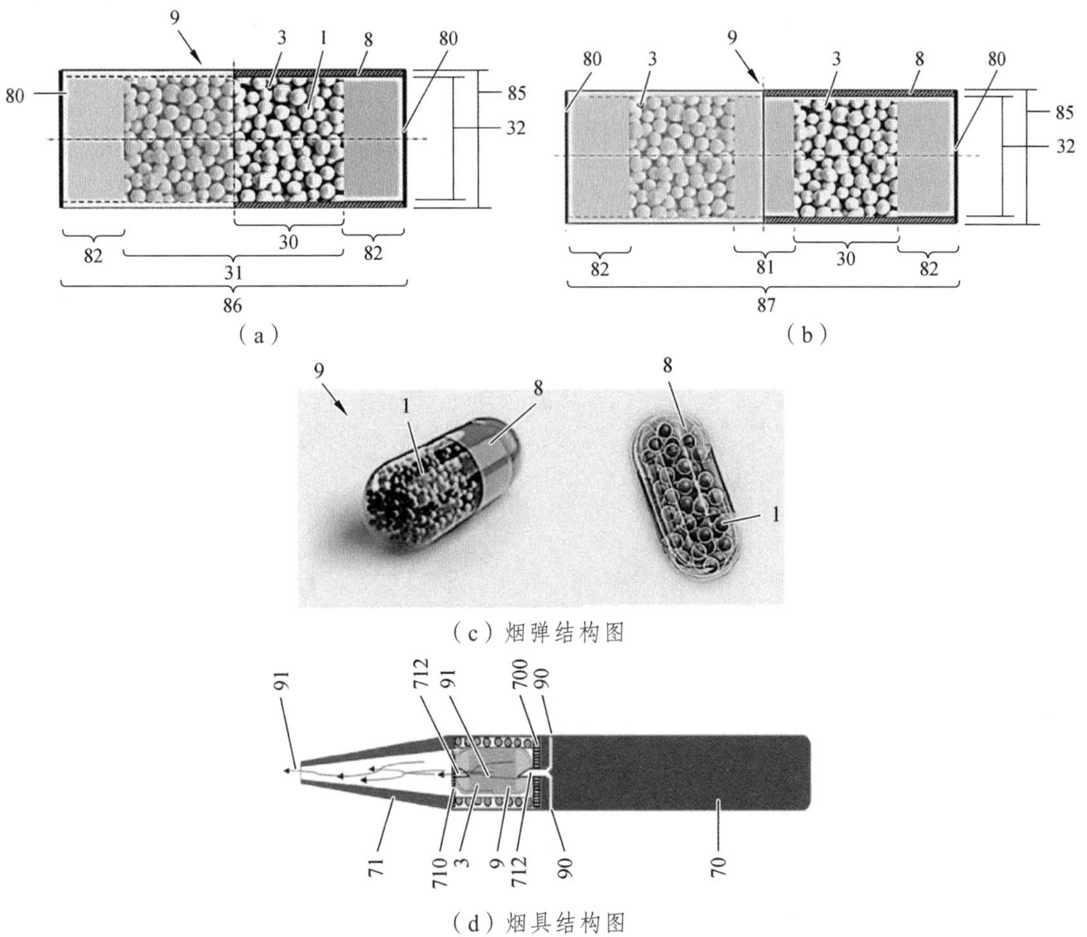

图 4-45 CN108135275A 中的烟弹配套烟具结构

主外壳 70 还包括电池和功率管理系统。衔嘴 71 形成装置的近侧或最下游元件。

空腔的底部以及衔嘴 71 的底部或远端由多孔元件 700、710 闭合，所述多孔元件例如多孔材料或网格或网状物。多孔元件 700、710 适于将消耗品 9 定位并保留在空腔中，且允许空气流穿过多孔元件 700、710，通过空腔并且进入并通过衔嘴 71。

主外壳 70 具备空气入口通道，以允许空气 90 从环境进入外壳 70 并流入空腔中。在那里，空气 90 通过加热团块 3 的粒子 1 而吸收空腔中形成的气溶胶。含气溶胶空气 91 继续进一步向下游通过衔嘴 71 的在衔嘴近端处的出口开口离开装置。

装置进一步具备用于从两个相对侧刺穿胶囊的可刺穿壳体的刺穿部件 712，优选为中空刺穿部件。两个刺穿部件 712 中的一个布置在衔嘴的远端处。另一刺穿部件 712 从装置外壳通过多孔元件 700 延伸到空腔中。再附接衔嘴 71 后，刺穿部件 712 被推到胶囊中，从而产生空气穿过胶囊的路径。

（2）使用方式

在装置准备待用后，可从主外壳 70 去除衔嘴 71，以便能开放地接近空腔。去除可以是从外壳 70 完整地拆卸衔嘴 71。去除也可以是不完全去除，例如通过铰链去掉衔嘴，其中衔嘴 71 经由铰链保持连接到外壳 70。接着可将团块或消耗品 9 填充到空腔中。在将衔嘴 71 重新定位到外壳 70 上之后，装置准备待用。

（3）加热方式

电磁感应加热，烟具内具有感应器，烟弹具有感受器材料。

2. 核心专利点分析

（1）创新点：烟具为杆状，具有感应器，首次提出用感应加热方式加热发烟颗粒；加热腔底部和衔嘴远端各具有一个中空刺穿元件 712 和 710，刺穿烟弹后可作为气流通道，优势是提供了加热腔底部的中空刺穿元件 712 可以通入外界空气。相比于专利 CN105828646B（4.4.3.1）从刺破口流入外界空气更加利于引导烟气流向，这是一种新的刺穿形式。

（2）加热腔靠近烟具近唇端，烟气的降温和过滤效果不太好。

4.4.3.4　CN108135278A

1. 专利简述

此专利申请人为菲利普莫里斯生产公司（表 4-7 【5】CN108135278A 气溶胶生成系统）。该专利为烟草颗粒类烟弹专利，其烟弹和烟具结构如图 4-46 所示。

（1）烟弹配套烟具

如图 4-46 所示，烟具包括外壳体 70、容纳了烟弹的空腔 703、可附接到装置壳体 70 的近端的衔嘴 71。

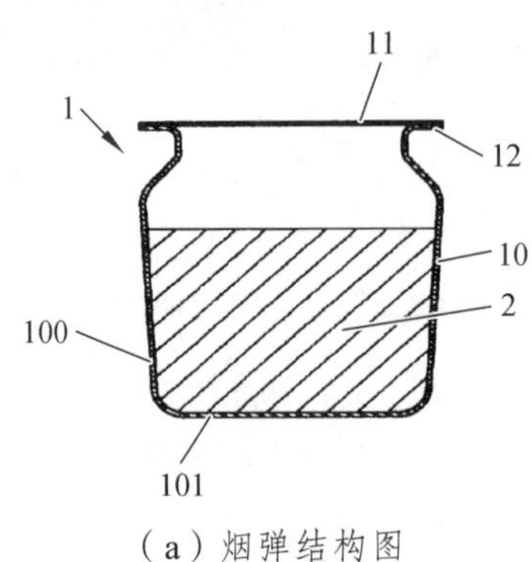

（a）烟弹结构图

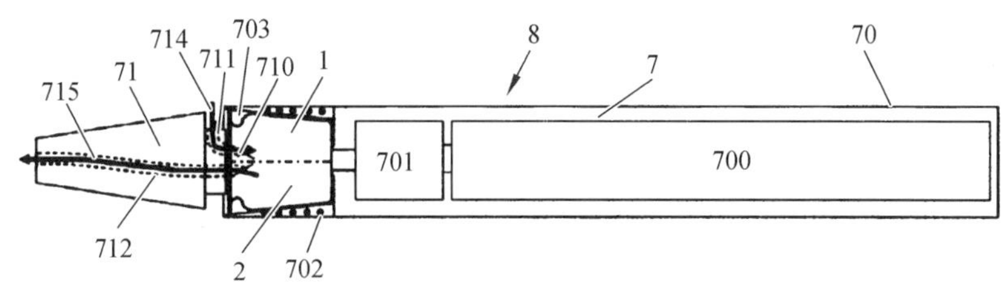

（b）烟具结构图

图 4-46 CN108135278A 中的烟弹配套烟具结构

外壳体适于容纳电源 700 如可充电电池、控制电子器件 701 和电感器 702 例如电感器线圈。壳体 70 进一步包括空腔 703，其中容纳了胶囊 1。电感器 702 嵌入于壳体 70 的近侧部分中，围绕空腔 703 以及布置于空腔 703 中的胶囊 1。

衔嘴 71 包括相对于空腔 703 引入的刺穿部分 710。衔嘴 71 进一步包括布置于衔嘴 71 中的两个气流导管，入口导管 711 和出口导管 712。

当胶囊 1 定位于壳体 70 的空腔 703 中时，包括于胶囊 1 中的活性基质 2 的感受器材料可通过电感器线圈 702 电感加热。

（2）使用方式

在使用时，用户将胶囊 1 插入气溶胶生成装置 7 的空腔 703 中，然后将衔嘴 71 附接到壳体 70。通过附接衔嘴，刺穿部分 710 刺穿胶囊 1 的盖，并且形成从空气入口通过胶囊 1 到达空气出口的气流路径。进入胶囊 1 的气流路径 714 的部分和离开胶囊 1 的气流路径 715 部分由箭头指示。然后用户启动装置 7。在启动装置时，电感器 702 通过控制电子器件 701 供应有来自电源 700 的功率。当胶囊 1 的内含物温度达到 220 ~ 240 °C 的操作温度时，可以借助于装置准备使用并且用户可以在衔嘴 71 上抽吸的指示器（图 4-46 中未示）告知用户。当用户在衔嘴上抽吸时，空气进入空气入口，继续通过衔嘴 71 内的导管 711 并且进入胶囊 1 中，夹带汽化的气溶胶形成基质，并且然后经由衔嘴 71 中的出口导管 712 离开胶囊 1。

（3）加热方式

电磁感应加热，烟具内具有感应器，烟弹具有感受器材料。

2. 核心专利点分析

烟具近唇端的烟嘴具有刺穿元件 710 用来刺穿烟弹的封口膜，刺穿元件内有孔道供烟气流出到衔嘴，沿用了之前专利 CN105828646B（4.4.3.1）的设计。

4.4.3.5 CN208639627U

1. 专利简述

此专利申请人为山东精彩香料科技开发有限公司（表 4-7【19】CN208639627U 一种颗粒型烟草封装胶囊壳体、颗粒型烟草胶囊及烟具）。该专利为烟草颗粒类烟弹专利，其烟弹结构如图 4-47 所示。

（1）烟弹配套烟具

当本实用新型的颗粒型烟草胶囊直接配合电子烟具使用时，不需要对现有电子烟具做较大结构变化，不同之处在于：它需要具有可装填颗粒型烟草胶囊的装填腔 9，该装填腔 9 内具有可通过气孔 4 插入胶囊的加热部件（如加热针或加热棒），通过加热部件插入胶囊后发热加热烟草颗粒，由于加热部件和加热电路均为本领域熟知技术，故不再赘述。

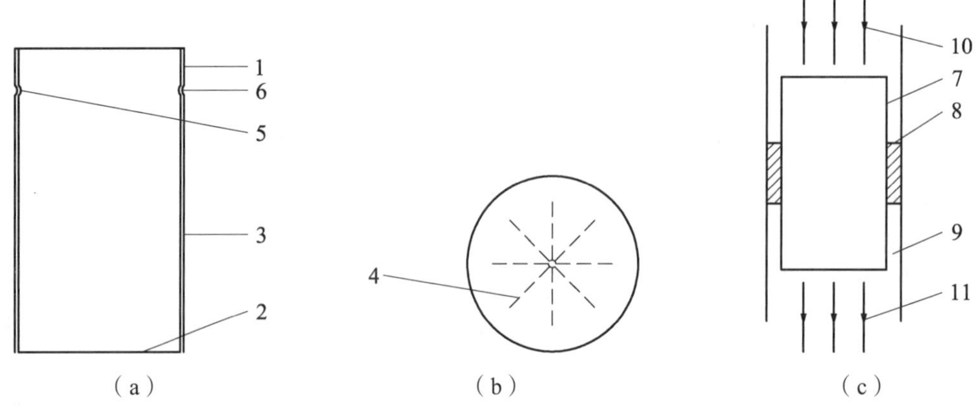

图 4-47　CN208639627U 中的烟弹结构

另外，该装填腔 9 内壁环设有将胶囊两端的气孔 4 隔开的密封结构 8，这样可以确保通过密封结构 8 和胶囊 7 的结合后，充分隔离空气气流入口 10 和烟气气流出口 11，也就是说，防止空气从胶囊和烟具的装填腔 9 内壁缝隙中通过，保证空气气流全部通过胶囊，且起固定作用保证加热部件从胶囊端面网孔中心插入。

（2）加热方式

中心加热。

2. 核心专利点分析

（1）烟具装填腔 9 内壁环设有将胶囊两端的气孔 4 隔开的密封结构 8，将胶囊与内壁之间的间隙堵塞，强制空气从胶囊中流过。

（2）菲莫专利 CN105828646B（4.4.3.1）和 CN108135275A（4.4.3.3）的刺破部件同时充当了气流通道，保证空气流经烟弹，自然不用考虑本专利要特别避免的空气气流容易从胶囊与内壁之间的间隙流过的问题。

4.4.3.6　CN111387563A

1. 专利简述

此专利申请人为云南恒罡科技有限公司（表 4-7【48】CN111387563A 一种适用于蜂窝状加热不燃烧烟弹的烟具）。该专利为颗粒类烟具专利，其烟具结构如图 4-48 所示。

2. 核心专利点分析

烟具为烟斗形，与专利 CN111358043A（4.2.3.12）所示的蜂窝状颗粒型烟弹配套使用，也可以用其余类型的散状、蜂窝状或块状发烟材料。

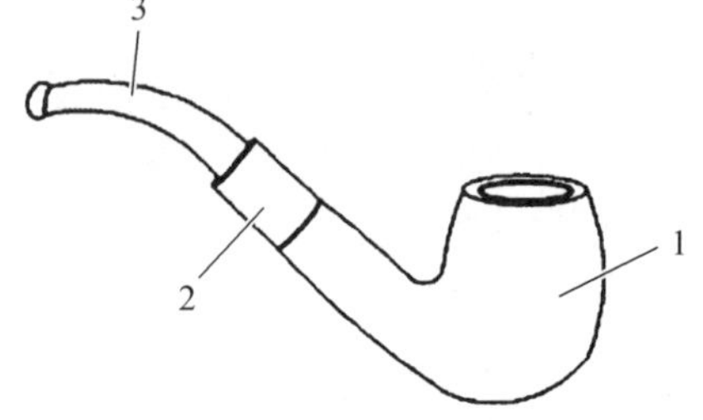

图 4-48　CN111387563A 中的烟具结构

4.4.4 关键技术解析

4.4.4.1 颗粒型烟支配套烟具和加热方式

经过分析，与颗粒型烟支配套的烟具未有专利进行具体说明，使用常规加热烟具即可。加热方式采用中心加热方式、周向加热或感应加热方式均可。

4.4.4.2 颗粒型烟弹配套烟具和加热方式

1. 共性技术

（1）颗粒型烟弹配套烟具

具有刺破元件用来刺穿烟弹的封口膜，且刺穿元件内有烟气通道，分别供空气流入和烟气流出烟弹[CN105828646B（4.4.3.1）、CN108135275A（4.4.3.3）、CN108135278A（4.4.3.4）]。

（2）加热方式

与颗粒型烟弹配套的加热方式包括中心加热[CN208639627U（4.4.3.5）]、周向加热[CN106998817A（4.4.3.2）]、中心加热+周向加热[CN105828646B（4.4.3.1）]、电磁感应加热[CN108135278A（4.4.3.4）]。

2. 特色技术

颗粒型烟弹配套烟具和加热方式的研究重点是烟弹内气流通道的设置，菲莫烟具带有中空的刺破元件，其刺破烟弹后，可同时作为气流通道引导空气的流入和烟气的流出，且较优的设计是专利 CN108135275A（4.4.3.3），烟具加热腔底部和衔嘴远端各具有一个中空刺穿元件 712，更加利于引导烟气流向。专利 CN208639627U（4.4.3.5）提出了一种烟具装填腔 9 内壁环设有密封结构限定气流通道的方式。如表 4-8 所示。

表 4-8 颗粒型烟弹配套烟具和加热方式特色技术时序表

关键特征	分 析	公布号/授权号	申请日
中心加热和周向加热，刺穿元件内有2个烟气通道	① 烟具为杆状，具有中心加热元件和周向加热元件。 ② 烟具近唇端的烟嘴具有刺穿元件314用来刺穿烟弹的封口膜，且刺穿元件内有 2 个烟气通道，分别供空气流入和烟气流出烟弹。这样直接将烟弹放入加热腔，安装上衔嘴时，烟弹自然被刺穿形成烟气通道。此设计比较新颖。 ③ 加热腔靠近烟具近唇端，烟气的降温和过滤效果不太好	CN105828646B（4.4.3.1）	2014/12/16
对多孔烟弹周向加热	① 烟具为杆状，具有周向加热腔，腔壁上是电加热器，是常规设计。 ② 相比于专利 CN105828646B（4.4.3.1），周向加热元件位于烟具的远唇端，延长了气流路径，可以对烟气进行降温、过滤等操作。 ③ 小袋是多孔的，烟气自然会流出，不用刺破元件	CN106998817A（4.4.3.2）	2015/12/15

续表

关键特征	分析	公布号/授权号	申请日
感应加热，中空刺穿元件 712 作为气流通道	① 烟具为杆状，具有感应器，首次提出的感应加热方式。 ② 加热腔靠近烟具近唇端，烟气的降温和过滤效果不太好。 ③ 加热腔底部和衔嘴远端各具有一个中空刺穿元件 712，刺穿烟弹后可作为气流通道，优势是提供了加热腔底部的中空刺穿元件 712 可以通入外界空气。相比于专利 CN105828646B（4.4.3.1）从刺破口流入外界空气更加利于引导烟气流向，这是一种新的刺穿形式。专利 CN105828646B（4.4.3.1）中，外界空气也从烟弹上方流出，可能不利于引导烟气	CN108135275A（4.4.3.3）	2016/10/21
感应加热，中空刺穿元件 710 作为气流通道	① 烟具为杆状，具有感应器，首次提出的感应加热方式。 ② 加热腔靠近烟具近唇端，对烟气的降温和过滤效果不太好。 ③ 烟具近唇端的烟嘴具有刺穿元件 710 用来刺穿烟弹的封口膜，刺穿元件内有孔道供烟气流出到衔嘴，沿用了之前专利 CN105828646B（4.4.3.1）的设计	CN108135278A（4.4.3.4）	2016/10/21
中心加热，烟具装填腔 9 内壁环设有密封结构限定气流通道	① 烟具装填腔 9 内壁环设有将胶囊两端的气孔 4 隔开的密封结构 8，将胶囊与内壁之间的间隙堵塞，强制空气从胶囊中流过。 ② 菲莫专利 CN105828646B（4.4.3.1）和 CN108135275A（4.4.3.3）的刺破部件同时充当了气流通道，保证空气流经烟弹，自然不用考虑本专利要特别避免的空气气流容易从胶囊与内壁之间的间隙流过的问题	CN208639627U（4.4.3.5）	2018/8/2

4.4.4.3 各种加热方式的比较

1. 中心加热、周向加热、电磁感应加热三种加热方式各自的利弊分析

（1）颗粒型烟支的适用加热方式

颗粒型烟支因发烟段一般是采用空纸管填充的发烟颗粒，空纸管的壁厚比较厚，若采用周向加热则加热效率不高，因此适于采用中心加热和电磁加热方式。

（2）颗粒型烟弹

颗粒型烟弹本身形状较小，若采用中心加热，需要在颗粒型烟弹上设置可刺穿的封口膜或加热元件插入孔。因颗粒型烟弹不同于烟支具有滤嘴，还要考虑加热产生的烟雾如何从烟弹中顺利流出，例如专利 CN105828646B（4.4.3.1）内的中空刺穿元件作为气流通道，因此烟弹和烟具的设计均较为复杂，烟雾流出量仍不够大。

因此，较优选择是颗粒型烟弹的外壳采用多孔金属或金属合金结构，以适用于周向加热或电磁加热方式。加热产生的烟雾直接从外壳上的孔道流出，烟雾流出更顺畅，烟具和烟弹设计更简单，参照专利 CN106998817A（4.4.3.2）。缺点是，由于外壳上具有孔道，未使用的烟弹的密封效果不好，可以预先采用加热可雾化的凝胶封堵外壳上的孔道。

各种加热方式的优缺点如表 4-9 所示。

表 4-9 各种加热方式优缺点比较

烟支或烟弹加热方式	优点	缺点
中心加热	加热元件直接接触发烟制品，加热效率高。即使烟支或烟弹的壁太厚也不会影响加热效果	① 中心发烟颗粒接受热量大于外围颗粒，发烟颗粒整体受热不均匀。 ② 烟支或烟弹端部的密封膜应可被发热元件刺穿，或烟支或烟弹上有发热元件插入口。因此，烟支或烟弹设计较复杂。 ③ 发烟颗粒与加热元件直接接触，容易受热后的残渣黏附在加热元件上。 ④ 发热元件插入烟支时，会导致发烟段后移。发烟段后一般设置阻隔件防止发烟段的异位，导致烟支结构复杂
周向加热	只需在加热腔内设置周向加热元件。烟支或烟弹端部不必设置可被发热元件刺穿的密封膜或加热元件插入孔。烟支发烟段后也不必设置阻隔件。综合来说，烟支的结构设置限制较少	① 发烟颗粒受热不均匀，外围发烟颗粒接受热量大于中心颗粒。 ② 加热元件不直接接触发烟制品，加热效率比较低。 ③ 如果烟支或烟弹的壁太厚会影响加热效果
电磁感应加热	若感受器为发烟颗粒的颗粒芯，则 ① 发热元件直接接触发烟制品，加热效率高，整体的发烟颗粒受热均匀。即使烟支或烟弹的壁太厚也不会影响加热效果。 ② 发烟颗粒由内而外受热发烟，每个发烟颗粒受热和发烟也更彻底，不会出现芯部受热不完全的情况，颗粒利用率更高	若感受器为发烟颗粒的颗粒芯，则： ① 发烟颗粒的制备方法受到限制，使用涂覆、滚圆的方法造粒以使得感受器外围包裹上烟草层。 ② 感受器占用一部分发烟颗粒的体积，发烟颗粒内烟草物质的填充量更少。 ③ 若发烟颗粒内含水，会使得部分类型的金属感受器被氧化失磁

2. 混合加热优势分析

同时采用中心和周向加热的好处表现为：

（1）整体对发烟颗粒的加热更均匀，加热效率更高，发烟颗粒发烟量更高。

（2）针对不同的加热需求，中心和周向加热元件可以分开控制。

（3）中心和周向加热元件单独连接到控制系统，一个加热元件损坏后，另一个加热元件可正常使用。

4.4.4.4　刺破元件有无中空的分析

1. 刺破元件具有中空结构

刺破元件本身可以作为气流通道；刺穿后只需保持在原位即可，因此设置烟具时，将该刺穿元件一并设计上即可。

2. 刺破元件没有中空结构

刺破元件本身无法作为气流通道；其本身可以作为中心发热元件使用，刺穿后保持在原位对发烟颗粒加热；若其本身不是发热元件，则需要刺穿后移出烟弹或烟支，以留出刺穿口作为气流入口或出口。

4.5　烟支/烟弹成型设备

4.5.1　相关专利和重要专利

在检索到的发烟颗粒型产品专利中，涉及烟支/烟弹成型设备的专利共计 13 件，其中，重要专利 10 件，用下划线标示，如表 4-10 所示。

表 4-10　烟支/烟弹成型设备的相关专利和重点专利（下划线标示）

序号	公布号/授权号	申请人/专利权人	标题	申请日	公开（公告）日	专利状态
<u>22</u>	<u>CN108903065A</u>	<u>安徽中烟工业有限责任公司</u>	<u>颗粒烟支灌封机</u>	<u>2018/9/11</u>	<u>2018/11/30</u>	<u>实质审查</u>
<u>26</u>	<u>CN109278361A</u>	<u>昆山科瑞森机电设备有限公司</u>	<u>一种纸纸管的制造工艺与设备</u>	<u>2018/11/15</u>	<u>2019/1/29</u>	<u>实质审查</u>
<u>27</u>	<u>CN109292115A</u>	<u>昆山科瑞森机电设备有限公司</u>	<u>一种颗粒状物体连续罐装的设备</u>	<u>2018/11/15</u>	<u>2019/2/1</u>	<u>实质审查</u>
30	CN209176943U	昆山科瑞森机电设备有限公司	一种颗粒状物体连续罐装的设备	2018/11/15	2019/7/30	授权
<u>34</u>	<u>CN209318041U</u>	<u>昆山科瑞森机电设备有限公司</u>	<u>一种纸管端面精确涂胶装置</u>	<u>2018/11/15</u>	<u>2019/8/30</u>	<u>授权</u>
35	CN209479103U	昆山科瑞森机电设备有限公司	一种纸管的制造设备	2018/11/15	2019/10/11	授权
<u>58</u>	<u>CN110403227A</u>	<u>安徽中烟工业有限责任公司</u>	<u>一种运行更平稳的颗粒型烟支打底装置</u>	<u>2019/8/29</u>	<u>2019/11/5</u>	<u>实质审查</u>

续表

序号	公布号/授权号	申请人/专利权人	标题	申请日	公开（公告）日	专利状态
59	CN110403228A	安徽中烟工业有限责任公司	一种可实现烟草颗粒强制灌装的设备	2019/8/29	2019/11/5	实质审查
60	CN110419768A	安徽中烟工业有限责任公司	一种改进的颗粒连续灌装设备	2019/8/29	2019/11/8	实质审查
61	CN110419769A	安徽中烟工业有限责任公司	一种高效平稳的颗粒型烟支封口装置	2019/8/29	2019/11/8	实质审查
62	CN110420797A	安徽中烟工业有限责任公司	一种颗粒型烟支圆端面连续涂胶的装置	2019/8/29	2019/11/8	实质审查
63	CN210474468U	安徽中烟工业有限责任公司	一种颗粒型烟支圆端面连续涂胶的装置	2019/8/29	2020/5/8	授权
69	CN211309006U	昆山科瑞森机电设备有限公司	一种半自动颗粒罐装设备	2019/11/1	2020/8/21	授权

4.5.2 关键词解释

（1）打底：烟支打底是指先将底衬圆片压入烟支空管内，方便灌装烟草颗粒。

（2）装填：先将烟草颗粒卷制或两端密封成圆柱体或成型为圆柱体再装填到外套管中，然后填充各段，最后在远唇端封口的烟支制备方法。

在本书中，当直接将烟草颗粒灌装到外套管中时（烟草颗粒不卷制或两端密封成圆柱体或成型为圆柱体），这种装填烟草颗粒的方法叫作“灌装”。其余各段装入外套管的方法仍为“装填”，因此整个成品烟支的制作方法仍叫作装填法。

（3）正序装填：烟支外套管竖直放置，远唇端朝下，先远唇端封口，再从未封口端依次装填发烟段等后续各段。

（4）倒序装填：烟支外套管竖直放置，远唇端朝上，先装过滤段到发烟段，再远唇端封口。

（5）涂胶：在烟支空管开口段涂布一圈胶水方便后续封口操作。

（6）封口：用封口件对涂胶后的烟管端部进行封堵。

4.5.3 重要专利剖析

4.5.3.1 CN108903065A

1. 专利简述

此专利申请人为安徽中烟工业有限责任公司（表 4-10【22】CN108903065A 颗粒烟支灌封机）。生产设备如图 4-49 所示。

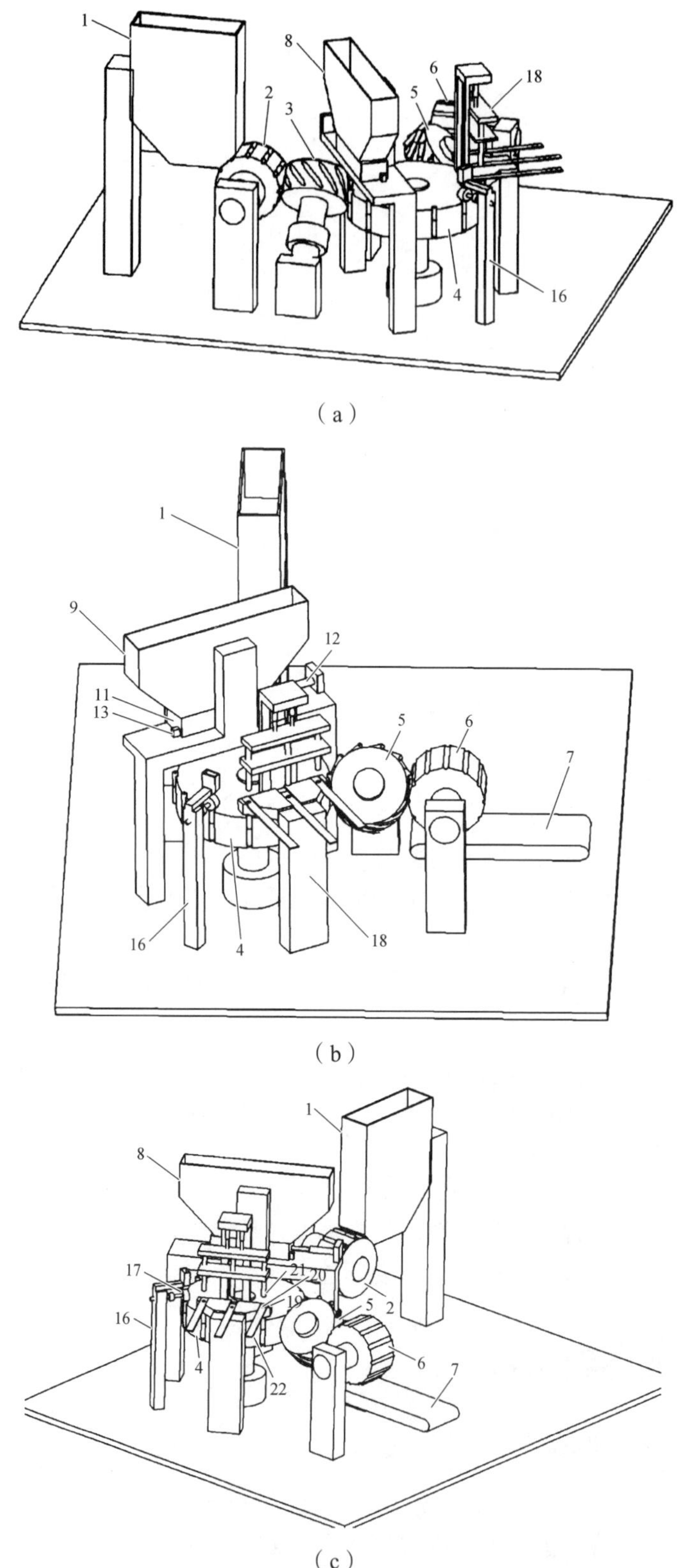

图 4-49　CN108903065A 中的生产设备

如图 4-49 所示，设备包括：烟支空管存储料斗（1）、第一烟支转运机构、填料装置（8）、点胶装置（16）与封堵装置（18）、第二烟支转运机构。

第一烟支转运机构包括：依次啮合的一级鼓轮（2）、第一姿态变换鼓轮（3）及二级鼓轮（4）。第一姿态变换鼓轮（3）、第二姿态变换鼓轮（5）的结构设置为：轮轴倾斜设置，鼓轮套装于所述轮轴轴端、由电机驱动可转，鼓轮外圆周上、以等间距沿周向间隔布设各承烟槽，所述承烟槽倾斜、与鼓轮轴向之间呈夹角 a，随鼓轮回转至与一级鼓轮（2）啮合处时呈水平姿态、与二级鼓轮（4）啮合处时呈竖直姿态。

烟支空管存储料斗（1）为一级鼓轮的输入料斗。

填料装置（8）、点胶装置与封堵装置（18）设置于二级鼓轮的外侧、顺着回转方向间隔布设，依次对二级鼓轮上的烟支空管进行填料、涂胶、封堵。

所述填料装置（8）中，定量投放机构的结构设置为：

填料装置（8）中，定量投放机构的结构设置为：

在所述颗粒料斗（9）的出口端按照各出料管（15）的位置排布对应设置各落料孔（10），所述各落料孔（10）整体与各出料管（15）整体错开，定量投放机构的物料定量板（11）置于颗粒料斗（9）出口端与各出料管（15）之间，并按照各出料管（15）的位置排布对应设有多个纵向贯通的定量孔（14），所述定量孔（14）的容纳体积与烟支空管的填料体积相匹配，所述物料定量板（11）能够由气缸（12）驱动线性运动至各定量孔（14）与各落料孔（10）一一对齐、上下连通，或各定量孔（14）与各出料管（15）一一对齐、上下连通。出料管（15）的下端呈锥形收口状，收口段外径小于烟支空管开口端的外径。

所述封堵装置（18）的结构设置为：

冲裁模具（19）由支架支撑、悬置于二级鼓轮（4）正上方，并按照二级鼓轮（4）上各承烟槽的对应位置设有多个冲孔（20），所述冲孔（20）的外形尺寸与烟支空管开口端外形尺寸相适配，多个冲头（21）对应设于各冲孔（20）正上方，能够做上下往复运动

第二烟支转运机构包括：依次啮合的二级鼓轮（4）、第二姿态变换鼓轮（5）及三级鼓轮（6），出料皮带（7）。第二烟支转运机构对成品烟支进行传递输送至下游工序。

2. 核心专利点分析

（1）该专利通过姿态变换鼓轮 3 将水平取向的空纸管转变为开口向上竖直取向，以便进行颗粒灌装。然后经定量投放机构灌装颗粒，最后在纸管开口处点胶进行密封后，进入后续工段进行操作。

（2）该机器可实现 2000 支/分钟的灌装速率，200 倍于人工灌装速率。

（3）考虑到颗粒灌装这个技术特征最终被一直沿用，因此，此专利作为基础的生产设备专利，值得借鉴，系安徽中烟核心专利。

（4）该装置包括灌装、涂胶、封口等装置，是一整套颗粒灌装装置。安徽中烟在此基础专利的基础上，分别针对灌装单元、涂胶单元、封口单元进行了改进，申请了后续专利。

（5）该专利最早提出灌装装置，是典型的倒序装填操作，即先灌装颗粒，后封口。

4.5.3.2 CN109278361A

1. 专利简述

此专利申请人为昆山科瑞森机电设备有限公司（表 4-10【26】CN109278361A 一种纸纸

管的制造工艺与设备）。生产设备如图 4-50 所示。

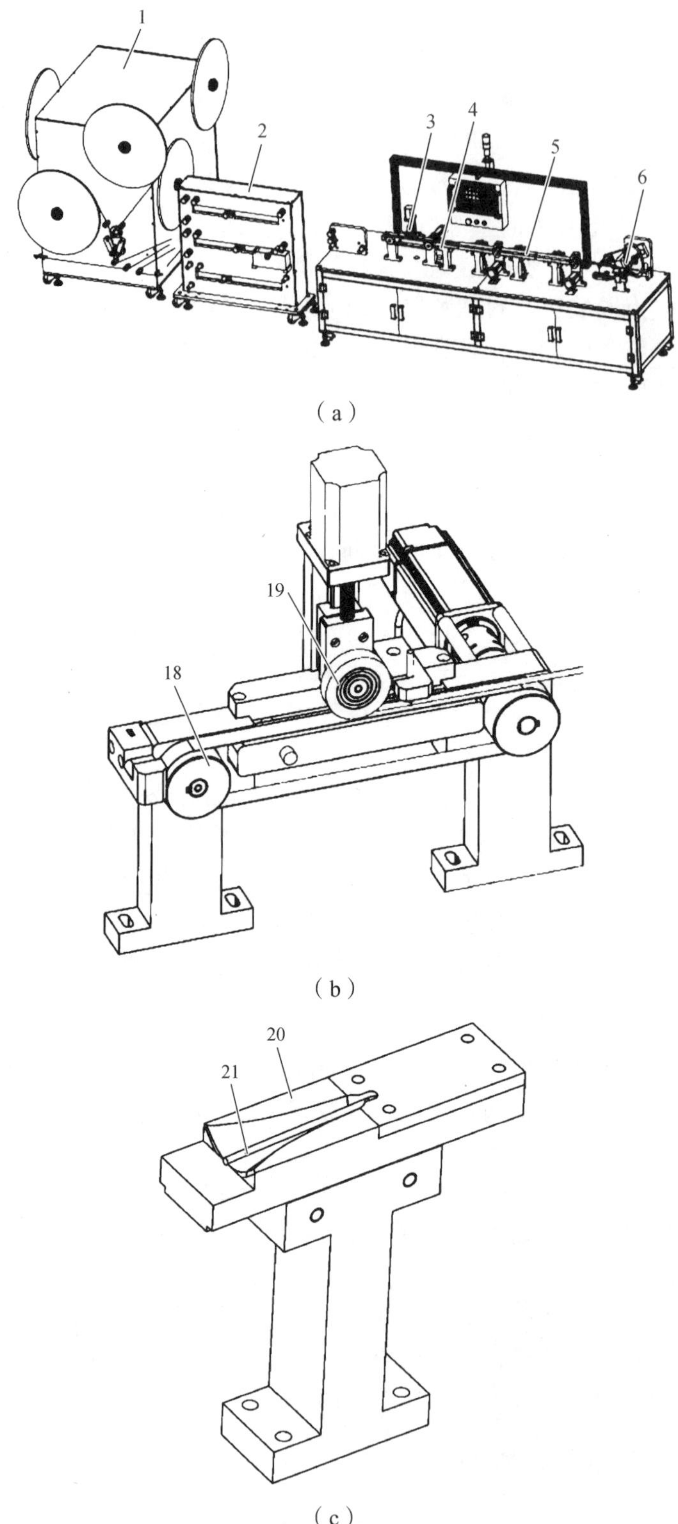

（a）

（b）

（c）

图 4-50　CN109278361A 中的生产设备

如图 4-50，设备包括盘纸自动搭接系统 1、纸带缓冲机构 2、纸带输送机构 3、成型机构 4、干燥定型机构 5、定长裁切机构 6 以及设备架。

所述盘纸自动搭接系统 1、纸带缓冲机构 2、纸带输送机构 3、成型机构 4、干燥定型机构 5 以及定长裁切机构 6 依次排列，所述纸带输送机构 3、成型机构 4、干燥定型机构 5、定长裁切机构 6 均位于设备架上，所述盘纸自动搭接系统 1 用于为成型机构 4 提供单层或多层盘纸，并能够完成单层或多层盘纸的自动搭接，以保证每一层的连续供给。

所述盘纸自动搭接系统 1 把将要用完的盘纸纸带与新的盘纸纸带黏结在一起,完成黏结。

纸带缓冲机构 2 在维持纸带张力恒定的同时可实现纸带的涂胶功能。

所述成型机构 4 包括纸管成型器 20，所述纸管成型器 20 内设有内芯轴 21，压带轮 19 通过皮带机 18 将纸带推入成型器 20，纸带逐步变化形成圆筒形纸管，并错位对接。

所述定长裁切机构 6 用于裁切纸管。

上述纸纸管制造设备制造纸纸管的工艺，包括以下步骤：

步骤一：将纸带通过盘纸自动搭接系统 1 出料。

步骤二：纸带通过纸带缓冲机构 2 进行上胶。

步骤三：上胶后的纸带通过纸带输送机构 3 进行输送，然后经过成型机构 4 成型形成纸管，纸管能够通过单层纸搭接和多层纸对接方式两种方式成型。

步骤四：成型后的纸管通过干燥定型机构 5 进行热风吹干。

步骤五：干燥后的纸管通过定长裁切机构 6 裁切成等长的纸管。

纸带上胶可以在步骤二中实现，也可以在步骤三中设置喷嘴对纸带涂胶；在步骤二中可以是使用胶池对纸带表面整体涂胶，也可以使用喷嘴涂胶。

2. 核心专利点分析

（1）该设备包括盘纸自动搭接系统、纸带缓冲机构、纸带输送机构、成型机构、干燥定型机构、定长裁切机构以及设备架。在成型机构中，纸管成型器 20 内设有内芯轴 21，纸带逐步变化形成圆筒形纸管。

（2）该专利解决的是目前空纸管采用螺旋式制作方法带来的速度慢、不稳定的问题。

（3）该专利是空纸管制备设备的基础专利。该设备申请日晚于最早提出外套筒概念的安徽中烟专利 CN108078012A（4.2.3.3）。

4.5.3.3 CN109292115A

1. 专利简述

此专利申请人为昆山科瑞森机电设备有限公司（表 4-10【27】CN109292115A 一种颗粒状物体连续罐装的设备）。生产设备如图 4-51 所示。

（1）设备组成

如图 4-51 所示，该设备包括工作台，所述工作台上从左到右依次设置有空管上料机构 1、空管打底衬纸机构 2、灌装机构 3、涂胶机构 4、封口机构 5、出料机构 6。

所述空管上料机构 1 包括料仓 7 和空管输出鼓轮 8。所述空管打底衬纸机构 2 包括第一工作鼓轮 9 和冲底垫凸轮 13。所述第一工作鼓轮 9 的上端设置有第一冲料盘 10，所述第一冲料盘 10 上设置有若干冲针 11，第一冲料盘 10 的外侧设置有纸带流道 12。

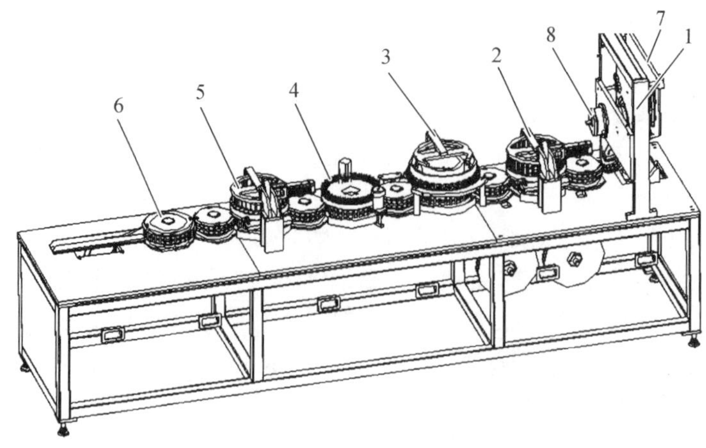

（a）本发明的结构示意图

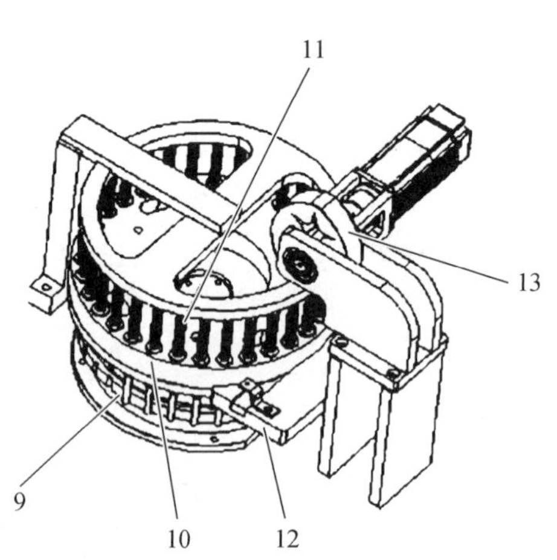

（b）空管打底衬纸机构的结构示意图

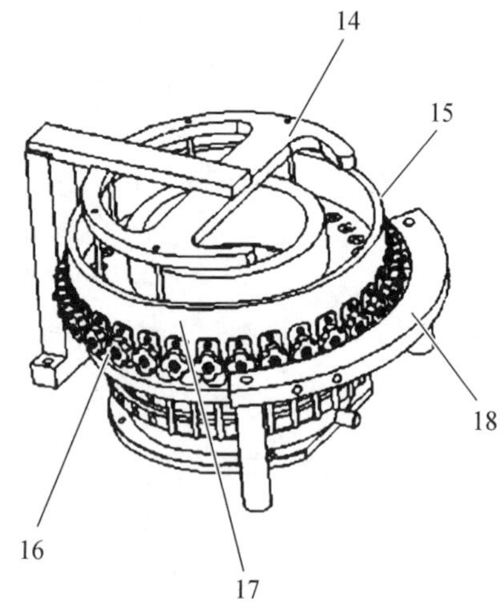

（c）灌装机构的结构示意图

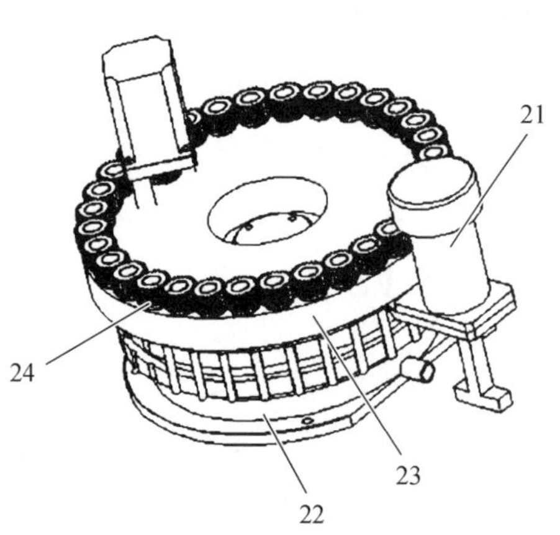

（d）涂胶机构的结构示意图

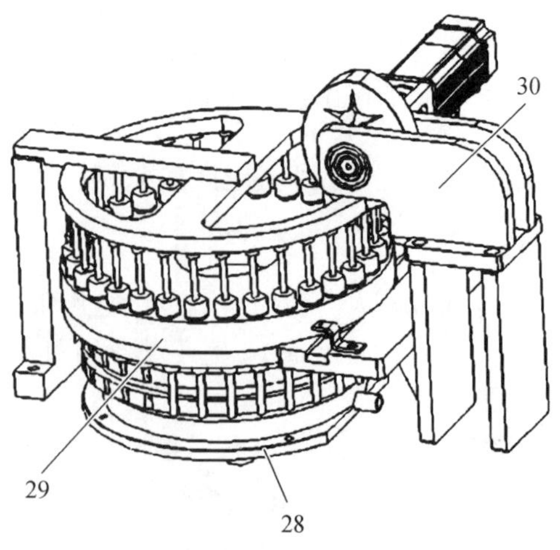

（e）封口机构的结构示意图

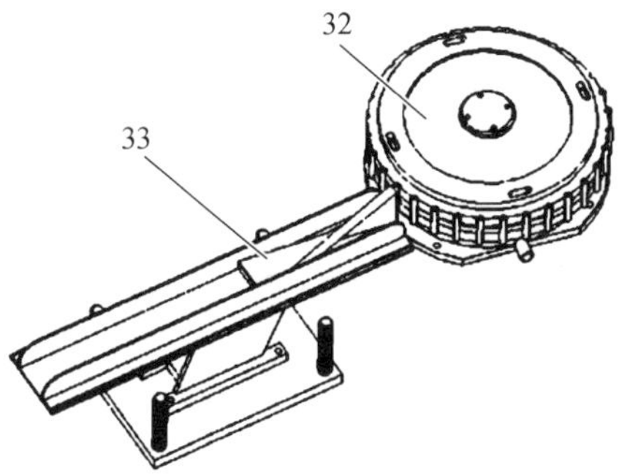

（f）出料机构的结构示意图

图 4-51 CN109292115A 中的生产设备

所述灌装机构 3 包括第二工作鼓轮 20，所述第二工作鼓轮 20 的上方设置有颗粒盘 15，所述颗粒盘 15 的上方设置有搅拌盘 14，颗粒盘 15 上设置有颗粒储存槽 17，颗粒储存槽 17 的下方设置有定量杯容器 19，所述定量杯容器 19 上设置有定量杯组件 16，定量杯组件 19 的外侧设置有定量杯翻转控制机构 18。

所述涂胶机构 4 包括第三工作鼓轮 22，所述第三工作鼓轮 22 上设置有涂胶盘 23，所述涂胶盘 23 的上侧外周设置有若干行星轮 24，第三工作鼓轮 22 的外侧通过出胶头 27 安装有涂胶桶 21，所述封口机构 5 包括第四工作鼓轮 88，所述第四工作鼓轮 28 上设置有第二冲料盘 29。

所述第二冲料盘 29 的外侧设置有冲纸机构 30，第二冲料盘 29 的内部设置有复合冲头 31，所述复合冲头 31 由成型冲头和压入冲头组成，所述涂胶盘 23 的下侧设置有若干点胶头 25，所述点胶头 25 的下方设置有空桶 26，所述第三工作鼓轮 22 的外侧还设置有曲面通道。

所述出料机构 6 包括第五工作鼓轮 32，所述第五工作鼓轮 32 上设置有转向器 33，所述第一工作鼓轮 9、第二工作鼓轮 20、第三工作鼓轮 22、第四工作鼓轮 28 和第五工作鼓轮 32 内均设置有真空系统，保持空管的平稳。将经打底、灌装、涂胶、封口后的成品经转向器输出。

（2）设备工作过程

第一工作鼓轮 9 同步旋转连续接受上工站传来的空管，第一冲料盘 10 和第一工作鼓轮 9 刚性连接也同步旋转当冲针 11 运到冲底垫凸轮 13 时，此刻冲底垫凸轮 13 在最高位置也连续旋转，第一工作鼓轮 9 每转一个冲针间隔，冲底垫凸轮 13 旋转一周，在第一工作鼓轮 9 运到一个间隔也就是冲底垫凸轮 13 旋转一周完成冲针 11 一下冲压。冲压过程中，第一个冲针 11 脱离冲底垫凸轮 13 时，第二个冲针同时进入冲底垫凸轮 13，此过程也是冲针 11 带动纸带运到的一个过程。整个过程是连续的，空管连续流动，冲针 11 连续冲压，纸带连续送入。

第二工作鼓轮 20 和颗粒盘 15 刚性连接，配合整机连续运转，第二工作鼓轮 20 接受上工站传递过来的空管，每个空管上对应一个双向定量杯组件 19，双向定量杯组件 19 只有两个状态，灌装和释放。整个部件连续旋转，开口朝上的双向定量杯组件 19 接受颗粒，当双向定量杯组件 19 转到定量杯翻转控制机构 18 时量杯翻转，将满容器的颗粒释放到空管，同时原来下方释放过的容器转到上方接受颗粒，整个罐装是连续的，整个颗粒储存槽 17，一半是灌装区一半是释放区，这样不但连续灌装还有足够的时间和位置做充分灌装和释放。

第三工作鼓轮 22 与涂胶盘 23 刚性连接一起转动接受上工站灌装后的空管，并连续运转，涂胶盘 23 上行星轮 24 一一对应每个空管，点胶头 25 则一边随涂胶盘 23 旋转一边由行星轮

24 带动自转，点胶头 25 经过出胶口时点胶头 25 挂胶，此时下方空管由曲面通道作用，使空管上升，空管口接触点胶头 25，移印原理、公转、自转进行涂胶。整个过程也是连续作业。

第四工作鼓轮 28 和第二冲料盘 29 刚性连接。接受上工站传递过来的经过涂胶的空管，冲压动作原理同打底工站，区别在于本冲头为复合冲头 31，复合冲头 21 为两层即成型冲头和压入冲头。成型冲头将纸带冲裁并形成“啤酒盖 ”状封盖。再由压入冲头送入空管。本站也是连续运转和工作的。

2. 核心专利点分析

（1）本设备通过空管上料机构 1、空管打底衬纸机构 2、灌装机构 3、涂胶机构 4、封口机构 5、出料机构 6 的相互配合，可以实现连续的定量灌装的要求，其突出的特点是连续高效。灌装不局限于颗粒，可推广至液体等物料。

（2）该设备灌装时为了防止颗粒从空管底部遗漏，需要在空管内部加入打底衬底，以托起颗粒物。可见，是正装烟草颗粒的方法，先装烟草颗粒，再装过滤段，而非倒装。

（3）灌装后直接点胶，然后将纸带形成“啤酒盖”状封盖对空纸管端部封口。可见，是之前“啤酒盖”状封口烟支的灌装设备。

（4）该装置包括灌装、涂胶、封口等装置，是昆山科瑞森制作成品烟支的基础专利。

4.5.3.4 CN209318041U

1. 专利简述

此专利申请人为昆山科瑞森机电设备有限公司（表 4-10【34】CN209318041U 一种纸管端面精确涂胶装置）。生产设备如图 4-52 所示。

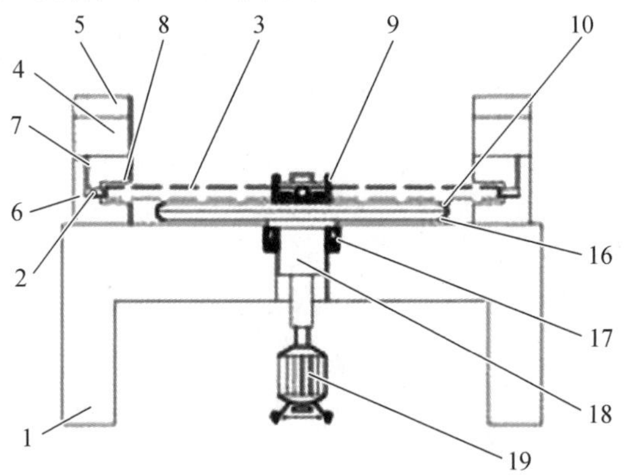

图 4-52 CN209318041U 中的生产设备

（1）设备组成

如图 4-52 所示，该装置包括底座 1、出胶口 2、纸管 3、储胶箱 4 和加热器 5。

所述底座 1 上放置有所述纸管 3，所述纸管 3 左右端面设置有所述出胶口 2，所述出胶口 2 与所述储胶箱 4 连通，所述储胶箱 4 上安装有所述加热器 5；所述底座 1 上端面左右对称螺栓固定有涂胶块 6，所述出胶口 2 卡装在所述涂胶块 6 内，所述涂胶块 6 上加工有通道 7 和涂胶槽 8，所述出胶口 2 通过所述通道 7 与所述储胶箱 4 连通。

所述纸管 3 通过固定机构 9 固定在转动机构 10 上，所述转动机构 10 转动过程中，所述纸管 3 左右端面穿过左右涂胶槽 8，所述涂胶槽 8 内的所述涂胶块 6 挤出的胶水正好涂覆在所述纸管 3 的左右端面，实现快速、精确的涂覆。

（2）设备工作原理

所述纸管 3 通过固定机构 9 固定在转动机构 10 上，所述压板 13 上端面螺栓固定有握把 20，方便提起所述压板 13 进行所述纸管 3 的装夹；所述转动机构 10 转动过程中，所述纸管 3 左右端面穿过左右涂胶槽 8,所述涂胶槽 8 内的所述涂胶块 6 挤出的胶水正好涂覆在所述纸管 3 的左右端面，实现快速、精确的涂覆。

2. 核心专利点分析

（1）用于对纸管左右端面涂胶。申请日早于安徽中烟专利 CN110420797A（4.5.3.9）。

（2）该装置属于间歇涂胶装置，不是连续涂胶。

（3）该装置可以同时对纸管左右端面涂胶。安徽中烟专利 CN110420797A（4.5.3.9）只对纸管的一个端面涂胶。

4.5.3.5　CN110403227A

1. 专利简述

此专利申请人为安徽中烟工业有限责任公司（表 4-10【58】CN110403227A 一种运行更平稳的颗粒型烟支打底装置）。生产设备如图 4-53 所示。

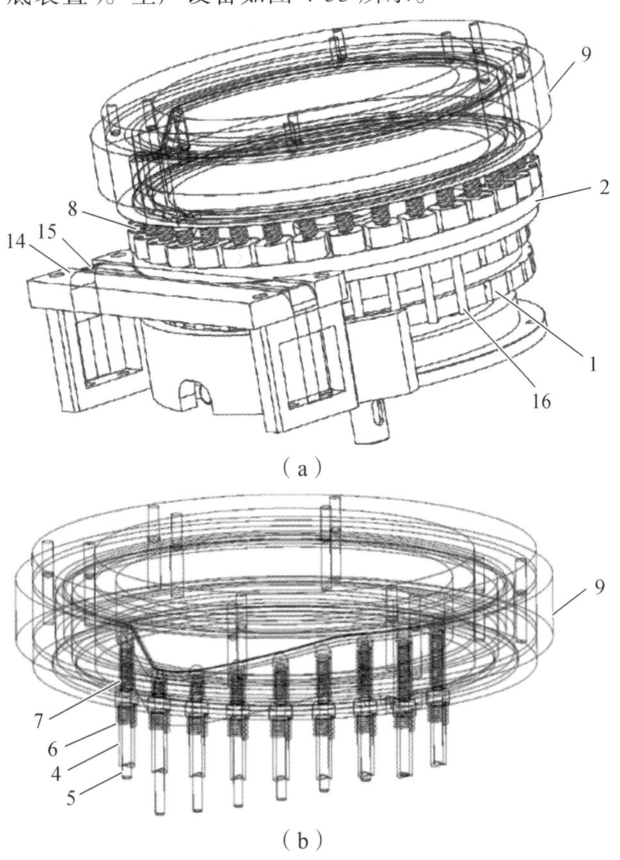

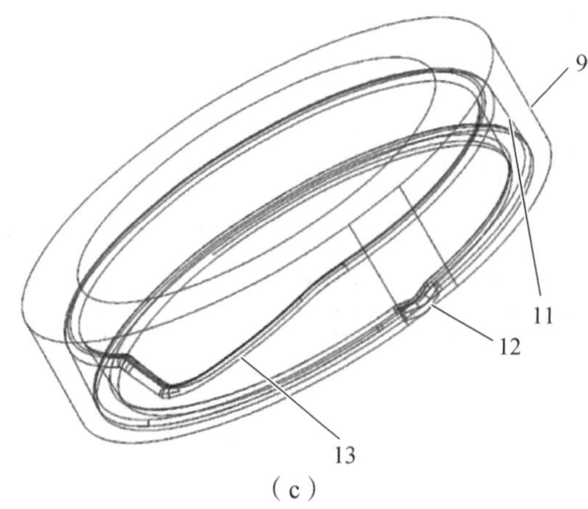

（c）

图 4-53 CN110403227A 中的生产设备

（1）设备组成

设备包括：打底鼓轮 1；刀口层 2；复合冲针 3；短冲针 4；成型针 5；第一弹簧 6；第二弹簧 7；穿设通孔 8；复合凸轮 8；吊架 10；环形槽 11；短曲面段 12；长曲面段 13；纸带流道 14；纸带 15。

颗粒型烟支打底装置中，多个烟支空管 16 分别吸附于打底鼓轮 1 外圆周上沿周向等间隔布设的各竖向承烟槽中，以随打底鼓轮 1 回转通过纸带流道 14 上纸带 15 的中心正上方时的位置作为打底零位，具体的：

刀口层 2 固装于打底鼓轮 1 顶端，对应于各承烟槽的正上方沿周向穿设多组复合冲针 3，复合冲针 3 整体竖向可活动，由具有沿轴线方向开设的竖向通孔的短冲针 4 及活动穿设于竖向通孔中的成型针 5 构成，短冲针 4 的上端部露出于刀口层 2 上方，短冲针 4 的露出段上、位于球缺状顶端部与刀口层 2 的顶端之间套设有第一弹簧 6，成型针 5 的上端部露出于短冲针 4 的上方，成型针 5 的露出段上、位于球缺状顶端部与成型针 5 的顶端之间套设有第二弹簧 7。

复合凸轮 9 为独立固定构件，由吊架 10 悬置于刀口层 2 正上方，下端部具有一圈环形槽 11，环形槽 11 向下延伸至复合凸轮 9 的底端面，形成开口，以环形槽 11 作为复合冲针 3 露出段的回转通道；复合凸轮 9 上对应于短冲针 4 与成型针 5 分别设有向下凸出的下层短曲面段 12 与上层长曲面段 13；短曲面段 12 沿周向呈对称布设于打底零位的正上方两侧，凸出最高位位于打底零位的正上方，能够与通过的短冲针 4 的球缺状顶端面相抵触，使短冲针 4 沿着曲面下行实现对纸带 15 的冲裁；长曲面段 13 自短曲面段 12 较近一侧末端的正上方位置起、顺着回转方向沿周向布设，能够与通过的成型针 5 的球缺状顶端面相抵触，使成型针 5 沿着曲面下行将冲裁好的底衬圆片压入烟支空管 16。

具体实施中，相应的结构设置也包括：

长曲面段 13 是自环形槽 11 的槽顶壁向下凸出形成，呈横卧的“√”形，临近打底零位的一侧为较长边；短曲面段 12 是自复合凸轮 9 的底端面向下凸出形成。

长曲面段 13 与短曲面段 12 所在圆周均位于各烟支空管 16 圆心所在圆周的正上方。

打底鼓轮 1 上的入口位置与出口位置之间相隔 180°，打底零位设于入口位置[图 4-53（a）]与出口位置[图 4-53（b）]之间的中间位置，短曲面段 12 所占圆弧长度与相邻三个烟支空管

16 圆心所占圆弧长度相适配，长曲面段 13 延伸至临近出口处正上方位置。

长曲面段 13 与短曲面段 12 的凸出最高位及两末端均设圆弧过渡。

刀口层 2 横截面呈环形，对应各复合冲针 3 设有多个穿设通孔 8，复合冲针 3 以短冲针 4 穿设于穿设通孔 8 中，第一弹簧 6 与第二弹簧 7 均为自然状态时，复合冲针 3 的短冲针 4 与成型针 5 底端齐平，距离纸带 15 上端面之间竖向留有间隙。

（2）设备工作原理

固装于打底鼓轮 1 顶端的刀口层 2，以及穿设于刀口层 2 上的复合冲针 3 与打底鼓轮 1 为同步移动构件，随打底鼓轮 1 同步回转。打底鼓轮 1 的回转方向为自入口位置、经打底零位，向出口位置回转。

复合冲针 3 的短冲针 4 随着打底鼓轮 1 的回转，以球缺状顶端面与复合凸轮 9 的底端面接触，在接近打底零位时，自短曲面段 12 的较近侧末端开始，在短曲面段 12 的抵压作用下逐渐下行，此过程中第一弹簧 6 被压缩，直至于短曲面段 12 的凸出最高位，即打底零位处，下行至最低点，对正下方纸带 15 进行冲裁，得到底衬圆片，之后经短曲面段 12 另一侧导向，在第一弹簧 6 的回弹力作用下平稳上行复位；

复合冲针 3 的成型针 5 自此开始以球缺状顶端面与长曲面段 13 接触，逐渐下行，此过程中第二弹簧 7 被压缩，成型针 5 将冲裁好的底衬圆片逐渐下压，直至于长曲面段 13 的凸出最高位下行至最低点，将底衬圆片完全压入烟支空管 16 内，此后经长曲面段 13 较短边导向，在第二弹簧 7 的回弹力作用下平稳上行复位。

上述过程中，与现有技术相同，纸带 15 为无动力状体，其运动由短冲针 4 及成型针 5 带动，做间歇移动。通过短冲针 4 与成型针 5 的配合，以及各自与短曲面段 12 及长曲面段 13 的配合，使最终压入烟支空管 16 内的底衬圆片呈“U”形结构。

2. 核心专利点分析

（1）该设备用于更平稳地将端部铝箔纸压入空纸管的端部，压入烟支空管内的底衬圆片呈 U 形，该 U 形底衬垫片与烟管内壁接触面积较大，位置不易变动，有效避免了颗粒漏向嘴棒一侧，避免压入变形、压入位置变化和烟草颗粒从另一端冒出至后续各段。

（2）此专利解决的问题是：安徽中烟专利 CN108903065A（4.5.3.1）和昆山科瑞森专利 CN109292115A（4.5.3.3）中颗粒型烟支的打底圆片采用一组冲针打孔，采用一个圆形凸轮控制冲裁，这种冲裁控制方式具有不稳定和效率偏低的缺陷。

（3）说明专利 CN207626560U（4.2.3.2）所示的封口结构具有技术优势，值得工业化生产，这一局部技术特征得到了沿用。

（4）烟支打底是指先将底衬圆片压入烟支空管内，方便灌装烟草颗粒。最后工序是在烟支开口段涂胶封口。这是倒序装填操作。

4.5.3.6 CN110403228A

1. 专利简述

此专利申请人为安徽中烟工业有限责任公司（表 4-10【59】CN110403228A 一种可实现烟草颗粒强制灌装的设备）。生产设备如图 4-54 所示。

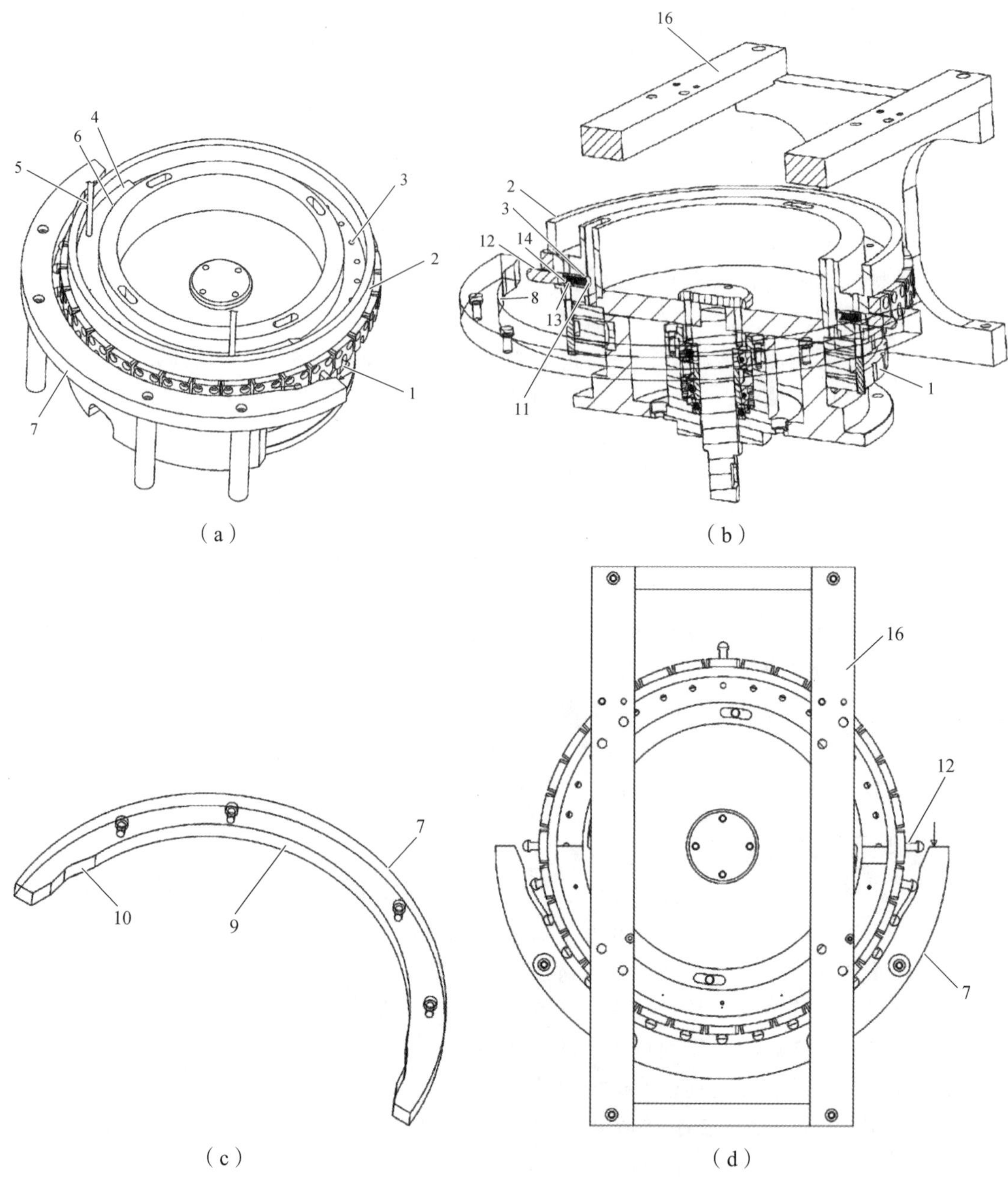

图 4-54 CN110403228A 中的生产设备

（1）设备组成

如图 4-54 所示，设备包括：灌装鼓轮 1；供料盘 2；灌装通孔 3；隔板 4；吊杆 5；气孔 6；凸轮 7；曲面段 8；工作段 9；过渡段 10；导向槽 11；移动活塞 12；复位弹簧 13；竖向过渡通孔 14；烟支空管 15；安装悬臂 16。

供料盘 2 固装于灌装鼓轮 1 的顶端，盘体上对应于灌装鼓轮 1 各承烟槽的上方位置具有环形槽，作为灌装上料槽，自环形槽底竖向向下设多个灌装通孔 3，灌装通孔 3 的容纳体积与烟支空管 15 的填料体积相匹配，各灌装通孔 3 沿周向间隔布设、一一对应地竖向衔接于灌装鼓轮 1 各承烟槽上烟支空管 15 开口端的正上方。

隔板 4 为独立固定构件，不参与旋转，由吊杆 5 吊装于安装悬臂 16 上、悬置于环形槽内，紧邻环形槽槽底，板体上沿周向间隔布设多个气孔 6，多个气孔 6 按照各灌装通孔 3 的位置对应布设、位于随灌装鼓轮 1 回转通过的各灌装通孔 3 的正上方，以环形槽被隔板 4 覆盖的区域作为灌装工作区。

凸轮 7 围设于供料盘 2 的外围，正对供料盘 2 的一侧侧壁呈与供料盘 2 共轴的弧形结构，并对应于灌装工作区的外围具有朝向供料盘 2、沿径向外凸的曲面段 8。

多个沿径向布设的移动活塞 12 与各灌装通孔 3 一一对应、沿周向间隔布设于供料盘 2 上，一端横向可活动地穿设于供料盘 2 上，与灌装通孔 3 呈十字交叉布设，另一端外露出于供料盘 2 外；外露端随灌装鼓轮 1 回转至灌装工作区时，能够由曲面段 8 挤压向内移动使灌装通孔 3 贯通；未处于灌装工作区时，脱离曲面段 8 向外复位形成对灌装通孔 3 的横向隔断。

具体实施中，相应的结构设置为：

上述曲面段 8 的核心区域为工作段 9，利用工作段 9 抵压于移动活塞 12，使移动活塞 12 向内移动至灌装通孔 3 贯通。其中，工作段 9 为弧形曲面，所在圆周与环形槽同轴，两侧分别通过起/始端过渡段 10 呈圆弧过渡至凸轮 7 侧壁，两侧过渡段 10 的作用是保证移动活塞 12 逐渐进入/退出导向槽 11。

作为对上述结构的进一步优化设计，工作段 9 的外表面粗糙，具有多个微型凸起，使与其相接触的移动活塞 12 并非完全静止，能够做微量位移的往复移动，形成“微震动”效果，有利于灌装通孔 3 内的颗粒更顺畅地落料。

凸轮 7 侧壁上，由曲面段 8 所占区域的圆弧段所对的圆心角 a 与环形槽上由灌装工作区所占区域的圆弧段所对圆心角 b 相等。本实施例中，凸轮 7 由立架支撑，呈半环形结构，隔板 4 呈半环形结构。隔板 4 两端分别为灌装工作区的起止点，顺着灌装鼓轮 1 的回转方向，较前端为灌装起点，较后端为灌装止点。

隔板 4 底面距离环形槽槽底的竖向间距为单个颗粒直径大小，利用隔板 4 起到对位于灌装工作区的各灌装通孔 3 的隔离，保证落至下方烟支空管 15 中的颗粒量不受影响，同时避免了对灌装通孔 3 最顶端颗粒造成磨损。在实际生产中可通过采用高度可调节的吊杆 5，实现对隔板 4 相对于环形槽槽底高度位置的调节，以适应不同规格型号的灌装颗粒。

供料盘 2 上对应于各移动活塞 12 设有多个横向的导向槽 11，与灌装通孔 3 呈十字交叉布设；移动活塞 12 一端内置于导向槽 11 中，能够沿导向槽 11 横向移动，整体呈柱状结构，外露端呈半球形，内置于导向槽 11 中的末端部呈敞口圆筒状，复位弹簧 13 置于末端部筒内，两端分别连接于导向槽 11 槽底与末端部筒底，移动活塞 12 上具有与灌装通孔 3 的孔径相等的竖向过渡通孔 14，与灌装通孔 3 竖向对齐时，灌装通孔 3 上下贯通。

（2）设备工作原理

供料盘 2 及供料盘 2 上的各移动活塞 12 与灌装鼓轮 1 为同步移动构件，供料盘 2 的环形槽中未被隔板 4 覆盖的区域为填料区，投放有颗粒料。未进入灌装工作区时，各移动活塞 12 处于初始位置，形成对灌装通孔 3 的横向隔断，此时复位弹簧 13 为自然状态。随着灌装鼓轮 1 的回转，各承烟槽上的烟支空管 15 自灌装起点进入灌装工作区，移动活塞 12 与凸轮 7 上的曲面段 8 相接触，受曲面段 8 上过渡段 10 的抵压逐渐沿导向槽 11 向内直线移动，直至与曲面段 8 上的工作段 9 相接触，此时移动活塞 12 上的过渡通孔与灌装通孔 3 竖向对齐，使灌装通孔 3 上下贯通，形成贯通的落料通道，随灌装鼓轮 1 回转经过工作段 9 的这一过程即为灌装过程，此过程中灌装通孔 3 中的颗粒料落至正下方的烟支空管 15 内，完成灌装。当经过曲面段 8 上另一侧过渡段 10 时，移动活塞 12 逐渐沿导向槽 11 向外移动，依靠复位弹簧 13 的弹力作用完成复位，恢复对灌装通孔 3 的横向隔断。且灌装过程中，可通过向隔板 4 上的气孔 6 通入压缩空气，利用气流实现强制灌装，提高灌装效率与灌装质量。整个灌装作业如上述循环，可做到连续强制定量灌装。

2. 核心专利点分析

（1）本装置用于对具有不同黏性的烟草颗粒进行强制灌装。利用供料盘上的灌装通孔作为“灌装量杯”，上下形成通道；在灌装工作区的隔板上对应设置气孔，可通入压缩空气实现强制灌装；利用移动活塞的直线移动实现对灌装通孔的开/关，并利用灌装鼓轮的回转，由外围的凸轮控制移动活塞做直线往复移动，此移动是连续的，平稳性相较于现有技术得到大幅提高，不会发生错位的现象，且节省了动力成本，保证灌装质量，提高了灌装效率。

（2）此专利解决的问题是：安徽中烟专利 CN108903065A（4.5.3.1）和昆山科瑞森专利 CN109292115A（4.5.3.3）颗粒灌装的定量杯为旋转式，上下不能形成通道，无法实现强制灌装，存在因颗粒黏性稍大而导致的灌装不完全的缺陷。

（3）说明颗粒灌装工艺是更具竞争力的生产工艺。

（4）该装置用于正序装填或倒序装填均可。

4.5.3.7　CN110419768A

1. 专利简述

此专利申请人为安徽中烟工业有限责任公司（表 4-10【60】CN110419768A 一种改进的颗粒连续灌装设备）。生产设备如图 4-55 所示。

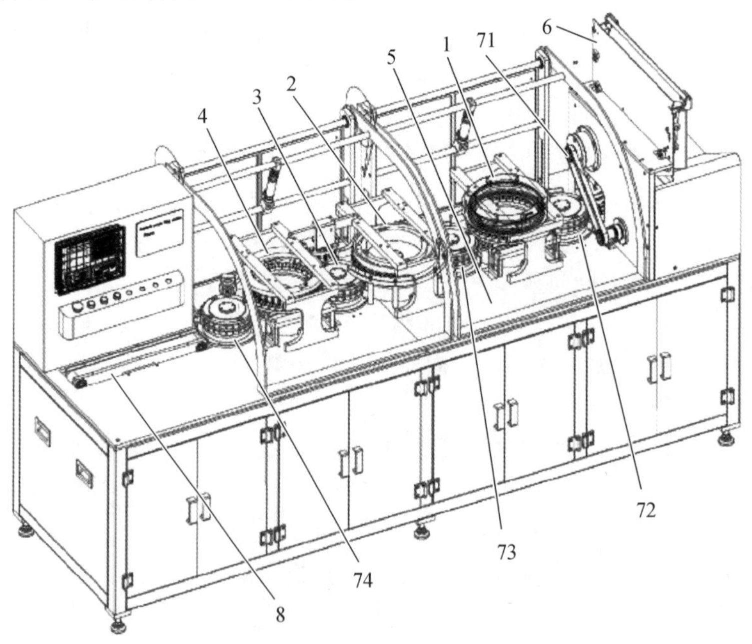

图 4-55　CN110419768A 中的生产设备

（1）设备组成及各工段

如图 4-55 所示，该设备包括：包括自前至后依次布置在工作台 5 上的打底工段 1、灌装工段 2、涂胶工段 3 与封口工段 4。

打底工段 1：

由烟支储存料斗 6 供料，用于对接收到的烟支空管打底，包括打底鼓轮 11、固装于打底鼓轮 11 顶端的刀口层 12、竖向可活动地穿设于刀口层 12 上的多个复合冲针 13、复合凸轮 19 与打底纸带流道 114。多个烟支空管沿周向均布、吸附于打底鼓轮 11 外周上的各承烟槽中，竖立且开口端朝上。刀口层 12、多个复合冲针 13 与打底鼓轮 11 为同步回转构件，多个复合冲针 13 一一对应地处于各烟支空管的正上方，上端部露出于刀口层 12 上方，包括短冲针 14 与轴向贯穿于短冲针 14 中、上端部露出于短冲针 14 上方的成型针 15；复合凸轮 19 为独立固定构件，呈水平环形块结构，由吊架 110 悬吊于刀口层 12 的上方，具有顺着各复合冲针 13 回转轨迹依次布置且均向下凸出的下层短曲面段 112 与上层长曲面段 113，下层短曲面段 112 位于上层长曲面段 113 的下方，能够与正下方通过的短冲针 14 顶端相抵触，使短冲针 14 下行于纸带流道上纸带的中心位置实现对纸带的冲裁，上层长曲面段 113 能够与正下方通过的成型针 15 顶端相抵触，使成型针 15 下行将冲裁好的打底底衬圆片压入正下方的烟支空管内，实现对烟支空管的打底。

灌装工段 2：

用于对打底后的烟支空管灌装烟草颗粒，包括灌装鼓轮 21、固装于灌装鼓轮 21 顶端的供料盘 22、悬吊于供料盘 22 上环形槽 111 内的隔板 24（由吊杆 25 吊装于安装悬臂 215 上）、多个移动活塞 212 及设于供料盘 22 外围的灌装凸轮 27；供料盘 22 与灌装鼓轮 21 为同步回转构件，环形槽 111 顶部敞口，作为灌装上料槽，供料盘 22 通过环形槽 111 槽底上周向均布的多个竖向灌装通孔 23 与正下方灌装鼓轮 21 上的各烟支空管开口端一一对应衔接；隔板 24 紧邻于环形槽 111 槽底，板体上对应于各灌装通孔 23 正上方开设多个气孔 26，环形槽 111 被隔板 24 覆盖的区域作为灌装工作区；多个移动活塞 212 沿灌装鼓轮 21 的径向、按照与各灌装通孔 23 呈十字交叉一一对应地穿设于各灌装通孔 23 中，外侧露出于供料盘 22 外，沿径向可移动；灌装凸轮 27 对应于灌装工作区的外围具有朝向供料盘 22、沿径向外凸的弧形灌装曲面段 28，能够以灌装曲面段 28 与通过的移动活塞 212 相抵触，使移动活塞 212 沿径向向内移动使灌装通孔 23 贯通，或向外复位将灌装通孔 23 隔断。

涂胶工段 3：

用于对灌装后烟管的开口端涂胶，包括涂胶机构与用于运送烟管的涂胶鼓轮 31，灌装后的各烟管以开口端朝上吸附于涂胶鼓轮 31 外圆周上沿周向均布的各承烟槽中；涂胶机构的一对固定盘 32 上下间隔布置，为由第一驱动装置驱动的同步回转构件，多个点胶棒 33 竖向可移动地穿设于一对固定盘 32 之间、上下端均露出，沿周向均布；具有缺口的环形胶池 35 位于下层固定盘 32 的正下方，上胶轮 36 的轴线方向与固定盘 32 的轴线方向垂直，悬伸于胶池 35 中，由第二驱动装置 37 驱动可转，轮周顶端紧邻通过的点胶棒 33 底端，一对刮板设于胶池 35 中，分处于上胶轮 36 两侧，顺着固定盘 32 回转方向处于上胶轮 36 上游的刮板（下文称“刮板 A 38”）顶端能够与正上方通过的点胶棒 33 底端相接触，另一个刮板（下文称“刮板 B 39”）顶端与点胶棒 33 底端之间留有间隙 a（本实施例中，间隙 a 设置为 0.1 mm）；涂胶鼓轮 31 与一对固定盘 32 的转轴分别由伺服电机驱动，做电子齿轮啮合传动，固定盘 32 上点胶棒 33 底端与涂胶鼓轮 31 上的烟管开口端于啮合点处时上下正对，涂胶机构的涂胶凸轮 310 悬吊于固定盘 32 上方，位于啮合点处，为固定构件，底端部具有凸出最高位处于啮合点正上方的下凸的涂胶曲面段 311，能够与通过的点胶棒 33 顶端部相抵触，带动点胶棒 33 下行，于凸出最高位下行至最低点，使点胶棒 33 底部与正下方的烟管开口端接触。

封口工段 4：

用于对涂胶后的烟管端部封口，包括封口鼓轮 41、固装于封口鼓轮 41 顶端的冲裁层 42、竖向可活动穿设于冲裁层 42 上沿周向均布的多个封口冲针 43、悬吊于冲裁层 42 上方的封口凸轮 45 与封口纸带流道 49；多个封口冲针 43 一一对应地设于封口鼓轮 41 上各烟管的正上方，上端部露出于冲裁层 42 上方；封口凸轮 45 为独立固定构件，呈平放的环形块状结构，底端面对应于各烟管圆心所在圆周的正上方具有向下凸出的、沿烟管回转方向依次布置的冲裁短曲面段 47 与封口长曲面段 46，能够以冲裁短曲面段 47 与正下方通过的封口冲针 43 顶端相抵触，使封口冲针 43 沿着曲面逐渐下行，与凸出最高位实现对封口纸带的冲裁，以封口长曲面段 46 与封口冲针 43 的顶端相抵触，使封口冲针 43 逐渐下行，将冲裁好的封口底衬圆片于凸出最高位压到烟管涂胶端部，实现对涂胶后烟管的封口。

打底鼓轮 11 与灌装鼓轮 21 之间通过第二过渡鼓轮 73 转运，灌装鼓轮 21、涂胶鼓轮 31 与封口鼓轮 41 依次啮合,封口鼓轮 41 上封口后的烟管通过第三过渡鼓轮 74 转运至烟支输出皮带 8 上。

（2）设备工作原理

烟支储存料斗 6 内的烟支空管经出料口出料，由转向鼓轮 71、第一过渡鼓轮 72 转运至打底鼓轮 11 上，进入打底工段 1，在打底工段 1 上：

固装于打底鼓轮 11 顶端的刀口层 12，以及穿设于刀口层 12 上的复合冲针 13 与打底鼓轮 11 为同步移动构件，随打底鼓轮 11 同步回转。打底鼓轮 11 的回转方向为自入口位置、经打底零位，向出口位置回转。

复合冲针 13 的短冲针 14 随着打底鼓轮 11 的回转，以球缺状顶端面与复合凸轮 19 的底端面接触，在接近打底零位时，自下层短曲面段 112 的较近侧末端开始，在下层短曲面段 112 的抵压作用下逐渐下行，此过程中第一弹簧 16 被压缩，直至于短曲面段的凸出最高位，即打底零位处，下行至最低点，对正下方纸带进行冲裁，得到打底底衬圆片，之后经下层短曲面段 112 另一侧导向，在第一弹簧 16 的回弹力作用下平稳上行复位。

复合冲针 13 的成型针 15 自此开始以球缺状顶端面与上层长曲面段 113 接触,逐渐下行，此过程中第二弹簧 17 被压缩，成型针 15 将冲裁好的底衬圆片逐渐下压，直至于上层长曲面段 113 的凸出最高位下行至最低点，将底衬圆片完全压入烟支空管内，此后经上层长曲面段 113 较短边导向，在第二弹簧 17 的回弹力作用下平稳上行复位。

此过程中，与现有技术相同，纸带为无动力状体，其运动由短冲针 14 及成型针 15 带动，做间歇移动。通过短冲针 14 与成型针 15 的配合，以及各自与下层短曲面段 112 及上层长曲面段 113 的配合，使最终压入烟支空管内的底衬圆片呈 U 形结构。

打底后的烟支空管经第二过渡鼓轮 73 转运至灌装鼓轮 21 上，进行如下灌装作业：

供料盘 22 及供料盘 22 上的各移动活塞 212 与灌装鼓轮 21 为同步移动构件，供料盘 22 的环形槽 111 中未被隔板 24 覆盖的区域为填料区，投放有颗粒料。未进入灌装工作区时，各移动活塞 212 处于初始位置,形成对灌装通孔 23 的横向隔断,此时第三弹簧 213 为自然状态。随着灌装鼓轮 21 的回转，各承烟槽上的烟支空管自灌装起点进入灌装工作区，移动活塞 212 与灌装凸轮 27 上的灌装曲面段 28 相接触,受灌装曲面段 28 上过渡段 210 的抵压逐渐沿导向槽 211 向内直线移动，直至与灌装曲面段 28 上的工作段 29 相接触，此时移动活塞 212 上的过渡通孔与灌装通孔 23 竖向对齐，使灌装通孔 23 上下贯通，形成贯通的落料通道，随灌装鼓轮 21 回转经过工作段 29 的这一过程即为灌装过程,此过程中灌装通孔 23 中的颗粒料落至正下方的烟支空管内，完成灌装。当经过灌装曲面段 28 上另一侧过渡段 210 时，移动活塞 212 逐渐沿导向槽 211 向外移动，依靠第三弹簧 213 的弹力作用完成复位，恢复对灌装通孔 23 的横向隔断。且灌装过程中，可通过向隔板 24 上的气孔 26 通入压缩空气，利用气流实现强制灌装，提高灌装效率与灌装质量。整个灌装作业如上述循环，可做到连续强制定量灌装。

涂胶鼓轮 31 与灌装鼓轮 21 啮合，接收灌装后的烟管，进入涂胶工段 3 的作业过程如下：

转运到涂胶鼓轮 31 上的各烟管随涂胶鼓轮 31 同步回转,点胶棒 33 随设置在转轴上的一对固定盘 32 做圆周运动。胶池 35 中盛装有胶水，上胶轮 36 由第二驱动装置 37 驱动绕轴线回转，随着回转将胶水黏附到轮周，形成胶水层，位于轮周顶端的胶水层与上方通过的点胶棒 33 底部接触，将胶水带到点胶棒 33 的底部，黏有胶水的点胶棒 33 继续旋转，经过刮板 B39 处时，被刮板 B 39 刮除多余的胶水，留 0.1 mm 胶水层，带着 0.1 mm 胶水层的点胶棒 33 继续旋转，经过涂胶凸轮 310 下方时，在涂胶凸轮 310 底部涂胶曲面段 311 的抵压作用下逐渐下行（此过程中第四弹簧 34 被压缩），于啮合点处下行至最低点，其底部 0.1 mm 的胶水层与涂胶鼓轮 31 带过来的烟管开口端做啮合接触，并圆弧相对移动，将 0.1 mm 胶水层涂覆到烟管开口端，实现对灌装后烟管的涂胶。点胶棒 33 继续旋转，在涂胶曲面段 311 另一侧过渡圆弧的导向下逐渐上行，直至脱离涂胶凸轮 310，在第四弹簧 34 的作用下复位，继续旋转经过刮板 A 38，被刮板 A 38 刮除底部残余的胶水，刮下的胶水重新回到胶池 35 中。如此往复，实现定量、连续涂胶，以及对胶水的回收循环。

封口鼓轮 41 与涂胶鼓轮 31 啮合，接收涂胶后的烟管，进入封口工段 4 的作业过程为：

固装于封口鼓轮 41 顶端的冲裁层 42，及设于冲裁层 42 上的各封口冲针 43 与封口鼓轮 41 为同步回转构件，自上游涂胶工位转运至本工位的烟管随封口鼓轮 41 回转时，先经过冲裁短曲面段 47，继而朝向封口长曲面段 46 的方向移动。

封口冲针 43 随着封口鼓轮 41 的回转，以球缺状顶端面与冲裁短曲面段 47 逐渐接触，在冲裁短曲面段 47 的抵压下沿着曲面逐渐下行，此过程中第五弹簧 44 被压缩，于冲裁短曲面段 47 的凸出最高位，即冲裁位处下行至最低点，对正下方的纸带进行冲裁，得到封口底衬圆片，之后经冲裁短曲面段 47 的另一侧导向，在第五弹簧 44 的回弹力作用下平稳上行复位；此后，封口冲针 43 继续沿周向运动，其球缺状顶端面与封口长曲面段 46 的较长边开始接触，受抵压沿着曲面逐渐下行，此过程中第五弹簧 44 再次被压缩，于封口长曲面段 46 的凸出最高位下行至最低点，将冲裁好的封口底衬圆片压到烟管开口端，完成对涂胶后烟管的封口，此后经封口长曲面段 46 另一侧较短边导向，在第五弹簧 44 的回弹力作用下平稳上行复位。

上述过程中，与现有技术相同，纸带为无动力状体，其运动有封口冲针 43 带动，做间歇移动。

完成封口后的烟管经第三过渡鼓轮 74 转运至烟支输出皮带 8 上，现场布置时，如烟支输送皮带为水平放置，则可在封口鼓轮 41 与第三过渡鼓轮 74 之间增设转向鼓轮 71，用于实现烟管的姿态变换。

2. 核心专利点分析

（1）用于对具有不同黏性的烟草颗粒进行灌装和封口，且无冲击接触，灌装平稳，施胶连续，封口工艺简单。此专利是打底工序专利 CN110403227A（4.5.3.5）、强制灌装工序专利 CN110403228A（4.5.3.6）、涂胶工序专利 CN110420797A（4.5.3.9）、封口工序专利 CN110419769A（4.5.3.8）四个专利的合并。

（2）此专利解决的问题是：安徽中烟专利 CN108903065A（4.5.3.1）和昆山科瑞森专利 CN109292115A（4.5.3.3）中打底方式、灌装方式、涂胶方式、封口方式的各种不足，具体为：颗粒烟支的打底圆片采用一组冲针打孔，采用一个圆形凸轮控制冲裁，这种冲裁控制方式具有不稳定和效率偏低的缺陷；颗粒灌装的定量杯为旋转式，上下不能形成通道，无法实现强制灌装，存在因颗粒黏性稍大而导致的灌装不完全的缺陷；纸管端面涂胶采用间歇方式，涂胶量难以控制，胶水无法循环使用；封口圆片采用一个圆形凸轮控制冲裁，这种冲裁控制方式具有不稳定和效率偏低的缺陷。

（3）说明颗粒灌装工艺和封口工艺是更具竞争力的生产工艺。

4.5.3.8 CN110419769A

1. 专利简述

此专利申请人为安徽中烟工业有限责任公司（表 4-10【61】CN110419769A 一种高效平稳的颗粒型烟支封口装置），是用来实现前面专利所示的烟草颗粒段进行高效平稳封口的生产设备。生产设备如图 4-56 所示。

（1）设备组成

如图 4-56 所示，本装置用于对涂胶后的烟管端部进行封堵，涂胶后的多个烟管以开口端朝上竖立、吸附于封口鼓轮 1 外圆周上沿周向均布的各承烟槽中，以随封口鼓轮 1 回转通过纸带流道 9 流道上纸带流道 9 中心正上方时的位置作为冲裁位。

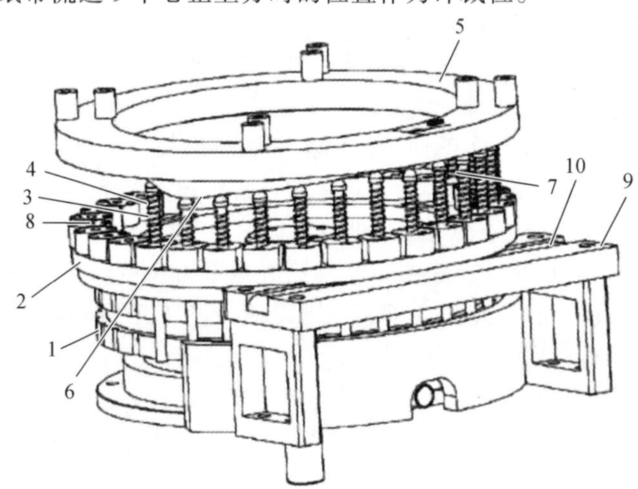

图 4-56 CN110419769A 中的生产设备

本装置的结构如下：

冲裁层 2 固装于封口鼓轮 1 的顶端，对应于各烟管的正上方沿周向布置多个沿竖向穿设的封口冲针 3（图 4-56 中仅示出部分封口冲针 3），封口冲针 3 竖向可移动，上端部露出于冲裁层 2 上方，顶端部呈球缺状，与冲裁层 2 的顶端面之间套设有复位弹簧 4，复位弹簧 4 为自然状态时，封口冲针 3 的底端面距离纸带流道 9 所在平面之间竖向留有间隙。

封口凸轮 5 由吊杆悬吊于冲裁层 2 正上方，为独立固定构件，呈水平放置的圆环体结构，底端面对应于各烟管圆心所在圆周的正上方具有向下凸出的封口长曲面段 6 与冲裁短曲面段 7；冲裁短曲面段 7 为圆弧形结构，沿周向呈对称处于冲裁位的正上方两侧，凸出最高位位于冲裁位的正上方，能够与通过的封口冲针 3 的球缺状顶端面相抵触，使封口冲针 3 沿着曲面逐渐下行、于凸出最高位实现对纸带流道 9 的冲裁；封口长曲面段 6 呈横卧的“√”形，顺着封口鼓轮 1 的回转方向沿周向布置、位于冲裁短曲面段 7 的后方，临近冲裁位的一侧为较长边，较长边末端与冲裁短曲面段 7 的末端平滑衔接，凸出最高位及两侧边均呈圆弧过渡，能够与通过的封口冲针 3 球缺顶端面相抵触，使封口冲针 3 沿着曲面逐渐下行，将冲裁好的底衬圆片于凸出最高位压到烟管开口端，实现对涂胶后烟管的封口。

具体实施中，相应的结构设置也包括：

冲裁层 2 上对应于各烟管正上方的位置分别开设多个竖向贯通的冲裁通孔 8，各封口冲针 3 分别穿设于各冲裁通孔 8 中，能够沿着冲裁通孔 8 竖向移动。

冲裁短曲面段 7 所占圆弧长度与相邻的三个烟管圆心所占圆弧长度相适配，封口长曲面段 6 所占圆弧长度约为各烟管圆心所占圆弧长度的 1/4。

与现有技术相同，本实施例中，纸带流道 9 流道设于封口鼓轮 1 的一侧，纸带流道 9 所在平面位于烟管顶端面与自然状态时的封口冲针 3 底端面之间，中心线与封口鼓轮 1 上各烟管圆心所在的圆周相切，切点处为冲裁位。

（2）设备工作原理

固装于封口鼓轮 1 顶端的冲裁层 2，及设于冲裁层 2 上的各封口冲针 3 与封口鼓轮 1 为同步回转构件，自上游涂胶工位转运至本工位的烟管随封口鼓轮 1 回转时，先经过冲裁短曲面段 7，继而朝向封口长曲面段 6 的方向移动。

封口冲针 3 随着封口鼓轮 1 的回转，以球缺状顶端面与冲裁短曲面段 7 逐渐接触，在冲裁短曲面段 7 的抵压下沿着曲面逐渐下行，此过程中复位弹簧 4 被压缩，于凸出最高位，即冲裁位处下行至最低点，对正下方的纸带流道 9 进行冲裁，得到封口圆片，之后经冲裁短曲面段 7 的另一侧导向，在复位弹簧 4 的回弹力作用下平稳上行复位；

此后，封口冲针 3 继续沿周向运动，其球缺状顶端面与封口长曲面段 6 的较长边开始接触，受抵压沿着曲面逐渐下行，此过程中复位弹簧 4 再次被压缩，于凸出最高位下行至最低点，将冲裁好的封口圆片压到烟管开口端，完成对涂胶后烟管的封口，此后经封口长曲面段 6 另一侧较短边导向，在复位弹簧 4 的回弹力作用下平稳上行复位。

2. 核心专利点分析

（1）用于高效平稳地对颗粒型烟支进行端部封口。

（2）此专利解决的问题是：安徽中烟专利 CN108903065A（4.5.3.1）和昆山科瑞森专利 CN109292115A（4.5.3.3）专利的颗粒烟支封口圆片是采用一个圆形凸轮控制冲裁，这种冲裁控制方式具有不稳定和效率偏低的缺陷。

（3）与专利 CN110403227A（4.5.3.5）的发明点类似。封口冲针与封口鼓轮 1 的配合将冲裁好的封口圆片压到烟管开口端，完成对涂胶后烟管的封口。

（4）说明颗粒端部封口工艺是更具竞争力的生产工艺。

（5）用于倒序装填中的烟支封口操作。

4.5.3.9　CN110420797A

1. 专利简述

此专利申请人为安徽中烟工业有限责任公司（表 4-10【62】CN110420797A 一种颗粒型烟支圆端面连续涂胶的装置），是用来实现前面专利所示的空纸管端部进行连续涂胶的生产设备。生产设备如图 4-57 所示。

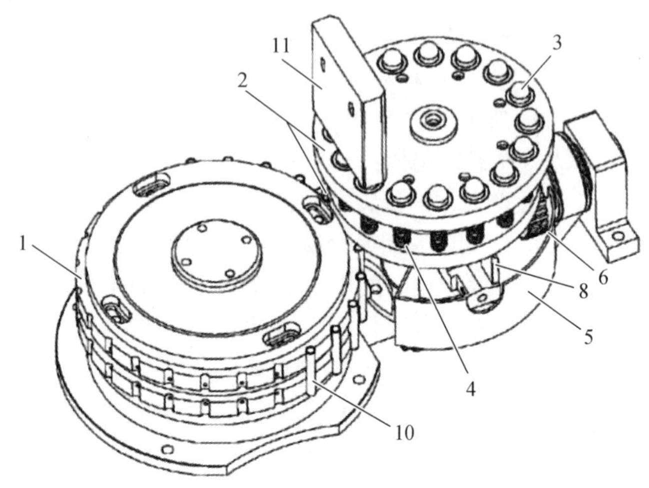

图 4-57　CN110420797A 中的生产设备

（1）设备组成

如图 4-57 所示，本装置用于对灌装后烟管 10 的开口端涂胶，包括用于对烟管 10 开口端涂胶的涂胶机构与用于运送灌装后烟管 10 的涂胶鼓轮 1，灌装后的各烟管 10 以开口端朝上吸附于涂胶鼓轮 1 外圆周上沿周向均布的各承烟槽中。

涂胶机构包括一对固定盘 2、点胶棒 3、凸轮 11、胶池 5、上胶轮 6 与一对刮板。

一对固定盘 2 上下间隔设于与涂胶鼓轮 1 轴线相平行的转轴上，与转轴为同步回转构件，由第一驱动装置（图 4-57 中未示）提供回转动力。多个点胶棒 3 沿周向均布、均竖向可活动地穿设于一对固定盘 2 之间，上下端露出于盘体外，顶端部为球缺状结构；顶部敞口的胶池 5 设于一对固定盘 2 的正下方，轮轴与转轴呈垂直布置的上胶轮 6 悬伸于胶池 5 中，由第二驱动装置 7 提供回转动力，轮周顶端紧邻于通过的点胶棒 3 底端；一对刮板设于胶池 5 中，其中一个刮板 A 8 顺着固定盘 2 的回转方向处于上胶轮 6 的上游位置，顶端能够与正上方通过的点胶棒 3 底端接触，另一刮板 B 9 处于上胶轮 6 的下游位置，顶端与正上方通过的点胶棒 3 底端之间竖向留有间隙 a。

涂胶鼓轮 1 与一对固定盘 2 做电子齿轮啮合传动，固定盘 2 上的点胶棒 3 底端与涂胶鼓轮 1 上的烟管 10 开口端旋转至啮合点处时上下正对；凸轮 11 为悬吊于固定盘 2 上方的固定构件，位于啮合点的正上方，底端部具有涂胶曲面段 12，涂胶曲面段 12 顺着点胶棒 3 的回转轨迹延伸，凸出最高位在啮合点的正上方，两侧呈圆弧过渡，能够与下方通过的点胶棒 3 相抵触，带动点胶棒 3 沿着曲面做竖向移动，于凸出最高位处下行至最低点，使点胶棒 3 底部与正下方的烟管 10 开口端接触。

具体实施中，相应的结构设置也包括：

点胶棒 3 上套设有复位弹簧 4，复位弹簧 4 处于一对固定盘 2 之间，在点胶棒 3 未与涂胶曲面段 12 接触时呈自然状态。

上胶轮 6 轮周上具有沿周向均布的齿槽，利于更好地黏着胶水。

胶池 5 横截面呈缺口的环形状，与一对固定盘 2 同心，涂胶鼓轮 1 与一对固定盘 2 的啮合部位对应处于缺口处，整体结构紧凑，节省空间，利于布局。

涂胶鼓轮 1 与一对固定盘 2 的转轴分别由伺服电机驱动，做电子齿轮啮合传动，涂胶鼓轮 1 承烟槽上的烟管 10 与一对固定盘 2 上的点胶棒 3 于啮合点处，在凸轮 11 的外力作用下做啮合接触，同时做圆弧相对移动。

（2）设备工作原理

转运到涂胶鼓轮 1 上的各烟管 10 随涂胶鼓轮 1 同步回转，点胶棒 3 随设置在转轴上的一对固定盘 2 做圆周运动。胶池 5 中盛装有胶水，上胶轮 6 由第二驱动装置 7 驱动绕轴线回转，随着回转将胶水黏附到轮周，形成胶水层，位于轮周顶端的胶水层与上方通过的点胶棒 3 底部接触，将胶水带到点胶棒 3 的底部，黏有胶水的点胶棒 3 继续旋转，经过刮板 B 9 处时，被刮板 B 9 刮除多余的胶水，留 0.1 mm 胶水层，带着 0.1 mm 胶水层的点胶棒 3 继续旋转，经过凸轮 11 下方时，在凸轮 11 底部涂胶曲面段 12 的抵压作用下逐渐下行（此过程中复位弹簧 4 被压缩），于啮合点处下行至最低点，其底部 0.1 mm 的胶水层与涂胶鼓轮 1 带过来的烟管 10 开口端做啮合接触，并圆弧相对移动，将 0.1 mm 胶水层涂覆到烟管 10 开口端，实现对灌装后烟管 10 的涂胶。点胶棒 3 继续旋转，在涂胶曲面段 12 另一侧过渡圆弧的导向下逐渐上行，直至脱离凸轮 11，在复位弹簧 4 的作用下复位，继续旋转经过刮板 A 8，被刮板 A 8 刮除底部残余的胶水，刮下的胶水重新回到胶池 5 中。如此往复，实现定量、连续涂胶，以及对胶水的回收循环。

2. 核心专利点分析

（1）用于对颗粒型烟支的空纸管的端部进行连续施胶，以便后续进行封口操作。

（2）此专利解决的问题是：安徽中烟专利 CN108903065A（4.5.3.1）和昆山科瑞森专利 CN109292115A（4.5.3.3）中颗粒型烟支的纸管端面涂胶采用间歇方式，涂胶量难以控制，胶水无法循环使用。

（3）用于倒序装填中的烟支封口操作。

4.5.3.10 CN211309006U

1. 专利简述

此专利申请人为昆山科瑞森机电设备有限公司（表 4-10【69】CN211309006U 一种半自动颗粒罐装设备）。生产设备如图 4-58 所示。

（1）设备组成

如图 4-58 所示，该灌装设备包括：设备主体 1；可调节进料筛选控制机构 2；电控箱 3；控制面板 4；底座 5；颗粒称重箱 6；出料口 7；出料振动筛选机构 8。

设备主体 1 的上端外表面固定连接有可调节进料筛选控制机构 2，设备主体 1 的前端外表面固定连接有颗粒称重箱 6，设备主体 1 的一侧外表面固定连接有电控箱 3，电控箱 3 的前端外表面设置有控制面板 4，颗粒称重箱 6 的下端外表面固定连接有出料口 7，出料口 7 的下端外表面设置有出料振动筛选机构 8，设备主体 1 的下端外表面固定连接有底座 5。

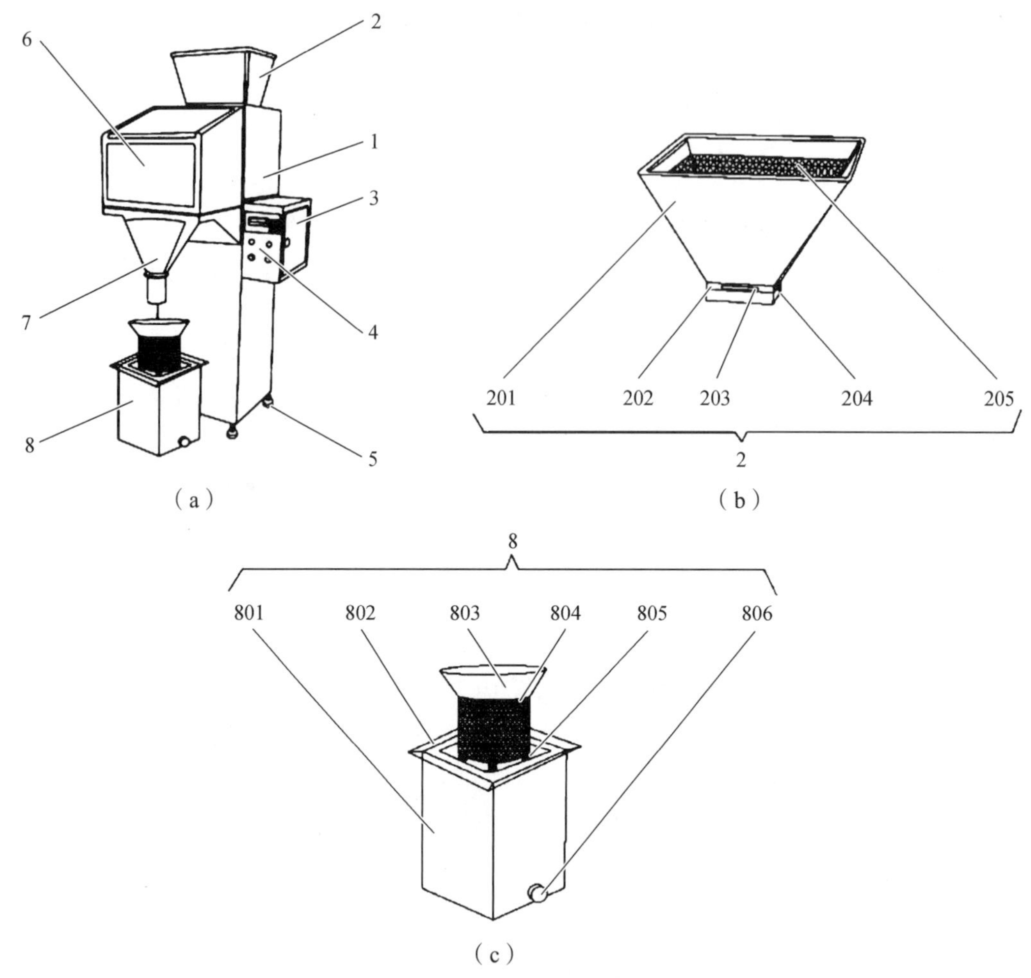

图 4-58 CN211309006U 中的生产设备

可调节进料筛选控制机构 2 包括进料斗 201、活动板 202、拉手 203、滑轨 204、筛选层 205，进料斗 201 的内部设置有活动板 202，活动板 202 的前端外表面固定连接有拉手 203，活动板 202 的两侧设置有滑轨 204，进料斗 201 的上端设置有筛选层 205，能够更好地控制装置的进料，进料速度更加稳定。

出料振动筛选机构 8 包括过滤物收纳桶 801、挡板 802、进料漏斗 803、过滤网 804、振动弹簧 805、过滤物出料孔 806。过滤物出料孔 806 位于过滤物收纳桶 801 的一侧下端，挡板 802 与振动弹簧 805 位于过滤物收纳桶 801 的上端，过滤网 804 位于振动弹簧 805 的上端，进料漏斗 803 位于过滤网 804 的上端，可以对出料进行过滤，提高装置使用效果。

活动板 202 的两侧通过滑轨 204 与进料斗 201 的内部活动连接，进料斗 201 与筛选层 205 之间设置有卡槽，进料斗 201 的上端通过卡槽与筛选层 205 的四周为可拆卸连接，活动板 202 与拉手 203 之间设置有螺丝，活动板 202 的前端通过螺丝与拉手 203 的后端固定连接，在一定的程度上防止进料口中混入较大的物块，具有较好的过滤效果。

过滤物收纳桶 801 与过滤物出料孔 806 之间设置有固定槽，过滤物收纳桶 801 一侧通过固定槽与过滤物出料孔 806 的一侧固定连接，过滤物收纳桶 801 与挡板 802 之间设置有直插槽，过滤物收纳桶 801 上端通过直插槽与挡板 802 的下端为可拆卸连接，振动弹簧 805 与过滤网 804 之间设置有固定块，振动弹簧 805 上端通过固定块与过滤网 804 的下端固定连接，能够过滤出颗粒中的粉尘，增加工作效果。

（2）设备工作原理

本装置主要包括可调节进料筛选控制机构 2 与出料振动筛选机构 8，电控箱 3 包括利用 PLC 进行控制，内部设置有电源和保护电路，使用更加方便安全。

可调节进料筛选控制机构 2 的使用能够更好地控制装置的进料，进料速度更加稳定，带有一定的过滤效果。在工作时，通过滑轨 204 能够增加活动板 202 活动的流畅性，在滑轨 204 的上端外表面设置有三组固定卡件，能够更好地固定活动板 202，更加实用。拉手 203 与活动板 202 的连接使连接更加紧密，方便对活动板 202 进行开合。筛选层 205 能够在一定的程度上防止进料口中混入较大的物块，具有较好的过滤效果，整个装置更加实用，进料可以控制，更加平稳方便。

出料振动筛选机构 8 可以对出料进行过滤，提高装置使用效果。通过出料振动筛选机构 8 将出料颗粒进行过滤，物料从进料漏斗 803 的位置进入，然后流入过滤网 804，过滤网 804 能够起到很好的过滤作用，能够过滤出颗粒中的粉尘，增加工作效果，粉尘会由过滤网 804 的外壁漏出，并通过挡板 802 进入过滤物收纳桶 801 的内部，方便粉尘的收集，更加环保，可以二次利用。挡板 802 增加了震动的效果，使过滤的效果更佳，方便人们的使用。过滤物出料孔 806 方便对过滤物进行排出，简单方便。

2. 核心专利点分析

（1）设备带有过滤的效果，可以对颗粒筛选以使得颗粒整齐，过滤粉尘，并防止混入较大物料。

（2）进料速度更稳定，应该比之前专利 CN109292115A（4.5.3.3）的连续罐装设备更加稳定耐用。

（3）专利解决现有灌装设备的关键问题是：控制进料速度、出料时进行过滤。

4.5.4 关键技术解析

4.5.4.1 颗粒型烟弹成型设备

经过分析，颗粒型烟弹成型设备未有专利进行具体说明，使用常规方式即可。

4.5.4.2 颗粒型烟支成型设备

1. 共性技术

烟支成型工序一般都是依次经过纸管打底[CN110403227A（4.5.3.5）]、灌装[CN108903065A（4.5.3.1）、CN109292115A（4.5.3.3）、CN110403228A（4.5.3.6）、CN110419768A（4.5.3.7）、CN211309006U（4.5.3.10）]、涂胶[CN209318041U（4.5.3.4）、CN110420797A（4.5.3.9）]、封口[CN110419769A（4.5.3.8）]四个工段，才能制得成品烟支。

2. 特色技术

以下特色技术是针对烟支成型工序：纸管打底、灌装、涂胶、封口四个工段中的一个或几个进行的优化改进。且较优的设计是专利安徽中烟专利 CN110419768A（4.5.3.7）。

另外，昆山科瑞森单独提出了纸纸管成型设备和半自动颗粒罐装设备。半自动颗粒罐装设备解决可以控制进料速度、出料时进行过滤。如表 4-11 所示。

表 4-11 颗粒型烟支成型特色技术时序表

设备类型	关键技术	分析	公布号/授权号	申请日
颗粒灌装、涂胶、封口设备	通过姿态变换鼓轮 3 将水平取向的空纸管转变为开口向上竖直取向，以便进行颗粒灌装。然后经定量投放机构灌装颗粒，最后在纸管开口处点胶进行密封后，进入后续工段进行操作	① 该机器可实现 2000 支/分钟的灌装速率，200 倍于人工灌装速率。 ② 考虑到颗粒灌装这个技术特征最终被一直沿用，因此，此专利作为基础的生产设备专利，值得借鉴，系安徽中烟核心专利。 ③ 该装置包括灌装、涂胶、封口等装置，是一整套制作成品烟支的装置。但是此基础专利存在一些不足，安徽中烟后续分别为灌装、涂胶、封口进行了改进，申请了以下专利 CN110403227A（4.5.3.5）、CN110403228A（4.5.3.6）、CN110419769A（4.5.3.8）、CN110420797A（4.5.3.9）。 ④ 该专利最早提出灌装装置	CN108903065A（4.5.3.1）	2018/9/11
纸纸管成型设备	在成型机构中，纸管成型器 20 内设有内芯轴 21，纸带逐步变化形成圆筒形纸管	① 纸纸管成型制备，该设备包括盘纸自动搭接系统、纸带缓冲机构、纸带输送机构、成型机构、干燥定型机构、定长裁切机构以及设备架。 ② 该专利解决的是目前纸纸管采用螺旋式制作方法，速度慢不稳定的问题。 ③ 该专利是空纸管的制备设备的基础专利。该设备申请日晚于最早提出外套筒特征的安徽中烟专利 CN108078012A（4.2.3.3）	CN109278361A（4.5.3.2）	2018/11/15
倒序装填设备	本设备通过空管上料机构 1、空管打底衬纸机构 2、灌装机构 3、涂胶机构 4、封口机构 5、出料机构 6 的相互配合，可以实现连续的定量灌装	① 该设备灌装时为了防止颗粒从空管底部遗漏，需要在空管内部加入打底衬底，以托起颗粒物。 ② 灌装后直接点胶，然后将纸带形成“啤酒盖”状封盖对空纸管端部封口。可见，是之前“啤酒盖”状封口烟支的灌装设备。 ③ 该装置包括灌装、涂胶、封口等装置，是昆山科瑞森制作成品烟支的基础专利。但是此基础专利存在一些不足，安徽中烟后续分别针对灌装、涂胶、封口工序进行了改进，申请了以下专利 CN110403227A（4.5.3.5）、CN110403228A（4.5.3.6）、CN110419769A（4.5.3.8）、CN110420797A（4.5.3.9）	CN109292115A（4.5.3.3）	2018/11/15

续表

设备类型	关键技术	分析	公布号/授权号	申请日
间歇涂胶装置	转动机构转动过程中，纸管左右端面穿过左右涂胶槽，所述涂胶槽内的所述涂胶块挤出的胶水正好涂覆在所述纸管的左右端面，实现快速、精确的涂覆	① 用于对纸管左右端面涂胶。申请日早于安徽中烟专利 CN110420797A（4.5.3.9）一种颗粒型烟支圆端面连续涂胶的装置。 ② 该装置属于间歇涂胶装置，不是连续涂胶。 ③ 该装置可以同时对纸管左右端面涂胶。安徽中烟专利 CN110420797A（4.5.3.9）只对纸管的一个端面涂胶	CN209318041U（4.5.3.4）	2018/11/15
颗粒灌装前的纸管打底设备	通过短冲针 4 与成型针 5 的配合，以及各自与短曲面段 12 及长曲面段 13 的配合，使最终压入烟支空管 16 内的底衬圆片呈 U 形结构	① 该设备用于更平稳地将端部铝箔纸压入空纸管的端部，压入烟支空管内的底衬圆片呈 U 形，该 U 形底衬垫片与烟管内壁接触面积较大，位置不易变动，有效避免了颗粒漏向嘴棒一侧，避免压入变形、压入位置变化和烟草颗粒从另一端冒出至后续各段。 ② 此专利解决的问题是：安徽中烟专利 CN108903065A（4.5.3.1）和昆山科瑞森专利 CN109292115A（4.5.3.3）中颗粒型烟支的打底圆片采用一组冲针打孔，采用一个圆形凸轮控制冲裁，这种冲裁控制方式具有不稳定和效率偏低的缺陷。 ③ 说明专利 CN207626560U（4.2.3.2）所示的封口结构具有技术优势，值得工业化生产，这一局部技术特征得到了沿用	CN110403227A（4.5.3.5）	2019/8/29
强制灌装设备	在“灌装量杯”通入压缩空气实现强制灌装。用于对具有不同黏性的烟草颗粒进行强制灌装	此专利解决的问题是：安徽中烟专利 CN108903065A（4.5.3.1）和昆山科瑞森专利 CN109292115A（4.5.3.3）颗粒灌装的定量杯为旋转式，上下不能形成通道，无法实现强制灌装，存在因颗粒黏性稍大而导致的灌装不完全的缺陷	CN110403228A（4.5.3.6）	2019/8/29

续表

设备类型	关键技术	分析	公布号/授权号	申请日
颗粒灌装、涂胶、封口设备	此专利是打底工序专利CN110403227A（4.5.3.5）、强制灌装工序专利CN110403228A（4.5.3.6）、涂胶工序专利CN110420797A（4.5.3.9）、封口工序专利CN110419769A（4.5.3.8）四个专利的合并	① 用于对具有不同黏性的烟草颗粒进行灌装和封口，且无冲击接触，灌装平稳，施胶连续，封口工艺简单。 ② 此专利解决的问题是：安徽中烟专利CN108903065A（4.5.3.1）和昆山科瑞森专利CN109292115A（4.5.3.3）中打底方式、灌装方式、涂胶方式、封口方式的各种不足，具体为：颗粒烟支的打底圆片采用一组冲针打孔，采用一个圆形凸轮控制冲裁，这种冲裁控制方式具有不稳定和效率偏低的缺陷；颗粒灌装的定量杯为旋转式，上下不能形成通道，无法实现强制灌装，存在因颗粒黏性稍大而导致的灌装不完全的缺陷；纸管端面涂胶采用间歇方式，涂胶量难以控制，胶水无法循环使用；封口圆片采用一个圆形凸轮控制冲裁，这种冲裁控制方式具有不稳定和效率偏低的缺陷	CN110419768A（4.5.3.7）	2019/8/29
封口设备	与专利CN110403227A（4.5.3.5）的发明点类似。封口冲针与封口鼓轮的配合将冲裁好的封口圆片压到烟管开口端，完成对涂胶后烟管的封口	① 用于高效平稳地对涂胶后的烟管进行端部封口。 ② 此专利解决的问题是：安徽中烟专利CN108903065A（4.5.3.1）和昆山科瑞森专利CN109292115A（4.5.3.3）的颗粒烟支封口圆片是采用一个圆形凸轮控制冲裁，这种冲裁控制方式具有不稳定和效率偏低的缺陷	CN110419769A（4.5.3.8）	2019/8/29
连续施胶设备	利用点胶棒与烟管之间在凸轮作用下的啮合接触，并同时做圆弧相对移动，结合对上胶轮与点胶棒底部间距的设置，以及配置的一对刮板，实现连续涂胶，并能够对涂胶量准确控制，胶水可以回收循环使用	① 用于对颗粒型烟支的空纸管的端部进行连续施胶，以便后续进行封口操作。 ② 此专利解决的问题是：安徽中烟专利CN108903065A（4.5.3.1）和昆山科瑞森专利CN109292115A（4.5.3.3）中颗粒型烟支的纸管端面涂胶采用间歇方式，涂胶量难以控制，胶水无法循环使用	CN110420797A（4.5.3.9）	2019/8/29
半自动颗粒罐装设备	通过可调节进料筛选控制机构能够更好地控制装置的进料，进料速度更加稳定，带有一定的过滤效果。通过出料振动筛选机构可以对出料进行过滤，提高装置使用效果	① 带有过滤的效果，可以对颗粒筛选以使得颗粒整齐，过滤粉尘，并防止混入较大物料。 ② 进料速度更稳定，应该比之前专利CN109292115A（4.5.3.3）连续灌装设备更加稳定耐用。3、可见，现有灌装设备的关键问题是：控制进料速度、出料时进行过滤	CN211309006U（4.5.3.10）	2019/11/1

4.6 专利技术脉络分析

4.6.1 技术进化时序

如图 4-59 所示，发烟颗粒型产品的技术进化过程中，形成了 CN108135275A（4.1.3.2、4.2.3.22、4.3.3.2、4.4.3.3）、CN108185524A（4.2.3.5）、CN108669663A（4.2.3.14、4.3.3.4）、CN109363231A（4.2.3.15、4.3.3.6）等一批里程碑型专利。

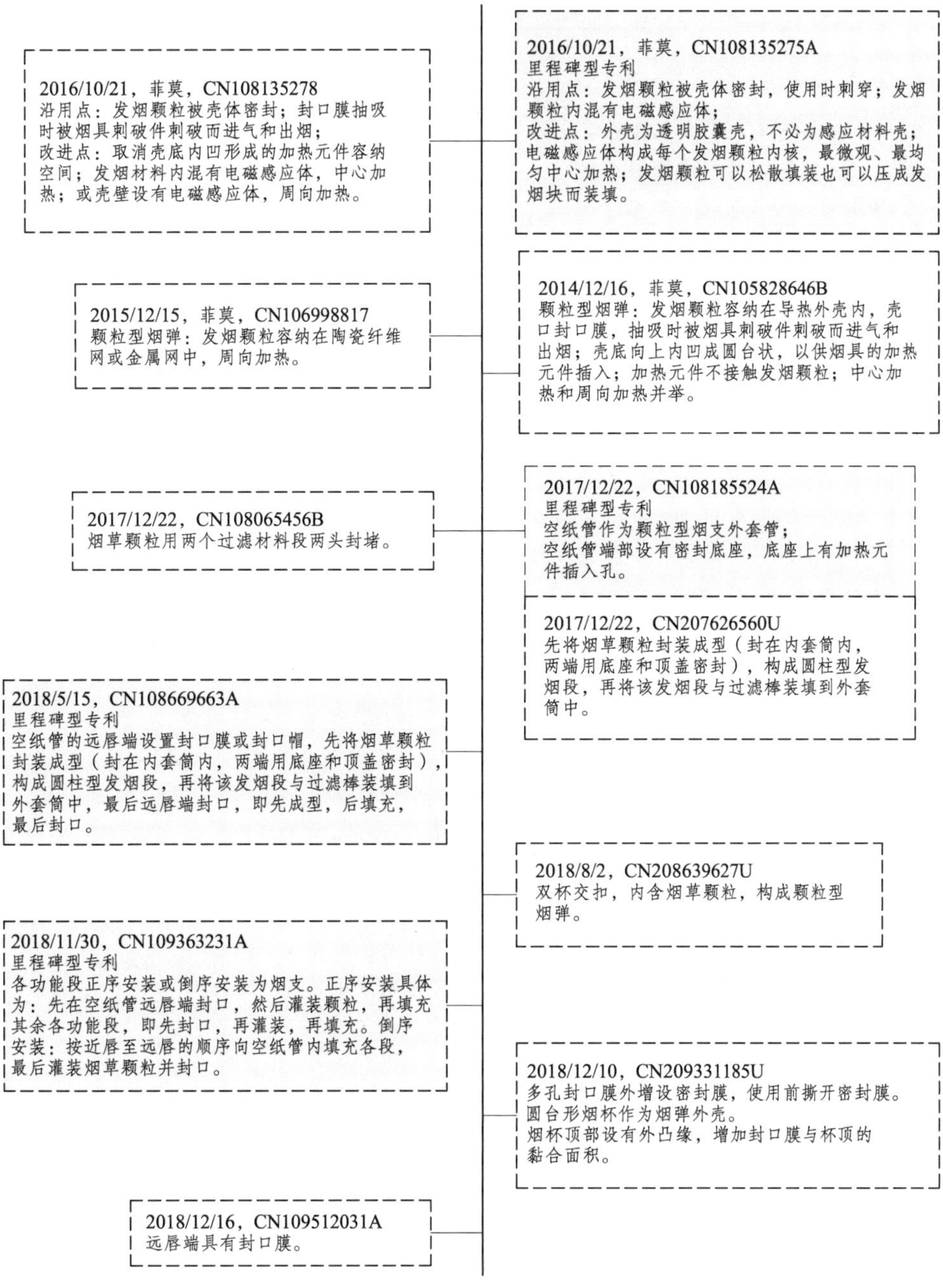

2016/10/21，菲莫，CN108135278
沿用点：发烟颗粒被壳体密封；封口膜抽吸时被烟具刺破件刺破而进气和出烟；
改进点：取消壳底内凹形成的加热元件容纳空间；发烟材料内混有电磁感应体，中心加热；或壳壁设有电磁感应体，周向加热。

2016/10/21，菲莫，CN108135275A
里程碑型专利
沿用点：发烟颗粒被壳体密封，使用时刺穿；发烟颗粒内混有电磁感应体；
改进点：外壳为透明胶囊壳，不必为感应材料壳；电磁感应体构成每个发烟颗粒内核，最微观、最均匀中心加热；发烟颗粒可以松散填装也可以压成发烟块而装填。

2015/12/15，菲莫，CN106998817
颗粒型烟弹：发烟颗粒容纳在陶瓷纤维网或金属网中，周向加热。

2014/12/16，菲莫，CN105828646B
颗粒型烟弹：发烟颗粒容纳在导热外壳内，壳口封口膜，抽吸时被烟具刺破件刺破而进气和出烟；壳底向上内凹成圆台状，以供烟具的加热元件插入；加热元件不接触发烟颗粒；中心加热和周向加热并举。

2017/12/22，CN108065456B
烟草颗粒用两个过滤材料段两头封堵。

2017/12/22，CN108185524A
里程碑型专利
空纸管作为颗粒型烟支外套管；
空纸管端部设有密封底座，底座上有加热元件插入孔。

2017/12/22，CN207626560U
先将烟草颗粒封装成型（封在内套筒内，两端用底座和顶盖密封），构成圆柱型发烟段，再将该发烟段与过滤棒装填到外套筒中。

2018/5/15，CN108669663A
里程碑型专利
空纸管的远唇端设置封口膜或封口帽，先将烟草颗粒封装成型（封在内套筒内，两端用底座和顶盖密封），构成圆柱型发烟段，再将该发烟段与过滤棒装填到外套筒中，最后远唇端封口，即先成型，后填充，最后封口。

2018/8/2，CN208639627U
双杯交扣，内含烟草颗粒，构成颗粒型烟弹。

2018/11/30，CN109363231A
里程碑型专利
各功能段正序安装或倒序安装为烟支。正序安装具体为：先在空纸管远唇端封口，然后灌装颗粒，再填充其余各功能段，即先封口，再灌装，再填充。倒序安装：按近唇至远唇的顺序向空纸管内填充各段，最后灌装烟草颗粒并封口。

2018/12/10，CN209331185U
多孔封口膜外增设密封膜，使用前撕开密封膜。
圆台形烟杯作为烟弹外壳。
烟杯顶部设有外凸缘，增加封口膜与杯顶的黏合面积。

2018/12/16，CN109512031A
远唇端具有封口膜。

图 4-59 发烟颗粒型产品技术进化时序图

4.6.2 发烟颗粒类产品关键技术问题及解决方案

发烟颗粒类产品关键技术问题及解决方案如表 4-12 所示。

表 4-12 发烟颗粒类产品相关的技术问题和解决方案

技术问题	解决方案	相关专利
颗粒容易黏结	① 包裹烟粉防止颗粒黏结，烟粉还能吸附油性香料。 ② 与粒度小于 100 μm 的防粘剂（淀粉、烟末、二氧化钛，氢氧化镁，碳酸镁，硫酸镁，白垩）掺混以防止颗粒结块	CN112167695A（4.1.3.6）； CN1204234A（4.1.3.1）
香味容易挥发	颗粒干燥后再加香，加包裹剂封锁香味	CN111358044A（4.1.3.5）； CN109363230A（4.1.3.4）
发烟颗粒吸收料液量小	① 将发烟颗粒在无菌环境中静置 12 h 充分吸收料。 ② 将发烟颗粒载体利用生化法、炒制法、物理法、机械法预处理，增大孔隙度以吸收料液	CN111358044A（4.1.3.5）； CN109363230A（4.1.3.4）
颗粒载体本身含有杂气	① 将烟草超微粉末、烟草干馏物、雾化剂、黏结剂等的预混物进行烘焙醇化，具体在 100~200 °C，通入氮气，2～4 h 以丰富香气，去除青杂气。 ② 将颗粒载体利用生化法、炒制法、物理法、机械法预处理，溶出原载体中的不良成分，避免木质气息和杂气	CN108065456B（4.1.3.3）； CN111358044A（4.1.3.5）； CN112167695A（4.1.3.6）； CN109363230A（4.1.3.4）
发烟段烟草颗粒容易泄露	① 使用堵头密封发烟段端部，例如使用两个过滤段密封发烟段两个端部。 ② 使用底座和顶盖密封发烟段两个端部。 ③ 使用封口膜或者封口帽密封发烟段一端部，另一端使用限位件密封	CN108065456B（4.1.3.3）； CN207626560U（4.2.3.2）； CN109512031A（4.2.3.6）； CN109527638A（4.2.3.7）； CN108669662A（4.2.3.13）
降温段，材料容易发生热形变阻塞烟气通道	① 使用醋酸纤维丝束和聚乳酸丝束制备的同心圆结构的过滤段。（滤嘴段含有醋酸纤维丝束形成的滤棒，由于聚乳酸材料在受热情况下会吸热变形，而同心设计的醋酸纤维能起到很好的过滤和支承作用，避免了聚乳酸滤棒在吸热后发生变形塌陷）。 ② 降温段为添加了聚乳酸粉末或颗粒的醋酸纤维滤棒。气雾中的热量将优先被醋酸纤维中的聚乳酸粉末吸收，聚乳酸粉末吸收热能时产生相变逐步熔融变形，但醋酸纤维不会形变，仍能保持良好的气雾通过性。 ③ 降温段是由多股聚乳酸纤维或具有吸热功能的纤维按卷筒轴向通过纸质材料包裹形成的圆柱体。在聚乳酸纤维因吸热产生形变时堵塞部分气雾通道的同时，中空管道不会形变，能起到正常输送气雾的功能。 ④ 降温段采用包裹有聚乳酸纤维或其他具有吸热功能纤维的金属制螺旋弹簧，其弹簧内部为中空通道，能够有效输送气雾，同时气雾在通过螺旋弹簧降温段时，气雾中的热量会被聚乳酸纤维和金属材料同时吸收，而且可以根据需要通过调整螺旋弹簧的直径、长度和包裹在其上的聚乳酸纤维的密度来吸收相应的气雾热量	CN210869848U（4.2.3.29）； CN108669662A（4.2.3.13）； CN108669663A（4.2.3.14）

续表

技术问题	解决方案	相关专利
发热元件插入时，颗粒段容易移位	颗粒段下游设置相邻的限位段或限位件，限位段结构如弹簧、圆柱状多孔挡片、蜂窝状圆柱体	CN108669662A（4.2.3.13）；CN109363231A（4.2.3.15）；CN211211442U（4.2.3.30）
卷接工艺中，烟草颗粒的填充是个难题，容易泄露	使用一端封口的纸空管，装填烟草颗粒，具体方式可采用正序装填或者倒序装填	CN108669663A（4.3.3.4）；CN109363231A（4.3.3.6）
烟弹如何被刺穿形成气流通道	烟具的烟嘴内部设置中空刺穿元件，可以刺穿烟弹封口膜，内部中空结构也可作为气流通道。中空刺穿元件也可以同时设置在加热腔底部和烟嘴内部	CN105828646B（4.3.3.1、4.4.3.1）；CN108135275A（4.3.3.2、4.4.3.3）
烟支各节段组装的便利性	① 用空纸管作为外套筒。 ② 远唇端设置封口膜，颗粒灌装成为发烟颗粒段，其余各功能节段依次填充，此为正序填充。 ③ 先从近唇端填充各功能节段，再灌装颗粒成为发烟颗粒段，最后远唇端设置封口膜，此为倒序填充	CN108078012A（4.2.3.3）；CN109512031A（4.2.3.6）；CN109527639A（4.2.3.8）；CN110839953A（4.2.3.9）；CN108669663A（4.2.3.14）；CN109363231A（4.2.3.15）；CN112167709A（4.2.3.16）；CN112244351A（4.2.3.19）；CN109527638A（4.2.3.7）；CN109278361A（4.5.3.2）；CN109292115A（4.5.3.3）；CN110367587A（4.2.3.28）

4.6.3 发烟颗粒类产品技术进化趋势分析

基于本章所提供的具体专利技术内容，本部分从技术进化趋势的高度做出总结分析，因为是综合上文众多专利后进行的高度概括性阐述，故不再逐一引用具体专利号，以避免赘述。

4.6.3.1 总　评

发烟颗粒本身，自出现到现在有两次明显技术进化：① 一次颗粒仅作为载体不作为发烟材料，发烟材料另外加入；② 发烟颗粒制成核壳形结构，由外部加热改为内部加热。

发烟颗粒的加工方法，仍然是传统的加工方法，至今没有明显技术进化特征。但如何稳定高效地工业化制备内含电磁受体微粒的发烟颗粒且还要确保产品牢固稳定，目前相关技术尚无专利披露，仍是未解之谜。

颗粒型烟支结构的申请人主要是安徽中烟、赵雪、云南恒罡、喜科。颗粒型烟支结构迭代较快，有比较明显的技术进化特征，技术成熟度较高。

颗粒型烟弹结构申请人以菲莫国际为主。颗粒型烟弹结构的专利虽然不多，但发热效率和实用性较高，技术趋于成熟。

总体来说，笔者提供如下观点供读者商榷：

非延续性技术点：过滤段封堵发烟颗粒；底座和顶盖封堵发烟颗粒；发烟段卷接成型。

延续性技术点：众多颗粒预成型为整体的颗粒段；单一外套筒（空纸管）结构；远唇端封口膜或封口帽；颗粒段下游设置限位件；颗粒灌装工艺；中心加热或周向加热；

突破性技术点：远唇端封口膜；发烟颗粒芯材内含感应体进行内部加热；烟弹壳体使用感应体进行周向加热。

4.6.3.2 重点解读

1. 发烟颗粒

发烟颗粒本身，从材料组成和形貌结构两方面阐述。

材料组成上，发烟材料粉末、黏合剂和水，一直是必要的成分，缺一不可，此外，还可以添加发烟剂（甘油等）以提高烟雾量，或可另添加特定香精香料来提供特定口味。组成上，发烟颗粒最开始一直是用黏合剂将发烟材料粉末黏结在一起的颗粒形式（即便干燥后仍有一定的含水量），后来云南恒罡专利 CN111358044A（4.1.3.5）首次改为用黏合剂黏合多孔淀粉粉末成为多孔空白颗粒（空白是指不含发烟物质），然后吸附烟草提取物和/或烟草风味剂（如纯尼古丁）和/或发烟剂（如甘油），成为发烟颗粒，这是第一次明显技术进化，舍弃了对烟草源物料的依赖。

形貌上，原则上没有特定要求，出于便于灌装考虑，通常为大致球形，但完全也可以是其他形状。结构上，发烟颗粒从诞生以来一直是单一均质结构以适应外部加热发烟（包括在第一次技术进化之后仍是外部加热发烟），菲莫公司专利 CN108135275A（4.1.3.2）革命性地将其改进为核壳结构（电磁受体微粒核外包发烟材料壳）以进行内部加热发烟，这是第二次明显技术进化，具有明显技术优势。考虑到菲莫公司当前已经将烟支/烟具产品开发重点全部切换到电磁加热领域，故今后核壳结构电磁加热型发烟颗粒的发展前景不可限量。

发烟颗粒领域技术空白点，发烟颗粒本身方面，由于发烟颗粒改进空间较小，在经过以上两次明显技术进化后，预计今后三五年内难以再次出现明显技术进化，而是以细节改进为主，例如随着颗粒类发烟产品在近几年陆续在开始小批量生产和上市，其制造问题和性能问题在工业化生产和消费者使用过程中将逐步暴露，预计今后会在以下几方面有针对性改进：①提高香味的保存和释放效果；②提高烟雾释放量；③防止发烟颗粒黏结；④颗粒内包含特定功能材料（例如包含稳态凝胶以保香等）；⑤提高颗粒孔隙率改进传热和烟雾释放效果；⑥如何尽量减少黏结剂用量，以尽量减少黏结剂气；⑦如何制备具有微观结构（例如核壳结构）的发烟颗粒等等。

在发烟颗粒制备方法上，在菲莫专利已经公布的内含电磁感应受体核的核壳型发烟颗粒基础上，如何选择特定的感应受体，如何稳定地包壳，如何提高核壳界面表面积和提高核壳间结合稳定性，都是技术空白点，值得将来去做针对性研发和专利布局。

2. 颗粒型烟支/烟弹

颗粒型烟支结构的重要设计点是众多发烟颗粒如何封存在烟支中且便于烟支制作，其经历以下几方面的明显技术进化：

第一方面明显的技术进化是取消烟支内容纳发烟颗粒的内套筒，仅使用外套筒来容纳。早期颗粒型烟支专利[例如安徽中烟专利 CN108065456B（4.2.3.1）、CN108078012A（4.2.3.3）等]中使用内套筒来容纳颗粒，套筒两端用过滤棉或底座来封堵发烟颗粒，由此构成预成型发烟段，便于与烟支其他功能节段（如冷却段、增香段、过滤段）共同卷接或套装成烟支（存在卷烟纸和外套筒），但内外套筒结构比较复杂，加工不便。后来安徽中烟[参见 CN108185524A（4.2.3.5）]取消了内套筒，而仅保留外套筒，其远唇端用带加热元件插入孔的底座封住后，将颗粒直接灌装到外套筒内，再陆续装填其余功能节段，外套筒还可以替代传统卷烟的卷烟纸，是一种明显的技术进步，故外套筒这个特征沿用至今，其中以空纸管作为外套筒，最具成本优势和技术优势，至今仍是颗粒型烟支的主流结构要素。

第二方面明显的技术进化是用封口膜代替套筒端部的过滤棉封口件或封口底座。早期使用过滤棉或底座封口时，发热元件插入困难，易弯曲甚至折断，为方便加热元件插入，过滤棉或底座封口不得不预留加热元件插入孔，制作工艺复杂，且颗粒容易从预留孔中泄露，故使用过滤棉或底座来封堵发烟颗粒的形式未能延续发展。赵雪[CN109512031A（4.2.3.6）]首次使用透气的封口膜或封口帽封堵烟支远唇端，工艺更加简便，发热元件插入容易，成本更低，且加热元件退出烟支时封口膜还对加热元件起到刮擦清洁作用，技术优势非常明显，因此使用透气的封口膜或封口帽封堵发烟段的烟支结构得以延续发展，并有些局部革新或变形方案，例如啤酒瓶盖式封口膜[例如 CN109527638A（4.2.3.7）]或带有切线的封口帽[例如 CN109691692A（4.2.3.27）]、植物纤维封口膜[CN110279145A（4.3.3.8）]等。总之，封口膜至今仍是颗粒型烟支的主流结构要素。

第三方面明显的技术进化是阻挡发烟颗粒防止其向下游移动的阻挡件。该阻挡件实际上也就是颗粒段近唇端封堵件，最早专利[例如安徽中烟专利 CN108065456B（4.2.3.1）、CN108078012A（4.2.3.3）、CN207626562U（4.2.3.4）等]中使用过滤段或顶盖来封堵发烟颗粒，但是过滤段容易移位，顶盖制作工艺复杂，故使用过滤段或顶盖来封堵发烟颗粒的形式未能延续发展。后来各专利都是使用各种限位件来实现，例如、弹簧[CN108669663A（4.2.3.14）]、多孔圆柱或多孔挡片[CN109512031A（4.2.3.6）、CN110839953A（4.2.3.9）]、齿轮状限位件[CN211211442U（4.2.3.30）]，限位件既能封堵发烟颗粒又能阻挡插入加热片时，发烟段向下游移位，还要设有气流通道以传递烟雾，上述各种限位件中，弹簧因有弹性不便于夹持，多孔挡片太薄也难以工业化使用，逐步被弃用，但多孔圆柱和齿轮状限位件都得到了延续发展，至今仍是颗粒型烟支的主流结构要素。

颗粒型烟弹是与颗粒型烟支并列发展的技术，烟弹的优势在于仅提供发烟颗粒段，而将冷却段、增香段、过滤段等功能段设计到烟具上，由于仅提供发烟颗粒段，功能单一且成本低廉，故便于一次性使用和随时更换。颗粒型烟弹的技术点比较分散，其中电阻加热主要分为周向加热型[例如 CN106998817A（4.2.3.21）]和中心加热型[例如 CN105828646B（4.2.3.20）]，其改进方向以优化传热和发烟效果为主，例如烟弹壳体底部向上内凹成圆台状以供烟具的加热元件插入壳体，加热元件通过壳体导热对发烟颗粒进行隔壁式加热。

颗粒型烟弹技术的一次明显技术进化是将核壳型电磁加热型发烟颗粒封存在胶囊壳体中作为烟弹，发烟颗粒可以散装也可以压缩成块封装，见 CN108135275A（4.2.3.22），其技术优势已经在本章有述，不再赘述。该专利中还提到了颗粒型烟弹是菲莫国际（PMI）所重点采用的技术路线。

此外，颗粒型烟弹还有一些其他方面的改进，例如烟弹外壳用双杯交扣型[CN208639627U（4.2.3.24）]或可乐杯型[CN209331185U（4.2.3.26）]或带有通气槽的多孔陶瓷壳型[CN111387563A（4.4.3.6）]，但都称不上是明显技术进步。

颗粒型烟支/烟弹方面，本身改进空间很小且专利很多，故技术空白点非常少。

至于发烟颗粒如何调配口味、烟支的降温段和滤嘴段设计等，都并非发烟颗粒所特有的技术，而是完全可直接借鉴当前再造烟叶型加热卷烟技术中的成熟且常规的技术手段，不再赘述。

颗粒型烟具与常规加热卷烟烟具（如加热薄片状发烟材料）一样，通常分为中心加热型和周向加热型，以及二者混合型，加热方式上，分为电阻加热型和电磁加热型，但与常规加热卷烟烟具并无实质性差异，其所使用的技术也非发烟颗粒所特有的技术，故不再赘述。

凝胶态烟油专利技术

5.1 引 言

5.1.1 凝胶态烟油的产生背景

人们对烟草减害的需求推动了电子烟的诞生和发展。电子烟是由中国人首创，并在海外市场发扬光大，尽管曾一度受到各国监管层面的限制，但其迅猛发展的势头不容忽视，是与加热卷烟两雄并立的主流电子烟具之一。

电子烟是将尼古丁和香精香料等溶解在甘油或丙二醇等多元醇类溶剂中制成烟油，作为发烟材料，然后将烟油灌装到电子烟烟具中，烟油经导油棉等传导元件传递至烟具中的雾化器，在此处通过电加热元件使烟油雾化，形成与传统卷烟相仿的烟雾，供用户抽吸。

然而，由于烟油是液体形态，电子烟烟具的烟油容器、烟油导油棉和电加热元件等在实际装配中难免因零部件加工尺寸不能精准一致而造成密封性不好，或者虽然出厂时密封装配但在后续储运和使用过程中因震动和磕碰或气压变化而造成密封性被破坏，故都或多或少会产生漏油，影响客户体验，且电子烟在进出口海关检验和远洋运输时，也常因烟油的液体属性而不得不经受更苛刻的安全检验。

正是为了解决漏油问题，已经有人提出用固体烟油代替液态烟油作为发烟材料。固体烟油有很多种形式，如黏稠型烟膏、吸附有烟草提取物的多孔介质、烟油与粉体材料的糊状混合物、凝胶态烟油等。

其中凝胶态烟油近年来受到越来越多的关注。凝胶态烟油通常是使用胶凝剂使液体烟油凝固成凝胶（果冻状或固体），以形成固体烟油。进一步，其中有些（但不是所有的）凝胶态烟油具有受热液化的性能，这更加受人欢迎，因为这种凝胶经过加热元件简单加热即可变成液体烟油而具有流动性，可以在几乎不改变原来液体烟油电子烟烟具结构的情况下就用原电子烟烟具进行抽吸。更进一步，还有一些（但不是全部）凝胶态烟油具有热可逆相变功能，即室温下呈凝胶状态，而受热后又能被液化，降温后再次凝固成凝胶，这样的凝胶态烟油最符合电子烟的性能要求，相比于液体烟油电子烟，将具有明显的竞争优势，因此，已经有不少有识之士开始研究开发凝胶态烟油及与其配套的电子烟烟具。

任何研究开发，都离不开对前人已有专利技术的分析。本章旨在系统剖析近 20 年来出现的凝胶态烟油专利，希望从中发现凝胶态烟油的技术特点、技术进化脉络和技术布局。

5.1.2　凝胶态烟油的基本概念

5.1.2.1　凝胶态烟油

凝胶态烟油，顾名思义，是指液体烟油与胶凝剂混合后凝固成的冻状固体或半固体，在室温下不再具有流动性。

凝胶态烟油首先是烟油，即必须含有雾化剂（通常为多元醇，如甘油或丙二醇），其必须作为主发烟材料经加热或振动雾化产生烟雾（或称气溶胶），其可以含有各种口味的香精香料，也可以没有，其可以含有烟碱，也可以不含，但其必须含有雾化剂和胶凝剂。

凝胶态烟油还必须是凝胶态，这里凝胶取其通常定义，是指溶胶凝固后得到的原液体溶剂分子被束缚在由胶凝剂构成的三维巨型分子网络的孔隙中而得到的固体物质。该固体物质通常具有弹性，通常是透明或半透明的，但不是必须的。

凝胶态烟油可以含有少量作为额外增香物质的固体烟草粉末，但其主体必须仍是凝胶态烟油。

基于此定义，我们可以对专利中常见的似是而非的产品形态是否属于凝胶态烟油进行区分，例如：

（1）固体或半固体烟膏，烟草粉末或其他固体粉末与液体烟油混合而得到的糊状烟油，用多孔整体材料（如多孔陶瓷体、多孔海绵体）吸附烟油后得到的所谓“固体烟油”或“固态烟油”，不是凝胶态烟油，因为其缺乏由胶凝剂构成的三维巨型分子网络。

（2）纯粹用来增香（而不是用于雾化产生气溶胶）的凝胶，都不被认作是凝胶态烟油，因为其主要不是用来发烟，而是辅助增香。凝胶增香的典型专利，如专利 CN111000288A、CN111109653A 和 CN111117767A 三者的题目都是《一种烟用凝胶及烟草制品》，这些专利中凝胶基质为聚乙二醇与硬脂酸的混合物，特定分子量范围的聚乙二醇本身就是凝胶，故无需外加胶凝剂，发明点在于添加特定比例的茶多糖、苹果酸和柠檬酸作为矫味剂，消除油脂气息，赋予冰感和抹茶香。不能将此增香型凝胶认定是凝胶态烟油。

（3）以气凝胶形态存在的发烟材料，也不能被认为是凝胶态烟油，因为气凝胶尽管名称中带有“凝胶”二字，但是气凝胶是刚性的干材料，其在物理性质方面与凝胶并不相似，其名称的由来是仅仅因为它们的制备衍生自凝胶，是常规液体凝胶中的液体成分被气体代替后所得到的高度多孔性材料。

（4）以不可相变凝胶形态存在的烟油，例如构成凝胶的三维巨型胶凝剂分子网络仅能受热收缩释放出一部分溶剂液体（称为“失液”或“渗液”）但不能完全液化，仍属于凝胶态烟油，因为其完全符合上述凝胶态烟油的定义。

显然，“固体烟油”，是上位概念，“凝胶态烟油”，是一种具体的固体烟油，是下位概念。

各概念的逻辑关系如图 5-1 所示。

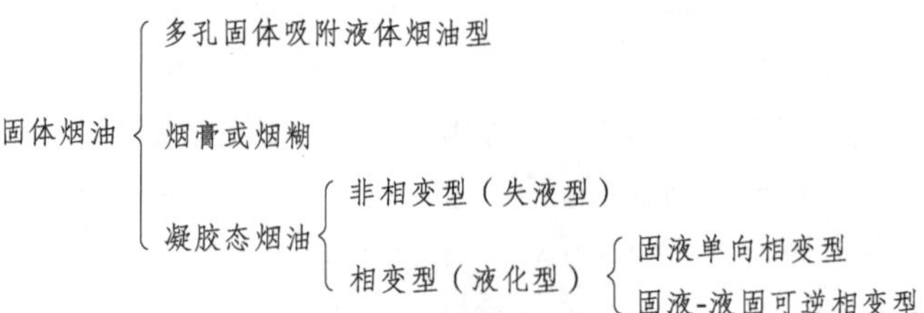

图 5-1　凝胶态烟油各概念的逻辑关系

凝胶态烟油的发烟过程原理如下：

凝胶受热后，对于相变型凝胶，其受热熔融，烟油得以完全液化，然后受热雾化，或在超声波、声表面波、微波等振动波的作用下发生波致雾化；对于非相变型凝胶，其胶凝剂巨型三维分子网络会受热收缩，同时释放出其中存储的烟油溶剂，该过程又称为失液，该烟油溶剂受热雾化或波致雾化。

5.1.2.2 胶凝剂

胶凝剂是指能够使液体溶剂与之形成凝胶的物质。胶凝剂自身可以是粉末、黏稠液体或非黏稠液体，它们溶于液体溶剂中，在特定条件下自身分子之间通过化学交联作用（如缩聚）或物理交联作用（如氢键或范德华力）聚合成三维巨分子网络，从而将液体溶剂分子束缚在网络空隙中，形成凝胶。

胶凝剂通常在业内也称为增稠剂、赋形剂、固化剂等。

在下文具体专利分析中，会给出各式各样的胶凝剂的实例。

5.1.2.3 凝胶烟具

以符合上述定义的凝胶态烟油作为专门或主要气溶胶来源的烟具，被称为凝胶烟具。

该凝胶烟具须针对固体烟油或凝胶态烟油进行至少一处特色化设计（例如针对液化的特色化设计），因此，如果某烟具仅仅是泛泛而谈提到其可以加热固体烟油，但没有任何特色化设计，则不认为其是凝胶烟具。

此外，尽管理论上所有加热卷烟烟具都可以用于加热凝胶态烟油，但因为业内已经达成共识，即加热卷烟烟具通常以固体气溶胶源（传统烟草或再造烟叶或其他非烟草发烟材料例如中草药等）作为发烟材料，故并不认为加热卷烟烟具就是凝胶烟具。

5.2 凝胶态烟油类型、配方与制备方法

5.2.1 相关专利和重要专利

在检索到的凝胶态烟油专利中，与凝胶态烟油类型、配方与制备方法相关的专利共计22件，其中，重要专利18件，用下画线标示，如表5-1所示。

表5-1 凝胶态烟油类型、配方与制备方法相关专利和重点专利（下画线标示）

序号	公开号-授权号	申请人-专利权人	标题	申请日	公开（公告）日	当前法律状态
<u>1</u>	<u>CN101933653B</u>	<u>深圳市如烟生物科技有限公司</u>	<u>药用保健型固体电子烟雾化液及制备方法</u>	<u>2010/8/9</u>	<u>2012/10/10</u>	<u>失效</u>
<u>2</u>	<u>CN103960783A</u>	<u>湖北中烟工业有限责任公司</u>	<u>凝胶型固液电子烟弹及其制备方法</u>	<u>2014/5/15</u>	<u>2014/8/6</u>	<u>失效</u>

续表

序号	公开号-授权号	申请人-专利权人	标题	申请日	公开（公告）日	当前法律状态
3	CN103960784A	湖北中烟工业有限责任公司	内含电热丝的凝胶型一次性固液电子烟弹及其制备方法	2014/5/15	2014/8/6	失效
4	CN104256888B	江苏中烟工业有限责任公司	一种热敏性电子烟液及其制备	2014/8/7	2016/6/22	授权
5	CN104382236A	浙江中烟工业有限责任公司	电子烟凝胶态烟弹及其制备方法	2014/10/22	2015/3/4	失效
6	CN104382224A	浙江中烟工业有限责任公司	一种用于电子烟的固态烟弹及其制备方法	2014/10/22	2015/3/4	失效
7	CN106418667B	上海烟草集团有限责任公司	一种凝固态烟草提取物的制备方法及在电子烟中的应用	2015/8/13	2017/2/22	授权
8	CN106998811A	奥驰亚客户服务有限责任公司	用于电子烟装置的无乙醇凝胶配方筒体	2015/10/29	2017/8/1	失效
9	WO2016133109A1	日本たばこ産業株式会社	常温でゲル状の喫煙物品用の熱可逆性組成物	2016/2/17	2016/8/25	公开
10	CN109475189A	菲利普莫里斯生产公司	包括加热的凝胶容器的气溶胶生成系统	2017/7/6	2019/3/15	实质审查
11	CN109414056A	菲利普莫里斯生产公司	包括含有凝胶的筒的气溶胶生成系统	2017/7/11	2019/3/1	实质审查
12	CN109475187A	菲利普莫里斯生产公司	包括含凝胶筒和用于加热筒的装置的气溶胶生成系统	2017/7/11	2019/3/15	实质审查
13	US20180027884A1	Altria Client Services LLC	AEROSOL-GENERATING SYSTEM INCLUDING A HEATED GEL CONTAINER	2017/7/28	2017/8/2	实质审查
14	CN108095199A	云南拓宝科技有限公司	一种凝胶态电子烟烟液及其制备方法	2018/1/22	2018/6/1	失效
15	WO2018224339A1（US20180352862A1同族）	Altria Client Services LLC	CARTRIDGE HAVING A SUSCEPTOR MATERIAL	2018/6/7	2018/12/13	实质审查
16	US20190208827A1	Altria Client Services LLC	CARTRIDGE HAVING AN INTERNAL SURFACE SUSCEPTOR MATERIAL	2019/3/14	2019/7/11	实质审查

续表

序号	公开号-授权号	申请人-专利权人	标题	申请日	公开（公告）日	当前法律状态
17	CN110150725A	深圳市赛尔美电子科技有限公司	固态烟油及其制备方法和应用	2019/5/29	2019/8/23	实质审查
18	CN111545139A	云南中烟工业有限责任公司	含糖基-酰胺基-芳基-烃基四段式糖基胶凝剂的可逆相变雾化液凝胶及其制备方法和应用	2020/6/4	2020/8/18	授权
19	CN111659325A	云南中烟工业有限责任公司	含糖基-芳基-酰胺基-烃基四段式糖基胶凝剂的可逆相变雾化液凝胶及其制备方法和应用	2020/6/4	2020/9/15	授权
20	CN111672429A	云南中烟工业有限责任公司	一种包含烃基-芳基-糖基三段式糖基胶凝剂的可逆相变雾化液凝胶及其制备方法和应用	2020/6/4	2020/9/18	授权
21	CN111672430A	云南中烟工业有限责任公司	含烃基-酰胺基-糖基-芳亚烃基四段式糖基胶凝剂的可逆相变雾化液凝胶及其制备和应用	2020/6/4	2020/9/18	授权
22	CN111672431A	云南中烟工业有限责任公司	一种包含烃基-氨基-糖基三段式糖基胶凝剂的可逆相变雾化液凝胶及其制备方法和应用	2020/6/4	2020/9/18	授权

5.2.2 关键词解释

（1）固液相变温度：烟油由液态变为固态的温度，或者烟油由固态变为液态的温度。

（2）热可逆固液相变：升高温度至可逆相变温度，烟油由固态变为液态；降低温度至可逆相变温度，烟油又由液态变为固态，且反复升温和降温，烟油可在固态和液态两种状态之间反复变化。

（3）“液化温度与雾化温度不匹配难题”：在专利 CN104256888B（5.2.3.4）中提出。如此低的加热温度，会严重影响甘油或丙二醇之类的雾化剂的雾化，因为这些雾化剂通常要受热到 180 °C 以上才能显著雾化。可见，热可逆性固液相变温度与加热雾化温度之间存在不匹配问题，这也是凝胶态烟油的普遍难题之一，简称为“液化温度与雾化温度不匹配难题”。

（4）“胶凝剂健康隐忧”：专利 CN106418667B（5.2.3.7）中提出。在凝胶态烟油中还存在大量固化剂和赋形剂，它们对于肺部长期作用的安全性未经验证，是否会导致健康隐患也是凝胶态烟油的一个普遍问题。该问题是否真实存在，还要经后人严格的生物学实验检验，故不能肯定这就是个问题，只能简称为“胶凝剂健康隐忧”。

（5）“凝胶导热性差难题”：在专利 CN104382224A（5.2.3.6）中提出。凝胶态烟油的一个普遍性的技术难题是：呈凝胶固体时导热速率慢，进而液化速度慢，更何况为了保持凝胶的可逆相变性能，加热温度还不能过高（温度过高则会导致胶凝剂热变性，丧失可逆相变性能），这进一步限制了传热速度。该难题简称为“凝胶导热性差难题”。

（6）“凝胶连续供应难题”：在专利 CN104382224A（5.2.3.6）中提出。笔者经深入思考意识到，由于凝胶不像液体烟油那样具有流动性（可通过导油元件连续供应到加热元件），故一旦与加热器直接接触的那部分凝胶液化后，凝胶的其余部分就不能继续保持与加热元件的热接触，而不能被液化。为了解决该问题，要么在凝胶态烟油烟具中设置运动部件使凝胶和加热元件不断地彼此靠近保持良好热接触，要么加热元件就要一次性加热全部凝胶（例如周向加热腔整体高温使全部凝胶液化），但这样又会造成电能浪费以及全部凝胶被反复加热而变质。需要增设运动部件，或者凝胶态烟油不得不每次都要全部液化，归根结底是无法将凝胶态烟油逐份或连续供应到加热元件造成的，因此体现了凝胶态烟油的又一共性技术难题——“凝胶连续供应难题”。

（7）胶凝剂/固化剂/赋形剂/增稠剂：在本章的凝胶态烟油配方中指的是起到胶凝化作用的物质。

5.2.3 重要专利剖析

5.2.3.1 CN101933653B

1. 专利简述

此专利申请人为深圳市如烟生物科技有限公司（表 5-1【1】CN101933653B 药用保健型固体电子烟雾化液及制备方法）。

这是目前所能查到的最早的凝胶态烟油配方专利，其专利权人是电子烟业内大名鼎鼎的深圳市如烟生物科技有限公司，该公司创始人韩力被公认为世界上第一支电子烟的发明人。该专利申请日是 2010 年 8 月 9 日，正是电子烟方兴未艾的年代，可见人们很早就认识到可以用凝胶态烟油来解决液体烟油的漏油和香味挥发损失（留香不久）等问题。

该专利靠赋形剂（35%黄原胶+65%酪蛋白酸钠）+果胶酸钙凝胶+固化剂（35%藻酸丙二醇酯+65%海藻酸钠）共同作用将液体烟油固化，且还要经过急冻过程才能使液体烟油固化。

2. 核心专利点分析

（1）该专利中没有提到该固体烟油是只能加热液化还是可以反复固液相变，也没有提到固液相变温度。从其制备过程需要急冷来推断，该固体烟油大概率不能反复固液相变，因为通常使用状态下最多只能降温到室温，不可能为了抽吸电子烟还要配备冰箱或冷柜。既然不能反复相变，那么该凝胶态烟油就只能加热液化后与常规液态烟油一样雾化。

（2）后续专利 CN104256888B（5.2.3.4）进一步提到，该专利中的固体烟油是不能液化的，只能以固体形式被干馏加热雾化，雾化速度慢且烟雾量不足。

5.2.3.2 CN103960783A

1. 专利简述

此专利申请人为湖北中烟工业有限责任公司（表 5-1【2】CN103960783A 凝胶型固液电子烟弹及其制备方法）。

该专利虽然在凝胶配方中含有烟草粉末，但其雾化剂也是甘油或丙二醇等物质，实际上可以将该烟草粉末省略或替换为烟草提取物如烟液、烟油、烟碱溶液等，即为凝胶态烟油。

该专利中所使用的胶凝剂为泊洛沙姆、卡波姆、聚乙烯醇、聚维酮、羧甲基纤维素钠、甲基纤维素、羟乙基纤维素、玻璃酸钠、聚乙二醇、羟丙甲纤维素等。

该凝胶态烟油被金属箔封存在金属壳体内，使用时将金属箔撕下，将金属壳体开口与加热元件靠近或接触，对该凝胶态烟油进行干馏雾化。

2. 核心专利点分析

（1）该专利的创新点是凝胶态烟油+金属壳体构成了烟弹，与烟具分体式设计，便于用后更换。

（2）凝胶态烟油必须一次性全部受热雾化，没有逐步受热雾化的技术措施。

（3）该专利未明确提到该凝胶态烟油是否能受热液化，可以推断该专利中的凝胶态烟油是不能液化的。

（4）该专利的缺点：胶凝剂主要是表面活性剂和增稠剂，所得凝胶不具备可逆固液相变性能，始终呈稠胶状，通过加热金属壳体来干馏发烟，由于不能液化，香味物质或烟碱挥发受阻，抽吸体验很差；聚乙烯醇、聚维酮具有健康风险（致癌性）。

5.2.3.3 CN103960784A

1. 专利简述

此专利申请人为湖北中烟工业有限责任公司（表 5-1【3】CN103960784A 内含电热丝的凝胶型一次性固液电子烟弹及其制备方法）。

凝胶态烟油烟弹，其所使用的凝胶配方同专利 CN103960783A（5.2.3.3），其凝胶缺点自然继承了该专利中的凝胶缺点。如图 5-2 所示，将该凝胶 1 置于具有进气孔 2.1 和出气孔 2.3 的金属壳体 2 内，壳体内还设有加热元件 3，加热元件具有电触点 2.2。使用时，将该烟弹置于烟具内使电触点通电引发加热元件发热而呈现中心加热的效果，干馏该凝胶而发烟。

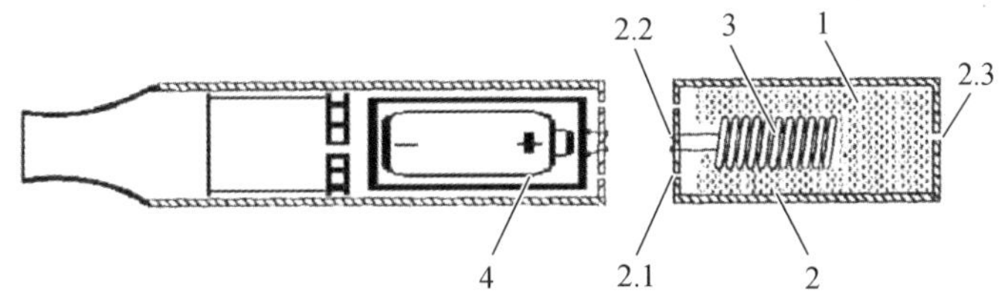

图 5-2　CN103960784A 中的凝胶态烟油烟弹结构

2. 核心专利点分析

（1）该专利将成本较贵的加热元件放到只能一次性使用的烟弹中，则加热元件也只能一次性使用，浪费原料。

（2）凝胶不能液化，而凝胶本身导热性又差，故加热效率不高。

（3）液化位置与雾化位置重合。

5.2.3.4 CN104256888B

1. 专利简述

此专利申请人为江苏中烟工业有限责任公司（表 5-1【4】CN104256888B 一种热敏性电子烟液及其制备）。

该专利使用增稠剂来胶凝化，增稠剂选自明胶、琼脂、可得燃胶（一种水不溶性葡聚糖）和卡拉胶中的一种或几种。该专利中明确提到该凝胶态烟油具有热可逆固液相变特性，升温液化且烟油流动性强，降温又胶凝化成凝胶，但要求使用温度小于 80 °C（如 60 ~ 75 °C），以免增稠剂的热可逆性受到破坏。

2. 核心专利点分析

（1）该专利使用如此低的加热温度，会严重影响甘油或丙二醇之类的雾化剂的雾化，因为这些雾化剂通常要受热到 180 °C 以上才能显著雾化。可见，热可逆性固液相变温度与加热雾化温度之间存在不匹配问题，这也是凝胶态烟油的普遍难题之一，简称为“液化温度与雾化温度不匹配难题”。

（2）后续专利 CN106418667B（5.2.3.7）中提到，本专利还存在大量固化剂和赋形剂对于肺部长期作用的安全性未经验证导致的健康隐患问题,这也是凝胶态烟油的一个普遍问题，因该问题是否真实存在，还要经后人严格的生物学实验检验，故不能肯定这就是个问题，只能简称为“胶凝剂健康隐忧”。

（3）胶凝剂、固化剂、赋形剂，在凝胶状态下是三维网络巨型分子，即便受热液化后，其仍然是分子量以几十万甚至上百万计的线性或树枝状巨型分子，是否能被加热雾化，都是个未知数，后续所有凝胶态烟油专利都对胶凝剂分子本身是否能被雾化讳莫如深。可以推测胶凝剂分子本身不会被雾化，除非加热温度极高或者胶凝剂分子本身断裂成低分子量物质。当然，这有待于今后的实验事实来检验。

5.2.3.5 CN104382236A

1. 专利简述

此专利申请人为浙江中烟工业有限责任公司（表 5-1【5】CN104382236A 电子烟凝胶态烟弹及其制备方法）。

该专利所提到的凝胶态烟油配方中，胶凝剂是结冷胶，或结冷胶与黄原胶或槐豆胶的混合物。结冷胶具有热可逆性，提供温敏型固液相变。

2. 核心专利点分析

该专利中未提到发烟温度这一关键参数，推测热可逆性固液相变温度与加热雾化温度之间的不匹配问题，在该专利中没有得到解决。

5.2.3.6 CN104382224A

1. 专利简述

此专利申请人为浙江中烟工业有限责任公司（表 5-1【6】CN104382236A 一种凝固态烟草提取物的制备方法及在电子烟中的应用）。

该专利所示的凝胶态烟油配方中，胶凝剂为明胶、酪蛋白酸钠、阿拉伯胶、罗望子多糖胶、田菁胶、琼脂、海藻酸钠、卡拉胶、果胶、黄原胶、β-环糊精、淀粉磷酸酯钠、羟丙基淀粉、藻酸丙二醇酯中的一种或多种，这些都是常规的胶凝剂，并无特色。

2. 核心专利点分析

该专利的特色在于向凝胶态烟油中加入了导热填料，如碳酸钙、二氧化钛、碳化硅、碳粉等。创新点也在于导热填料，致力于解决凝胶态烟油的另一普遍技术难题，即呈凝胶固体时导热速率慢，进而液化速度慢，更何况为了保持凝胶的可逆相变性能，加热温度还不能过高（温度过高则会导致胶凝剂热变性，丧失可逆相变性能），这进一步限制了传热速度。该难题简称为“凝胶导热性差难题”。

5.2.3.7 CN106418667B

1. 专利简述

此专利申请人为上海烟草集团有限责任公司（表 5-1【7】CN106418667B 一种凝固态烟草提取物的制备方法及在电子烟中的应用）。

这是一个很有特色的专利：其不使用外加的固化剂或胶凝剂或增稠剂或赋形剂，以避免外加添加剂对肺部的潜在健康隐患，旨在解决“胶凝剂健康隐忧”。

该专利使用源自烟草的天然固化剂（未提到具体有用成分是什么，但推测为烟草中的天然多糖类生物胶）。具体为，将烟草粉碎后进行二氧化碳超临界萃取，萃取物分层后过滤掉下层液体，取上层固形物，然后将其加入甘油或丙二醇等雾化剂中，振荡均匀后在室温下静置即可得到凝固态烟油。

该专利的另一个好处是烟草本香提高。

2. 核心专利点分析

（1）该专利算是个标新立异的凝固态烟油配方专利，构思独特。

（2）该专利并未提到是否该凝固态烟油能受热液化、是否能可逆固液相变，也没有提到液化温度和雾化温度。推测大概率是不能液化，只能受热干馏发烟。另外，从专利题名“凝固态烟草提取物”，而非“凝胶态烟草提取物”，也能大致推断出其不能液化。

5.2.3.8 WO2016133109A1

1. 专利简述

此专利申请人为日本たばこ産業株式会社（日本烟草公司）[表 5-1【9】WO2016133109A1

（同族 US20170340005A1、KR1020170102341A、JP6393399B2、EP3243393B1）常温でゲル状の喫煙物品用の熱可逆性組成物]。

这是日本烟草公司申请的 PCT 专利，公开了热可逆凝胶配方如下：甘油 69.0%～94.8%，天然结冷胶（平均分子量 100000～700000）0.2%～1.0%，水 5.0%～30.0%。该热可逆凝胶在 70 °C 以上为液体溶胶，在 60 °C 以下为固体溶胶。图 5-3 为凝胶黏度随温度的变化。

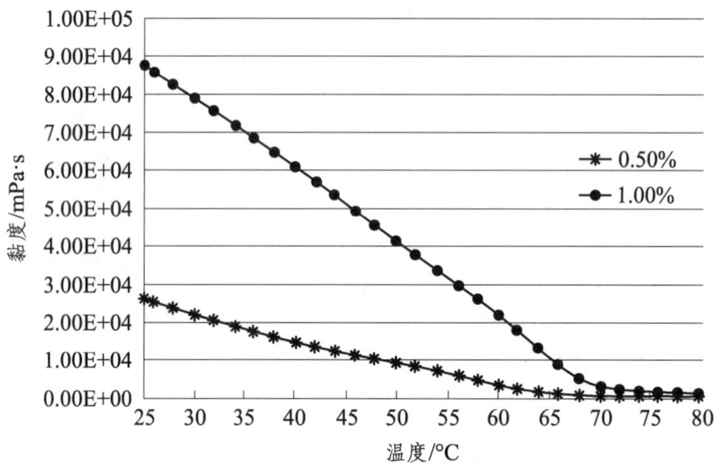

图 5-3　WO2016133109A1 中凝胶黏度随温度的变化

2. 核心专利点分析

（1）该专利除了公开了热可逆凝胶配方外，更重要的是提到了热感应性（热感应性即凝胶对热刺激的响应速度）的概念，即以特定加热功率将凝胶加热到某一特定温度（如 160 °C 时）所耗费的时间，该时间越短，说明受热液化和雾化速度越快，热感应性越高，越容易满足消费者即时抽吸的消费体验。

（2）热感应性指标是前人凝胶态烟油专利所未曾关心的。该专利中，热感应性在 160 s 以下，这个时间其实仍然太长，不能满足用户即时抽吸的需要，将来可以通过不加热液化全部凝胶而是逐步液化逐步雾化的方式来提高热感应性。

5.2.3.9　CN109475189A

1. 专利简述

此专利申请人为菲利普莫里斯生产公司[表 5-1【10】CN109475189A（同族 WO2018019543A1）包括加热的凝胶容器的气溶胶生成系统]。

该专利既公开了凝胶烟油配方，又公开了凝胶烟具。其中凝胶烟油配方包括：65%～70%的甘油、20%～27%的水、2%的尼古丁或 14.3%的固体烟草粉末、0.7%～1%的琼脂或琼脂糖。本专利声称所得凝胶升温至 85 °C 才液化，降温至 40 °C 后又冷凝成凝胶状，因此即便是在气温达到 50 °C 的热带地区也不会因液化而漏油。

一次性烟弹筒还可以制成如图 5-4（e）所示的带有中空插槽 434 的形状，加热片插入该中空插槽中进行中心加热，但加热片不接触凝胶烟油。

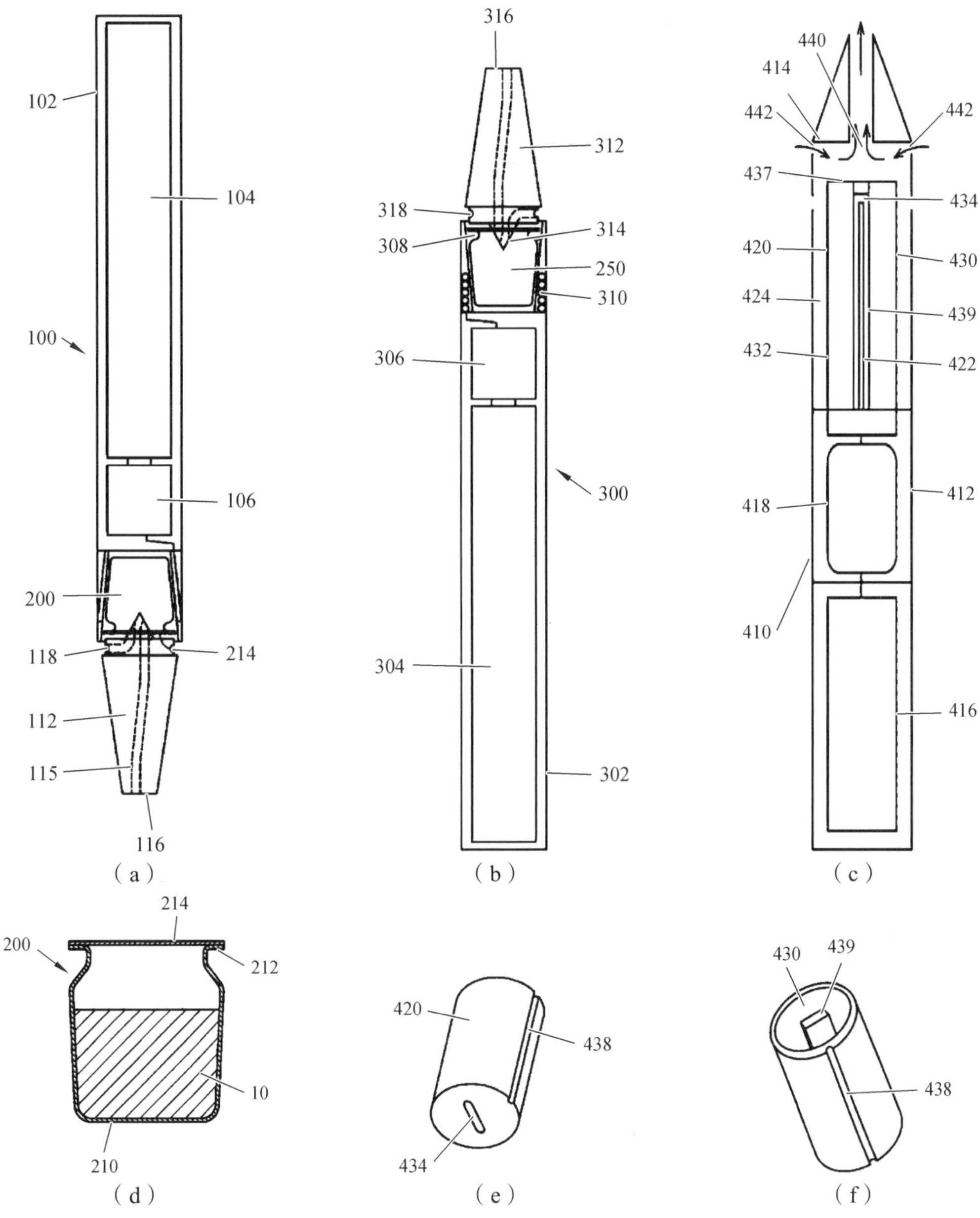

图 5-4 CN109475189A 中的烟弹筒结构

2. 核心专利点分析

（1）该专利的创新点是加热元件与凝胶态烟油不直接接触，而是通过导热性壳体隔壁式加热，避免烟油液化和雾化过程中有残渣或冷凝物沉积/残留在加热元件上，有效维持加热元件清洁性，避免残留物热分解产生异味。隔壁式加热也可避免将液体烟油导向加热元件的导油件。

（2）烟弹筒是一次性的，其中装填的凝胶烟油量恰好足够预期的若干次抽吸，一次性抽吸完毕，故不存在大量烟油被反复加热液化-降温冷凝的问题。

（3）液化位置与雾化位置重合，避免了导油元件的使用，但也会造成所有烟油一次性全部液化，故烟油量不宜太大（最好是一次性使用的量），否则一次抽吸不能耗尽势必造成反复加热液化-冷凝固化。

5.2.3.10 CN108095199A

1. 专利简述

此专利申请人为云南拓宝科技有限公司[表 5-1【14】CN108095199A 一种凝胶态电子烟烟液及其制备方法]。

如图 5-5 所示，该专利中的凝胶烟油配方包括：植物胶 1%～17%，雾化剂 15%～43%，食用香精 2%～20%，纯水 20%～60%；植物胶为壳聚糖、海藻酸钠、明胶、琼脂、阿拉伯糖、果胶、卡拉胶、黄原胶、瓜尔胶之一或其混合物。本专利声称所得凝胶升温后变成流动液体，降温至室温后又呈凝胶状。

2. 核心专利点分析

从专利配方不难发现，其为了具有可逆相变功能，水含量偏高，这会影响雾化性能和口味，也容易滋生细菌。

5.2.3.11 WO2018224339A1

1. 专利简述

此专利申请人为 Altria Client Services LLC[表 5-1【15】WO2018224339A1（同族 US20180352862A1）CARTRIDGE HAVING A SUSCEPTOR MATERIAL]。

如图 5-5 所示，专利的药筒 10 具有外壳 12，外壳内具有金属丝团或金属泡沫 20，其间隙内填充着热可逆凝胶 24（将高温下的液体溶胶注入间隙后降温凝固成凝胶），药筒开口 16 被易碎封口膜 26 封闭。使用时，通过吸嘴 100 的刺破件 104 将封口膜刺穿，烟具主体内具有

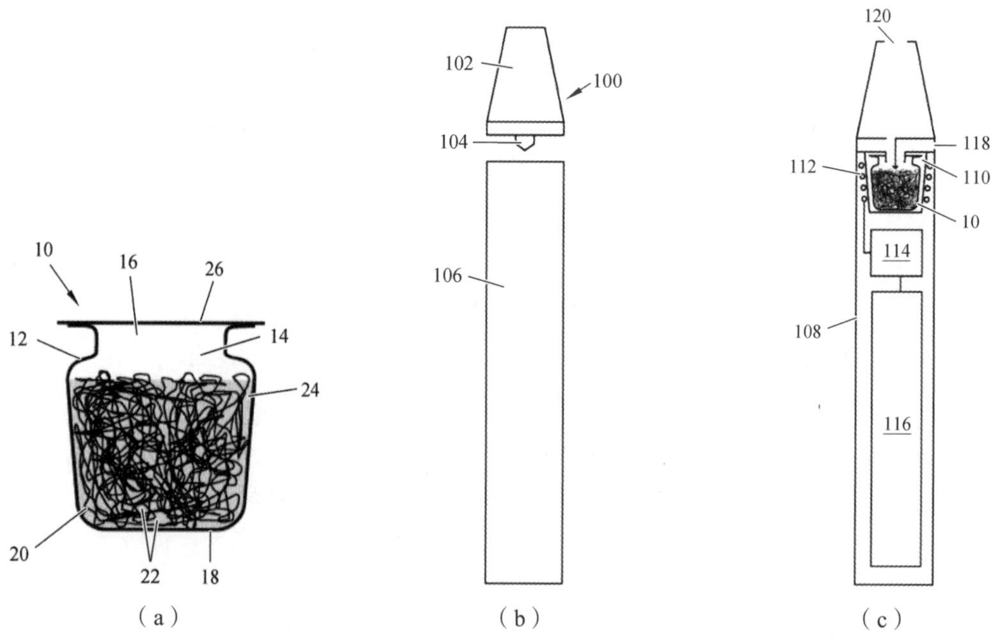

图 5-5 WO2018224339A1 中的烟筒结构

感应线圈 112，对金属丝团或金属泡沫进行感应加热而将其液化和雾化发烟。

该热可逆凝胶所使用的胶凝剂可以是琼脂、琼脂糖、藻酸钠或结冷胶，熔融温度为至少约 50 °C，更优选至少 80 °C。

2. 核心专利点分析

（1）胶凝剂和凝胶配方同菲莫专利 CN109475189A（5.2.3.9）。

（2）采用感应加热，液化位置与雾化位置相同。

（3）该专利的创新点为：药筒为一次性使用，姑且不论专利中提到金属丝团或金属泡沫有惰性保护层，即便没有，因烟油与感应加热元件直接接触加热时间短，也不必担心残渣残留问题。

5.2.3.12 US20190208827A1

1. 专利简述

此专利申请人为 Altria Client Services LLC（表 5-1【16】US20190208827A1 CARTRIDGE HAVING AN INTERNAL SURFACE SUSCEPTOR MATERIAL）。

如图 5-6 所示，该专利的药筒 10 具有外壳 12，外壳内具有环面状电磁感应体 20，通过任何合适方法如 3D 打印、压花或压纹、蚀刻工艺、线刷等工艺使其内表面 21 上密布着空隙 22，空隙 22 内填充着热可逆凝胶 24（将高温下的液体溶胶注入空隙后降温凝固成凝胶），药筒开口被易碎封口膜 26 封闭。使用时，通过吸嘴 100 的刺破件 104 将封口膜刺穿，烟具主体内具有感应线圈 112，对电磁感应体内表面上的热可逆凝胶 24 进行感应加热而将其液化和雾化发烟。

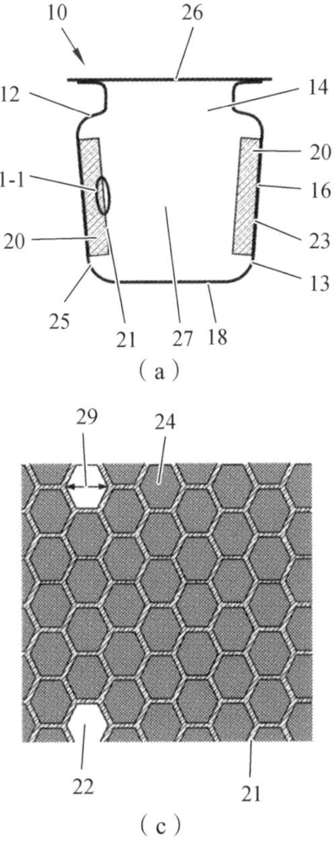

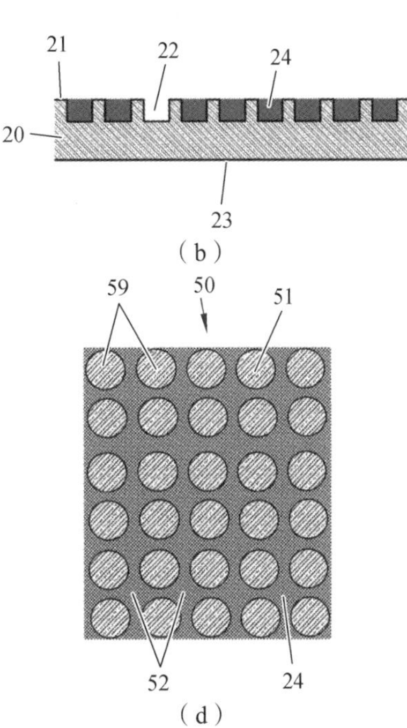

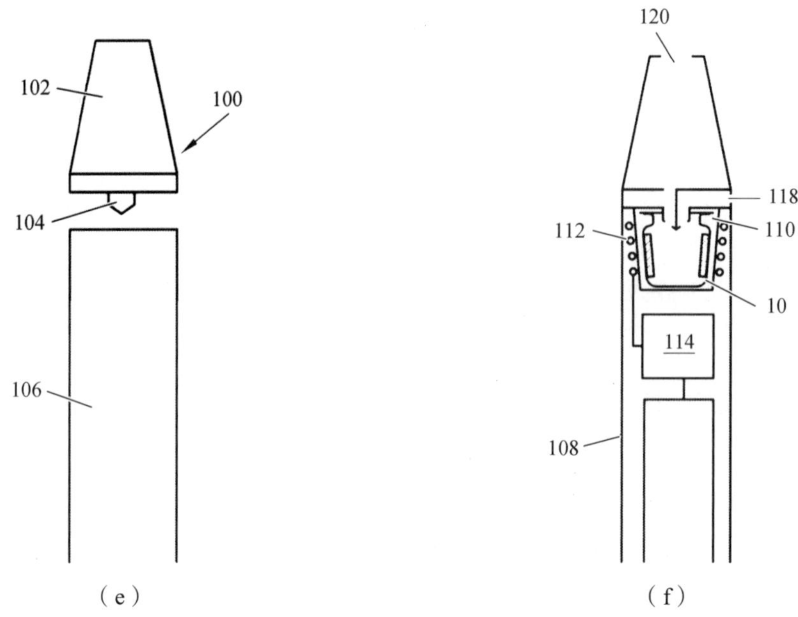

图 5-6 US20190208827A1 中的烟筒结构

该热可逆凝胶所使用的胶凝剂可以是琼脂、琼脂糖、藻酸钠或结冷胶，熔融温度为至少约 50 °C，更优选至少 80 °C。

2. 核心专利点分析

（1）采用感应加热，液化位置与雾化位置相同。

（2）药筒为一次性使用，姑且不论专利中提到电磁感应体有惰性保护层，即便没有，因烟油与感应加热元件直接接触加热时间短，也不必担心残渣残留问题。

（3）该专利的创新点为：环面状电磁感应体比 WO2018224339A1（5.2.3.11）所示的金属丝团和金属泡沫更容易规模化稳定制造，且由于从加热大量凝胶整体变为仅加热与加热元件直接接触的凝胶，故加热效率比 WO2018224339A1（5.2.3.11）更高，更具有实践意义。

5.2.3.13 CN110150725A

1. 专利简述

此专利申请人为深圳市赛尔美电子科技有限公司（表 5-1【17】CN110150725A 固态烟油及其制备方法和应用）。

该专利中的固态烟油包括多孔载体 30% ~ 60%、增稠剂 5% ~ 15%，黏结剂（相当于胶凝剂）5% ~ 15%，雾化剂 20% ~ 40%。其中多孔载体以粉末形式使用。增稠剂为单硬脂酸甘油酯、卡波姆、羧甲基纤维素钠、甲基纤维素或羟丙基纤维素。黏结剂为卡拉胶、黄原胶、瓜尔豆胶、阿拉伯胶、海藻酸盐、琼脂、魔芋胶、槐豆胶。雾化剂为甘油。

其中多孔载体粉末的作用是将其余试剂吸附到其上，并利用其多孔性使得到的固体烟油内部结构疏松，便于受热雾化均匀。

2. 核心专利点分析

（1）虽然该专利刻意强调，上述多孔载体、增稠剂和黏结剂缺一不可，否则不能成型为固态烟，貌似因使用了多孔载体而不符合本书中凝胶态烟油的定义，但鉴于该多孔载体是以粉末形式添加，而不是以固体成型体形式使用，且并非多孔载体吸附液体烟油，而是多孔载体粉末作为分散相分散在连续的凝胶中,故严格来说可以认定该专利产品仍属于凝胶态烟油。

（2）未提到该固态烟油是否具有可逆固液相变功能。

5.2.3.14 CN111545139A

1. 专利简述

此专利申请人为云南中烟工业有限责任公司（表 5-1【18】CN111545139A 含糖基-酰胺基-芳基-烃基四段式糖基胶凝剂的可逆相变雾化液凝胶及其制备方法和应用）。

该专利所示的凝胶态烟油中，胶凝剂为包含糖基-酰胺基-芳基-烃基四段式糖基胶凝剂，其分子结构如下。

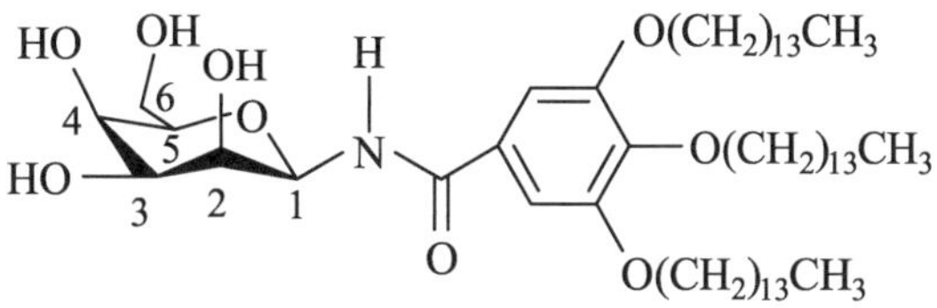

该凝胶态烟油具有可逆固液相变功能，固液相变温度为 188～248 °C，这大大高于传统凝胶的相变温度（室温至最高 80 °C），与雾化剂的汽化温度（高于 180 °C）相匹配，解决了“液化温度与雾化温度不匹配难题”。此外，该专利还提到，由于固液相变温度很高，故停止加热后可以实现快速凝固，而传统凝胶态烟油在加热到 180 °C 以上时再降温回到室温则耗时相当长。该专利还披露了传统凝胶态烟油的另一技术难题：凝胶很容易被加热元件加热液化，进而被继续加热到雾化温度而雾化，但从雾化温度再降温回到室温而凝固，则相对困难，因为烟具中没有专门的冷却降温设施，此问题简称为“液化容易固化难”。

2. 核心专利点分析

（1）该专利属于里程碑式专利，首次公开了固液相变温度高于 180 °C 的凝胶烟油配方，旨在解决“液化温度与雾化温度不匹配难题”。

（2）该专利公开了核心的胶凝剂分子式，且该核心胶凝剂不是任何已知且常用的生物胶（多从生物体内提取得到），而是人工化学合成的胶凝剂。

（3）该专利首次提出了胶凝剂分子式结构与固液相变温度之间的构效关系，能指导胶凝剂分子式的设计，为将来提高固液相变温度奠定了理论基础。

（4）解决了传统凝胶态烟油“液化容易固化难”的难题。

5.2.3.15 CN111659325A

1. 专利简述

此专利申请人为云南中烟工业有限责任公司（表 5-1【19】CN111659325A 含糖基-芳基-

酰胺基-烃基四段式糖基胶凝剂的可逆相变雾化液凝胶及其制备方法和应用）。

该专利所示的凝胶态烟油中，胶凝剂为包含糖基-酰胺基-芳基-烃基四段式糖基胶凝剂，其分子结构如下。

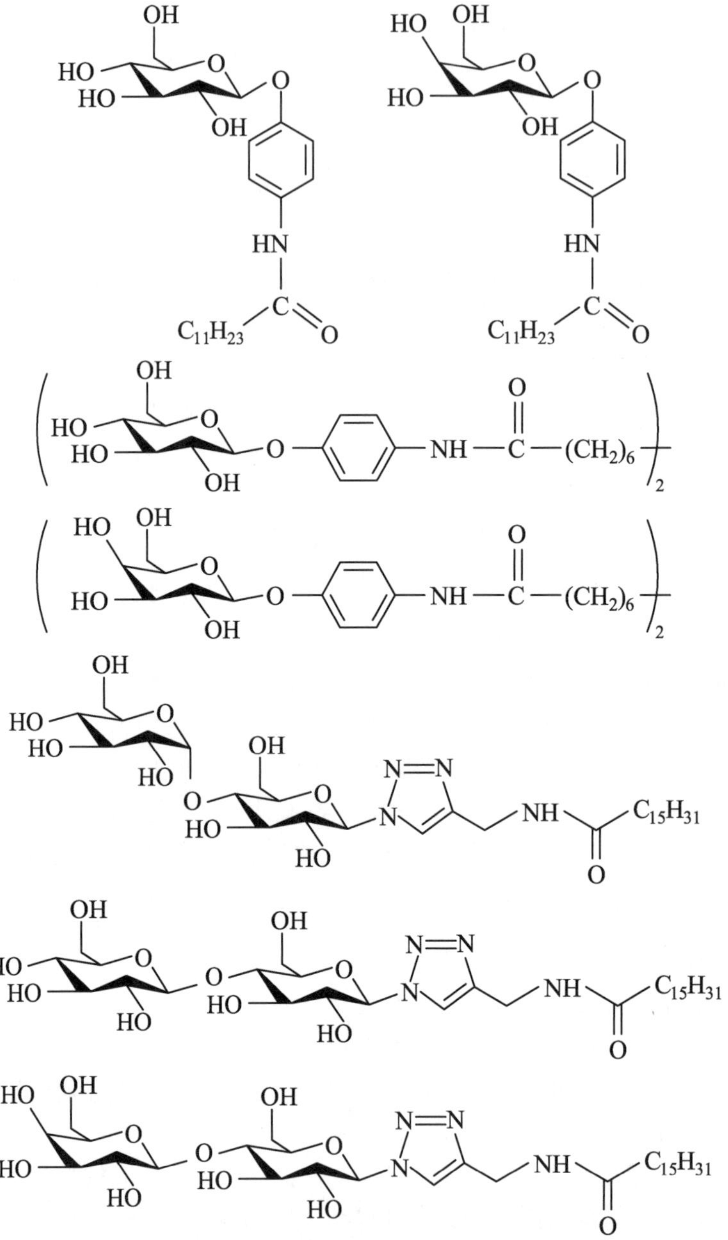

使用上述胶凝剂的凝胶态烟油具有可逆固液相变功能，固液相变温度为 190～240 °C，这大大高于传统凝胶的相变温度（室温至最高 80 °C），与雾化剂的汽化温度（高于 180 °C）相匹配，解决了“液化温度与雾化温度不匹配难题”。此外，该专利还提到，由于固液相变温度很高，故停止加热后可以实现快速凝固，而传统凝胶态烟油在加热到 180 °C 以上时再降温回到室温则耗时相当长。

2. 核心专利点分析

同 5.2.3.14。

5.2.3.16 CN111672429A

1. 专利简述

此专利申请人为云南中烟工业有限责任公司（表 5-1【20】CN111672429A 一种包含烃基-芳基-糖基三段式糖基胶凝剂的可逆相变雾化液凝胶及其制备方法和应用）。

该专利所示的凝胶态烟油中，胶凝剂为包含烃基-芳基-糖基三段式糖基胶凝剂，其分子结构如下。

$C_{11}H_{23}$ HO OH O O O O 6 5 4 3 2 1

C_7H_{15} O HO OH O O O O 6 5 4 3 2 1

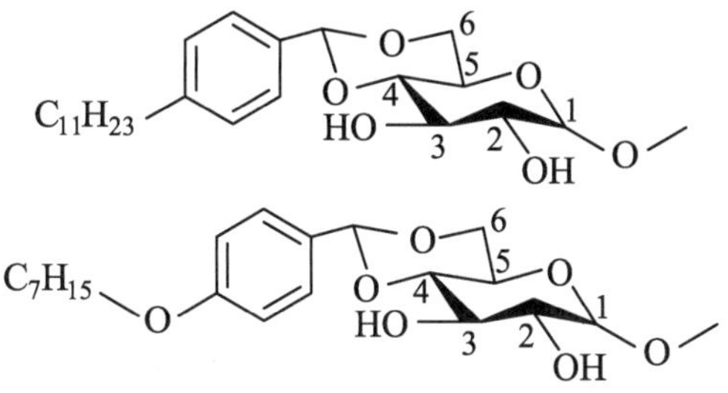

使用该胶凝剂的凝胶具有可逆固液相变功能，固液相变温度为 100 ~ 140 °C，显著高于传统凝胶的相变温度（室温至最高 80 °C），可以实现快速凝固，而传统凝胶态烟油在加热到 182 °C 以上时再降温回到室温则耗时相当长。

2. 核心专利点分析

同 5.2.3.14。

5.2.3.17 CN111672430A

1. 专利简述

此专利申请人为云南中烟工业有限责任公司（表 5-1【21】CN111672430A 含烃基-酰胺基-糖基-芳亚烃基四段式糖基胶凝剂的可逆相变雾化液凝胶及其制备和应用）。

该专利所示的凝胶态烟油中，胶凝剂为包含烃基-酰胺基-糖基-芳亚烃基四段式糖基胶凝剂，其分子结构如下。

OH OH O HO NH C_8H_{17} O O Cl Cl

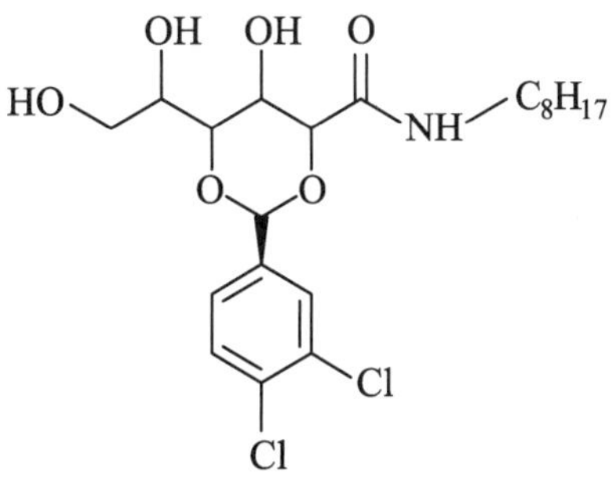

该凝胶态烟油具有可逆固液相变功能，固液相变温度为 145 ~ 220 °C，显著高于传统凝胶的相变温度（室温至最高 80 °C），与雾化剂的汽化温度（高于 180 °C）更接近，可以实现

快速凝固，而传统凝胶态烟油在加热到 183 °C 以上时再降温回到室温则耗时相当长。

2. 核心专利点分析

同 5.2.3.14。

5.2.3.18 CN111672431A

1. 专利简述

此专利申请人为云南中烟工业有限责任公司（表 5-1【22】CN111672431A 一种包含烃基-氨基-糖基三段式糖基胶凝剂的可逆相变雾化液凝胶及其制备方法和应用）。

该专利所示的凝胶态烟油中，胶凝剂为包含烃基-氨基-糖基三段式糖基胶凝剂，其分子结构如下。

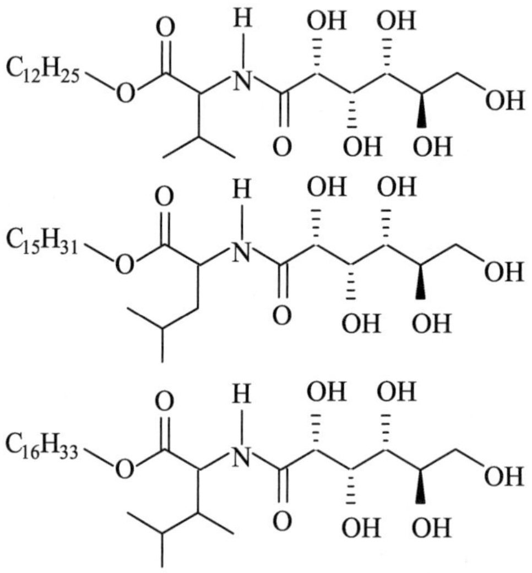

$C_{12}H_{25}$ O OH OH OH OH OH H N O O

$C_{15}H_{31}$ O OH OH OH OH OH H N O O

$C_{16}H_{33}$ O OH OH OH OH OH H N O O

使用上述胶凝剂的凝胶态烟油具有可逆固液相变功能，固液相变温度为 135 ~ 160 °C，显著高于传统凝胶的相变温度（室温至最高 80 °C），与雾化剂的汽化温度（高于 180 °C）更接近，可以实现快速凝固，而传统凝胶态烟油在加热到 184 °C 以上时再降温回到室温则耗时相当长。

2. 核心专利点分析

同 5.2.3.14。

5.2.4 关键技术解析

5.2.4.1 凝胶态烟油类型

1. 共性技术

凝胶态烟油类型大体分为：凝固态烟油、常规热可逆固液相变凝胶态烟油、不可逆相变凝胶态烟油。

其中，凝固态烟油[CN101933653B（5.2.3.1）、CN103960783A（5.2.3.2）、CN103960784A（5.2.3.3）、CN106418667B（5.2.3.7）]：不能液化，只能以固体形式被加热雾化。缺点：雾化速度慢，烟雾量不足。

常规热可逆固液相变凝胶态烟油[CN104256888B（5.2.3.4）、CN104382236A（5.2.3.5）、CN106998811A、WO2016133109A1（5.2.3.8）、CN109475189A（5.2.3.9）、WO2018224339A1（5.2.3.11）、US20190208827A1（5.2.3.12）]：加热后变为液态，冷却后凝固，可以通过反复加热和冷却实现固液相之间的转换。固液相变温度一般为 50 ~ 80 °C。该种凝胶态烟油存在“液化温度与雾化温度不匹配难题”和“液化容易固化难”的问题。

不可逆相变凝胶态烟油：加热后由固态变为液态，冷却后无法恢复到固态。

2. 特色技术

特色热可逆固液相变凝胶态烟油：

专利 CN111545139A、CN111659325A、CN111672429A、CN111672430A、CN111672431A（5.2.3.14 至 5.2.3.18）首次公开了几种固液相变温度高于 100 °C 的凝胶态烟油。其特点是不使用任何已知且常用的生物胶（多从生物体内提取得到），而是使用该专利中人工化学合成的胶凝剂，旨在解决“液化温度与雾化温度不匹配难题”和“液化容易固化难”的问题。

5.2.4.2 凝胶态烟油配方

1. 共性技术

凝胶态烟油配方：一般包含雾化剂、烟草提取物、胶凝剂或固化剂或增稠剂或赋形剂、水。

胶凝剂或固化剂或增稠剂或赋形剂选自：泊洛沙姆、卡波姆、聚乙烯醇、聚维酮、羧甲基纤维素钠、甲基纤维素、羟乙基纤维素、玻璃酸钠、聚乙二醇、羟丙甲纤维素[CN103960783A（5.2.3.2）]、琼脂、琼脂糖、海藻酸钠或结冷胶等。

当胶凝剂选择具有热可逆特性的胶凝剂：琼脂、琼脂糖、海藻酸钠或结冷胶[CN104382236A（5.2.3.5）、WO2018224339A1（5.2.3.11）、US20190208827A1（5.2.3.12）]时，凝胶态烟油具有热可逆特性。

2. 特色技术

（1）提高凝胶导热性

专利 CN104382224A（5.2.3.6）提出凝胶中添加导热填料来解决凝胶导热性差的难题；专利 WO2018224339A1（5.2.3.11）向凝胶中掺入金属丝团或金属泡沫进行感应加热；专利 CN110150725A（5.2.3.13）提出凝胶中加入多孔载体粉末，且多孔载体、增稠剂和黏结剂对于形成凝胶缺一不可。

（2）提高凝胶烟草本香

专利 CN106418667B（5.2.3.7）提出不使用外加胶凝剂或增稠剂，而是用源自烟草二氧化碳超临界萃取得到的天然固化剂（估计为烟草内的多糖类天然生物胶）作为凝胶剂，能够提高烟草本香。

（3）优化凝胶液固化温度设计，解决“液化温度与雾化温度不匹配难题”

专利 CN111545139A、CN111659325A、CN111672429A、CN111672430A、CN111672431A

（5.2.3.14 至 5.2.3.18）均为里程碑式专利：

首次公开固液相变温度 188 ~ 248 °C、190 ~ 240 °C、100 ~ 140 °C、135 ~ 160 °C、145 ~ 220 °C 的凝胶烟油配方，解决“液化温度与雾化温度不匹配难题”。

公开了四种类型核心的胶凝剂分子式通式，且该核心胶凝剂不是任何已知且常用的生物胶，而是人工化学合成的胶凝剂，且每一通式下仍有细化选项。

首次提出了胶凝剂分子式结构与固液相变温度之间的构效关系，能在理论上指导胶凝剂分子式的设计。

解决了传统凝胶态烟油“液化容易固化难”的难题。

5.2.4.3　凝胶态烟油（弹）制备方法

1. 共性技术

凝胶态烟油制备方法：一般是各原料加热混匀，冷却后即成凝胶态烟油。

2. 特色技术

利用金属丝团或金属泡沫从凝胶内部感应加热型的凝胶烟弹的制备，详见前文针对专利 WO2018224339A1（5.2.3.11）的分析和图示。

电磁感应加热面加热散点分布凝胶型的凝胶烟弹的制备，详见前文针对专利 US20190208827A1（5.2.3.12）的分析和图示。

5.3　凝胶态烟油的适配烟具及雾化方式与使用方法

5.3.1　相关专利和重要专利

在检索到的凝胶态烟油专利中，与凝胶态烟油的适配烟具及雾化方式与使用方法相关的专利共计 24 件，其中，重要专利 20 件，用下画线标示，如表 5-2 所示。

表 5-2　凝胶态烟油的适配烟具及雾化方式与使用方法相关专利和重点专利（下画线标示）

序号	公开号-授权号	申请人-专利权人	标题	申请日	公开（公告）日	当前法律状态
1	CN201797997U	深圳市如烟生物科技有限公司	固体烟油雾化器	2010/9/28	2011/4/20	失效
2	CN202026802U	深圳市如烟生物科技有限公司	可重复添加固体烟油雾化器	2011/2/28	2011/11/9	失效
3	CN202068931U	欧俊彪	固体烟油型电子烟雾化器	2011/4/25	2011/12/14	失效
4	CN202179124U	华健	固体烟油雾化器	2011/5/27	2012/4/4	失效
5	CN202050914U	刘宝社	使用方便的电子烟雾化仓	2011/6/10	2011/11/30	失效
6	CN202286307U	华健	超大容量固体烟油雾化器	2011/9/9	2012/7/4	失效

续表

序号	公开号-授权号	申请人-专利权人	标题	申请日	公开（公告）日	当前法律状态
7	CN202496404U	刘秋明	固态烟油电子烟	2011/12/29	2012/10/24	失效
8	CN103300482A	刘翔	面加热式雾化器及带有该雾化器的电子烟	2013/6/27	2013/9/18	授权
8a	CN203492781U（CN103300482A 同日申请）	刘翔	面加热式雾化器及带有该雾化器的电子烟	2013/6/27	2014/3/26	放弃
9	CN203467675U	深圳市凯神科技股份有限公司	固体烟油型电子烟	2013/8/29	2014/3/12	失效
10	CN103960783A	湖北中烟工业有限责任公司	凝胶型固液电子烟弹及其制备方法	2014/5/15	2014/8/6	失效
11	CN103960784A	湖北中烟工业有限责任公司	内含电热丝的凝胶型一次性固液电子烟弹及其制备方法	2014/5/15	2014/8/6	失效
12	CN106998811A	奥驰亚客户服务有限责任公司	用于电子烟装置的无乙醇凝胶配方筒体	2015/10/29	2017/8/1	失效
13	CN107743365B	方特慕控股第一私人有限公司	电子吸烟装置	2016/4/11	2020/11/3	授权
14	CN106072773A	深圳瀚星翔科技有限公司；宏图东方科技（深圳）有限公司；恒信宏图国际控股有限公司	固态烟油电子雾化器	2016/7/21	2016/11/9	失效
14a	CN205848692U（CN106072773A 同日申请）	深圳瀚星翔科技有限公司；宏图东方科技（深圳）有限公司；恒信宏图国际控股有限公司	固态烟油电子雾化器	2016/7/21	2017/1/4	授权
15	CN107772542A	深圳市赛尔美电子科技有限公司	雾化装置	2016/8/31	2018/3/9	授权
16	CN109475189A	菲利普莫里斯生产公司	包括加热的凝胶容器的气溶胶生成系统	2017/7/6	2019/3/15	实质审查
17	CN109414056A	菲利普莫里斯生产公司	包括含有凝胶的筒的气溶胶生成系统	2017/7/11	2019/3/1	实质审查
18	CN109475187A	菲利普莫里斯生产公司	包括含凝胶筒和用于加热筒的装置的气溶胶生成系统	2017/7/11	2019/3/15	实质审查
19	US20180027884A1	Altria Client Services LLC	AEROSOL-GENERATING SYSTEM INCLUDING A HEATED GEL CONTAINER	2017/7/28	2017/8/2	实质审查

续表

序号	公开号-授权号	申请人-专利权人	标题	申请日	公开（公告）日	当前法律状态
20	WO2018224339A1（US20180352862A1 同族）	Altria Client Services LLC	CARTRIDGE HAVING A SUSCEPTOR MATERIAL	2018/6/7	2018/12/13	实质审查
21	US20190208827A1	Altria Client Services LLC	CARTRIDGE HAVING AN INTERNAL SURFACE SUSCEPTOR MATERIAL	2019/3/14	2019/7/11	实质审查
22	CN112218552A	莱战略控股公司	具有分度运动的气溶胶递送装置	2019/3/18	2021/1/12	公开
23	CN211932581U	贵州中烟工业有限责任公司	一种用于固态烟油的电子烟雾化装置以及电子烟	2020/3/31	2020/11/17	授权
24	CN111642800A	深圳市尹泰明电子有限公司	一种均匀发热的电子烟芯片	2020/6/1	2020/9/11	实质审查

5.3.2 关键词解释

（1）雾化：凝胶态烟油被加热后释放出烟雾的行为。

（2）雾化器：加热凝胶态烟油并将其雾化的装置。

（3）玻纤线：玻璃纤维线，用于传导液体烟油。

（4）雾化腔：雾化器内的空腔，用于凝胶态烟油被加热后释放出烟雾后烟雾的流通。

5.3.3 重要专利剖析

5.3.3.1 CN201797997U

1. 专利简述

此专利申请人为深圳市如烟生物科技有限公司（表 5-2【1】CN201797997U 固体烟油雾化器）。

此专利是与专利 CN101933653B（5.2.3.1）所示固体烟油配套使用的固体烟油烟具，如图 5-7 所示，在同轴设置的内部玻纤管 6 和外部雾化钢管 3 之间的环形空间 8 内存储固体烟油，玻纤管 6 内部具有加热丝 4，加热时将固体烟油熔化成液体，然后靠玻纤线 7 将液化后的烟油导油至加热丝 4 进行雾化发烟。

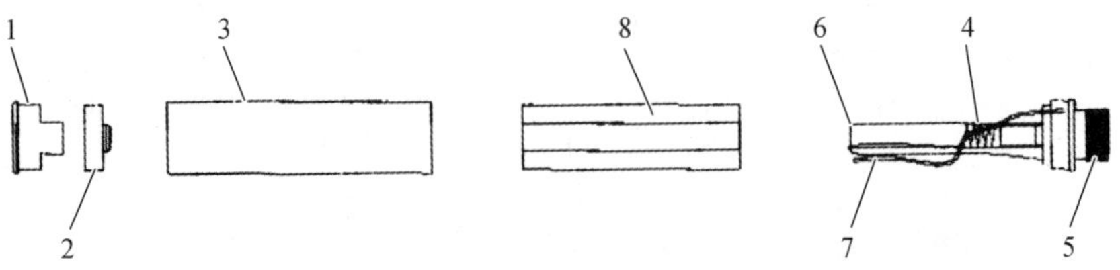

图 5-7 CN201797997U 中的固体烟油烟具结构

2. 核心专利点分析

（1）该专利没有提到玻纤线的作用，据推测其存在的唯一作用就是要起到导液的作用，若固体烟油不能被液化，则玻纤线没有存在的价值。据此，专利 CN104256888B（5.2.3.4）进一步提到的“专利 CN101933653B（5.2.3.1）中的固体烟油是不能液化的，只能以固体形式被加热雾化”这个观点也存疑，故仅从两批专利的文字表述内容来看，烟油能否液化存在不确定性，需要实验验证后才能得出最终结论。

（2）本实用新型专利采用中心加热进行液化（若能液化的话），可以肯定的是，即便能液化，该固体烟油也只能一次性全部液化，没有“定量”“逐份”液化功能，当装填大量有固体烟油时，烟油会整体反复液化-固化，既有损烟油品质又浪费电能，这是早期固体烟油烟具的普遍缺点。

5.3.3.2 CN202026802U

1. 专利简述

此专利申请人为深圳市如烟生物科技有限公司（表 5-2【2】CN202026802U 可重复添加固体烟油雾化器）。

如图 5-8 所示，雾化钢管 2 内存储固体烟油，且钢管内增设了镍网 4，用于锁住和存储烟油；陶瓷杯 5 内部具有与玻纤线 8 彼此缠绕的电加热丝 6，电加热丝直接与镍网接触或者缠绕在镍网上，加热时将固体烟油熔化成液体，就地被继续加热进行雾化发烟。

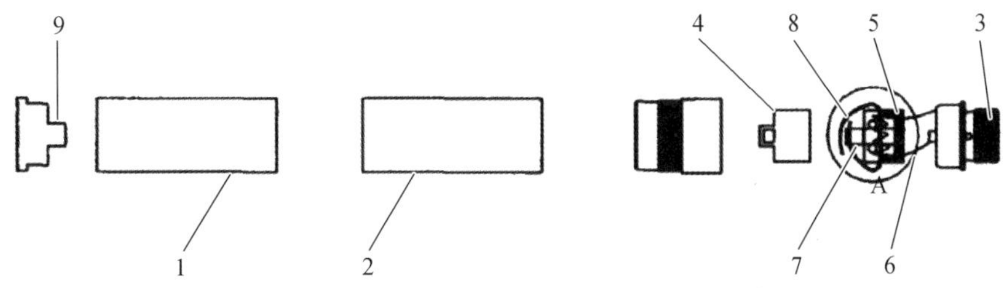

图 5-8 CN202026802U 中的固体烟油雾化器结构

2. 核心专利点分析

（1）中心加热进行液化，且固体烟油只能一次性全部液化，没有“定量”“逐份”液化功能，烟油会整体反复液化-固化，既有损烟油品质又浪费电能，这是早期固体烟油的普遍缺点，除非采用烟弹且其固体烟油量恰好供连续 8 ~ 10 口抽吸，用后即弃。

（2）创新点：与 CN201797997U（5.3.3.1）相比，增加了镍网，其作用是用于锁住烟油和存储烟油。

5.3.3.3 CN202068931U

1. 专利简述

此专利为个人专利，申请人为欧俊彪（表 5-2【3】CN202068931U 固体烟油型电子烟雾化器）。

如图 5-9 所示，固体烟油 22 存储在雾化部 2 内，加热部 3 置于雾化部 2 底部，电热丝 31 将固体烟油 32 加热液化后，液体靠重力自然下流至玻纤棉线 24，然后再自然下流到电热丝 31 位置而雾化。

2. 核心专利点分析

（1）称固体烟油能够受热液化冷却后固化，但没有给出任何烟油配方信息。

（2）固体烟油只能一次性全部液化，没有“定量”“逐份”液化功能，烟油会整体反复液化-固化，既有损烟油品质又浪费电能，这是早期固体烟油的普遍缺点。

（3）液化位置与雾化位置异位，先一级加热液化，再靠重力作用来使液化后的烟油经玻纤棉线流向加热丝，经二级加热而雾化，则要求使用者必须以斜上方式使用该烟具，多有不便，用户不得不仰着头抽吸，严重影响抽吸体验。

5.3.3.4 CN202050914U

1. 专利简述

此专利为个人专利，申请人为刘宝社（表 5-2【5】CN202050914U 使用方便的电子烟雾化仓）。其电子烟雾化仓结构如图 5-10 所示。

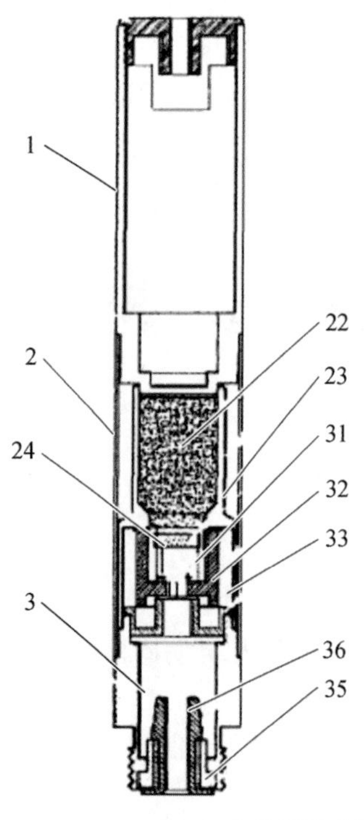

图 5-9 CN202068931U 中的固体烟油型电子烟雾化器结构

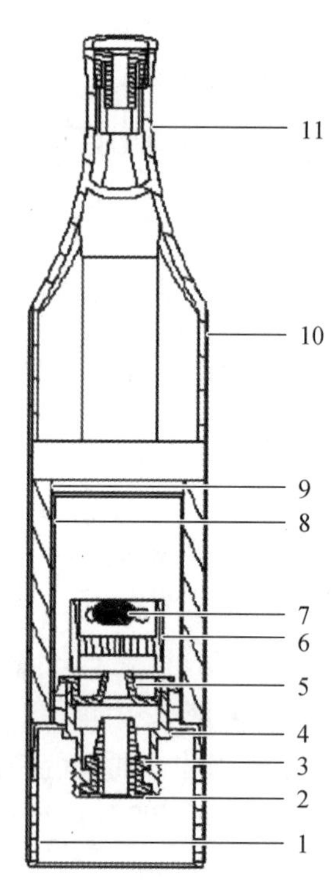

图 5-10 CN202050914U 中的电子烟雾化仓结构

2. 核心专利点分析

（1）创新点：在容纳固体烟膏的烟弹腔外部包裹有硅胶保温套，据称固体烟膏一旦受热液化后，可在该保温套作用下在长达 9 天内保持液体状态，可供随时、反复抽吸。

（2）未给出与该可液化的固体烟膏配方有关的任何信息，故无法判断其所谓的固体烟膏是否是凝胶态烟油，但即便是凝胶态烟油，从上述分析来看，其也不具有可逆相变功能，否则没必要设硅胶保温套来长时间维持液体状态。

（3）分析认为：对可逆固液相变凝胶态烟油来说，其加热液化容易而散热凝固困难，不仅不应该设保温套，相反，应当设置导热良好的散热件或冷却件套才便于其快速散热冷凝，该散热件或冷却件最好是可运动地与固体烟油容纳仓外壁接触，加热时脱离接触以便使所有加热能量作用于固体烟油，便于液化和雾化，需要散热时才接触，以便快速散热冷凝烟油。

5.3.3.5 CN202286307U

1. 专利简述

此专利为个人专利，申请人为华健（表 5-2【6】CN202286307U 超大容量固体烟油雾化器）。

如图 5-11 所示，电热丝 6 的热量通过传热铜件 9 和传热棒 10 对载油钢管 5 内的固体烟油进行加热液化，得到的液体烟油被玻纤线 7 传导至电热丝 6 进行雾化发烟。

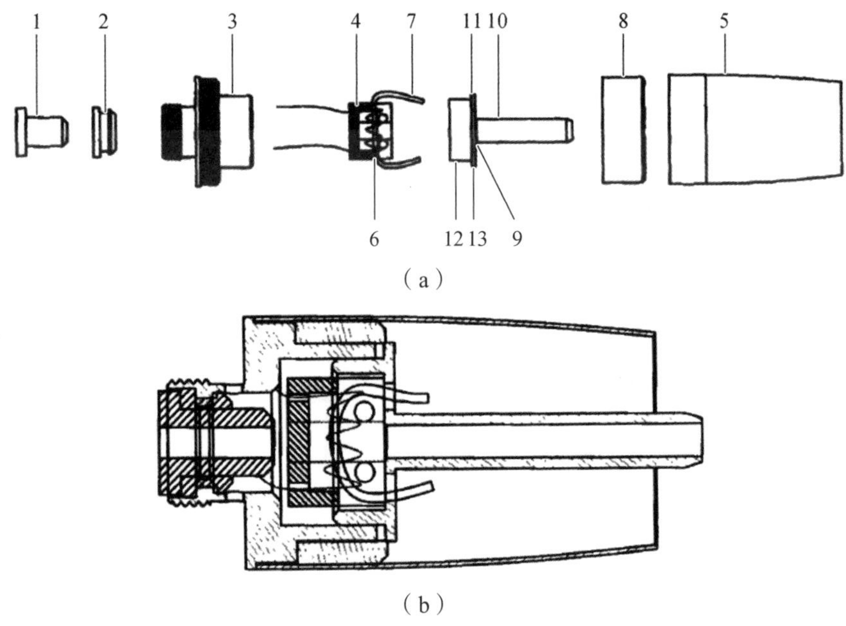

图 5-11 CN202286307U 中的固体烟油雾化器结构

2. 核心专利点分析

（1）未给出任何固体烟油配方信息。

（2）创新点：传热铜件和传热棒以“杆盘式传热”的方式将一部分加热雾化用的热能传递至固体烟油，以端部加热和中心加热并存的方式加热液化固体烟油，换言之，雾化热源也用作液化热源，但已经做到了液化位置和雾化位置分离，二者分离的好处是可以用合适的温度（稍高于液化温度）来控制液化，而不是用雾化温度（远远高于液化温度）来同时进行液化和雾化，且充分利用加热器余热。

（3）仍存在着固体烟油只能一次性全部液化，没有“定量”“逐份”液化功能，大量烟油会整体反复液化-固化，既有损烟油品质又浪费电能，这是早期固体烟油的普遍缺点。

5.3.3.6 CN202496404U

1. 专利简述

此专利为个人专利，申请人为刘秋明（表 5-2【7】CN202496404U 固态烟油电子烟）。

该专利烟具方面的技术特点在于：如图 5-12 所示，固体烟油容纳仓 5′包围着雾化腔 422′，雾化腔侧壁 42′将电热雾化丝 41′的一部分热量传递至固体烟油 6′处用于加热液化固体烟油，液化后的液体烟油经导油部件 7′传导至电热雾化丝 41′进行雾化发烟，烟雾从雾化腔中空处传递至烟嘴 12′。

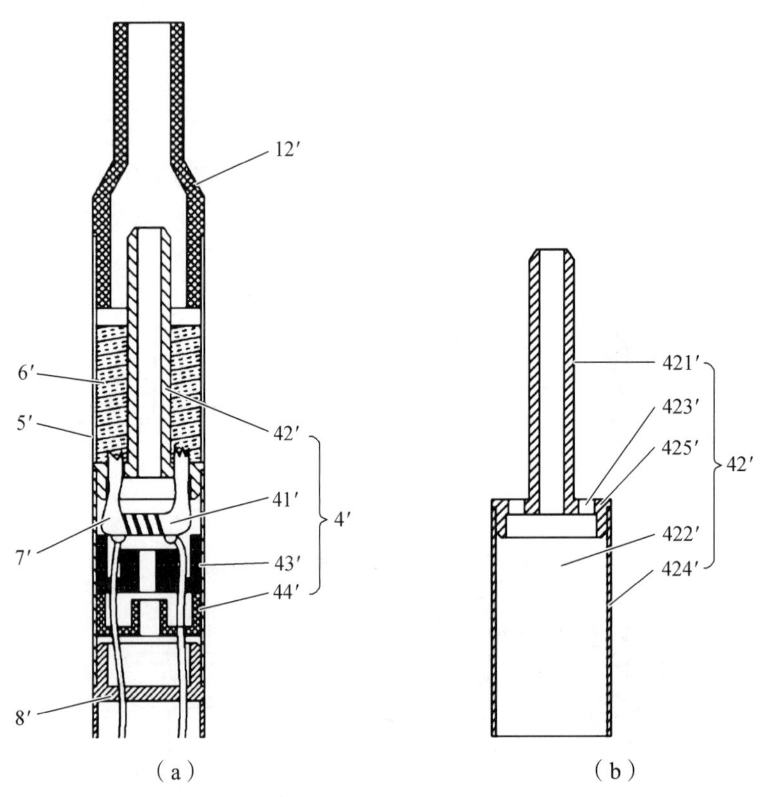

图 5-12 CN202496404U 中的固态烟油电子烟结构

2. 核心专利点分析

（1）未给出任何固体烟油配方信息，但提到了固体烟油熔化温度为 42 ~ 62 °C。

（2）仍存在着固体烟油只能一次性全部液化，没有“定量”“逐份”液化功能，烟油会整体反复液化-固化，既有损烟油品质又浪费电能，这是早期固体烟油的普遍缺点。

（3）借鉴了专利 CN202026802U（5.3.3.2）以中心加热方式来液化烟油的技术特点。

5.3.3.7 CN103300482A

1. 专利简述

此专利为个人专利，申请人为刘翔[表 5-2【8】CN103300482A 面加热式雾化器及带有该雾化器的电子烟（与 CN203492781U 为同族专利）]。

未给出任何固体烟液配方信息。烟具结构设计上针对固体烟油有以下技术特点：如图 5-13 所示，陶瓷座 121 内设有固体烟油容纳槽 122，陶瓷座内容纳固体烟油，陶瓷座外表面包裹有柱面状纳米钛金属发热材料膜 123，用面加热器代替传统的电加热丝，提高加热面积和加热均匀性，将固体烟油容纳槽 122 内的固体烟油原地液化并原地雾化；另一特点是发热材料不直接接触固体烟油而是靠陶瓷座导热来实现加热，避免加热材料积碳。

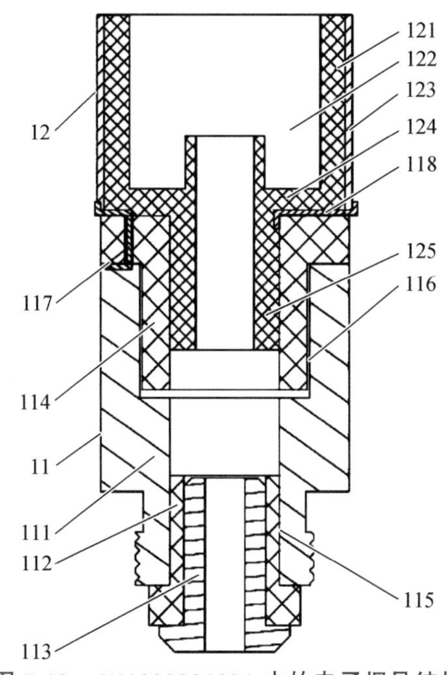

图 5-13 CN103300482A 中的电子烟具结构

2. 核心专利点分析

（1）未给出任何固体烟油配方信息。

（2）创新点：周向加热，且面加热器代替加热丝，算作是针对凝胶烟油的特色设计。

（3）仍存在着固体烟油只能一次性全部液化，没有“定量”“逐份”液化功能，烟油会整体反复液化-固化，既有损烟油品质又浪费电能，这是早期固体烟油的普遍缺点。

5.3.3.8 CN203467675U

1. 专利简述

此专利申请人为深圳市凯神科技股份有限公司（表 5-2【9】CN203467675U 固体烟油型电子烟）。

如图 5-14 所示，烟弹 2 与烟杆 1 和过滤嘴 3 可拆卸连接。烟弹 2 内部具有弹簧状加热丝 211，其深入固体烟油 221 内部，以增加加热面积。烟弹上还设有固体烟油注油口（图中未用数字标出）。

2. 核心专利点分析

（1）未给出任何固体烟油配方信息，但足以用作凝胶烟具。

（2）注油口令人费解，有可能固体烟油不是整块形状而是松散颗粒或碎屑形式，或者是将液体烟油加入烟弹内部后原位凝固。

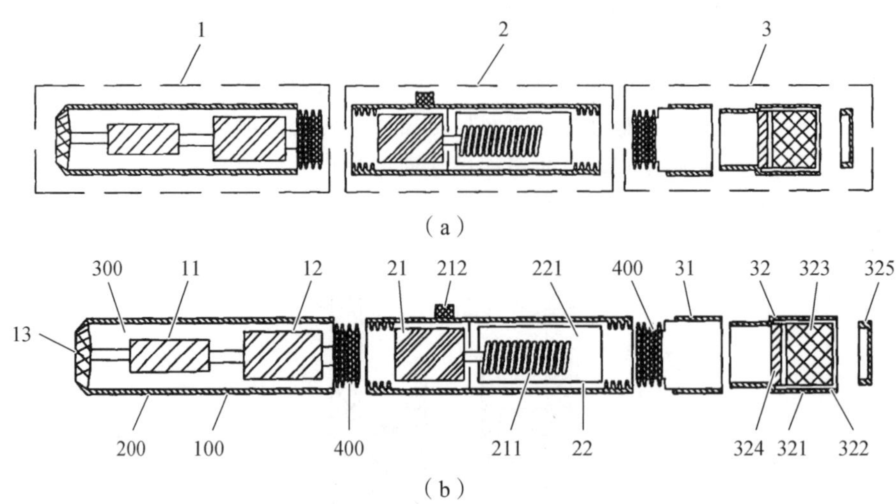

图 5-14 CN203467675U 中的固体烟油型电子烟结构

（3）加热方式上没有特色，就是弹簧状加热丝在固体烟油内部进行中心加热，且液化位置和雾化位置重合。

（4）仍存在着固体烟油只能一次性全部液化，没有“定量”“逐份”液化功能，烟油会整体反复液化-固化，既有损烟油品质又浪费电能，这是早期固体烟油的普遍缺点。

5.3.3.9 CN103960783A

1. 专利简述

此专利申请人为湖北中烟工业有限责任公司（表 5-2【10】CN103960783A 凝胶型固液电子烟弹及其制备方法）。

该专利虽然在凝胶配方中含有烟草粉末，但其雾化剂也是甘油或丙二醇等物质，实际上可以将该烟草粉末省略或替换为烟草提取物，如烟液、烟油、烟碱溶液等，即为凝胶态烟油。

该专利中所使用的胶凝剂为泊洛沙姆、卡波姆、聚乙烯醇、聚维酮、羧甲基纤维素钠、甲基纤维素、羟乙基纤维素、玻璃酸钠、聚乙二醇、羟丙甲纤维素等。

如图 5-15 所示，该凝胶态烟油 1 被金属箔 3 封存在金属壳体 2 内，使用时将金属箔撕下，将金属壳体开口与加热元件 4 靠近或接触，对该凝胶态烟油进行干馏雾化。

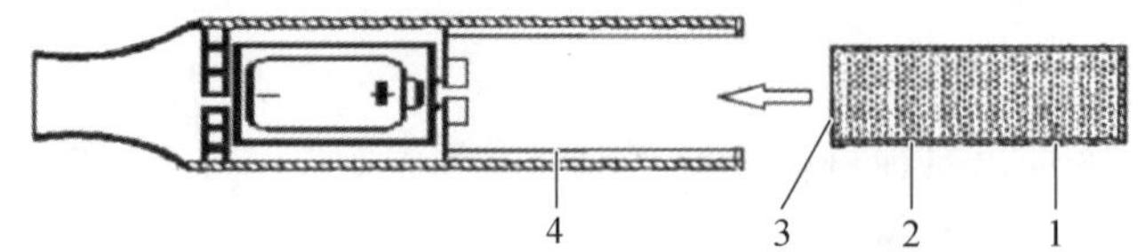

图 5-15 CN103960783A 中的电子烟弹结构

2. 核心专利点分析

（1）创新点：凝胶态烟油+金属壳体构成了烟弹，与烟具分体式设计，便于用后更换。

（2）凝胶态烟油必须一次性全部受热雾化，没有逐步受热雾化的技术措施。

（3）该专利未明确提到该凝胶态烟油是否能受热液化。根据专利写作的一般规律“技术优点大书特书，技术缺点避而不谈”，有很大把握可以推断该专利中的凝胶态烟油是不能液化的。

（4）后续专利（表 5-2【12】CN106998811A 用于电子烟装置的无乙醇凝胶配方筒体）提到了该专利的缺点：

胶凝剂主要是表面活性剂和增稠剂，所得凝胶不具备可逆固液相变性能，始终呈稠胶状，通过加热金属壳体来干馏发烟，由于不能液化，香味物质或烟碱挥发受阻，抽吸体验很差；聚乙烯醇、聚维酮具有健康风险（致癌性）。

5.3.3.10　CN103960784A

1. 专利简述

此专利申请人为湖北中烟工业有限责任公司（表 5-2【11】CN103960784A 内含电热丝的凝胶型一次性固液电子烟弹及其制备方法）。

凝胶态烟油烟弹，其所使用的凝胶配方同 CN103960783A（5.3.3.9），其凝胶缺点自然也同 CN103960783A（5.3.3.9）所示凝胶缺点。

如图 5-16 所示，将该凝胶 1 置于具有进气孔 2.1 和出气孔 2.3 的金属壳体 2 内，壳体内还设有加热元件 3，加热元件具有电触点 2.2。使用时，将该烟弹置于烟具内使电触点通电引发加热元件发热而呈现中心加热的效果，干馏该凝胶而发烟。

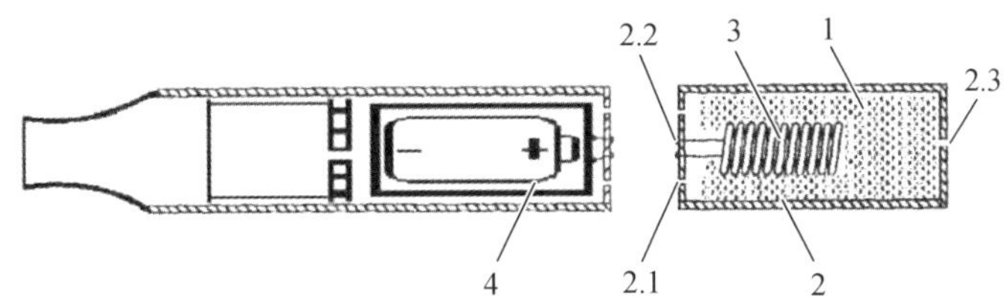

图 5-16　CN103960784A 中的电子烟弹结构

2. 核心专利点分析

（1）将成本较贵的加热元件放到只能一次性使用的烟弹中，则加热元件也只能一次性使用，浪费原料。

（2）凝胶不能液化，而凝胶本身导热性又差，故加热效率不高。

（3）液化位置与雾化位置重合。

5.3.3.11　CN107743365B

1. 专利简述

此专利申请人为方特慕控股第一私人有限公司（表 5-2【13】CN107743365B 电子吸烟装置）。

如图 5-17 所示，在凝胶态烟油 4 底部设置了弹簧 28 推动的推板 27，整块凝胶态烟油加入烟油仓后，其一端压缩该弹簧，其另一端被多孔元件（如毛细管元件）12 罩住并与加热元件 5 接触而液化，多孔元件 12 同时起到导油的作用。凝胶态烟油块 4 一边液化，一边被弹簧 28 顶着始终保持与加热元件 5 的接触，将凝胶态烟油块的其余部分持续供应给加热元件。为了提高导热效率和液化效率，还设有穿透到凝胶态烟油块内部的加热式穿透装置（详见该专利 0086 段和专利图 5），以及设置加热元件与凝胶态烟油块之间的热导体元件（例如凝胶态烟油容纳腔侧壁设置的金属板，详见该专利 0083 段和专利图 6），起到预液化的作用。

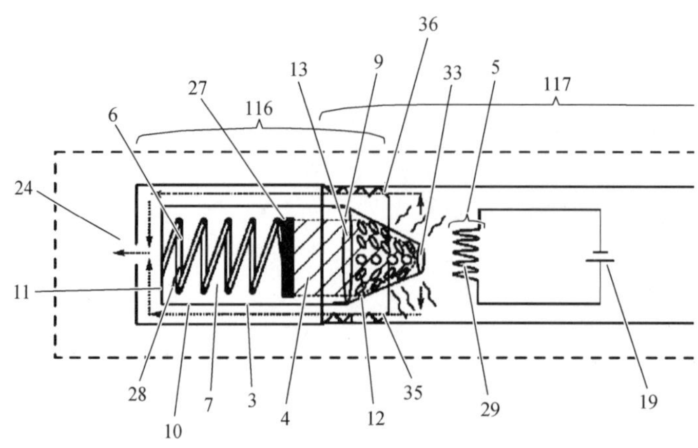

图 5-17 CN107743365B 中的电子烟具结构

2. 核心专利点分析

（1）本专利为里程碑型的凝胶烟具专利，其已经认识到传统凝胶烟具中因凝胶态烟油不具有流动性，而难以逐份、定量地向加热元件提供凝胶烟油的弊病，并提出解决方案，即靠弹簧将凝胶烟油持续推向加热元件，持续供应得到解决，但未必能实现定量供应，因为随着凝胶态烟油质量逐步减少，弹簧推力导致的加速度变化是非线性的。

（2）液化位置和雾化位置可以重合也可以分开。

5.3.3.12 CN106072773A

1. 专利简述

此专利申请人为深圳瀚星翔科技有限公司、宏图东方科技（深圳）有限公司、恒信宏图国际控股有限公司[表 5-2【14】CN106072773A 固态烟油电子雾化器（同日申请CN205848692U）]。

如图 5-18 所示，固体烟油棒或块被放入圆筒形加热器（加热丝螺线管 112 或多孔陶瓷管 122）被中心加热或周向加热，加热器内壁表面设有用于吸附液体的导油体（图中未示出），从这里可见确实有固体烟油液化的过程，说明可能是凝胶态烟油。

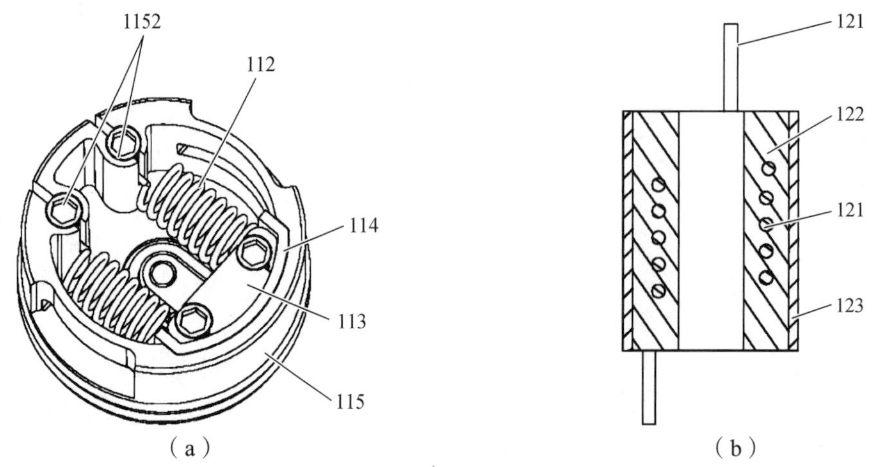

图 5-18 CN106072773A 中的固态烟油电子雾化器结构

2. 核心专利点分析

属于凝胶烟具专利，尽管没有提到任何凝胶信息，也没有固体烟油的配方信息。

5.3.3.13 CN107772542A

1. 专利简述

此专利申请人为深圳市赛尔美电子科技有限公司（表 5-2【15】CN107772542A 雾化装置）。

如图 5-19 所示，伸出到壳体外部的加热器 300 插入盛有固体烟油 500 的烟弹盒 400，对固体烟油进行液化和雾化。其中烟弹盒 400 与烟具呈分体式设计[图 5-19（a）]，或者可拆卸式连接[图 5-19（b）]。

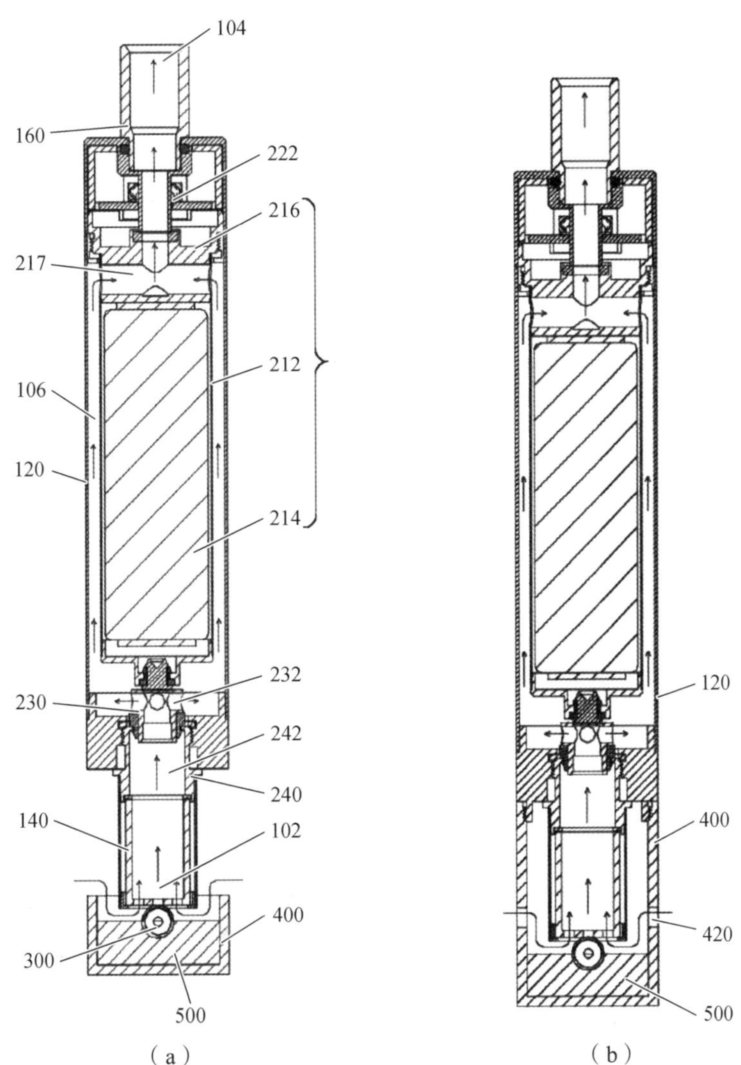

图 5-19 CN107772542A 中的雾化装置结构

2. 核心专利点分析

（1）可视为凝胶烟具专利，尽管没有提到任何凝胶信息，也没有固体烟油的配方信息。

但说明书背景技术中提到了固体烟油被加热液化和冷却凝固的过程，可见确实有固体烟油液化的过程，说明可能是凝胶态烟油。

（2）本专利也是烟具与固体烟油烟弹分体式设计，思路类似于前人专利 CN205865976U 一种烟嘴安装滑盖装置及固体烟油雾化机（本书未列出），加热元件伸出烟具并插入容纳固体烟油的烟弹中进行液化和雾化，避免了导油棉的使用，操作更简便。

（3）创新点：可手动控制加热元件插入深度来控制液化量，实际上是手动控制固体烟油向加热元件的连续供应。

5.3.3.14 CN109475189A

1. 专利简述

此专利申请人为菲利普莫里斯生产公司[表 5-2【16】CN109475189A 包括加热的凝胶容器的气溶胶生成系统（同日申请 WO2018019543A1）]。

该专利既公开了凝胶烟油配方，又公开了凝胶烟具。如图 5-20 所示，在凝胶烟具方面，该专利将凝胶烟油 10 封存在导热壳体（如铝壳）210 中，并用封口膜 214 密封，得到一次性使用的烟弹筒 200 或 250。使用时，将该烟弹筒 200 置于烟具的加热腔内，靠电阻加热或感应线圈进行周向加热，同时刺穿元件 314 刺穿封口膜，使烟雾能释放出来。

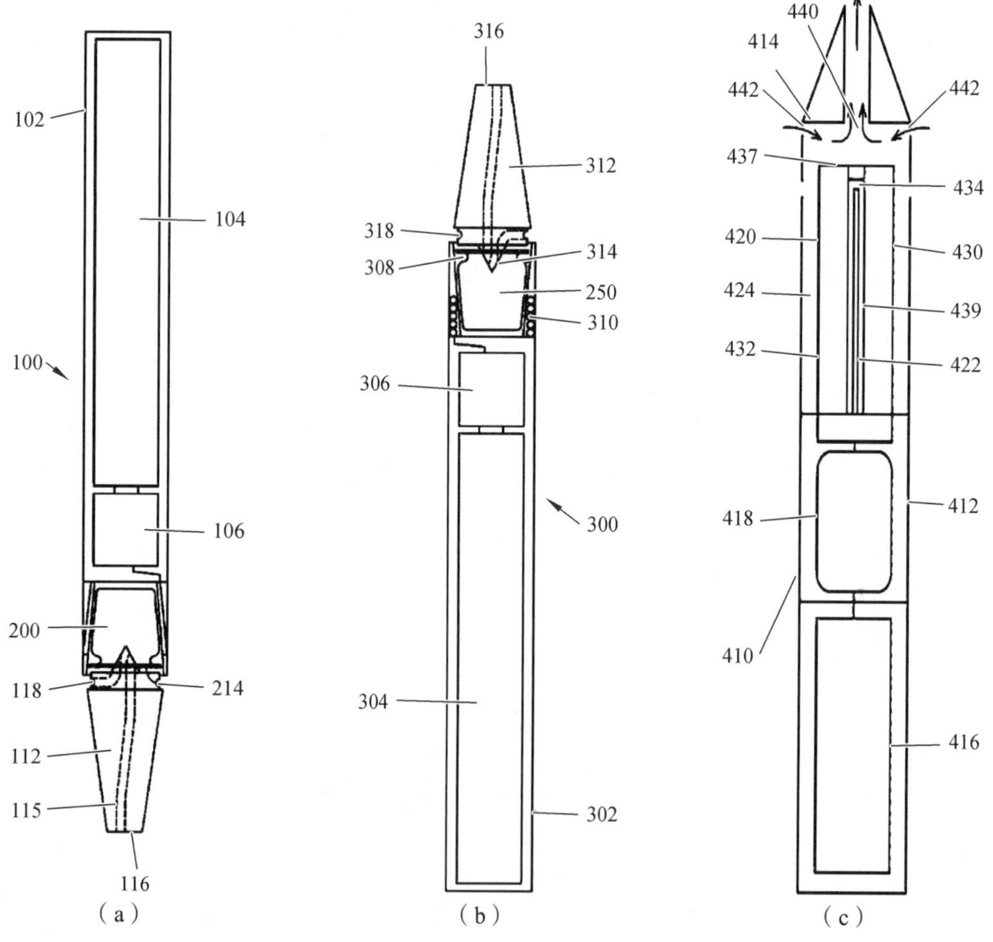

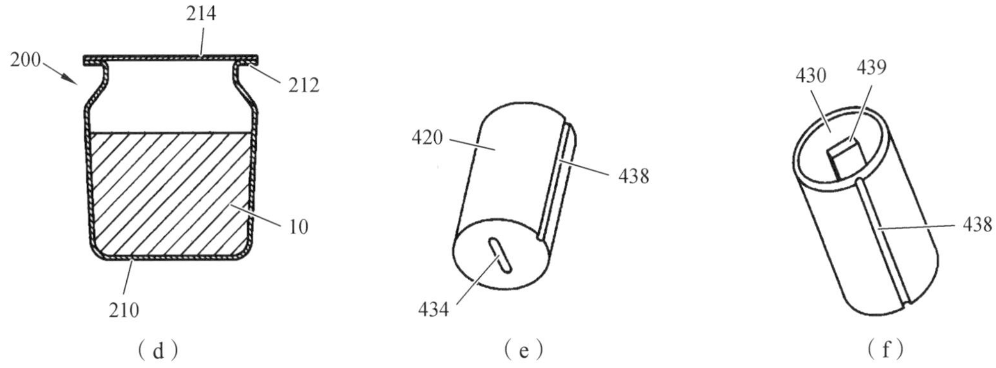

图 5-20 CN109475189A 中的凝胶烟具结构

一次性烟弹筒还可以制成如图 5-20（e）所示的带有向烟弹内部突出的中空插槽 434 的形状，当使用加热片进行中心加热时，方便加热片插入该中空插槽中（类似于宝剑入鞘）进行中心加热，但加热片不接触凝胶烟油。

2. 核心专利点分析

（1）创新点：加热元件与凝胶态烟油不直接接触，而是通过导热性壳体隔壁式加热，避免烟油液化和雾化过程中有残渣或冷凝物沉积/残留在加热元件上，有效维持加热元件清洁性，避免残留物热分解产生异味。隔壁式加热也可避免将液体烟油导向加热元件的导油件。但隔壁式加热没有解决凝胶导热性差的难题。

（2）烟弹筒是一次性的，其中装填的凝胶烟油量恰好足够预期的若干次抽吸，一次性抽吸完毕，故不存在大量烟油被反复加热液化-降温冷凝的问题。

（3）液化位置与雾化位置重合。

5.3.3.15 CN109414056A

1. 专利简述

此专利申请人为菲利普莫里斯生产公司[表 5-2【17】CN109414056A 包括含有凝胶的筒的气溶胶生成系统（同日申请 WO2018019578A1）]。

该专利既公开了凝胶烟油配方，又公开了凝胶烟具。如图 5-21 所示，在凝胶烟具方面，该专利将凝胶烟油封存在双腔烟弹筒中，第一腔 30 和第二腔 32 彼此隔开，两腔内放置不同的凝胶态烟油以实现不同口味的混合搭配，两个腔用共同的封口膜 37 密封，烟弹筒还带有中空插槽 34。使用前揭去封口膜，然后将烟具中的加热片 22 插入该中空插槽 34 中进行中心加热液化和雾化烟油，但加热片不接触凝胶烟油。还可以用感应加热。

2. 核心专利点分析

（1）延续了 CN109475189A（5.3.3.14）的技术特点，加热元件与凝胶态烟油不直接接触，而是通过导热性壳体隔壁式加热，避免烟油液化和雾化过程中有残渣或冷凝物沉积/残留在加热元件上，有效维持加热元件清洁性，避免残留物热分解产生异味。隔壁式加热也可避免将液体烟油导向加热元件的导油件，但隔壁式加热没有解决凝胶导热性差的问题。

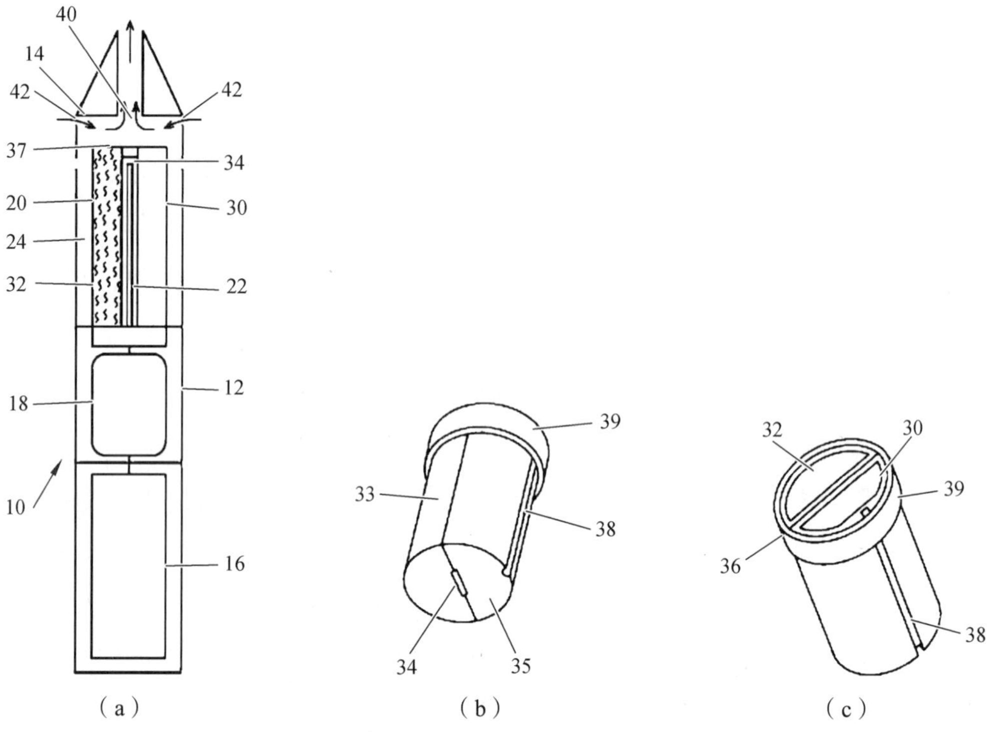

图 5-21 CN109414056A 中的凝胶烟具结构

（2）烟弹筒是一次性的，其中装填的凝胶烟油量恰好足够预期的若干次抽吸，一次性抽吸完毕，故不存在大量烟油被反复加热液化-降温冷凝的问题。

（3）液化位置与雾化位置重合。

（4）双腔双凝胶，可以实现不同口味混合搭配，这是本发明的核心点。

5.3.3.16 WO2018224339A1

1. 专利简述

此专利申请人为 Altria Client Services LLC[表 5-2【20】WO2018224339A1 CARTRIDGE HAVING A SUSCEPTOR MATERIAL（同族 US20180352862A1）]。

药筒 10 具有外壳 12，外壳内具有金属丝团或金属泡沫 20，其间隙内填充着热可逆凝胶 24（将高温下的液体溶胶注入间隙后降温凝固成凝胶），药筒开口 16 被易碎封口膜 26 封闭。使用时，通过吸嘴 100 的刺破件 104 将封口膜刺穿，烟具主体内具有感应线圈 112，对金属丝团或金属泡沫进行感应加热而将其液化和雾化发烟。

该雾化装置的特点就在于感应线圈和感应体分置，前者置于烟具中，后者置于烟弹中（附图见 5.2.3.11）。

2. 核心专利点分析

（1）胶凝剂和凝胶配方同菲莫在先专利 CN109475189A（5.3.3.14）。

（2）创新点：感应加热，液化位置与雾化位置相同。

（3）药筒为一次性使用，姑且不论专利中提到金属丝团或金属泡沫有惰性保护层，即便没有，因烟油与感应加热元件直接接触加热时间短，也不必担心残渣残留问题。金属丝团和金属泡沫的作用在于尽可能使感应体与凝胶烟油的接触面积最大化，提高感应加热效率，且在凝胶内部加热，有效解决了凝胶导热性差的问题。此外，使用金属丝团的好处还在于充分利用钢铁零件机械切削加工中产生的边角料，变废为宝，降低成本。

5.3.3.17 US20190208827A1

1. 专利简述

此专利申请人为 Altria Client Services LLC（表 5-2【21】US20190208827A1 CARTRIDGE HAVING AN INTERNAL SURFACE SUSCEPTOR MATERIAL）。

药筒 10 具有外壳 12，外壳内具有环面状电磁感应体 20，其内表面 21 上密布着空隙 22，空隙 22 内填充着热可逆凝胶 24（将高温下的液体溶胶注入空隙后降温凝固成凝胶），药筒开口被易碎封口膜 26 封闭。使用时，通过吸嘴 100 的刺破件 104 将封口膜刺穿，烟具主体内具有感应线圈 112，对电磁感应体内表面上的热可逆凝胶 24 进行感应加热而将其液化和雾化发烟。

该雾化装置的特点就在于感应线圈和感应体分置，前者置于烟具中，后者置于烟弹中，且凝胶态烟油以散点状分布于面状感应体上（附图见 5.2.3.12）。

2. 核心专利点分析

（1）胶凝剂和凝胶配方同菲莫专利 WO2018224339A1（5.3.3.16），但本专利是菲莫的母公司所申请。

（2）创新点：感应加热，液化位置与雾化位置相同。

（3）药筒为一次性使用，姑且不论专利中提到电磁感应体有惰性保护层，即便没有，因烟油与感应加热元件直接接触加热时间短，也不必担心残渣残留问题。

（4）创新点：环面状电磁感应体比 WO2018224339A1（5.3.3.16）所示的金属丝团和金属泡沫更容易规模化稳定制造，且由于从加热大量凝胶整体变为仅加热与呈散点状分布在环面状电磁感应体上的凝胶微块，从加热元件与凝胶之间的接触从线接触到面接触，故加热效率比 WO2018224339A1（5.3.3.16）更高，且减少了凝胶用量，更具有实践意义。

5.3.3.18 CN112218552A

1. 专利简述

此专利申请人为莱战略控股公司（表 5-2【22】CN112218552A 具有分度运动的气溶胶递送装置）。

该专利是加热卷烟烟具，其通过运动机构使得加热器 112 能够沿发烟材料棒 500 轴向移动，如图 5-22 所示，从 116a 所示位置移动到 116k 所示位置，或者反向移动，依次沿轴向加热发烟材料棒 500 的各个部段（图中仅示出了远唇端部段 508k），从而起到分段加热的作用。

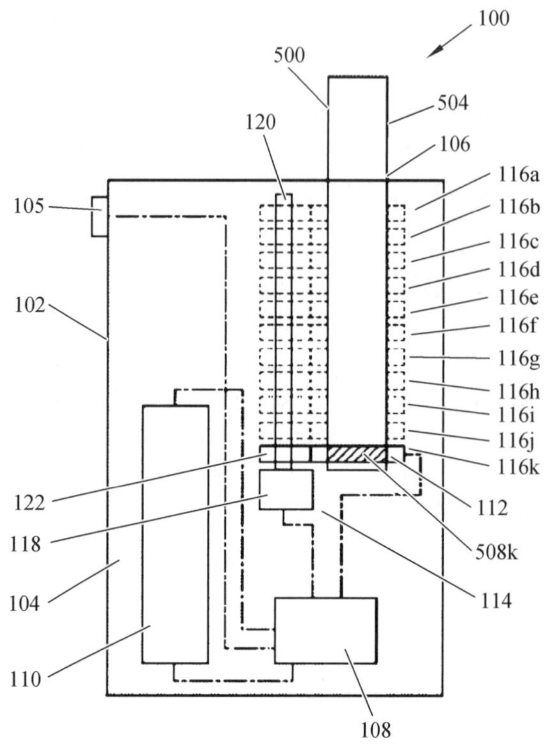

图 5-22　CN112218552A 中的加热卷烟烟具结构

2. 核心专利点分析

虽然看起来与凝胶烟具毫不相关，但其实换个思路看，它给出了一种解决凝胶态烟油与加热元件之间的相对靠近问题（即向加热元件连续供应凝胶态烟油）的技术方案，即将凝胶态烟油制成棒状，然后借鉴上述加热器轴向移动方案，就可以对凝胶烟油棒从一端到另一端依次分段加热液化，实际上是向凝胶烟油棒连续供应加热元件。既然能转用，故也将该专利列入凝胶烟具专利。

5.3.3.19　CN211932581U

1. 专利简述

此专利申请人为贵州中烟工业有限责任公司（表 5-2【23】CN211932581U 一种用于固态烟油的电子烟雾化装置以及电子烟）。

如图 5-23 所示，该专利用推抵机构（如弹簧 7+压板 6）将固体烟油块 4 推抵在压电基底 1 上，该压电基底 1 上设有叉指换能器 2 和 3，用于产生声表面波。压电基底 1 上还设有电阻加热膜 5，但仅加热到使贴近压电基底的那一薄层固体烟油液化的温度，不加热到使液体烟油雾化的程度，以避免烟油高温分解、变质，且避免了固体烟油的整体液化，而是逐步液化，液化后的液体烟油靠声表面波的振动而非加热来雾化发烟。

2. 核心专利点分析

（1）创新点之一是该专利构思独特，相当于凝胶烟具与声表面波电子烟的复合体。

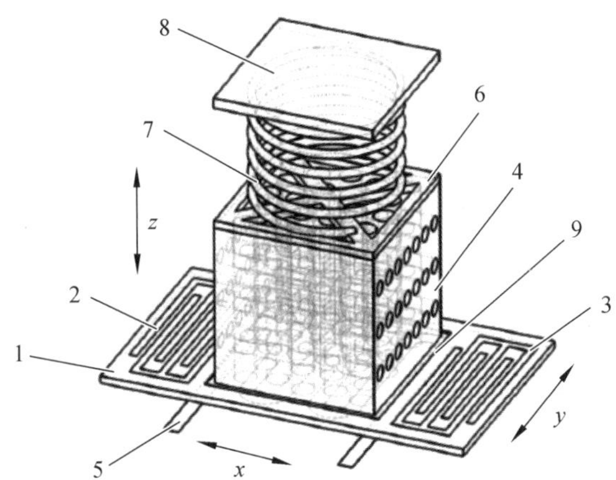

图 5-23　CN211932581U 中的电子烟雾化装置结构

（2）创新点之二是该专利采用加热液化，但改用声表面波振动雾化，而非加热雾化，从根本上解决了液化温度与加热温度不匹配问题；波致雾化是该专利相对于 CN107743365B（5.3.3.11）的重大改进点。

（3）液化位置与雾化位置重合。

（4）设置推抵装置（如弹簧）将固体烟油不断推向电阻加热膜，实现了逐步供应固体烟油，逐步液化、逐步雾化，避免了一次性将全部固体烟油都液化，这一点与 CN107743365B（5.3.3.11）技术原理基本相同。

（5）通过结构设计解决了以前固体烟油烟具的诸多缺陷，非常有特色，算是一个里程碑式的凝胶烟具专利。

（6）笔者预计：受声表面波能量限制，希望液化后的烟油黏度越低越好，而由凝胶液化得到的液体，通常黏度不会太低，这里面可能会有不匹配之处，存在改进空间。

5.3.3.20　CN111642800A

1. 专利简述

此专利申请人为深圳市尹泰明电子有限公司（表 5-2【24】CN111642800A 一种均匀发热的电子烟芯片）。

如图 5-24 所示，该专利用加热棒 1 对固体烟油 3 进行中心加热，其中加热棒 1 将加热丝改为加热丝层 101，并在加热丝层外面增设石墨烯层 102 和导热碳纤维层 103 以提高导热性能，将热量快速均匀扩散至容纳固体烟油，使固体烟油均匀受热，避免加热丝加热的不均匀性。另外，底部设有铝板 13，铝板也与加热元件热接触，可用于对液化后流淌到其上的液体烟油进行加热雾化。

2. 核心专利点分析

（1）中心加热，虽然未提到固体烟油是否是凝胶态烟油，但显然凝胶态烟油可以使用这样的烟具。

（2）随着靠近加热元件的固体烟油被液化，剩余未液化固体烟油将不能继续与加热元件接触，只能靠热辐射来液化，但底部铝板上的加热液化始终能良好进行。

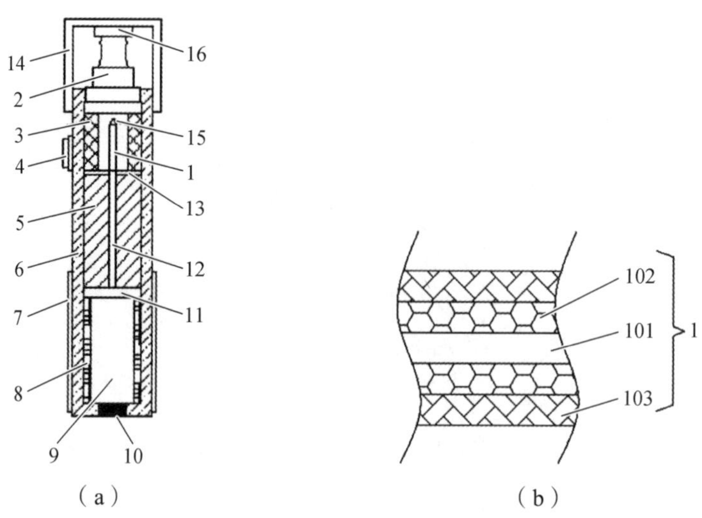

图 5-24 CN111642800A 中的电子烟芯片结构

（3）没有解决凝胶态烟油不能逐步液化而是不得不一次性全部液化的固有难题。

5.3.4 关键技术解析

5.3.4.1 适配烟具关键结构

1. 共性技术

凝胶态烟油使用烟具包括：电源、控制机构、雾化器、烟嘴。雾化器内一般设置有：加热器、雾化仓。加热器对凝胶态烟油加热。

2. 特色技术

（1）周向加热，且面加热器代替加热丝的烟具。

代表专利 CN103300482A（5.3.3.7）的烟具结构：陶瓷座 121 内设有固体烟油容纳槽 122，陶瓷座内容纳固体烟油，陶瓷座外表面包裹有纳米钛金属发热材料膜 123，用面加热器代替传统的电加热丝，提高加热面积和加热均匀性；另一特点是发热材料不直接接触固体烟油而是靠陶瓷座导热来实现加热，避免加热材料积碳。

（2）持续供应凝胶态烟油的烟具。

目前持续供应凝胶态烟油，主要靠推抵装置（如弹簧）将凝胶块逐步推向加热元件，如专利 CN107743365B（5.3.3.11）和 CN211932581U（5.3.3.19）所示。

5.3.4.2 雾化方式

1. 共性技术

（1）凝胶态烟油与加热元件直接接触[CN111642800A（5.3.3.20）、CN107772542A（5.3.3.13）、CN106072773A（5.3.3.12）]：中心加热元件插入凝胶态烟油中，直接加热雾化。

（2）凝胶态烟油与加热元件不直接接触[CN202286307U（5.3.3.5）、CN201797997U（5.3.3.1）]：凝胶态烟油先通过辐射受热或间接的传导受热液化，利用毛细作用或重力作用，通过玻纤线，将液化后的烟油导油至加热丝进行雾化发烟。

2. 特色技术

专利 WO2018224339A1（5.3.3.16）和 US20190208827A1（5.3.3.17）采用了感应加热雾化方式，专利 CN211932581U（5.3.3.19）则采用了声表面波雾化方法，具体详见前述内容。

5.3.4.3 凝胶态烟油使用方法

1. 共性技术

（1）直接使用固态的凝胶态烟油棒[CN106998811A（表 5-2【12】）、CN111642800A（5.3.3.20）]插入烟具雾化腔内加热雾化。

（2）将凝胶态烟油封装入烟弹筒内[CN109414056A（5.3.3.15）、CN109475189A（5.3.3.14）、US20190208827A1（5.3.3.17）]作为一次性烟弹使用。

2. 特色技术

（1）逐步液化、逐步雾化的雾化方式

专利 CN211932581U（5.3.3.19）和专利 CN107743365B（5.3.3.11）中设置推抵装置（如弹簧）将固体烟油不断推向电阻加热器，专利 CN112218552A（5.3.3.18）通过移动加热元件来实现发烟材料棒与加热元件的相对运动，实现了逐步供应固体烟油，逐步液化、逐步雾化，避免了一次性将全部固体烟油都液化。

（2）手动控制固体烟油向加热元件的连续供应

专利 CN107772542A（5.3.3.13）公开了一种烟具。伸出到壳体 100 外部加热器 300 插入盛有固体烟油 500 的烟弹盒 400，对固体烟油进行液化和雾化。其中烟弹盒 400 与烟具呈分体式设计，或者可拆卸式连接。可手动控制加热元件插入深度来控制液化量，实际上是手动控制固体烟油向加热元件的连续供应。

5.4 专利技术脉络分析

5.4.1 技术进化时序

如图 5-25 所示，凝胶态烟油的技术进化过程中，形成了 CN101933653B（5.2.3.1）、CN107772542A（5.3.3.13）、CN107743365B（5.3.3.11）、CN109475189A/WO2018019543A1（5.2.3.9、5.3.3.14）、CN211932581U（5.3.3.19）、CN111545139A、CN111659325A、CN111672429A、CN111672430A、CN111672431A（5.2.3.14 ~ 5.2.3.18）等一批里程碑型专利。

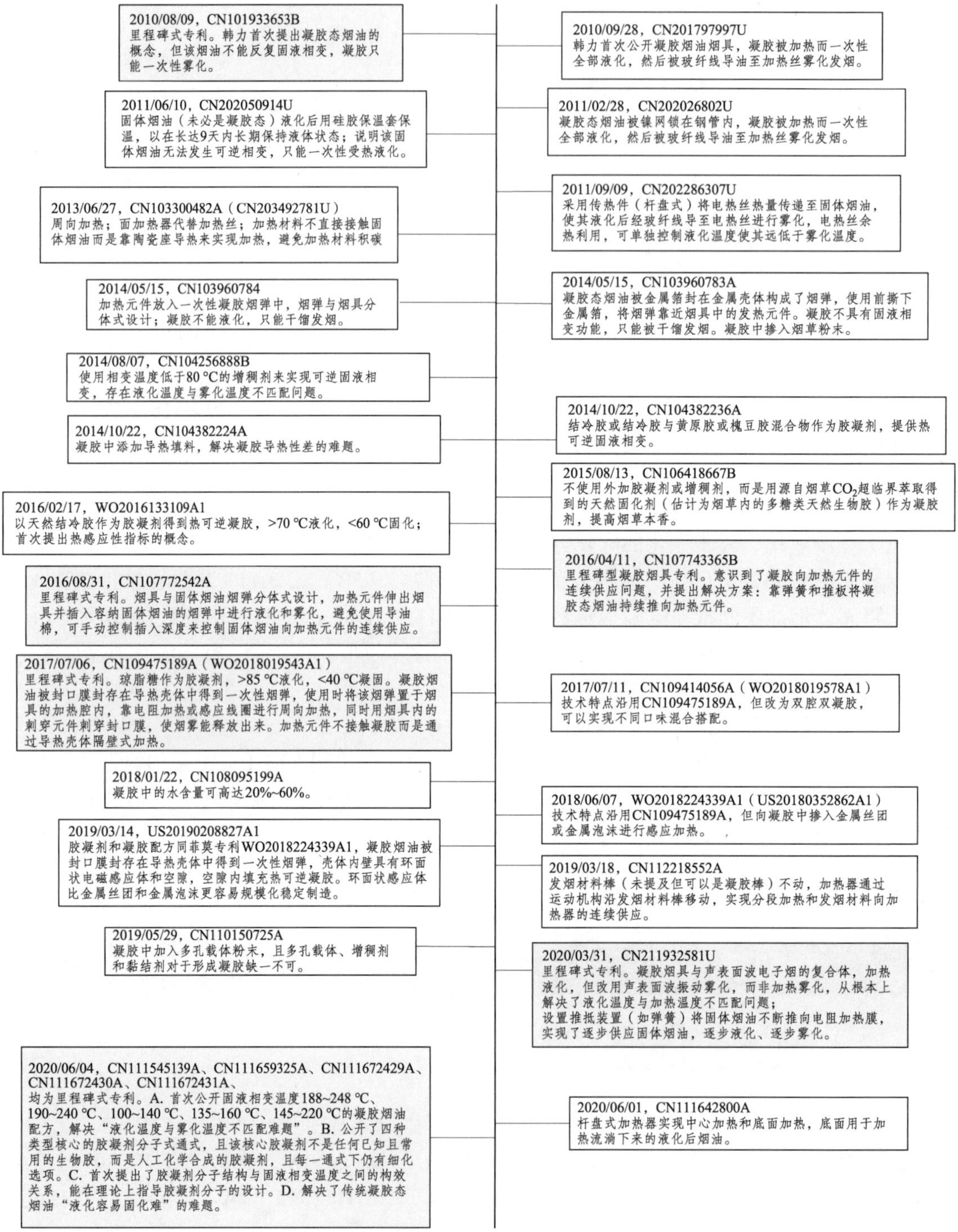

2010/08/09，CN101933653B
里程碑式专利。韩力首次提出凝胶态烟油的概念，但该烟油不能反复固液相变，凝胶只能一次性雾化。

2010/09/28，CN201797997U
韩力首次公开凝胶烟油烟具，凝胶被加热而一次性全部液化，然后被玻纤线导油至加热丝雾化发烟。

2011/02/28，CN202026802U
凝胶态烟油被镍网锁在钢管内，凝胶被加热而一次性全部液化，然后被玻纤线导油至加热丝雾化发烟。

2011/06/10，CN202050914U
固体烟油（未必是凝胶态）液化后用硅胶保温套保温，以在长达9天内长期保持液体状态；说明该固体烟油无法发生可逆相变，只能一次性受热液化。

2011/09/09，CN202286307U
采用传热件（杆盘式）将电热丝热量传递至固体烟油，使其液化后经玻纤线导至电热丝进行雾化，电热丝余热利用，可单独控制液化温度使其远低于雾化温度。

2013/06/27，CN103300482A（CN203492781U）
周向加热；面加热器代替加热丝；加热材料不直接接触固体烟油而是靠陶瓷座导热来实现加热，避免加热材料积碳

2014/05/15，CN103960784
加热元件放入一次性凝胶烟弹中，烟弹与烟具分体式设计；凝胶不能液化，只能干馏发烟。

2014/05/15，CN103960783A
凝胶态烟油被金属箔封在金属壳体构成了烟弹，使用前撕下金属箔，将烟弹靠近烟具中的发热元件。凝胶不具有固液相变功能，只能被干馏发烟。凝胶中掺入烟草粉末。

2014/08/07，CN104256888B
使用相变温度低于80 ℃的增稠剂来实现可逆固液相变，存在液化温度与雾化温度不匹配问题。

2014/10/22，CN104382236A
结冷胶或结冷胶与黄原胶或槐豆胶混合物作为胶凝剂，提供热可逆固液相变。

2014/10/22，CN104382224A
凝胶中添加导热填料，解决凝胶导热性差的难题。

2015/08/13，CN106418667B
不使用外加胶凝剂或增稠剂，而是用源自烟草CO_2超临界萃取得到的天然固化剂（估计为烟草内的多糖类天然生物胶）作为凝胶剂，提高烟草本香。

2016/02/17，WO2016133109A1
以天然结冷胶作为胶凝剂得到热可逆凝胶，>70 ℃液化，<60 ℃固化；首次提出热感应性指标的概念。

2016/04/11，CN107743365B
里程碑型凝胶烟具专利。意识到了凝胶向加热元件的连续供应问题，并提出解决方案：靠弹簧和推板将凝胶态烟油持续推向加热元件。

2016/08/31，CN107772542A
里程碑式专利。烟具与固体烟油烟弹分体式设计，加热元件伸出烟具并插入容纳固体烟油的烟弹中进行液化和雾化，避免使用导油棉，可手动控制插入深度来控制固体烟油向加热元件的连续供应。

2017/07/06，CN109475189A（WO2018019543A1）
里程碑式专利。琼脂糖作为胶凝剂，>85 ℃液化，<40 ℃凝固。凝胶烟油被封口膜封存在导热壳体中得到一次性烟弹，使用时将该烟弹置于烟具的加热腔内，靠电阻加热或感应线圈进行周向加热，同时用烟具内的刺穿元件刺穿封口膜，使烟雾能释放出来。加热元件不接触凝胶而是通过导热壳体隔壁式加热。

2017/07/11，CN109414056A（WO2018019578A1）
技术特点沿用CN109475189A，但改为双腔双凝胶，可以实现不同口味混合搭配。

2018/01/22，CN108095199A
凝胶中的水含量可高达20%~60%。

2018/06/07，WO2018224339A1（US20180352862A1）
技术特点沿用CN109475189A，但向凝胶中掺入金属丝团或金属泡沫进行感应加热。

2019/03/14，US20190208827A1
胶凝剂和凝胶配方同菲莫专利WO2018224339A1，凝胶烟油被封口膜封存在导热壳体中得到一次性烟弹，壳体内壁具有环面状电磁感应体和空隙，空隙内填充热可逆凝胶。环面状感应体比金属丝团和金属泡沫更容易规模化稳定制造。

2019/03/18，CN112218552A
发烟材料棒（未提及但可以是凝胶棒）不动，加热器通过运动机构沿发烟材料棒移动，实现分段加热和发烟材料向加热器的连续供应。

2019/05/29，CN110150725A
凝胶中加入多孔载体粉末，且多孔载体、增稠剂和黏结剂对于形成凝胶缺一不可。

2020/03/31，CN211932581U
里程碑式专利。凝胶烟具与声表面波电子烟的复合体，加热液化，但改用声表面波振动雾化，而非加热雾化，从根本上解决了液化温度与加热温度不匹配问题；
设置推抵装置（如弹簧）将固体烟油不断推向电阻加热膜，实现了逐步供应固体烟油，逐步液化、逐步雾化。

2020/06/04，CN111545139A、CN111659325A、CN111672429A、CN111672430A、CN111672431A、
均为里程碑式专利。A. 首次公开固液相变温度188~248 ℃、190~240 ℃、100~140 ℃、135~160 ℃、145~220 ℃的凝胶烟油配方，解决“液化温度与雾化温度不匹配难题”。B. 公开了四种类型核心的胶凝剂分子式通式，且该核心胶凝剂不是任何已知且常用的生物胶，而是人工化学合成的胶凝剂，且每一通式下仍有细化选项。C. 首次提出了胶凝剂分子结构与固液相变温度之间的构效关系，能在理论上指导胶凝剂分子的设计。D. 解决了传统凝胶态烟油“液化容易固化难”的难题。

2020/06/01，CN111642800A
杆盘式加热器实现中心加热和底面加热，底面用于加热流淌下来的液化后烟油。

图 5-25　凝胶态烟油技术进化时序图

5.4.2 凝胶态烟油关键技术问题及解决方案

凝胶态烟油关键技术问题及解决方案如表 5-3 所示。

表 5-3 凝胶态烟油相关的技术问题和解决方案

技术问题	解决方案	相关专利
防漏	① 凝胶态烟油本身就防漏。 ②液化后的防漏则可借鉴普通电子烟防漏结构设计	本章列出的所有专利
提高健康安全性	① 避免使用非食品级胶凝剂或增稠剂。 ② 使用食品级胶凝剂	CN104256888B（5.2.3.4） CN103960783A（5.2.3.2） 其余专利
提高加热液化或加热雾化效率	① 凝胶内添加导热填料，提高凝胶导热性。 ② 凝胶内添加金属团/金属丝内部感应加热。 ③ 凝胶散点状嵌在感应发热体表面上的凹陷处。 ④ 加热丝改为加热面。 ⑤ 使用传热件利用加热雾化元件余热来预液化凝胶	CN104382224A（5.2.3.6） WO2018224339A1（5.2.3.11） US20190208827A1（5.2.3.12） CN111642800A（5.3.3.20） CN202286307U（5.3.3.5）
可逆相变	① 使用具有可逆相变性质的胶凝剂琼脂糖、结冷胶、结冷胶与黄原胶或槐豆胶的混合物、明胶、琼脂、可得燃胶、卡拉胶、果胶、黄原胶、瓜尔胶、壳聚糖。 ② 含糖基-酰胺基-芳基-烃基中的三种或四种的糖基胶凝剂	CN109475189A（5.2.3.9） CN104382236A（5.2.3.5） CN104256888B（5.2.3.4） WO2016133109A1（5.2.3.8） CN108095199A（5.2.3.10） CN111545139A（5.2.3.14） CN111659325A（5.2.3.15） CN111672429A（5.2.3.16） CN111672430A（5.2.3.17） CN111672431A（5.2.3.18）
提高相变速率	① 提高液固相变温度（含糖基-酰胺基-芳基-烃基中的三种或四种的糖基胶凝剂），加快凝固速率。 ② 凝胶散点状嵌在感应发热体表面上的凹陷处，加热丝改为加热面，通过提高加热速率来提高液化速率	CN111545139A（5.2.3.14） CN111659325A（5.2.3.15） CN111672429A（5.2.3.16） CN111672430A（5.2.3.17） CN111672431A（5.2.3.18） US20190208827A1（5.2.3.12） CN111642800A（5.3.3.20）
液化温度与雾化温度不匹配	① 加热液化，波致雾化。 ② 液化位置与雾化位置异位	CN211932581U（5.3.3.19） CN111642800A（5.3.3.20） CN201797997U（5.3.3.1） CN202026802U（5.3.3.2） CN202286307U（5.3.3.5）
凝胶向加热元件连续供应	① 设置推抵装置将凝胶持续推向加热器。 ② 加热器可以沿凝胶棒移动。 ③ 手动控制加热元件插入凝胶中的深度	CN107743365B（5.3.3.11） CN211932581U（5.3.3.19） CN112218552A（5.3.3.18） CN107772542A（5.3.3.13）

续表

技术问题	解决方案	相关专利
提高烟草本香	① 凝胶中掺入烟草粉末。 ② 使用源自烟草的胶凝剂	CN103960783A（5.2.3.2） CN106418667B（5.2.3.7）
风味单一	使用双风味凝胶实现风味搭配	CN109414056A（5.3.3.15）
避免烟油反复受热变质	① 减少凝胶量，制成一次性烟弹。 ② 设置推抵装置将凝胶持续推向加热器。 ③ 加热器可以沿凝胶棒移动。 ④ 手动控制加热元件插入凝胶中的深度	US20190208827A1（5.2.3.12） CN107743365B（5.3.3.11） CN211932581U（5.3.3.19） CN112218552A（5.3.3.18） CN107772542A（5.3.3.13）
避免烟油沉积在加热器上导致异味	加热元件不接触凝胶而是通过导热壳体壁式加热	CN109475189A（5.3.3.14）

5.4.3　技术进化趋势分析

5.4.3.1　总　评

由于凝胶态烟油属于全新形态，市场上未见相关产品，这方面的专利其实并不多，专利申请人（或专利权人）主体非常分散，还没有哪一家市场主体针对凝胶态烟油进行系统化、全面持续研究，故该领域的技术进化特征是呈散点式分布，不规则跳跃，技术成熟度也不高，很多还处于探索阶段，未见清晰的技术进化脉络。

总体来说，笔者提供如下观点供读者商榷：

非延续性技术点：非相变型凝胶（干馏雾化型）、非食品级胶凝剂、化学交联型凝胶。

延续性技术点：食品级胶凝剂、相变型凝胶、可逆相变型凝胶、导油元件、加入导热材料提高凝胶导热性能、一次性使用型凝胶烟弹。

突破性技术点：凝胶中掺入感应体进行内部加热；高相变温度型胶凝剂。

5.4.3.2　重点解读

凝胶态烟油的设计初衷是为了防止液体烟油泄露，最开始的解决方案是加入增稠剂使其液体烟油变黏稠直至变成非相变型凝胶，但非相变型烟油因具有难以导油、导热慢、难以雾化、受热后残渣多、残渣过度加热产生异味等固有缺点，故在后续技术进化中未延续下来。相反，相变型凝胶因为具有容易受热液化、液化后易于导油和导热的优点，一直延续发展。

对应地，非相变型凝胶往往是胶凝剂通过共价键化学交联作用产生的，化学交联通常不具有可逆性，故化学交联这种技术特征未能延续发展。相应地，相变型凝胶是胶凝剂通过氢键、范德华力、库仑力、物理缠结等物理交联作用而产生的，物理交联作用力可随升温而减弱，故能产生固液相变。若该物理交联作用还能随温度降低而增强，则还能产生固液-液固可逆相变。因此，采用物理交联作用的凝胶态烟油延续发展。

相变型凝胶态烟油，若其量仅供一次性使用，则对其固液相变温度要求不高，且不必要求是可逆相变，也不会产生烟油反复受热而分解变质的问题，便捷且安全卫生，故一次性使用型凝胶烟弹，将来仍有技术进化的可能性。但若凝胶态烟油的量要反复多次使用，则必须是可逆相变，且固液相变温度越高越好（当然不可能高过烟油溶剂的沸点），以避免液化容易固化难的难题，且要注意防范烟油反复受热而分解变质的风险。

关于凝胶态烟油是一次性使用还是反复使用，这取决于凝胶可逆相变温度是否足够高，以及凝胶配方本身是否容易受热变质，若这两点问题能得到解决，则凝胶态烟油可以反复使用，否则，还是一次性使用为宜。考虑到可逆相变温度的提高，要依赖于全新胶凝剂的开发，涉及材料化学领域研发，其难度较大，故今后相当长时期内，一次性使用将更有技术优势而成为技术进化主流方向。值得关注的是，云南中烟近期提出的若干高可逆相变温度胶凝剂专利技术方案，实现了重大突破，为将来反复使用型凝胶态烟油带来了曙光，将来进一步开发可逆相变温度高的胶凝剂，是重中之重，但难度也最大，期待其后续落地实施。

胶凝剂是凝胶态烟油配方的核心，处于最基础最核心的技术地位。电子烟烟油雾化后要吸入消费者呼吸道，其健康性和安全性一直受国家管控，因此非食品胶凝剂显然没有生存发展的空间。相反，食品级胶凝剂能够延续发展。这么多年来，胶凝剂一直是在使用传统的生物胶，例如琼脂、琼脂糖、瓜尔胶、黄原胶、结冷胶等，利用他们天然的分子结构及理化性质，未考虑进行修饰或调控，故一直没有重大技术突破，直至云南中烟 2020 年从分子结构与理化性质的构效关系的理论高度提出若干高可逆相变温度胶凝剂分子式，给出了今后胶凝剂分子结构设计的纲领性指导原则。

关于导油元件（如导油棉），其存在的必要性取决于液化位置与雾化位置是否重合，如果重合，则没有存在的必要，如果不重合，则有存在的必要。故导油元件这个特征，延续至今，且今后可能陆续被某些后续技术所沿用，并未被完全放弃。

加入导热材料解决“凝胶态烟油导热性差难题”，是将来的发展方向之一，但不是必然趋势。因为菲莫公司所开发的导热容器周向加热技术或凝胶内置电磁感应加热体技术，完全也可以解决该难题。

“凝胶连续供应难题”近些年才开始被人注意到，但提出的解决方案目前仅是靠推抵装置将凝胶态烟油和加热元件彼此推近，虽然解决了连续供应问题但尚不足以做到“定量”连续供应，仍有巨大改进空间，今后这方面可作为技术布局空白点加大研发。如能解决凝胶连续供应难题，还有一个益处就是原本可逆相变温度低和/或烟油配方容易受热变质型烟油，也能使用，因为凝胶连续供应，意味着凝胶逐步液化，逐步雾化，供应多少就液化多少，液化多少就雾化多少，不会产生烟油反复受热，也无需可逆相变，本质上凝胶还是一次性使用，故降低了对凝胶态烟油的可逆相变温度和热稳定性的要求，是非常有前景的技术进化方向。

凝胶内置电磁感应加热体技术，既可以解决“凝胶态烟油导热性差难题”，又可以解决“凝胶连续供应难题”，对凝胶态烟油的相变温度和热稳定性要求也不高，是当下极具发展前景和落地前景的技术方向，须重点关注。该技术还有可能让早就被放弃的非相变型凝胶技术路线得以起死回生，因为完全可以靠在非相变型凝胶内部内置微小的电磁感应体来原位加热非相变型凝胶失液而释放的烟油，实现雾化，而且电磁加热热惯性很小，发热和导热都均匀，可以避免导热难题和残渣过热难题。

波致雾化技术可以解决凝胶态烟油“液化温度与雾化温度不匹配难题”，可以仅在较低的液化温度下施加微波、超声波、声表面波来振动雾化烟油，避免烟油受热变质等问题，随着当前波致雾化设备的日渐小型化，这也是颇具前景的技术路线。

至于凝胶态烟油如何调配口味，凝胶态烟油液化后如何导油、如何受热雾化、如何防漏，以及相关的雾化器结构设计，并非凝胶态烟油所特有的技术，而是完全可直接借鉴当前电子烟技术中的成熟且常规的技术手段，不再赘述。

6 整块型固态发烟材料专利技术

6.1 引 言

6.1.1 整块型固态发烟材料的产生背景

固态发烟材料是影响加热卷烟抽吸体验的关键因素，目前所开发的固态发烟材料主要包括烟丝、烟末、烟草薄片等。这些材料在不同的加热环境下能够释放具有烟草特征香气的烟气，但普遍存在受热不均匀、易碳化、操作不便等缺陷。其中烟丝和烟末由于难以添加雾化剂，存在烟雾量小、发烟不均匀、易焦化等问题；而当前主流的菲莫公司 IQOS 烟支所用的烟草薄片虽然解决了发烟量问题，但制造工艺复杂，设备成本昂贵，可调控性不强，且烟草薄片类烟支，加热元件以圆柱状则难以插入，即便以加热片形式，也必须平行于薄片平面才能顺利插入，否则容易折断。此外，薄片类烟支使用后，由于烟草薄片和卷烟纸受热后强度弱化，在拔出烟支时很容易破碎，不得不在烟具内设置专门的提取器元件以完整提取烟支。此外，烟草薄片因受热焦化、碳化、黏结等原因会残留于电加热组件上，需要配套专门的工具对加热组件进行清洁。

另外，菲莫公司对薄片类烟支有严密的专利保护，例如提取器专利、四段式烟支专利、聚乳酸冷却元件、加热温度曲线等，这些专利壁垒也限制了人们在薄片类加热卷烟领域的进一步开发，即便开发，产品的生产和销售也受到菲莫专利的严重制约，束缚重重。

为表达简单且为了符合烟草领域技术人员表达习惯，本章将气溶胶源受热释放气溶胶（或称“烟雾”）的过程都统称为“发烟”，无论气溶胶源是否为烟草原料，也无论该气溶胶或烟雾中是否包含烟碱。

为了解决上述薄片类烟支的各种技术问题，以及突破菲莫公司的专利壁垒，人们开始研发以众多发烟颗粒为发烟材料的烟支，即颗粒类发烟产品（见本书第 4 章）。

此外，作为与发烟颗粒类产品并行的另一种选择，整块型固态发烟材料如烟草棒和烟草块也值得关注，本章专门分析此类专利。

6.1.2 整块型固态发烟材料的基本概念

6.1.2.1 烟丝或烟屑或烟末

烟丝是指传统点燃型香烟中填充的丝状烟草，其是烟叶经切丝工艺制成，也可以是再造烟叶经切丝工艺制成。

烟屑或烟末是指经过粉碎或造碎的烟叶或再造烟叶。

6.1.2.2 发烟颗粒

发烟颗粒，是指植物碎屑经过黏合剂黏结成型和/或经过模压或挤出成型后得到的有一定直径的宏观球粒，且该球粒被用于受热发烟或释放气溶胶。

“发烟颗粒”包括“烟草类发烟颗粒”（简称“烟草颗粒”）和“非烟草类发烟颗粒”（简称“非烟草颗粒”）。

其中，“烟草颗粒”，是指烟草粉末经过黏合剂黏结成型和/或经过模压或挤出成型后得到的有一定宏观直径的烟草球粒，且该烟草球粒被用于加热发烟。

其他非烟草植物的碎屑经过黏合剂黏结成型和/或经过模压或挤出成型后得到的有一定直径的宏观球粒，且该非烟草球粒被用于受热产生气溶胶。

基于该定义，仅仅是植物经过粉碎后得到的碎屑或粉末等（不妨被称为“一次颗粒”或“粉末”），无论是呈松散状态，还是呈团聚状态，无论其微观形状是否为球形，都不认定为“发烟颗粒”。进而，上述各种一次颗粒上喷洒诸如发烟剂、香精香料或其他化学试剂后，也不认定为“发烟颗粒”。

上述“一次颗粒”经过黏合剂黏结成型和/或经过模压或挤出成型后得到的有一定宏观直径的球粒（不妨被称为“二次颗粒”），无论其宏观形状是球形还是圆柱形或其他规则或不规则形状，都认定为“发烟颗粒”，其上再喷洒、涂覆或吸附诸如发烟剂、香精香料或其他化学试剂后，也都认定为“发烟颗粒”。

若植物粉末经过黏合剂黏结成型和/或经过模压或挤出成型后得到的有一定宏观直径的球粒，但未被用于加热发烟，而是用于载香增香或用于吸附过滤或冷却，则不将其认定为“发烟颗粒”，只能根据其功能认定为增香颗粒、吸附颗粒、过滤颗粒或冷却颗粒。

6.1.2.3 整块型固态发烟材料

整块型固态发烟材料包括发烟材料块/棒/管，是发烟材料块、发烟材料棒或发烟材料管的统称。

整块型固态发烟材料应同时满足以下技术要素：

（1）以发烟材料一次颗粒或发烟材料二次颗粒（即发烟颗粒）作为唯一发烟材料或主要发烟材料。

（2）经过诸如黏结、模压等成型工艺（但不包括卷制）成型为块状体/棒状体/管状体，（对具体形状没有特定限定），具有形状自我维持性。

（3）置于加热卷烟烟支的发烟段，而非冷却段或增香段。

团聚成宏观块状的被称为发烟材料块；团聚成宏观棒状的被称为发烟材料棒，团聚成空心棒（即管）状的被称为发烟材料管。

一次颗粒若直接经过黏合剂黏结成型和/或经过模压或挤出成型后得到的有一定宏观直径的块或棒或管，也可以被称为发烟材料块或发烟材料棒或发烟材料管。

当可受热发烟的植物为烟草时，则发烟材料块或发烟材料棒或发烟材料管相应地也可以称为烟草块、烟草棒或烟草管。

上述定义还将传统点燃抽吸型卷烟（用卷烟纸包裹松散烟丝成型的烟草条）、用两端封口的空管或胶囊容纳烟草颗粒构成的圆柱形烟弹，都排除在“烟草棒”或“烟草块”概念之外，这种烟草条或烟弹由于去掉卷烟纸、空管或胶囊约束后，其内容物将散落而不能维持固定的形状，故不能算作是发烟棒或烟草块。

但烟草棒或烟草块本身可以不用卷烟纸包裹而直接作为加热卷烟烟弹使用，也可以用卷烟纸包裹或用接装纸与滤棒接装后作为加热卷烟烟支使用。

此外，为了便于烟雾递送，尤其是便于内部发烟材料发出的烟雾能扩散到外部，烟草棒或烟草块多制成多孔形状或设置通孔。

此外，以下一些特殊情况也被视作烟草棒或烟草块：

（1）烟草片材被卷成烟草棒。

（2）烟草片材很厚。

相应地，用于非发烟目的的宏观块/棒/管，不被认定为发烟材料块/棒/管。

由于绝大部分专利中发烟材料都是烟草源，下文为简单起见，将发烟材料块/棒/管简称为烟草块/棒/管。

6.1.2.4 整块型固态发烟材料适配烟具

加热整块型固态发烟材料而发烟的烟具，被称为“发烟材料块/棒/管适配烟具”。

6.1.2.5 整块型固态发烟材料加热方式

整块型固态发烟材料的加热方式，采用底部加热、周向加热或中心加热均可。若中心加热，则需要烟草棒或烟草块具有可供加热元件插入其中的孔洞。

加热可以是电阻加热、红外加热或电磁加热。

6.2 烟草棒和烟草块类型、原料与制备方法

6.2.1 相关专利和重要专利

在检索到的整块型固态发烟材料专利中，与烟草棒和烟草块类型、原料与制备方法相关的重要专利共计 35 件，如表 6-1 所示。

表 6-1 烟草棒和烟草块类型、原料与制备方法相关的重点专利

编号	申请人	公布号/授权号	题目	申请日	公开日	当前专利状态
1	菲利普莫里斯生产公司	CN86102651A	发泡烟草成型物的挤压制作方法	1986/4/15	1987/2/4	失效
2	菲利普莫里斯生产公司	CN1016842B	处理连续挤压出的含烟草物料的方法	1986/6/3	1992/6/3	失效
3	菲利普莫里斯公司（弗吉尼亚公司）	CN86103673A	处理连续挤压出的含烟草物料	1986/6/3	1987/12/16	失效

续表

编号	申请人	公布号/授权号	题目	申请日	公开日	当前专利状态
4	R. J. 雷诺兹烟草公司	CN1013337B	烟草材料加工方法	1987/8/21	1997/7/31	失效
5	菲利普莫里斯生产公司	CN1020667C	提高坚固度烟卷的制造方法和其方法的产品	1989/3/9	1989/11/15	失效
5a	菲利普莫里斯生产公司	CN1037074A	提高坚固度烟卷的制造方法和其方法的产品	1989/3/9	1989/11/15	失效
6	弗里德里克·普里赫斯	CN1046624C	生产可抽吸的烟草制品的方法	1995/1/28	1996/8/1	失效
6a	弗里德里克·普里赫斯	CN1144460A	生产可抽吸的烟草制品的方法	1995/1/28	1997/3/5	失效
7	红云红河烟草（集团）有限责任公司	CN103750535B	一种加热非燃烧型卷烟烟块的制备方法	2014/1/22	2014/4/30	授权
8	湖北中烟	CN105077574B	一种植物清香型卷烟的制备方法	2015/7/3	2015/11/25	授权
9	湖北中烟	CN104939302B	一种卷烟的制备方法	2015/7/3	2015/9/30	授权
10	湖南中烟	CN107536094B	一种自然赋香的异型卷烟的制备方法	2016/6/24	2018/1/5	授权
11	湖南中烟	CN107536095B	一种均质化异型卷烟的制备方法	2016/6/24	2018/1/5	授权
12	菲利普莫里斯生产公司	CN108348004A	气溶胶生成制品和其方法；气溶胶生成装置和系统	2016/10/21	2017/4/27	授权
13	菲利普莫里斯生产公司	CN108135275A	气溶胶生成制品、气溶胶生成团块、气溶胶生成团块的形成方法和包括气溶胶生成团块的气溶胶生成系统	2016/10/21	2017/4/27	授权
14	湖南中烟工业有限责任公司	CN207653549U	一种卷烟	2017/6/28	2018/7/27	授权
15	上海烟草集团有限责任公司	CN107319641A	一种加热不燃烧烟草制品的烟草物料发烟体及其制备方法和用途	2017/7/21	2017/11/7	失效
16	深圳瑞宏邦科技有限公司	CN108142979A	低温烟及其制备方法	2017/11/27	2018/6/12	失效
17	湖南中烟工业有限责任公司	CN110506986A	一种烟草颗粒及其制备方法、低温发烟体及其制备方法	2018/5/21	2019/11/29	授权
18	上海新型烟草制品研究院有限公司，上海烟草集团有限责任公司	CN110833204A	一种发烟制品的制造方法及其发烟制品	2018/8/17	2020/2/25	实质审查

续表

编号	申请人	公布号/授权号	题目	申请日	公开日	当前专利状态
19	安徽中烟工业有限责任公司	CN109463795A	一种用于感应加热的挤压成型发烟产香基质制备方法	2018/11/30	2019/3/15	实质审查
20	广东中烟工业有限责任公司	CN109567258A	一种加热不燃烧卷烟烟丝模块及其制备方法	2018/12/26	2019/4/5	授权
21	上海华宝生物科技有限公司	CN109700083A	一种包含固型发烟单元的注塑滤嘴型加热不燃烧烟草制品	2019/3/12	2019/5/3	实质审查
21a	上海华宝生物科技有限公司	CN209732612U	一种包含固型发烟单元的注塑滤嘴型加热不燃烧烟草制品	2019/3/12	2019/12/6	授权
22	云南巴菰生物科技有限公司	CN109730368A	一种加热不燃烧卷烟及其生产方法	2019/3/25	2019/5/10	实质审查
23	杭州森翼科技有限公司	CN109938399A	一种低温不燃烧卷烟烟油载体	2019/3/25	2019/6/28	授权
24	云南恒罡科技有限公司	CN109938398A	一种加热不燃烧卷烟烟弹及其制作方法	2019/3/29	2019/6/28	失效
25	红云红河烟草（集团）有限责任公司	CN210445653U	一种烟片及加热不燃烧烟支	2019/6/26	2020/5/5	授权
26	深圳市长能汇科科技有限公司	CN110292192A	一种不含粘合剂的加热型发烟制品的制备方法	2019/7/3	2019/10/1	实质审查
27	广东神农烟科技术有限公司	CN110477438B	一种加热不燃烧的发烟制品及其制备方法	2019/8/26	2019/11/22	授权
28	江苏中烟工业有限责任公司	CN111011915A	一种适用于加热卷烟的烟芯柱及其制备方法	2020/1/6	2020/4/17	授权
29	上海华宝生物科技有限公司	CN111329122A	加热不燃烧烟及其发烟段	2020/4/9	2020/6/26	实质审查
29a	上海华宝生物科技有限公司	CN212629860U	加热不燃烧烟及其发烟段	2020/4/9	2021/3/22	授权
30	PHILIP MORRIS INCORPORATED	WO1984002636 A1	FOAMED, EXTRUDED, TOBACCO-CONTAINING SMOKING ARTICLE AND METHOD OF MAKING SAME	1983-11-25	1984-07-19	失效
31	PHILIP MORRIS INCORPORATED	WO1986000504 A1	FOAMED, EXTRUDED TOBACCO-CONTAINING SMOKING ARTICLES	1985-07-01	1986-01-30	失效
32	John A. Luke; Paul D. Case; Stephen R. Hemsley	US5072744A	Relating to the making of smoking articles	1990-06-05	1991-12-17	失效

续表

编号	申请人	公布号/授权号	题目	申请日	公开日	当前专利状态
33	JAPAN TOBACCO INC.	US20150335062A1	FLAVOR SOURCE FOR NON-BURNING INHALATION TYPE TOBACCO PRODUCT, AND NON-BURNING INHALATION TYPE TOBACCO PRODUCT	2014/12/16	2016/8/3	未在中国申请专利
33a	JAPAN TOBACCO INC.	EP2939553A1（US20150335062A1 同组专利）	FLAVOR SOURCE FOR NON-COMBUSTION INHALATION-TYPE TOBACCO PRODUCT, AND NON-COMBUSTION INHALATION-TYPE TOBACCO PRODUCT	2015/12/15	2017/8/1	未在中国申请专利
34	云南中烟新材料科技有限公司	CN104366687B	一种低温不燃烧卷烟用抽吸材料及其制备方法	2014/9/15	2015/2/25	授权
35	深圳市合元科技有限公司	CN204070553U	用于烘焙型吸烟装置的组合式烟弹及烘焙型吸烟装置	2014/7/22	2015/1/7	授权

6.2.2 关键词解释

（1）发泡：在湿料混合物中加入起泡剂或通过控制温度和压力的变化使得湿料膨化，提高孔隙率的方式。

（2）挤出成型：使用挤出机，将湿料混合物挤出得到特定形状物料的成型方式。

（3）模制成型：使用模具压制，将湿料混合物在模具中压制成特定形状的物料的成型方式。

6.2.3 重要专利剖析

6.2.3.1 CN86102651A

1. 专利简述

此专利申请人为菲利普莫里斯生产公司（表 6-1【1】CN86102651A 发泡烟草成型物的挤压制作方法）。

先前技术是将烟草颗粒和黏合剂粉末混合物同时与水接触，则烟草颗粒比黏合剂粉末更容易吸水，水都被烟草颗粒吸走了，则黏合剂仅在表面获得部分水而使表面活化发黏，黏合剂颗粒内部得不到足够多的水就不能完全发挥黏合作用，为了维持足够的黏合作用，不得不加入更多的黏合剂粉末或更多的水，而这都会影响挤出工艺和产品质量。

本发明改为先将黏合剂（纤维素类黏合剂，如羟丙基纤维素、羟脯氨酰纤维素）预水解，然后与烟草颗粒和填料等混合成湿混合物，再在挤出机中单条挤出或多条并排挤出得到烟草棒，挤出过程的温度和压力使水汽化成水蒸气从而构成发泡过程，使得到的烟草棒是多孔的。

本发明优点是先用少量水把黏合剂内外都彻底活化发黏，再去与烟草颗粒混合成湿混合物，使得达到同样的黏合效果所用的黏合剂用量更少，烟草材料本香、本色尽可能多地得到保留，且利用水蒸气发泡作用使得到的烟草棒多孔，有利于烟雾迁移。

2. 核心专利点分析

（1）本专利虽然用于制备点燃抽吸型烟草棒，但该配方和工艺显然也可以平移过来制作用作加热卷烟烟支的发烟材料段的烟草棒。

（2）已经意识到黏合剂太多会影响口感和外观，故尽量减少黏合剂用量，方法是尽可能充分利用黏合剂颗粒的整个体相。

（3）利用发泡作用使烟草棒内部多孔。

6.2.3.2 CN1016842B

1. 专利简述

此专利申请人为菲利普莫里斯生产公司（表 6-1【2】CN1016842B 处理连续挤压出的含烟草物料的方法）。

将烟草颗粒、填料、黏合剂、起泡剂与水混合制成含水量 15%～50%的湿物料，然后在一定温度和压力下挤出成型，该条件使得水和起泡剂汽化以膨化物料，得到多孔的烟草棒，该烟草棒经干燥后可直接作为点燃型卷烟的烟丝条棒使用。后续干燥是关键，采用微波干燥和气流干燥辅助的方式，使得烟草棒内外干燥程度接近，且表面有半硬的外壳，避免外层过度干燥造成的造碎。

2. 核心专利点分析

（1）该专利的配方和工艺显然也可以平移过来制作用作加热卷烟烟支的发烟材料段的烟草棒。

（2）专利创新点：干燥条件使烟草棒内外干燥程度接近且表面有半硬外壳。

（3）利用发泡作用使烟草棒内部多孔。

6.2.3.3 CN86103673A

1. 专利简述

此专利申请人为菲利普莫里斯公司（弗吉尼亚公司）（表 6-1【3】CN86103673A 处理连续挤压出的含烟草物料）。

该方法采用微波干燥方法将挤压物料的烘箱水分值（OV 值）降低到平衡 OV 值或其以下，随后立即冷却挤压物料，使其表面温度低于整体温度，从而使挤压物料具有足以用来制作烟制品的结构强度和外形的稳定性。尤其适用于起泡的含烟草挤压出的物料。

本专利改进点在于干燥方法。之前的干燥方法，例如低速干燥、低温干燥会破坏物料起泡构造，外层部分变硬结壳而使得内部干燥时间过分延长，产品变硬，起皱。本专利的微波干燥可以快速干燥。当待干燥物料还含有发泡剂时，还可使得物料起泡或继续起泡，以便造孔。

生产工艺：将细碎的烟草、黏合剂、水在挤压机中混合得到浆料，将浆料从挤压机中挤出，得到圆柱形挤压料，在干燥箱中干燥挤压材料，在冷却箱中冷却挤压材料，然后将挤压材料输送到制烟设备中。

2. 核心专利点分析

（1）该专利的配方和工艺显然也可以平移过来制作用作加热卷烟烟支的发烟材料段的烟草棒。

（2）该专利的创新点：微波干燥可以使烟草棒内外同时干燥，且不影响发泡剂的发泡作用。

（3）仍然沿用发泡造孔技术。

6.2.3.4 CN1013337B

1. 专利简述

此专利申请人为 R. J. 雷诺兹烟草公司（表 6-1【4】CN1013337B 烟草材料加工方法）。

特定水分含量（13%～30%）的烟叶高速剪切足够时间使其内部天然黏合物活化，作为黏合剂，无需外部添加黏合剂，然后可以用成型机构挤压成型。虽然本专利实施例都是用轧辊挤压成片状材料，但因为有了天然黏合物作为黏合剂，完全可以挤出成烟草棒形状。

2. 核心专利点分析

（1）本专利的创新点：不用外加黏合剂，将内部天然黏合物活化后作为黏合剂。

（2）本专利的技术显然可以迁移到加热卷烟烟草棒或烟草块。

6.2.3.5 CN1020667C

1. 专利简述

此专利申请人为菲利普莫里斯生产公司（表 6-1【5】CN1020667C 提高坚固度烟卷的制造方法和其方法的产品）。

将黏合剂涂覆到烟丝表面并干燥至黏合剂涂覆层不黏，然后用热蒸汽等活化该黏合剂使烟丝粘在一起，然后冷却并干燥，得到具有一定孔隙率和牢固程度的整体型烟丝条，该烟丝条结构上自支撑，减少端部掉丝，提高牢固程度，且密度可调，空隙体积可高达 68%以上。

2. 核心专利点分析

（1）该专利的烟丝条虽然是用作传统点燃型卷烟的烟丝条棒使用，但显然也可以用于加热卷烟烟支中。

（2）虽然未使用挤出成型，而是靠烟丝在烟机上运动时的卷制和黏合作用来成型，但显然也不排斥挤出成型的使用。若使用挤出成型，则其孔隙度仍可继续降低以制备密实烟草棒。

（3）沿用了 CN86102651A（6.2.3.1）中的先涂覆黏合剂并干燥至不黏，然后活化黏合剂来成型的方法。

6.2.3.6 CN1046624C

1. 专利简述

此专利申请人为弗里德里克·普里赫斯（表 6-1【6】CN1046624C 生产可抽吸的烟草制品的方法）。

这是一篇 20 世纪 90 年代德国某个人专利权人的专利。

将烟草碎屑、香料等添加剂和淀粉类黏合剂混合后放入挤出机中，施加热能和机械能使该混合物压实并塑化，并通入高压水蒸气在混合物中构成内部气道，混合物离开挤出机时因温度压力降低而内部高压水蒸气作用而膨胀发泡，产生多孔泡沫体，硬化后成为多孔的烟草条或烟草棒，切割成期望长度后即可使用。可向挤出机中加入聚乙烯醇（PVA）和聚乙烯醇缩醛（PVAC）以加速处理。

2. 核心专利点分析

（1）该专利所述的多孔烟草棒显然也可用于加热式发烟。

（2）挤出成型+水蒸气发泡致孔，其中水蒸气发泡致孔是借鉴菲莫公司专利 CN86102651A（6.2.3.1）。

（3）创新点：挤出机中加入聚乙烯醇（PVA）和聚乙烯醇缩醛（PVAC）以加速处理。

6.2.3.7　CN103750535B

1. 专利简述

此专利申请人为红云红河烟草（集团）有限责任公司（表 6-1【7】CN103750535B 一种加热非燃烧型卷烟烟块的制备方法）。

该专利的核心点在于将烟草粉末+香精香料+水+藻酸盐+甘油制成黏稠烟草浆料，然后模制成型、干燥得到内部有孔洞的烟草块，适合加热元件插入中心孔洞内加热，其余孔洞则便于烟雾的扩散和输送，如图 6-1 所示。

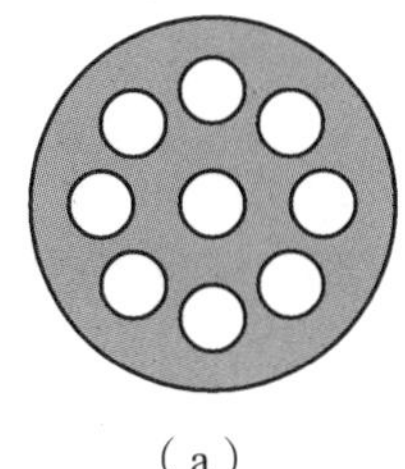

（a）

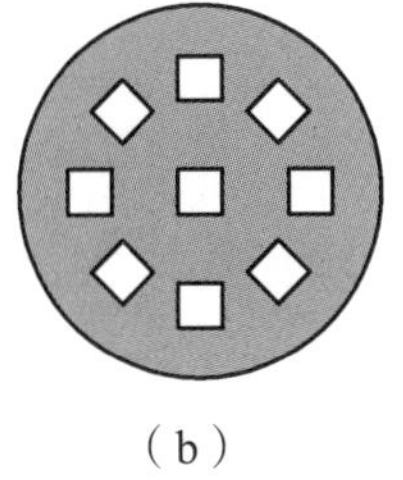

（b）

（c）

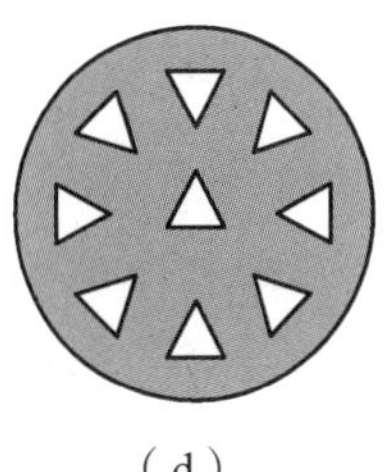

（d）

图 6-1　CN103750535B 中的卷烟烟块结构

2. 核心专利点分析

黏合剂为藻酸盐，成型工艺为模制成型，设置孔洞便于加热元件插入和烟雾扩散，这些都是常规技术。

6.2.3.8　CN105077574B

1. 专利简述

此专利申请人为湖北中烟工业有限责任公司（表 6-1【8】CN105077574B 一种植物清香型卷烟的制备方法）。

将青钱柳与烟草都粉碎成粉末后，加入黏稠糖浆中，混合成软材后挤出通过筛网而制成颗粒，然后放入模具中并加入润滑剂硬脂酸镁进行压制，得到烟草棒。

虽用于点燃抽吸，但显然也可以用于加热卷烟。青钱柳用于提升口感。

2. 核心专利点分析

（1）该专利的造粒和制棒工艺均无特色。

（2）加入青钱柳提升口感是个特点，但该技术要点不具有推广意义。

6.2.3.9 CN104939302B

1. 专利简述

此专利申请人为湖北中烟工业有限责任公司（表 6-1【9】CN104939302B 一种卷烟的制备方法）。

该专利所述方法包括以下步骤：

（1）将卷烟烟叶粉碎成粒径为 60～80 目的细粉，将蔗糖用水溶解并熬制成重量浓度为 60%～80%的糖浆，将糖浆与细粉混匀制成软材并通过 8～15 目的筛网制粒，将制得的颗粒用流化床进行干燥；

（2）向干燥后的颗粒中加入 0.3%～0.8%的硬脂酸镁，混匀后装入模具中压制成密度为 2～2.5 g/mL 的烟棒。虽用于点燃抽吸，但显然也可以用于加热卷烟。

2. 核心专利点分析

（1）造粒是挤出通过筛网而造粒。模压成型制棒工艺无特色。

（2）与 CN105077574B（6.2.3.8）的制备方法基本一致。

6.2.3.10 CN107536094B

1. 专利简述

此专利申请人为湖南中烟工业有限责任公司（表 6-1【10】CN104939302B 一种自然赋香的异型卷烟的制备方法）。

该专利公开了由烟草粉末+香料粉末+黏合剂制备烟草颗粒，干燥后的烟草颗粒表面再涂一层黏合剂后，经过挤出和加热使黏合剂熔化，再经冷却段使黏合剂固化，得到由烟草颗粒构成的烟草棒，其制棒设备和烟草棒横截面如图 6-2 所示。

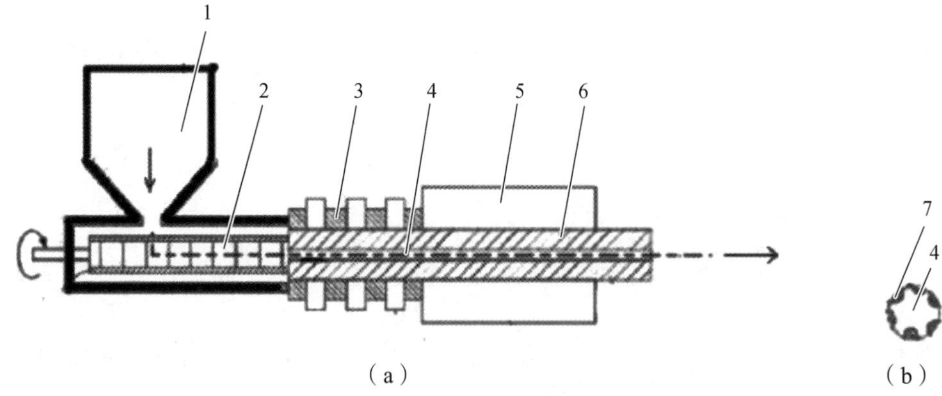

图 6-2 CN104939302B 中的制棒设备和烟草棒横截面

2. 核心专利点分析

（1）虽然是用于点燃型烟草棒，但显然也可以用于加热卷烟。

（2）烟草棒为中空管结构，向内有凸起，便于发烟和重复受热。

6.2.3.11　CN107536095B

1. 专利简述

此专利申请人为湖南中烟工业有限责任公司（表 6-1【11】CN107536095B 一种均质化异型卷烟的制备方法）。

本专利所述制备方法、设备及产品与 CN107536094B（6.2.3.10）基本相同，但公开了更多的黏合剂细节信息：

由烟草粉末生产烟草颗粒过程中使用的黏合剂可为：改性淀粉溶液、聚乙烯醇溶液、羟丙基纤维素溶液、阿拉伯胶溶液中的至少一种，黏合剂的固含量为 5%～50%；

由烟草颗粒模制成烟草棒的过程中使用的黏合剂可为：烟用白乳胶溶液、改性淀粉溶液、阿拉伯胶溶液、聚乙烯醇溶液、羟丙基纤维素钠溶液中的至少一种，或者包括聚乙烯、微晶蜡、乙酸乙烯酯、聚异丁烯、乙烯-醋酸乙烯共聚物、聚合松香中的至少一种。采用的黏合剂主要用于再造烟草颗粒的黏结，可以采用水溶性黏结材料，通过溶液形式添加，干燥后能将烟草颗粒很好地黏结在一起，如烟用白乳胶溶液、改性淀粉溶液、聚乙烯醇溶液、阿拉伯胶溶液、羧甲基纤维素钠溶液等，黏合剂的固含量为 5%～50%。黏合剂也可以是热熔性黏合剂，利用其在较高温度下融化，而在较低温下固化的特点，可以用于烟草颗粒的黏结，如聚乙烯、微晶蜡、乙酸乙烯酯、聚异丁烯、乙烯-醋酸乙烯共聚物、聚合松香等。这两类黏合剂均适用于烟草颗粒的黏结、固化成型制备烟草颗粒圆棒。

2. 核心专利点分析

本专利的颗粒成型和黏合剂的选择，都是常规方法，并无特色。

6.2.3.12　CN108348004A

1. 专利简述

此专利申请人为菲利普莫里斯生产公司（表 6-1【12】CN108348004A 气溶胶生成制品和其方法；气溶胶生成装置和系统）。

该专利为烟草块或烟草棒类烟弹专利，其烟弹和烟具结构如图 6-3 所示。

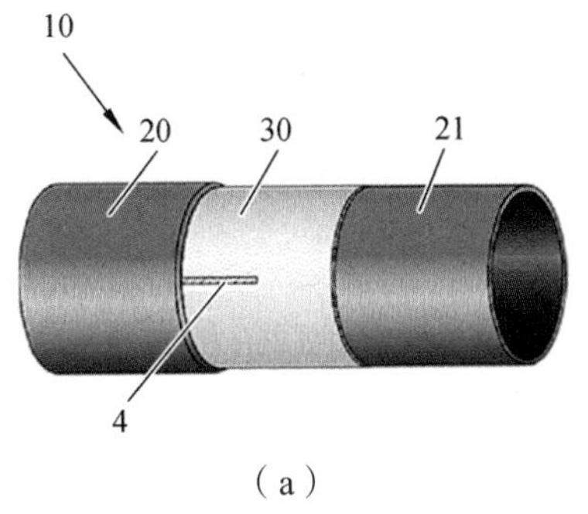

（a）

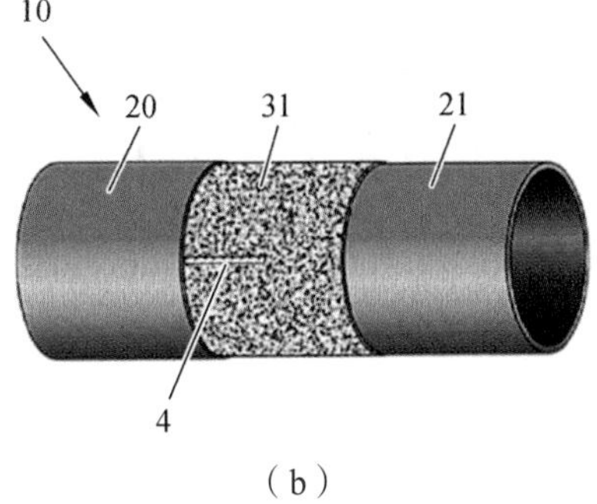

（b）

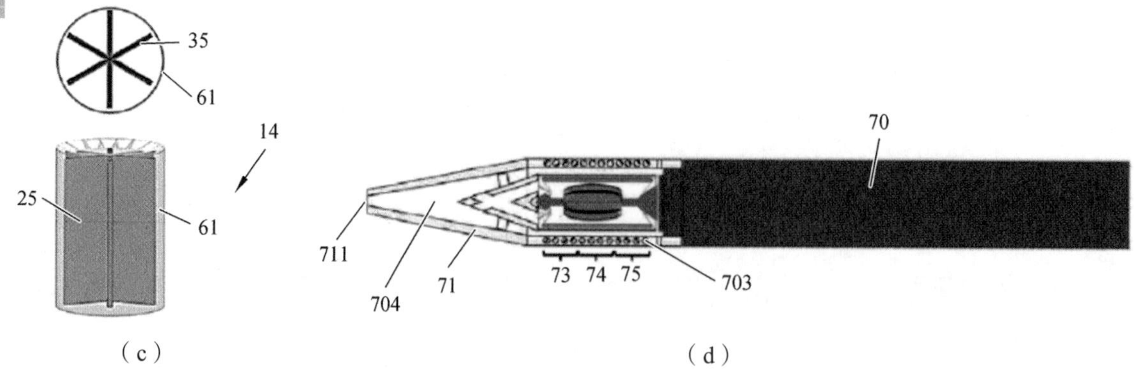

（c） （d）

图 6-3 CN108348004A 中的烟弹和烟具结构

2. 核心专利点分析

（1）本专利的创新点：电磁受体（金属箔或金属网）与发烟材料黏稠浆料共同挤出成型为空管状烟弹，发烟材料可以在电磁受体的内侧、外侧或内外侧均有，管内壁可以设置成波浪形状，发烟材料管和电磁受体管之间还可具有沿轴向延伸的直线形弦元件 4，估计是起骨架作用使二者结合更牢固，防止相对转动。

（2）还可以是实心的烟草棒，电磁受体片材制成交叉骨架，然后与发烟材料黏稠浆料共挤出成烟草棒。

（3）显然都是用于电磁加热，电磁受体管或片还可以设成间隔式结构以便分段电磁加热。

（4）该专利采用代表今后技术发展趋势的电磁加热技术（电磁受体中心加热），其技术效果非常好，且尚处于实质审查阶段，不排除将来授权获得专利保护的可能性，一旦授权，可能形成基础性拦路虎专利而对其他烟草企业构成相当强的专利壁垒，建议关注这些专利的审查进展，必要时发起第三方异议阻止其授权。

6.2.3.13 CN108135275A

1. 专利简述

此专利申请人为菲利普莫里斯生产公司（表 6-1【13】CN108135275A 气溶胶生成制品、气溶胶生成团块、气溶胶生成团块的形成方法和包括气溶胶生成团块的气溶胶）。

该专利为烟草块类烟弹专利，其烟弹和烟具结构如图 6-4 所示。

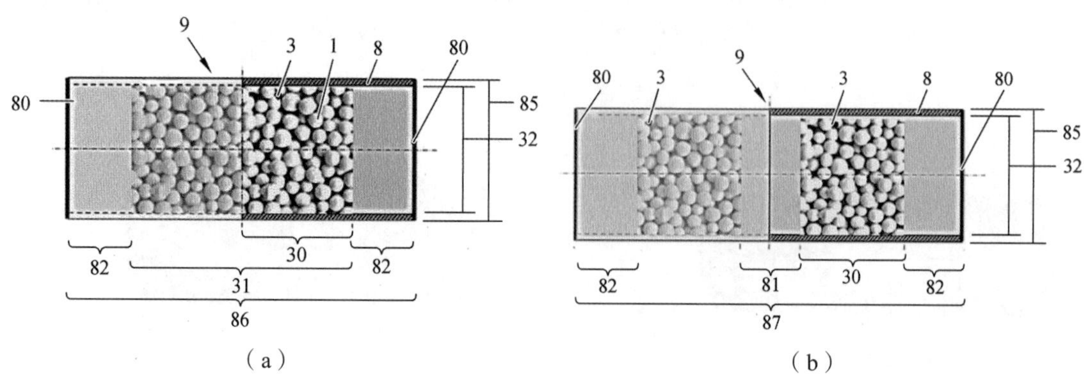

（a） （b）

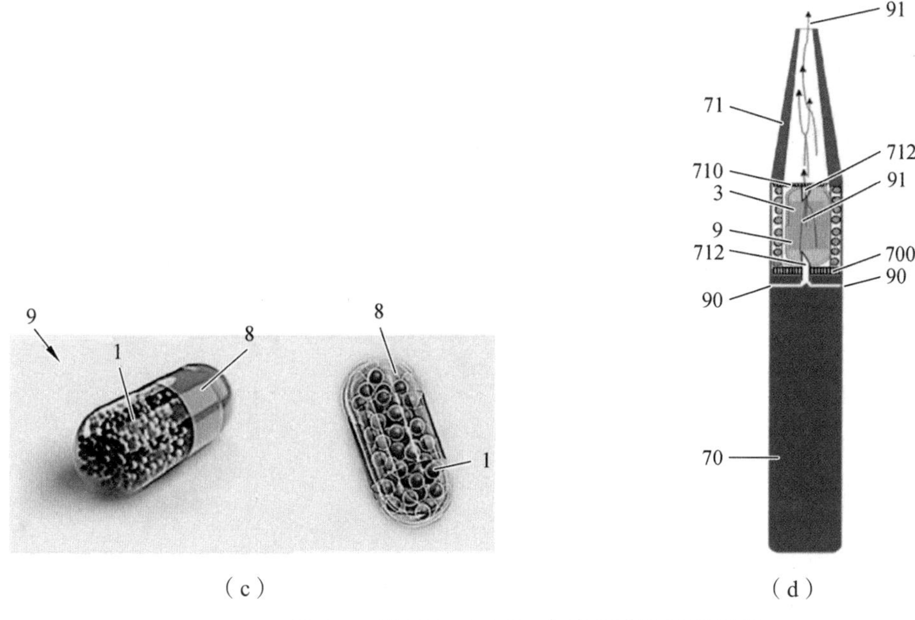

图 6-4 CN108135275A 中的烟弹和烟具结构

2. 核心专利点分析

（1）本专利创新点：烟草颗粒 1 为核壳结构，核为电磁受体颗粒（球、片或纤维），壳为发烟材料层，壳层可以为单层或多层；多个烟草颗粒 1 可以装入胶囊中进行封装，则得到颗粒类烟弹；或者多个烟草颗粒 1 也可以被压紧成团块 3，一个或多个团块 3 被装填在管壳 8 内，管壳 8 两端用密封箔片进行密封；烟草颗粒 1 可以在管壳 8 内被原位压紧成团块，也可以先预压紧成团块 3 后被装填到管壳 8 内。

（2）使用时，用烟具内的刺破元件刺穿胶囊两端或刺穿密封箔片构成气流通道即可。多个团块 3 还可以设置成分段加热模式。

（3）电磁加热是非接触式加热，且由于每个颗粒都是内部加热，受热非常均匀，烟雾释放和迁移也都容易且均匀。

（4）该专利采用代表今后技术发展趋势的电磁加热技术（电磁受体中心加热），其技术效果非常好，且尚处于实质审查阶段，不排除将来授权获得专利保护的可能性，一旦授权，可能形成基础性拦路虎专利而对其他烟草企业构成相当强的专利壁垒，建议关注这些专利的审查进展，必要时发起第三方异议阻止其授权。

6.2.3.14 CN207653549U

1. 专利简述

此专利申请人为湖南中烟工业有限责任公司（表 6-1【14】CN207653549U 一种卷烟）。

技术内容同 CN107536095B（6.2.3.11），将烟草颗粒与黏合剂混合后经挤出、加热熔化黏合剂、冷却凝固黏合剂而成型为烟草棒，然后与滤棒卷接成型。颗粒间具有间隙，便于烟雾扩散出来。该烟草棒横截面及其生产设备如图 6-5 所示。

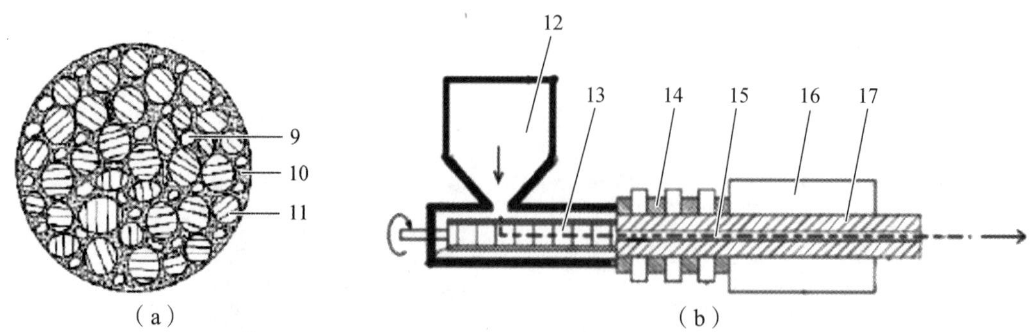

（a）　　　　（b）

图 6-5　CN207653549U 中的烟草棒横截面及其生产设备

2. 核心专利点分析

（1）本专利涉及的所有技术要点都是常规技术。

（2）本专利未说明烟草颗粒之间的间隙从何而来。

6.2.3.15　CN107319641A

1. 专利简述

此专利申请人为上海烟草集团有限责任公司（表 6-1【15】CN107319641A 一种加热不燃烧烟草制品的烟草物料发烟体及其制备方法和用途）。

烟草物料发烟体包括干性发烟体材料（包括烟草粉末、木质纤维素、黏合剂，还任选添加黏土）和雾化剂（包括香精和溶剂），经成型工艺制成，具有刚性，不易变形，比烟草薄片作为发烟材料的柔性烟支更适合加热不燃烧型卷烟。

图 6-6 阴影部分示出了周向加热的发烟棒和中心加热的发烟管。

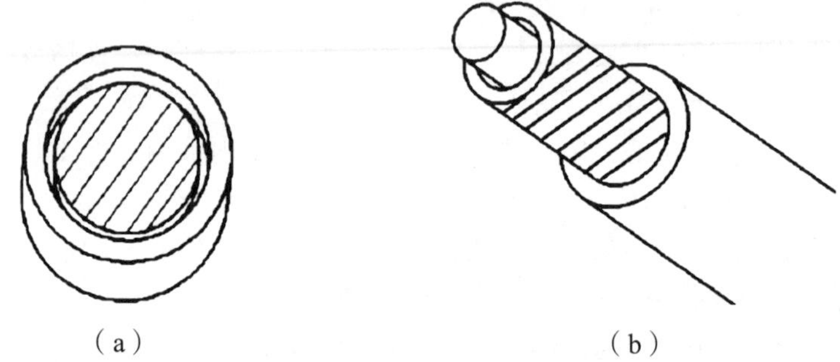

（a）　　　　（b）

图 6-6　CN107319641A 中的烟草物料发烟体

2. 核心专利点分析

常规配方，常规成型工艺，常规形状，常规效果。

6.2.3.16　CN108142979A

1. 专利简述

此专利申请人为深圳瑞宏邦科技有限公司（表 6-1【16】CN108142979A 低温烟及其制备方法）。

重量比：烟草载体 90 ~ 110 份+香料提取物 5 ~ 45 份+烟用香精 0.2 ~ 5 份+雾化剂 0.5 ~ 15 份+黏合剂 1 ~ 20 份+保润剂 1 ~ 20 份，混合成烟膏，然后造粒或成型为棒或块。发明点在于烟草载体包括质量比为(5 ~ 10)：(1 ~ 4)的烟草叶片和烟梗，该比例可提高香料吸附性以及提高烟气品质，黏合剂可选自天然和/或改性的淀粉、白乳胶、黄原胶、阿拉伯胶、环糊精、壳聚糖、热熔胶等的一种或多种。如上配制的烟膏经挤出成型或压制成型后，结构密实，可吸收更多发烟剂，可提高发烟量，减少松散烟丝受热不均匀发烟量低的缺点。烟膏经螺杆机挤压或模具压制成型，成型得到的产品的形状包括多种，如空心和实心圆柱状，空心和实心立方体状，空心和实心圆柱打孔，空心和实心立方体打孔，圆形和多边形片状，圆形和多边形打孔片状等；其中的圆柱状也可以为棍状或棒状。得到的烟草棒或烟草块形状如图 6-7 所示。

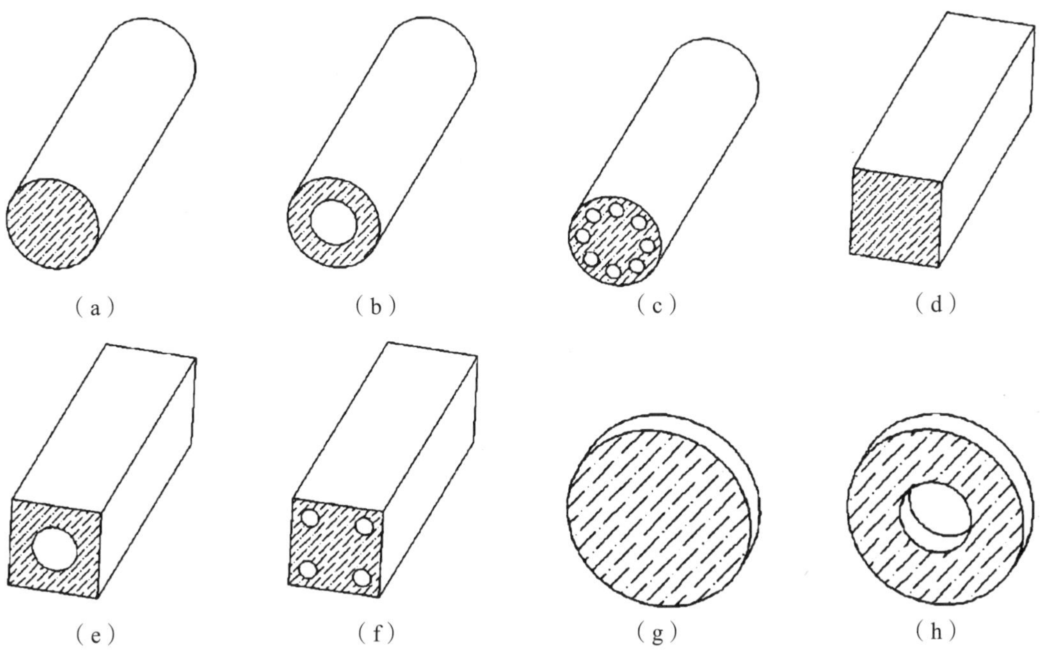

图 6-7　CN108142979A 中得到的烟草棒或烟草块形状

2. 核心专利点分析

（1）采用常规的模制成型工艺。

（2）既有烟草棒又有烟草块，适合中心加热、周向加热和底面加热。

6.2.3.17　CN110506986A

1. 专利简述

此专利申请人为湖南中烟工业有限责任公司（表 6-1【17】CN110506986A 一种烟草颗粒及其制备方法、低温发烟体及其制备方法）。

将烟草颗粒与黏合剂混合后成型为烟草棒、烟草块或烟草片。特点：其中的烟草颗粒是核壳结构，内核是电磁受体材料，作为热源，外壳是植物粉末、烟草提取物、雾化剂、黏合剂。发烟体为多孔蜂窝状，可以使烟草颗粒从内而外发烟，发烟稳定均匀。

2. 核心专利点分析

（1）先制成颗粒再做成烟草块得到多孔蜂窝状结构，是常规技术。

（2）运用了电磁加热技术，便于经电磁感应原位发热。

（3）创新点：每一烟草颗粒均呈发烟层包裹电磁受体材料这种核壳结构。

6.2.3.18 CN110833204A

1. 专利简述

此专利申请人为上海新型烟草制品研究院有限公司、上海烟草集团有限责任公司（表 6-1【18】CN110833204A 一种发烟制品的制造方法及其发烟制品）。

将烟草干料粉末依次与粉末状黏合剂、雾化剂溶液、水混合，然后挤出成条、切割、干燥。特点：① 控制加料混合顺序能提高发烟物结构强度、使得混合均匀；② 使用干燥的烟草原料提高对雾化剂的吸收作用；③ 雾化剂为甘油和丙二醇的混合物，得到的发烟物具备更高的弯曲强度、不易脆、不易变形、表面不黏稠；④ 切割时，将烟草棒放在有机物砧板上，可以减少毛边、减少发烟物的崩口。

2. 核心专利点分析

（1）本专利的创新点之一是优化了加料顺序，提高烟草棒结构强度。

（2）本专利的创新点之二是在有机物砧板上切割烟草棒，避免毛边、崩口。

6.2.3.19 CN109463795A

1. 专利简述

此专利申请人为安徽中烟工业有限责任公司（表 6-1【19】CN109463795A 一种用于感应加热的挤压成型发烟产香基质制备方法）。

将电磁受体薄片加入烟草薄片中存在各种加工过程中的困难，抗张强度降低，韧性减弱，故改为在烟草棒中加入电磁受体颗粒。植物粉末、电磁受体、蒸馏水、黏合剂、发烟剂、香料与结构增强剂按照重量比 60～80：0.5～3：70～100：0.5～1：10～30：0.1～5：1～5，搅拌混合均匀，得到的流体浆料先送到挤压成型机挤压成型，由成型机排出的成型物料经烘干、切割后得到烟草棒。该烟草棒再与支撑段、冷凝段和过滤段复合得到四段式感应加热卷烟烟支。

2. 核心专利点分析

（1）烟草棒配方中加入了电磁受体颗粒，便于经电磁感应原位发热。

（2）烟草颗粒和电磁受体颗粒之间是无序混合。

6.2.3.20 CN109567258A

1. 专利简述

此专利申请人为广东中烟工业有限责任公司（表 6-1【20】CN109567258A 一种加热不燃烧卷烟烟丝模块及其制备方法）。

如图 6-8 所示，将导热片基 1 和烟草薄片 2 层压成复合片材后卷成卷，作为烟草棒使用，所述导热片基用包括植物纤维、金属粉及黏合剂的原料湿法抄造、超压制成。复合片材上设有孔便于烟雾释放，以及复合片材上设有预压痕便于加热片插入。导热片基提高了导热能力，既可中心加热又可周向加热，解决了 IQOS 中心加热烟草段比较短（因加热片太长容易弯曲或折断，故烟草段长度只能略大于加热片长度）而 glo 周向加热烟支比较细（太粗则径向加热不均匀）的问题，可制备又长又粗的烟草棒，因为不用担心受热不均匀的问题，且发烟量充足。

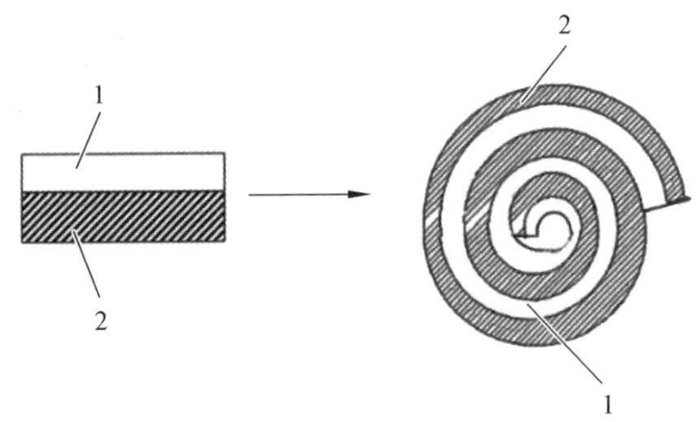

图 6-8　CN109567258A 中的卷烟烟丝模块

2. 核心专利点分析

（1）本专利所述烟丝模块也可以算是一种特殊形式的烟草棒。

（2）可以得到又长又粗的烟草棒。

6.2.3.21　CN109700083A

1. 专利简述

此专利申请人为上海华宝生物科技有限公司（表 6-1【21】CN109700083A 一种包含固型发烟单元的注塑滤嘴型加热不燃烧烟草制品）。

固型发烟单元包括以下质量百分比的原料通过热压成型模具制成：植物原料 60%～80%，致香物质 10%～15%，黏合剂 5%～10%，发烟剂 5%～15%。固型发烟单元比烟草薄片能负载更多的香味成分和发烟剂。所制得的固型发烟单元 2 结构如图 6-9 所示，具有加热元件插入孔 3 和径向通气孔 4。

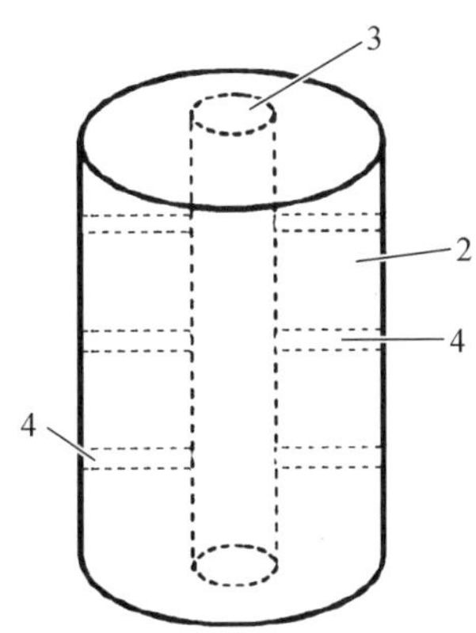

图 6-9　CN109700083A 中的固型发烟单元结构

2. 核心专利点分析

形状、制备方法和作用都很常规。

6.2.3.22 CN109730368A

1. 专利简述

此专利申请人为云南巴菰生物科技有限公司（表 6-1【22】CN109730368A 一种加热不燃烧卷烟及其生产方法）。

烟草膏由 50 ~ 80 份（质量比，下同）烟草原料粉末、0.5 ~ 2.0 份烟草提取物、0.1 ~ 2.0 份烟用香精料、5 ~ 20 份成型剂（天然植物纤维、活性炭或石灰石）、5 ~ 30 份发烟剂、1 ~ 10 份黏合剂（海藻酸钠、瓜尔胶、黄原胶或改性淀粉）与 10 ~ 30 份水混合而成，然后经挤出机和模具模制成烟草棒。如图 6-10 所示，烟草棒内部以其中轴线为轴心设置十字形空腔，该空腔的宽度是 0.2 ~ 0.5 mm，高度是 3 ~ 5 mm；烟草棒外壁上沿着与其中轴线平行方向均匀地设置凹槽；该凹槽的槽口宽度是 0.2 ~ 0.8 mm；该烟草棒长度是 7.1 ~ 7.5 mm，十字形空腔适合十字形加热元件插入其中进行中心加热，烟草棒的外周花瓣部还适合被周向加热，凹槽适合烟雾沿周向传输。

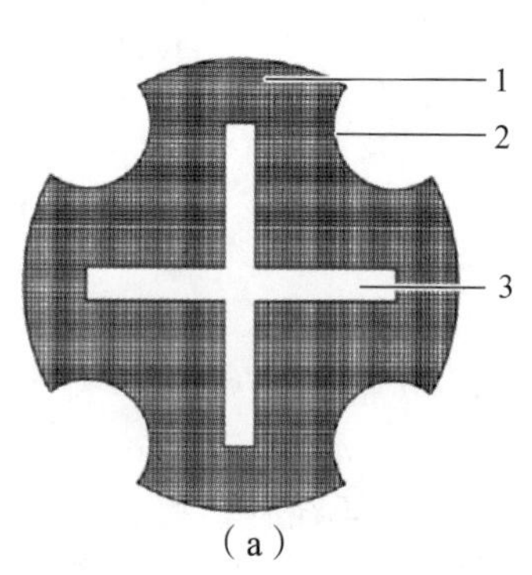

（a）

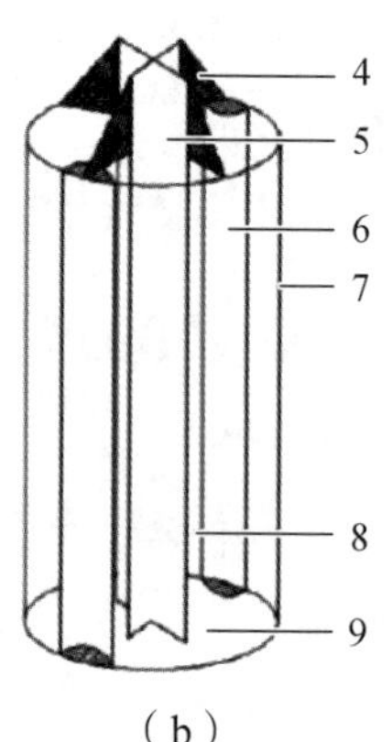

（b）

图 6-10 CN109730368A 中的烟草棒结构

2. 核心专利点分析

（1）该烟草棒适合十字形加热元件插入，十字形加热元件更不容易弯曲变形和折断。

（2）既可中心加热又可周向加热，烟草棒对烟具的适应性强。

6.2.3.23 CN109938399A

1. 专利简述

此专利申请人为杭州森翼科技有限公司（表 6-1【23】CN109938399A 一种低温不燃烧卷烟烟油载体）。

低吸附容量的无机颗粒吸附小分子量且低黏度的香精并用黏合剂制成核颗粒，高吸附容量的植物纤维吸附大分子量且高黏度的烟草提取物，然后二者混合并加入黏合剂造粒，得到多核共壳型块体，其中核颗粒为核，植物纤维为壳，以烟草块形式作为加热卷烟发烟材料。

优势：分开吸附，避免因黏度差异造成的吸附不均匀和吸附竞争，使烟草提取物和香精都得到预定吸附；外部加热，则烟草块外热更热，更适合大分子量的烟草提取物发烟；内部温度稍低，更适合香精挥发，使二者挥发速度达到统一，烟雾口味协调。

2. 核心专利点分析

本专利的创新点：植物纤维包围无机颗粒构成多核共壳结构，香精和烟草提取物分别吸附到核和壳上。

6.2.3.24　CN109938398A

1. 专利简述

此专利申请人为云南恒罡科技有限公司（表 6-1【24】CN109938398A 一种加热不燃烧卷烟烟弹及其制作方法）。

烟草粉末 50%～65%+烟草提取物 5%～10%+辅助发烟剂 20%～25%+稳定剂 5%～10%+膨化助剂 5%～10%混合制成烟膏。膏状密度控制在 1.0～1.4 g/cm^3，含水率为 14%～16%。然后将该烟膏模具挤压成型成致密的中空管，用于周向加热烟具中，可以不必用卷烟纸包裹松散烟丝或封堵或容纳烟草颗粒的，且中空管与周向加热元件紧密贴合，传热更好。

2. 核心专利点分析

（1）模制工艺和烟草棒呈中空管形状，都是常规技术。

（2）致密是个特点，可提高单位体积内的发烟材料量，提高发烟量。但要想让烟雾顺利逸出致密烟草管，则烟草管管壁不能太厚。

6.2.3.25　CN210445653U

1. 专利简述

此专利申请人为红云红河烟草（集团）有限责任公司（表 6-1【25】CN210445653U 一种烟片及加热不燃烧烟支）。

如图 6-11 所示，烟芯段由烟片和加热片组成，未说明两者位置关系。其中的烟片是一个整体固体片形式，而不是多个片材的叠加（因此将其归为烟草块）。烟片包含烟片基体（100）及涂布/覆盖在烟片基体外表面的微胶囊层（200）、微胶囊层外侧还可以设置植物短纤维层（300）（未说明是否为一体黏结式）。但是未描述烟片基体的制备，仅公开烟片基体由烟草纤维和植物纤维组成。烟芯段外包裹有卷烟纸。

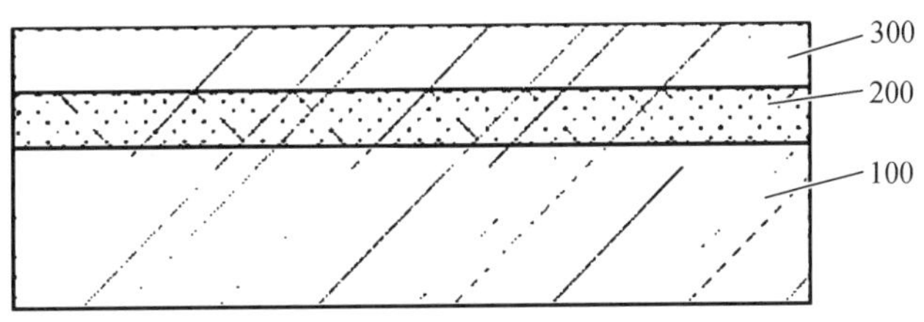

图 6-11　CN210445653U 中的烟片结构

2. 核心专利点分析

整个专利对于烟草棒制备没有借鉴之处。

6.2.3.26 CN110292192A

1. 专利简述

此专利申请人为深圳市长能汇科科技有限公司（表 6-1【26】CN110292192A 一种不含粘合剂的加热型发烟制品的制备方法）。

如图 6-12 所示，发烟段（12）为烟丝压缩成型的圆柱段，内为中空的，用于插入发热元件。发烟段制备方法是：烟叶原料吸附香料和发烟剂、切丝增温增湿使得烟丝膨胀、干燥、二次吸附发烟剂、压缩成型。优点是不使用黏合剂，对发烟剂和香料吸附量大。发烟段为烟丝压缩成型的圆柱段，内为中空的，用于插入发热元件。发烟段制备方法是：烟叶原料吸附香料和发烟剂、切丝增温增湿使得烟丝膨胀、干燥、二次吸附发烟剂、压缩成型。

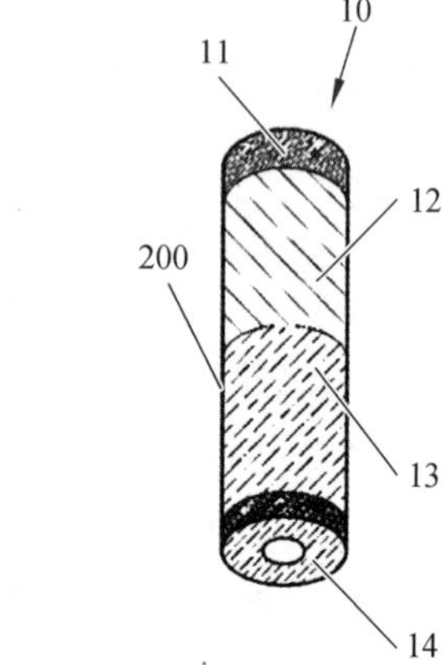

图 6-12　CN110292192A 中的发烟段结构

2. 核心专利点分析

使烟丝膨胀来吸附发烟剂和香料，可以不使用黏合剂，对发烟剂和香料吸附量大。

6.2.3.27 CN110477438B

1. 专利简述

此专利申请人为广东神农烟科技术有限公司（表 6-1【27】CN110477438B 一种加热不燃烧的发烟制品及其制备方法）。

将烟草及协调香味植物经过筛选、粉碎、调配，添加多孔载体材料，烟草提取物、黏合剂，经过一体化模具挤压成型，制成带有少量不规则孔隙的圆柱形发烟制品，或经造粒机制成均匀的发烟颗粒，用于加热卷烟中能提升烟雾量，减少柴火味杂气。其中多孔载体可为大孔树脂、沸石粉、氧化铝粉等等。该烟草棒结构如图 6-13 所示。

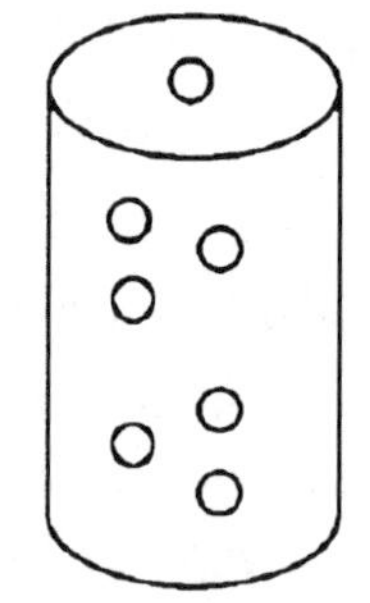
图 6-13　CN110477438B 中的烟草棒结构

2. 核心专利点分析

（1）配方上有点新意在于添加了多孔载体材料，但未说明其作用。

（2）成型工艺为常规工艺，无特色。

6.2.3.28 CN111011915A

1. 专利简述

此专利申请人为江苏中烟工业有限责任公司（表 6-1【28】CN111011915A 一种适用于加热卷烟的烟芯柱及其制备方法）。

本专利将烟粉、烟草提取物、香精、发烟剂、金属-介孔材料复合体与水混合，干燥，再与黏合剂混合挤压成型为烟芯柱。

2. 核心专利点分析

（1）创新点一：金属-介孔材料复合体的金属可以提高导热性，提高发烟速度。

（2）创新点二：金属-介孔材料复合体比表面积大，吸附能力强，可以提高雾化剂和烟草提取物的吸收效果，后续缓慢均匀释放。

（3）采用冷冻干燥技术造孔。残留有硬模板的金属-介孔材料复合体在与其他物料混合后，可以构建坚硬的骨架，使得后续通过喷雾冷冻干燥技术以得到具有明显孔隙、结构疏松的复合粉体时，能够通过骨架有效防止多孔结构塌陷，从而通过多孔结构提供烟气扩散通道。

（4）干燥是喷雾冷冻干燥，不破坏烟草和香精中的活性物质。

6.2.3.29 CN111329122A

1. 专利简述

此专利申请人为上海华宝生物科技有限公司（表 6-1【29】CN111329122A 加热不燃烧烟及其发烟段）。

如图 6-14 所示，发烟段（10）由包括植物原料粉末、发烟剂、黏合剂、水混合后形成的植物膏压制而成。发烟段形状为空心圆柱，内空腔为加热通道（101）用于插入加热针，发烟段外壁具有轴向延伸的沟槽（102），沟槽形成一弧状槽面。

特点：① 沟槽对烟气粒相物有一定的机械截留作用，并且截留效率比普通结构高。② 沟槽扩大了比表面积，改变了烟气在烟支中的行进路线，提高了烟气粒相物在发烟段的惯性碰撞和扩散沉积，使烟气能均匀扩散。

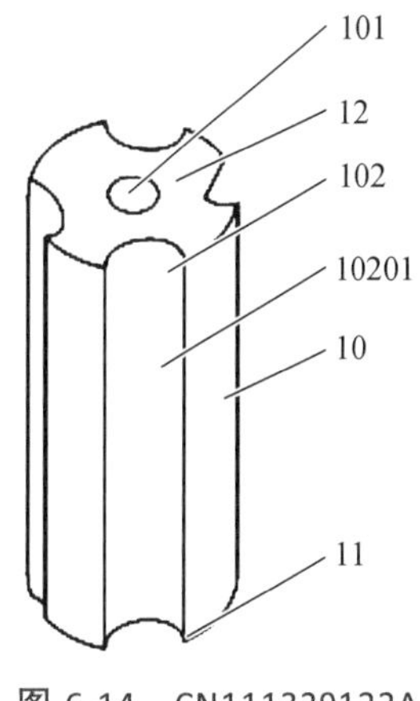

图 6-14 CN111329122A 中的发烟段结构

2. 核心专利点分析

烟草棒形状和配方都很常规。

6.2.3.30 WO1984002636A1

1. 专利简述

此专利申请人为 PHILIP MORRIS INCORPORATED（表 6-1【30】WO1984002636A1 FOAMED, EXTRUDED, TOBACCO—CONTAINING SMOKING ARTICLE AND METHOD OF MAKING SAME）。

该专利将烟草颗粒与黏合剂（纤维素类黏合剂，如羟丙基纤维素、羟脯氨酰纤维素）混合成含水量 15% ~ 50%的湿混合物，然后特定温度和压力的挤出条件下，通过挤出模头将湿混合物挤出，同时水蒸气发泡，得到多孔的烟草棒。为提高烟草棒刚度，还向湿混合物中添加硬化剂（诸如海藻酸，果胶酸，壳聚糖，它们的水溶性盐及其混合物），在存在热的情况下硬化剂彼此或与本领域技术人员熟知的各种交联剂交联，使烟草棒硬化。举例来说，藻酸和果胶酸都将与壳聚糖以及与多价金属离子如钙和与酰胺交联。壳聚糖将与诸如柠檬酸的多官能酸交联。

2. 核心专利点分析

（1）虽然用于制备点燃抽吸型烟草棒，但该配方和工艺显然也可以平移过来制作用作加热卷烟烟支的发烟材料段的烟草棒。

（2）利用水蒸气发泡作用使烟草棒内部多孔。

（3）用硬化剂与交联剂配合使烟草棒硬化，以提高其刚度。

6.2.3.31 WO1986000504A1

1. 专利简述

此专利申请人为 PHILIP MORRIS INCORPORATED（表 6-1【31】WO1986000504A1 FOAMED, EXTRUDED TOBACCO—CONTAINING SMOKING ARTICLES）。

如图 6-15 所示，该专利将烟草颗粒与黏合剂（纤维素类黏合剂，如羟丙基纤维素、羟脯氨酰纤维素）混合成含水量 15%～50%的湿混合物，然后特定温度和压力的挤出条件下，通过具有多个孔的模头将湿混合物挤出，使得当挤出湿混合物时，形成多股料条，水分在所述共混物被转化为蒸汽，以使每一股料条发泡并且各股沿着其外表面彼此黏附，后续加热干燥过程中黏合剂黏固，并侧面挤压成型为烟草棒。本发明优点是得到的烟草棒的刚度和抗塌陷性明显优于单股，但抽吸阻力 RTD、密度、味道和其他性能仍在商业上有利的范围内。

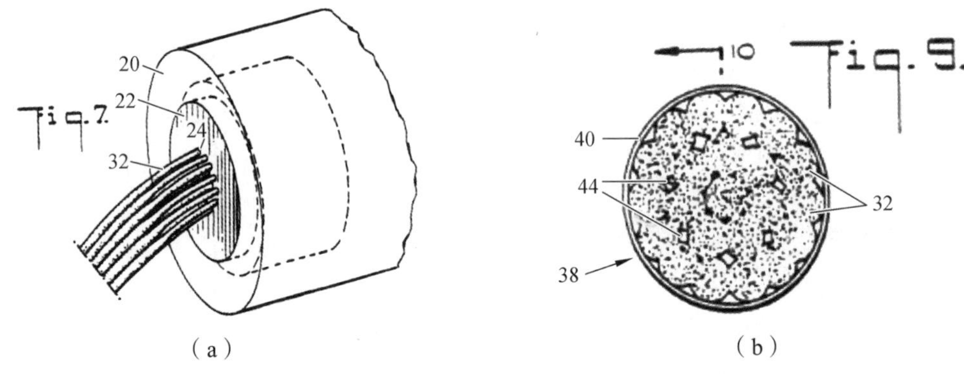

图 6-15 WO1986000504A1 中的烟草棒生产设备

2. 核心专利点分析

（1）虽然用于制备点燃抽吸型烟草棒，但该配方和工艺显然也可以平移过来制作用作加热卷烟烟支的发烟材料段的烟草棒。

（2）利用水蒸气发泡作用使烟草棒内部多孔。

6.2.3.32 US5072744A

1. 专利简述

此专利为个人专利，申请人为 John A. Luke; Paul D. Case; Stephen R. Hemsley（表 6-1【32】US5072744A Relating to the making of smoking articles）。

如图 6-16 所示，将烟草颗粒、黏合剂和水的湿混合物从模具中出来后，挤出物立即被其中的水膨胀而闪蒸成蒸气，由此实现了挤出物的横截面的增大和蜂窝状内部结构的建立。挤出后，通过两个辊筒以 8 字形来牵伸，冷却和成形，这样处理后再干燥，得到整体多孔烟杆的压降被精确地控制在消费者可接受性的上限约 115 mmWG 和下限 80 mmWG 之内。

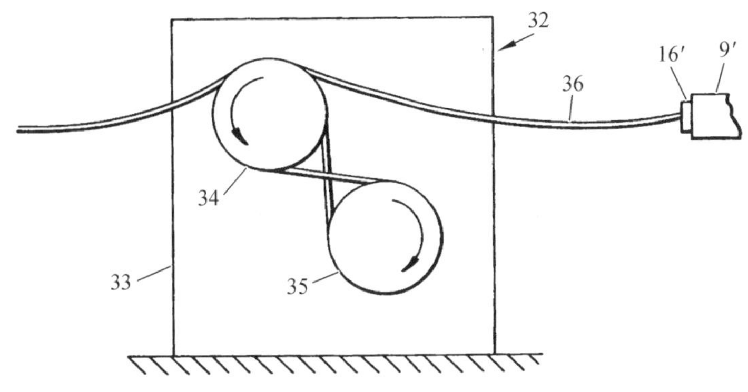

图 6-16　US5072744A 中的烟草棒生产设备

2. 核心专利点分析

（1）虽然用于制备点燃抽吸型烟草棒，但该配方和工艺显然也可以平移过来制作用作加热卷烟烟支的发烟材料段的烟草棒。

（2）利用水蒸气发泡作用使烟草棒内部多孔。

（3）提供了控制烟草棒抽吸阻力的方法。

6.2.3.33　US20150335062A1

1. 专利简述

此专利申请人为 JAPAN TOBACCO INC.（表 6-1【33】US20150335062A1 FLAVOR SOURCE FOR NON-BURNING INHALATION TYPE TOBACCO PRODUCT, AND NON-BURNING INHALATION TYPE TOBACCO PRODUCT）。

该专利发明点在于由烟草颗粒或烟草粉末制备烟草块时所用的黏合剂的溶解度参数[溶解度参数定义为蒸发 1 mL 液体所需的蒸发热（cal/mL）的平方根]与薄荷醇成分的溶解参数之差为 2.0 以下，其黏合剂用量为烟草用量的 0.5% ~ 3%，低于下限则不能有效黏结成块，高于上限则烟草块太致密影响透气性。该烟草块可以用任何加热方式（电加热、碳加热、化学加热、感应加热）来加热发烟。符合条件的黏合剂如乙烯乙酸乙烯酯共聚物（EVA）、聚乙烯醇（PVA）、聚氨酯、聚酰胺等，由于这样的黏合剂与薄荷醇成分亲和性高，因此喷洒的薄荷醇不仅分布在烟草块表面，而是深入整个烟草块体相，既提高薄荷醇负载量，又防止在储存期间薄荷醇成分从烟草压块中蒸发。相比之下，其他黏合剂制成的烟草块，喷洒的薄荷醇只能分布在烟草块表面，既黏手又容易挥发损失。

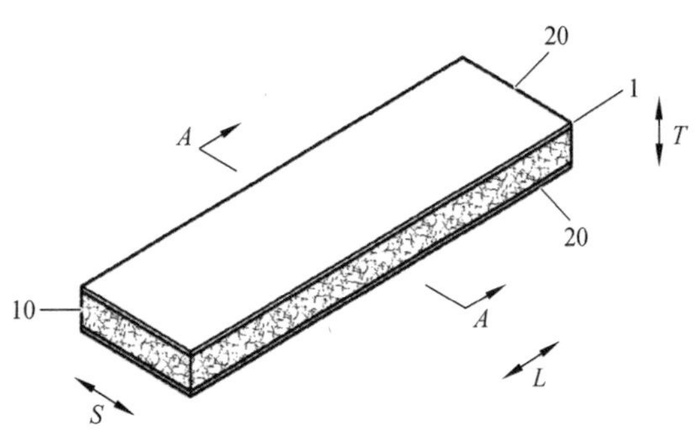

图 6-17　US20150335062A1 中的烟草块结构

如图 6-17 所示，烟草块 10 还可以夹在非织造布 20 之间。

2. 核心专利点分析

本专利发明点在于黏合剂的选择。

6.2.3.34 CN104366687B

1. 专利简述

此专利申请人为云南中烟新材料科技有限公司（表 6-1【34】CN104366687B 一种低温不燃烧卷烟用抽吸材料及其制备方法）。

烟草棒/块的材料组成为：烟草膨胀颗粒 50～80 份、香料植物颗粒 5～15 份、烟用香精 0.1～2 份、淀粉胶黏剂 0.05～1 份、丙二醇 10～30 份、烟用淀粉保润剂 5～20 份。制备方法是将烟草粉末微波膨胀后再粉碎，筛分 5～40 目粒径的颗粒，得到烟草膨胀颗粒，再将烟草膨胀颗粒与香料植物颗粒、烟用香精、淀粉胶黏剂、丙二醇及烟用淀粉保润剂充分混匀后得到抽吸材料半成品，通过模具压制成型，即得烟草棒或烟草片（其中烟草棒包括实心棒、中空棒及异型多孔道中空棒；烟草片包括实心片、中空片及异型多孔道中空片，如图 6-18 所示），并任选地用导热铝箔层包裹后，用于加热发烟。

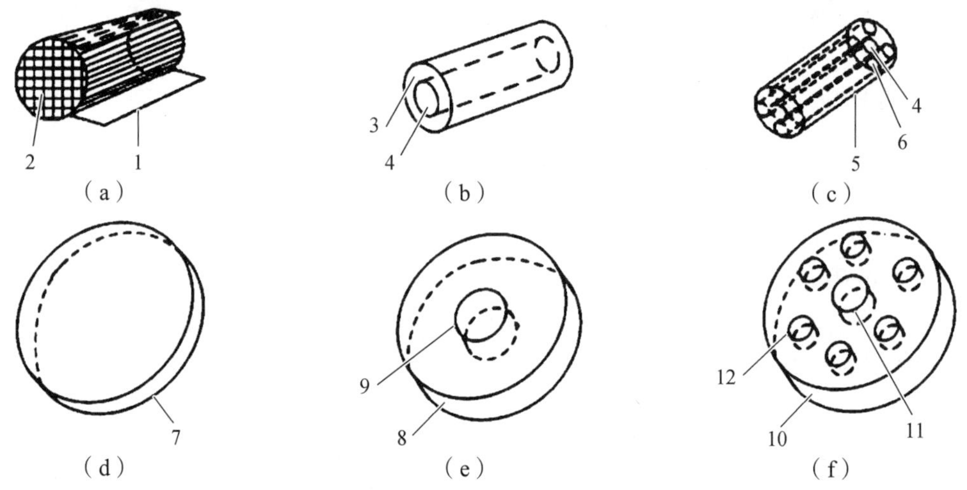

图 6-18 CN104366687B 中的烟草棒和烟草片结构

2. 核心专利点分析

（1）本专利创新点：烟草粉末微波膨胀后作为一次粒子，与香料植物颗粒、烟用香精、淀粉胶黏剂、丙二醇及烟用淀粉保润剂等在模具中成型为烟草棒或烟草片；微波膨胀可以减少烟草原料中的木质气，杂气较少、香气丰富、感官舒适度显著提高。

（2）技术特点：中空孔道提高受热面积，并提供烟雾输送通道，这些都很常规。

6.2.3.35 CN204070553U

1. 专利简述

此专利申请人为深圳市合元科技有限公司（表 6-1【35】CN204070553U 用于烘焙型吸烟装置的组合式烟弹及烘焙型吸烟装置）。

如图 6-19 所示，多个发烟块间隔式设置在连接体上，每一发烟块具有凹位便于引导烟具上的刺穿元件对准各发烟块顶部的薄膜进行刺穿。烟具内的设置加热元件和导热元件，各导热元件包围发烟块进行周向加热。

多个发烟块间隔设置各自受热发烟，避免了传统的整个烟草块一锅闷式受热导致受热不均和发烟时浓时稀的问题。

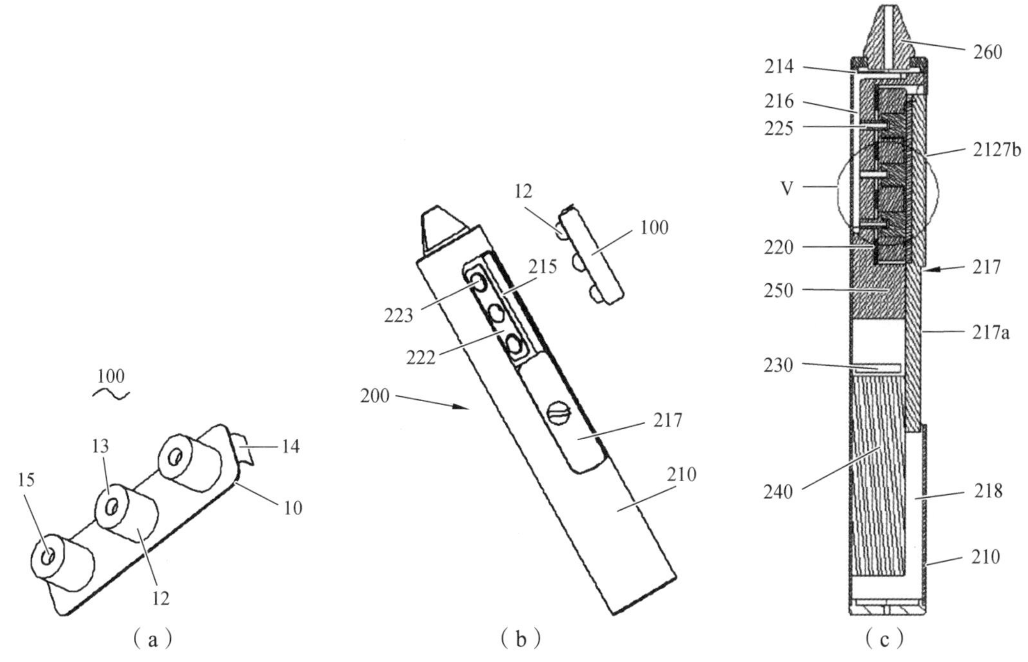

图 6-19 CN204070553U 中的烟弹及吸烟装置结构

2. 核心专利点分析

（1）本专利的重点不是如何制造烟草块，重点是烟草块的形状。

（2）多个烟草块固定在同一连接体上，类似于弹夹式结构。

（3）各烟草块分别受热发烟，避免整块烟草块一锅闷受热，已经提出了烟草块逐块加热发烟的概念，逐块加热自然能均匀释放烟雾。

6.2.4 关键技术解析

6.2.4.1 烟草棒和烟草块类型

1. 共性技术

烟草棒和烟草块都是通过将烟丝、烟草一次颗粒（如烟末）和烟草二次颗粒等与黏合剂共混后挤出成型或模制成型的棒状或块状发烟物质。

2. 特色技术

（1）高孔隙度型烟草棒和烟草块：在烟草棒和烟草块成型或干燥过程中，使用发泡技术或冷冻干燥等手段，增大烟草棒和烟草块的孔隙度，得到高孔隙度型烟草棒和烟草块，用于提高烟雾散发效果[CN1046624C（6.2.3.6）、CN1016842B（6.2.3.2）、CN86102651A（6.2.3.1）]。

（2）电磁加热型烟草棒和烟草块：烟草棒和烟草块内含有电磁受体材料，用于电磁加热型烟具[CN108348004A（6.2.3.12）、CN110506986A（6.2.3.17）]。

（3）复合卷型烟草棒：将导热片基和烟草薄片层压成复合片材后卷成卷，作为烟草棒[CN109567258A（6.2.3.20）]。导热片基提高了导热能力，既可中心加热又可周向加热，受热均匀，可制备又长又粗的烟草棒，且发烟量充足。

（4）专利CN109938398A（6.2.3.24）是一个个案反例，其不追求烟草棒本身多孔，也不单独开设轴向或径向通孔或周向分布轴向延伸的凹槽，反倒追求烟草管致密。

6.2.4.2 烟草棒和烟草块配方

1. 共性技术

烟草棒和烟草块配方必须要有发烟植物原料（可以为烟草或非烟草植物，只要能受热发烟即可）和黏合剂。

黏合剂可为：改性淀粉溶液、聚乙烯醇溶液、羟丙基纤维素溶液、阿拉伯胶溶液、烟用白乳胶溶液、改性淀粉溶液、阿拉伯胶溶液、聚乙烯醇溶液、羟丙基纤维素钠溶液、聚乙烯、微晶蜡、乙酸乙烯酯、聚异丁烯、乙烯-醋酸乙烯共聚物、聚合松香等。

还可以另外添加发烟剂（如甘油、丙二醇等）和香精香料等。

2. 特色技术

（1）配方中加入起泡剂[CN1016842B（6.2.3.2）]

水和起泡剂汽化以膨化物料，得到多孔的烟草棒。

（2）配方中不用外加黏合剂[CN1013337B（6.2.3.4）]

将特定水分含量（13%～30%）的烟叶高速剪切，使其内部天然黏合物活化后作为黏合剂。

（3）配方中加入电磁受体

例如，电磁受体（金属箔或金属网）与发烟材料黏稠浆料共同挤出成型为烟弹[CN108348004A（6.2.3.12）]；电磁受体被烟草材料包裹为颗粒，颗粒压实或黏合为烟草块[CN108135275A（6.2.3.13）、CN110506986A（6.2.3.17）]；配方中各原料和电磁受体颗粒之间无序混合，挤出成型得到烟草棒[CN109463795A（6.2.3.19）]。

（4）配方中加入多孔载体[CN110477438B（6.2.3.27）]或金属-介孔材料[CN111011915A（6.2.3.28）]

加入多孔载体据推测可以起到填料骨架作用，也可以提高孔隙率。

加入金属-介孔材料复合体，其中金属可以提高导热性，提高发烟速度；其中介孔材料比表面积大，吸附能力强，可以提高雾化剂和烟草提取物的吸收效果，后续缓慢均匀释放。

6.2.4.3 烟草棒和烟草块制备方法

1. 共性技术

烟草棒和烟草块制备常规方法是：

（1）各原料混合后的湿物料在一定温度和压力下挤出成型，然后干燥得到烟草棒[CN1016842B（6.2.3.2）]。

（2）各原料混合后的湿物料直接模制成型、干燥得到烟草棒[CN103750535B（6.2.3.7）]。

（3）各原料先混合造粒，颗粒在模具中压制得到多孔烟草棒[CN104939302B（6.2.3.9）、CN105077574B（6.2.3.8）、CN110506986A（6.2.3.17）]。

2. 特色技术

（1）原料混合过程

先用少量水把黏合剂内外都彻底活化发黏，再去与烟草颗粒混合成湿混合物，使得达到同样的黏合效果所用的黏合剂用量更少，烟草材料本香、本色尽可能多地得到保留，[CN86102651A（6.2.3.1）]。

（2）挤出成型过程

一种是发泡制孔：挤出过程的温度和压力使水汽化成水蒸气从而构成发泡过程，使得到的烟草棒是多孔的[CN86102651A（6.2.3.1）、CN1046624C（6.2.3.6）、US5072744A（6.2.3.32）、CN86102651A（6.2.3.1）]

另一种是在挤出机中加入聚乙烯醇（PVA）和聚乙烯醇缩醛（PVAC）以加速处理[CN1046624C（6.2.3.6）]。

（3）干燥过程

采用微波干燥和气流干燥辅助的方式[CN1016842B（6.2.3.2）]，使得烟草棒内外干燥程度接近，且表面有半硬的外壳，避免外层过度干燥造成的造碎。

采用微波干燥方法将挤压物料的烘箱水分值（OV 值）降低到平衡 OV 值或其以下，随后立即冷却挤压物料，使其表面温度低于整体温度，从而使挤压物料具有足以用来制作发烟制品的结构强度和外形的稳定性，尤其适用于起泡的含烟草挤压出的物料[CN86103673A（6.2.3.3）]。

6.3 烟草棒和烟草块适配烟具、加热方式及使用方法

6.3.1 相关专利和重要专利

烟草棒和烟草块类专利重点在于烟草棒和烟草块本身的配方和形貌，对烟具结构和加热方式没有特殊要求，常规的中心加热和周向加热均可，常规加热不燃烧烟具和常规加热技术均可与烟草棒或烟草块适配，这才是烟草棒和烟草块适配烟具及加热技术的常态。

本节仅将上述烟草棒专利列表中与烟草棒/块有关的为数不多的几篇专利作为特例来介绍，如表 6-2 所示。

表 6-2 烟草棒和烟草块适配烟具、加热方式及使用方法相关的重点专利

编号	申请人	公布号/授权号	题目	申请日	公开日	当前专利状态
12	菲利普莫里斯生产公司	CN108348004A	气溶胶生成制品和其方法；气溶胶生成装置和系统	2016/10/21	2017/4/27	授权
13	菲利普莫里斯生产公司	CN108135275A	气溶胶生成制品、气溶胶生成团块、气溶胶生成团块的形成方法和包括气溶胶生成团块的气溶胶生成系统	2016/10/21	2017/4/27	授权

续表

编号	申请人	公布号/授权号	题目	申请日	公开日	当前专利状态
35	深圳市合元科技有限公司	CN204070553U	用于烘焙型吸烟装置的组合式烟弹及烘焙型吸烟装置	2014/7/22	2015/1/7	授权

6.3.2 关键词解释

（1）中空刺破件：内部为中空结构，用于刺穿烟弹的盖。中空刺破件刺穿烟弹后，其内的中空腔可作为气流通道，用于烟弹内烟气的流出或外界空气流入烟弹。

（2）电磁受体材料：在电磁感应加热中在交变磁场中自发热的部件，如铁磁性材料。

（3）感应器：在电磁感应加热中，产生交变磁场的部件，如感应线圈。

6.3.3 重要专利剖析

6.3.3.1 CN108348004A

1. 专利简述

此专利申请人为菲利普莫里斯生产公司（表 6-2【12】CN108348004A 气溶胶生成制品和其方法；气溶胶生成装置和系统）。

本专利烟具的特点是适合烟草管形状的发烟材料，烟具核心技术点如下：衔嘴 71 内壁上具有感应线圈 703，电磁受体诸如金属箔或金属网与发烟材料黏稠浆料共同挤出成型为空管状烟弹 12，使用前摘下衔嘴后，将该空管状烟弹 12 套装在呈旋转对称的支撑元件 8 周围来稳固支撑烟草管 12，然后装上衔嘴后在感应线圈作用下加热，烟雾经衔嘴出口进入消费者口中。各关键零部件的结构如图 6-20 所示。

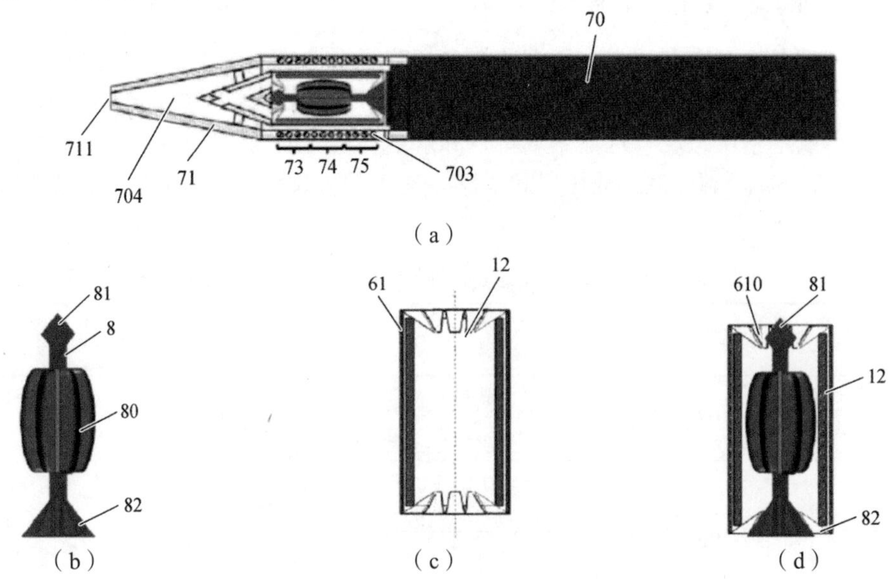

图 6-20 CN108348004A 中的烟具结构

2. 核心专利点分析

（1）旋转对称型支撑元件 8 用于稳固支持空管状烟弹 12，二者外内表面之间还可以有凹凸条肋配合结构以防止二者相对转动。

（2）电磁加热，是常规技术点。

（3）感应线圈置于衔嘴内，充分利用衔嘴内腔空间，且有更开阔空间来安装和拆卸空管状烟弹，且衔嘴兼做盖帽。

6.3.3.2 CN108135275A

1. 专利简述

此专利申请人为菲利普莫里斯生产公司（表 6-2【13】CN108135275A 气溶胶生成制品、气溶胶生成团块、气溶胶生成团块的形成方法和包括气溶胶生成团块的气溶胶生成系统）。

本专利烟具有两种，一种是对于烟草块胶囊上已经预留出烟孔的烟草块胶囊，进行电磁加热，其烟具结构如图 6-21（c）所示，就是常规的电磁加热烟具，没有特殊之处。另一种是针对烟草块上没有预留出烟孔的烟草块胶囊，在衔嘴 71 底部和容纳腔 700 底部各设有一个刺破元件 712，如图 6-21（b）所示，用于在使用前刺破烟草块胶囊，用于发烟。

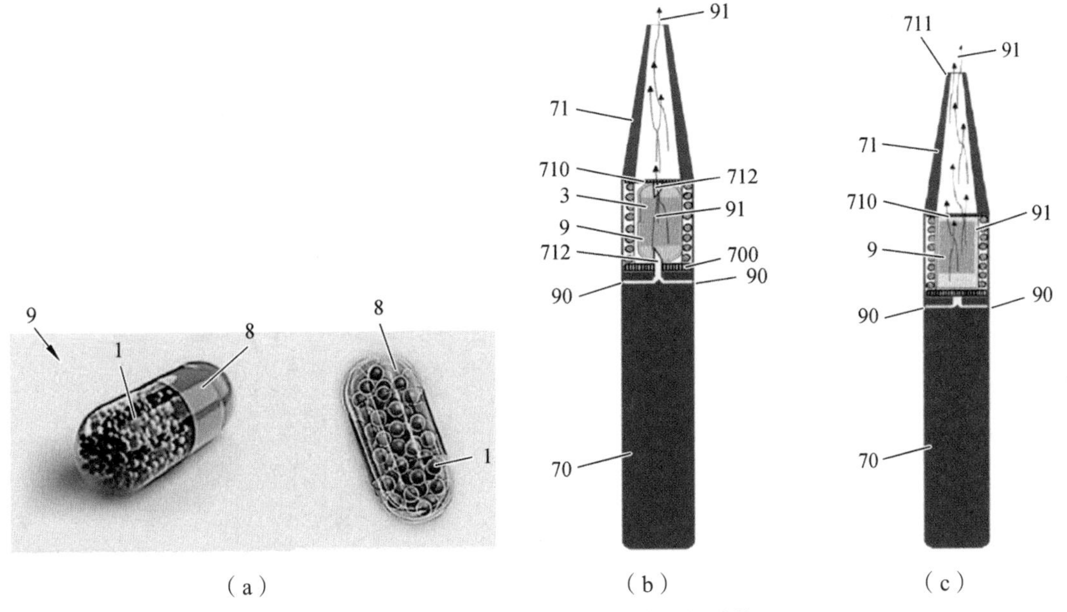

图 6-21 CN108135275A 中的烟具结构

考虑到烟草块胶囊密闭容易确保烟草块长久保持不失水不变质，因此，带有刺破元件的烟具是优选实施方案。

2. 核心专利点分析

（1）烟草块胶囊被电磁加热。

（2）使用时，用烟具内的刺破元件刺穿胶囊两端或刺穿密封箔片构成气流通道。

6.3.3.3　CN204070553U

1. 专利简述

此专利申请人为深圳市合元科技有限公司（表 6-2【35】CN204070553U 用于烘焙型吸烟装置的组合式烟弹及烘焙型吸烟装置）。

如图 6-22 所示，多个发烟块间隔式设置在连接体上，每一发烟块具有凹位便于引导烟具上的刺穿元件对准各发烟块顶部的薄膜进行刺穿。烟具内的设置加热元件 221 和导热元件 222，各导热元件包围发烟块进行周向加热。多个发烟块间隔设置各自受热发烟，避免了传统的整个烟草块一锅闷式受热导致受热不均和发烟时浓时稀的问题。

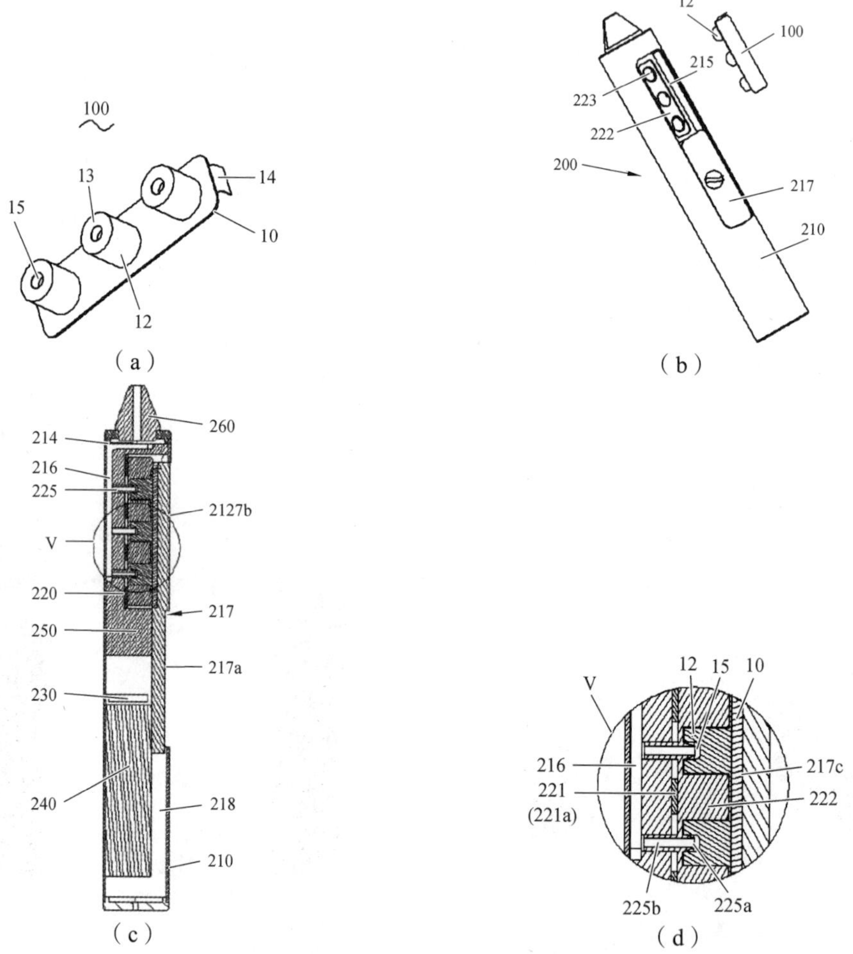

图 6-22　CN204070553U 中的烟弹及吸烟装置结构

2. 核心专利点分析

（1）多个烟草块固定在同一连接体上，类似于弹夹式结构。

（2）多个烟草块加热腔，独立加热各烟草块，分别受热发烟，避免整块烟草块一锅闷受热，已经提出了烟草块逐块加热发烟的概念，逐块加热自然能均匀释放烟雾。

（3）加热元件和导热元件配合，实现方形的烟草块周向加热。

6.3.4　关键技术解析

6.3.4.1　适配烟具结构及加热方式

1. 共性技术

常规的电阻或电磁加热烟具结构均可用于加热烟草棒/块/管，中心加热或周向加热均可。

2. 特色技术

（1）烟具上设置中空刺破件

匹配烟草棒或烟草块型烟弹使用。中空刺破件内设有连通气流通道的通孔。刺破件用于刺穿烟草棒或烟草块型烟弹封口薄膜并提供气流通道[CN204070553U（6.3.3.3）、CN108135275A（6.3.3.2）]。

（2）衔嘴内设置感应线圈

感应线圈置于衔嘴内，充分利用衔嘴内腔空间，且有更开阔空间来安装和拆卸空管状烟弹，且衔嘴兼做盖帽[CN108348004A（6.3.3.1）]。

6.3.4.2　使用方法

1. 共性技术

烟草块或烟草棒直接放入烟具中完全可以使用[CN103750535B（6.2.3.7）、CN107319641A（6.2.3.15）]；或者烟草块或烟草棒由外壳包裹为烟弹使用[CN108135275A（6.2.3.13）]；或者烟草块或烟草棒作为发烟段与烟支各段形成烟支使用[CN109463795A（6.2.3.19）、CN109700083A（6.2.3.21）]。

2. 特色技术

（1）烟草块或烟草棒上设置气流通道：

使用方法是：加热元件插入中心孔洞内加热，其余孔洞则便于烟雾的扩散和输送[CN103750535B（6.2.3.7）、CN109700083A（6.2.3.21）]。

（2）烟草块分别受热发烟：

专利 CN204070553U（6.2.3.35）多个烟草块固定在同一连接体上，类似于弹夹式结构。各烟草块分别受热发烟，避免整块烟草块一锅闷受热，已经提出了烟草块逐块加热发烟的概念，逐块加热自然能均匀释放烟雾。

6.4　专利技术脉络分析

6.4.1　技术进化时序

如图 6-23 所示，整块型固态发烟材料的技术进化过程基本包括 3 个阶段：早期以配方成分和成型工艺为主，中期重点关注核-壳型固态发烟材料制备及电磁感应加热受体在发烟材料中的引入，近期则更多侧重致孔技术与气流通道成型方面。本章所述整块型固态发烟材料的技术发展并未像发烟颗粒型产品和凝胶态烟油那样，出现给人留下深刻印象的里程碑专利。后续主要围绕烟草棒和烟草块状发烟材料进行分析。

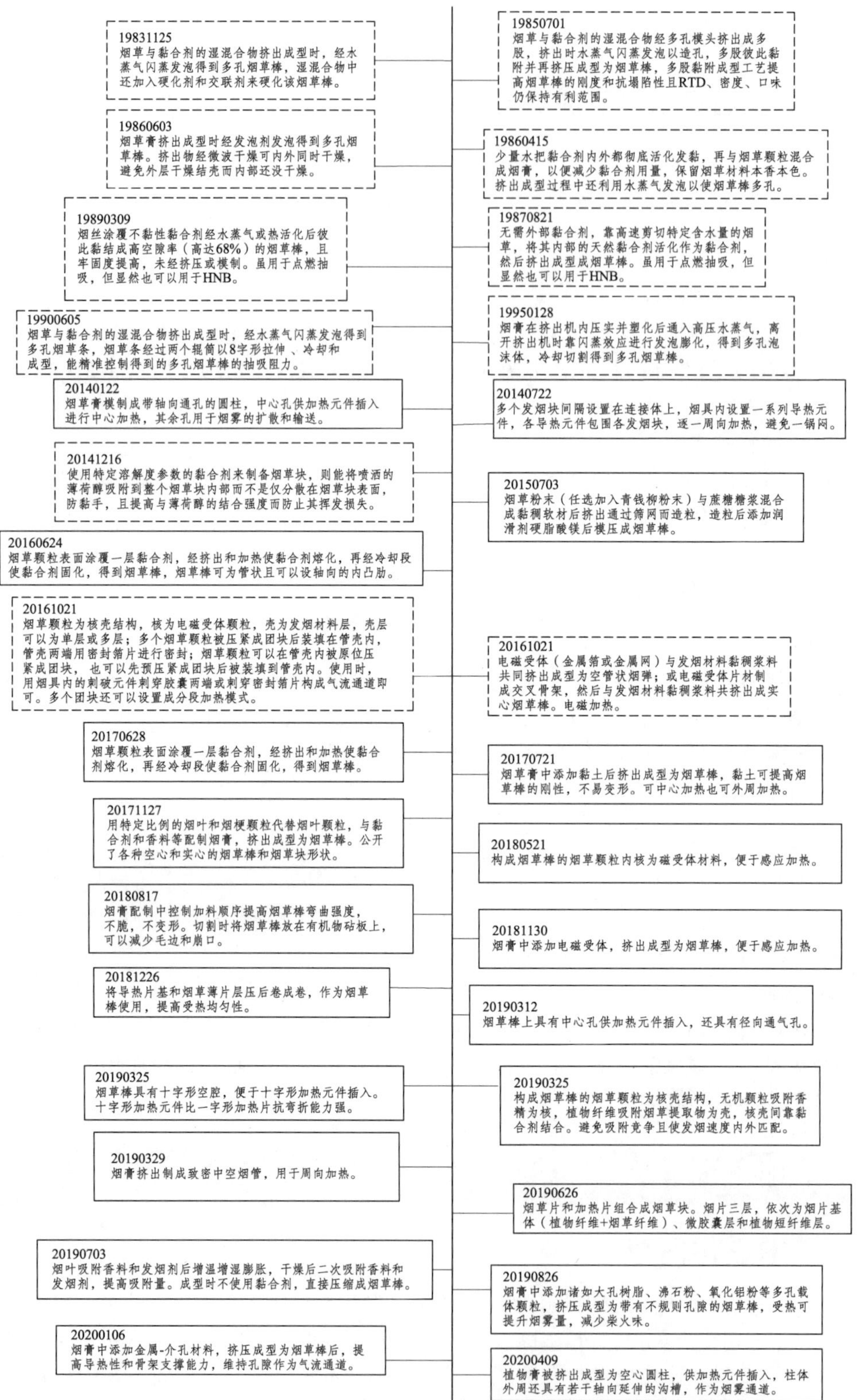

虚线框表示外国申请人申请的专利，实线框表示中国申请人申请的专利。

图 6-23 整块型固态发烟材料技术进化时序图

6.4.2 关键技术问题及解决方案

整块型固态发烟材料相关的技术问题和解决方案如表 6-3 所示。

表 6-3 整块型固态发烟材料相关的技术问题和解决方案

技术问题	解决方案	相关专利
提高烟草棒或烟草块的微观孔隙率，减少内部烟雾向外释放的阻力	挤出成型过程中使用水蒸气闪蒸发泡造孔技术	CN86102651A（6.2.3.1） CN1016842B（6.2.3.2） CN86103673A（6.2.3.3） CN1013337B（6.2.3.4） CN1046624C（6.2.3.6） WO1984002636A1（6.2.3.30） WO1986000504A1（6.2.3.31）
	直接控制发烟颗粒或烟丝条彼此之间的孔隙，达到规定孔隙率	CN1020667C（6.2.3.5） CN207653549U（6.2.3.14）
	烟草棒内添加多孔载体	CN110477438B（6.2.3.27） CN111011915A（6.2.3.28）
	使用膨胀后的烟草颗粒来模制烟草棒	CN104366687B（6.2.3.34）
增加烟草棒或烟草棒烟雾传输能力	① 烟草棒设置多根轴向贯穿通道； ② 烟草棒内设置多根径向贯穿孔道； ③ 烟草棒外周缘设置若干个周向分布但轴向延伸的凹槽	CN103750535B（6.2.3.7） CN109700083A（6.2.3.21） （CN209732612U） CN109730368A（6.2.3.22）
减少黏合剂用量，以减少杂气，并提高孔隙率，进而提高发烟剂和香味物质吸收率	不使用外加黏合剂，将烟草本身含有的天然烟草源黏合性化合物活化后作为黏合剂	CN1013337B（6.2.3.4）
	先将黏合剂预水解，然后与烟草颗粒和填料等混合成湿混合物，再挤出成型	CN86102651A（6.2.3.1）
	使用具有特定溶解度参数的黏合剂	US20150335062A1（6.2.3.33）
	彻底不用黏合剂，纯靠加压压缩成型	CN110292192A（6.2.3.26）
内部加热	设置加热元件插入孔	CN103750535B（6.2.3.7） CN109730368A（6.2.3.22）
	以核壳结构发烟颗粒（发烟材料为壳，电磁受体为核）加黏合剂来成型为烟草棒或烟草块	CN108135275A（6.2.3.13） CN110506986A（6.2.3.17） CN109463795A（6.2.3.19）
周向加热	只要有个周向加热器即可实现，几乎所有专利均可周向加热，即便内部加热的烟支也可以同时设置周向加热	不再一一举例
烟草棒切割时减少毛边和崩口	将烟草棒放到有机物砧板上切割	CN110833204A（6.2.3.18）

6.4.3 技术进化趋势分析

6.4.3.1 总　评

从以上专利检索结果表、专利技术进化脉络图分析不难看出，以烟草棒作为发烟材料的加热卷烟，是中国人首创且由中国人发扬光大。

外国企业虽然在 2000 年前有一些烟草棒专利布局，但其出发点仍然是制作烟草棒用于点燃型发烟，并未意识到可以加热型发烟，但这些点燃型烟草棒制备工艺方面的诀窍显然可以平移用于制备加热型烟草棒，技术上并无互斥之处，且这些专利均已经过期失效，则这些诀窍已经成为公知技术，可以自由使用。

无论是过去还是将来，对于烟草棒或烟草块的宏观形状，例如在其上设置各种宏观贯通孔道和凹槽，用于插入加热元件或输送烟雾，是非常常规的技术方案，实施起来也毫无障碍，今后这方面也没有深入研究的价值，本书不予关注。

同理，对烟草棒或烟草块进行中心加热或周向加热，或者进行分段加热（轴向分段加热或者周向分扇区），以及相应的烟具设计，也都是前人专利早已经公布的常规技术，或者可以采用拿来主义直接用已知的常规技术来实现，没有太大技术难度，没有继续深入研究的价值，本书不予关注。

本书最关注的还是烟草棒和烟草块类产品本身的各种理化性质及具有特定理化性质的烟草棒或烟草块的制备方法。

外国申请人专利中值得注意的是：

日本烟草产业株式会社（简称“日烟”）申请的 US20150335062A1（6.2.3.33），其以薄荷醇为例给出了基于香料化学性质来选择与之匹配的黏合剂的通用规则，但该规则完全可以平移应用到其他香精香料体系。该专利在欧洲和日本都得到了授权，但并未进入中国申请专利，因此在中国可以自由使用该专利技术，但要注意产品不能向欧洲和日本出口以避免专利侵权风险。

菲莫公司于 2016-10-21 申请的两个中国专利[CN108348004A（6.2.3.12）、CN108135275A（6.2.3.13）]，均采用代表今后技术发展趋势的电磁加热技术（电磁受体中心加热），其技术效果非常好，且尚处于实质审查阶段，不排除将来授权获得专利保护的可能性，一旦授权，可能形成基础性拦路虎专利而对其他烟草企业构成相当强的专利壁垒，建议关注这些专利的审查进展，必要时发起第三方异议阻止其授权。

其余国内专利，则分散在湖北中烟、湖南中烟、上海烟草集团、广东中烟、江苏、上海新型烟草研究院、安徽中烟以及深圳一些民企手中，布局比较分散，均未见系统完整的布局，也未见哪一家有特别亮眼的核心专利（群）足以领袖群伦。

6.4.3.2 重点解读

烟草棒和烟草块类产品，其技术优点和缺点都与其具有宏观形状自维持性有关。

正因为有了宏观形状自维持性，烟草棒或烟草块就比松散的烟草颗粒更容易被卷接或装填到烟支中，因为不需要外部包裹件（如卷烟纸或套筒）来使其成型为独立的段，形状自维持性本身就能解决该问题。此外，形状自维持性还可以省略封装烟草颗粒时常用的封口膜和封堵件等用于约束烟草颗粒不散落外泄的端部封堵元件，这些都极大地简化了烟支加工过程。

但宏观形状自维持性也意味着烟草棒或烟草块必然具有宏观体积，于是就有了内部和外表面之分，内部发烟材料如何高效受热，以及内部发烟材料释放的烟雾如何低阻力扩散到外部，是烟草棒或烟草块类烟支产品从诞生之初，无论是点燃抽吸还是加热抽吸，就要解决的问题。

其中一个解决方案就是提高空隙率。这方面，20 世纪 80 年代的一些外国早期专利提供的解决方案是水蒸气发泡技术，即在烟草棒成型过程中使用水蒸气闪蒸技术来发泡造孔，然后再干燥成型为烟草棒，并进行切割。尽管这些技术当年是为了作为点燃抽吸型烟支的整体性烟草棒，但对于加热不燃烧卷烟来说，该技术显然仍然适用，且该技术对应专利早已经过期，不再受专利权限制，可以自由实施。但值得注意的是，该水蒸气发泡制造多孔烟草棒技术，菲莫公司是否真实用于工业生产中？从菲莫公司已经上市的产品来看，大概率是菲莫公司没有使用该技术。那么，是菲莫公司放弃研发烟草棒产品致使该技术本身虽好但没有用武之地，还是该技术有某些不可克服的副作用（因为专利文件经常会报喜不报忧），或菲莫自己后来专注于薄片类加热卷烟烟支技术开发早已经遗忘了该技术？上述一切还都是个未知数，需要更多科技情报信息来佐证，本章内容仅仅指出该技术的存在以及指出其可以平移至加热卷烟烟草棒型烟支产品，供更有实战经验的烟草系统专家来评价该尘封已久的技术本身是否有希望重新上场。

提高空隙率还可以通过其他方式来解决，例如：

（1）直接控制发烟颗粒或烟丝条彼此之间的孔隙，达到规定空隙率，但这需要减少黏合剂用量和改进发烟颗粒或烟丝条之间的堆积方式，且要保证得到的烟草棒具有足够机械强度，并非易事，未必可行。

（2）向烟草棒内添加多孔载体，如无机多孔载体，该方案造孔效率低于水蒸气发泡技术，且多孔载体本身还会起到吸附烟雾的副作用，未必具有工业可行性，故仅见零星专利提及，不成气候。

（3）直接使用经微波膨胀后的烟草颗粒来跟黏合剂共混后挤出成型制备烟草棒，该方案仅赋予构成烟草棒的烟草颗粒本身以多孔性，但加入黏合剂黏结成型就意味着没有兼顾颗粒间隙贡献的空隙率，实际上后者是贡献空隙率的主要因素，因此，该技术还需要配合各种减少黏合剂用量的措施，方能取得实效。

减少黏合剂用量也是烟草棒或烟草块领域一直以来持续追求的主题，因为减少黏合剂用量可以减少黏合剂受热产生的不良气息，且也可以促进提高空隙率。这方面，菲莫公司早期专利采用的措施是使黏合剂颗粒先与水充分接触使黏合剂颗粒从内到外都充分预水解，提高黏合剂使用效率。该措施仅针对固体颗粒型黏合剂，不适用于黏稠液体型黏合剂。还有方法是使用烟草源天然化合物活化后作为黏合剂，但活化过程复杂，且天然黏性化合物的数量也未必足够，要想维持成型操作稳定进行和得到的烟草棒形状稳定且具有一定机械强度，短时期内外加黏合剂仍不可避免。

虽然专利 CN110292192A（6.2.3.26）报道可以完全不用黏合剂纯靠加压压缩烟草颗粒来制备烟草棒，但加压压缩操作实际上会大大减少烟草颗粒之间的间隙，减小空隙率的作用甚至会大于省略黏合剂造成的增大空隙率的作用，正负效果抵消，到底哪种作用占优势，还需要实际实验考察。

未来，如何减少黏合剂用量以提高空隙率，仍然是烟草棒或烟草块领域的研究热点。一个可行的方向是烟草颗粒外表面上“点涂”黏合剂，而不是整个外表面都“包裹”一层黏合剂，然后众多烟草颗粒靠“点黏结”黏合在一起，预计会大大减少黏合剂本身对颗粒间隙的占用，提高空隙率，但如何实现“点涂”以及如何确保得到的烟草棒的机械强度，是要解决的首要问题。

以核壳结构发烟颗粒（发烟材料为壳，电磁受体为核）加黏合剂来成型为烟草棒或烟草块，是一个革命性创新，能够以最微观最均匀的形式对烟草棒或烟草块进行内部加热，且热源在颗粒内部导致颗粒内部受热烟雾气压高于温度相对较低的颗粒外部，烟雾释放和扩散也有了内生动力。这方面，仍高度值得继续深入研究，例如烟草块或烟草棒内的核壳形颗粒的分布密度，是否可以制成中心高而四周低？或者孔隙率制成中心高而四周低，以进一步改进烟雾释放阻力和调整烟雾释放速度？电磁受体核的形状可否进一步优化？尽管基础专利在菲莫公司手中，但若在性能优化方面做出改进，申请技术效果更好的从属专利，也可以作为有力筹码来提高与菲莫公司谈专利交叉许可的可能性，仍然非常有技术意义和法律意义。

7 专利贡献与应用及固态电子烟专利现状

7.1 专利对创新的贡献和实际应用

7.1.1 专利的益处和价值

从经济角度来看，专利的关键特征是：① 它们涉及新知识，体现在创新产品或过程中；② 它们赋予发明人（有限的）垄断权。使生产新产品和/或新工艺成为可能的新知识显然具有相当大的经济价值，但它也具有使市场体系难以恰当应对的特点。具体来说，知识是一种典型的公共产品。纯公共物品有两个基本属性。首先，它们在消费方面是非竞争性的，这意味着一个人对公共物品的使用不会影响可供他人使用的公共物品的数量。其次，它们是非排他性的，这意味着一旦公共物品可用，就不可能阻止个人享受公共物品。很明显，在没有知识产权的情况下，大多数发现和发明都会表现出公益属性。

竞争体系在公共产品方面的问题显而易见。发明者可能承担一项创新的所有成本，但每个人（可能在不同程度上）都从一项发现中受益，因此每个人都有动力搭便车搭上他人的创新努力。与此类公共产品相关的固有外部性会导致市场失灵：竞争性市场体系可能会提供低效的低水平创新。总体而言，知识产权，尤其是专利，通过攻击作为市场失灵核心的知识的非专属性（Non-appropriability）来解决这个问题。具体而言，通过对创新者的发现赋予产权，专利是影响原本纯公共产品的排他性（Excludability）属性的合法手段。

7.1.1.1 专利可以促进新发现

通过赋予发现者对其努力成果的产权，专利会影响创新的动力，并可能增加创新的流动性。这种增长可能是可取的，否则市场体系可能提供的新知识太少。但是，通过赋予专利权人使用在消费中仍然非竞争性的独特经济产品的专有权，专利创造了一种垄断局面，对新知识的有效使用产生不利影响。但是，由对创新的垄断控制所创造的盈利机会可能形成一种强大的激励，激发了被忽视的研发投资。

7.1.1.2 专利可以促进知识传播

专利的另一个好处与专利披露的要求有关。在大多数国家，专利是在申请日期后 18 个月或更早披露的。这一特性的重要性在于，在没有专利的情况下，发明者可以依靠商业机密来保护他们的发现。通过提供公开的激励，专利有助于科学和技术信息的传播，允许其他发明者避免重复现有的发现，并更容易在已知的技术水平上开展进一步的创新。值得注意的是，公开论点为专利提供了经济作用，即使对于已经发生的发明也是如此，因此它与专利的激励作用完全不同，因为增加了研发产出的专属性。

7.1.1.3　专利可以避免在创新努力上做无用功

正如关于专利的公开属性的争论所表明的那样，新知识的一个重要而有益的影响是它使进一步的创新和发现成为可能。基础研究的发现经常是这样的，有时会开辟全新的研究领域。可以说，为这些开创性发明申请专利可以产生有益的社会效益。这一原理在所谓的专利前景理论中得到了阐述。它所依赖的理念是，对关键发明的广泛、早期的产权可以让后续创新有秩序地进行，并减少在创新竞赛上浪费时间和精力。虽然在这种情况下，专利显然可以产生积极的效率效应，但我们也很容易看到，广泛的、早期的专利可能会对进一步的研究产生不利影响，特别是当原始发现具有多种用途时。如果原创发明人在从事某些研究方向上不具有比较研究优势，并且将专利创新许可给第三方时存在问题（可能是由于过高的交易成本），专利行为可能会对进一步创新的流动产生不利影响。

7.1.1.4　专利可以帮助技术转移和商业化

一般来说，知识或创新的流动，包括从大学和研究机构到工业界，被称为“技术转移（Technology Transfer）”。知识产权的排他性被认为是实施有效的交换交易的必需和工具。知识可以是非排他性的，因为一旦它被公开，在没有明确定义和保护的产权的情况下，不能禁止用户使用它。最常见的排除知识的方式是专利保护。因此，许多公司，特别是大型公司，有一个决定性的专利战略，旨在保护他们的专有技术，从而使他们的产品比竞争产品具有优势。

知识产权许可可以成功有效地将受保护的创新带到市场上。有效的许可交易取决于被许可人的经济实力，这需要在财政、技术和业务上具有发展、制造和市场创新的能力。

显然，一般来说，产权转让是市场经济的一个关键驱动力。相应的，一个社会生产知识（创新）和使知识（创新）商业化的能力对于经济的持续增长和提高生活质量至关重要。值得注意的是，知识或创新转化为商业价值主要取决于对其适当的保护和成功的转让和获取。

7.1.2　专利转化和转移

7.1.2.1　专利转化介绍

知识产权是对智力创造成果的保护制度，知识产权的拥有、运用状况，均体现着一个企业乃至一个国家的整体创新水平，知识产权已然成为促进产业结构调整、提高国家核心竞争力的内在驱动力。

专利转化是发明人向专利局申请并经由其授权的科技成果通过转化主体进一步应用和推广、工艺化、产品化、商业化，将专利文件所公开的技术要点充分利用，最终转变为现实生产力的过程。专利转化与专利技术属性紧密相连，该过程的直接结果是形成专利产品。专利转化是专利所指向的载体由专利技术本身向专利产品发生变化的动态过程。从专利转化过程来看，参与专利转化的主体主要有 3 个：专利输出方、专利接收方以及辅助与支持方。

专利转化是专利技术基于其技术属性而发挥经济属性作用的动态过程，是专利技术成果在不同主体间流动并演化的过程，主要包括专利输出和专利演化两个过程。在专利输出过程中，高校、科研院所通过项目支持、产学研合作等途径研发产出相应的科研成果，并从科研成果中挖掘可作为专利保护的技术重点，向专利局申请专利权保护，使科技成果成为受法律保护的专利。专利演化的过程主要以专利接收方即企业为主体进行，专利接收方将专利输出方提供的专利在企业内部进行深度再开发与应用，具体包括小试、中试、工艺化、产品化、商品化等阶段。

7.1.2.2 专利转化和专利实施

对“专利实施”的定义应分为两种情况：第一、针对发明和实用新型专利，专利实施指以生产经营为目的制造、使用、许诺销售、销售、进口其专利产品，或者使用其专利方法以及使用、许诺销售、销售、进口依照该专利方法直接获得的产品；第二、针对外观设计专利，专利实施指以生产经营为目的制造、许诺销售、销售、进口其外观设计专利产品。另外，专利实施需与专利的技术属性紧密联系，而且专利实施本质上是实施主体通过实施方式实现专利的市场价值。因此，专利实施是依托专利技术属性实现其价值属性的途径。

虽然专利实施与专利转化都与专利的技术属性紧密相关，但两者仍有明显差异：① 专利实施表现为某种具体行为，而专利转化则是一个长期、连续、持续的过程。专利实施具体到实施行为，即制造、使用、许诺销售、销售、进口 5 种，这些行为的终止即可表明专利实施的结束。专利转化需将科学研究成果——专利进行后续研究、实验，进一步创新，使之成为可以直接应用于生产实际的技术。② 专利实施主体单一，而专利转化需多方主体的配合。专利实施主体通常只有一个，即实施专利的行为人只有一个。从广义上看，参与专利转化的主体主要有 3 个，即专利输出方、专利接收方及辅助与支持方，具体包括高校、科研机构、企业等主体，只有各方主体相互配合才能使专利转化过程运行良好。③ 专利转化过程中需要实施专利。在专利转化过程中，将专利技术真正运用于实际生产中，可称为专利实施。

7.1.2.3 专利转化和专利转移

由于专利转化与专利转移都关系到专利技术成果在不同主体间发生变动的行为，并且外文文献中均可译为“Patent Transfer”，因此两个概念被混淆的现象较为常见。但实际上，专利转化与专利转移既有联系又有区别。

二者联系体现在：当专利供方与专利受方之间存在技术位差时，要实现专利转化需将专利从专利供方转移到专利受方，使专利受方引进所需要的专利技术，再由专利受方进行后续开发，完成专利技术的应用和推广、工艺化、产品化、商业化，即专利转化过程内含专利转移过程，专利转移的成效将影响专利在专利接收方进一步开发、研究的成效。

二者的区别主要有：① 专利转化和专利转移两个概念的侧重点不同。专利转化侧重于专利技术成果物化为新产品、新工艺、新材料。专利转移则侧重于技术从供方向受方之间的定向转移，转移前后均与专利技术本身的性质紧密相关。② 专利转化和专利转移对技术形态的影响不同。专利转化是对专利所凝结的技术成果不断深化，以达到生产产品和生产工艺的要求，这时需要改变专利技术原有的技术形态。专利转移则指专利技术在不同主体之间的扩散和传递，其中需要专利许可、专利转让以明晰专利权属状态，这个过程本身不一定需要改变技术形态。因此，专利转化本质上是对技术形态的实用转化，而专利转移则是专利所有权或使用权在不同利益主体之间的转移。③ 专利转化和专利转移的运动轨迹不同。专利转化沿着专利技术本身的技术寿命向生产力推进的轨迹进行，由专利技术成果向技术实体化进行跨越。专利转移的运动轨迹则是专利以及专利技术所包含的技术知识、生产方法等由专利供方转移至专利受方，实现专利技术扩散。因此，专利转化是从研究到形成专利再到应用的专利载体变化过程，而专利转移是专利供方到专利受方的主体变化过程。

7.1.2.4 专利转化和专利产业化

产业化是一个经济学概念，是指具有相同属性的企业或组织在市场经济条件下，以行业需求为导向，以实现效益为目标，以特定的合作形态形成系列化和品牌化的经营方式和组织形式。产业化强调的是以特定组织形式达到规模效应并发挥规模效益的优势。因此，从专利产业化的实施结果来分析，实现产业化的核心是专利技术成果，产业化的结果是由专利技术带来产业规模效应。专利产业化实际上也可被称为“专利成果（或技术）的产业化应用”或“专利成果向经济产业的规模转化与应用”。由此可知，专利产业化是指对专利技术进行再开发，通过实验、组合、生产、应用、推广等诸多环节，形成工艺、材料、产品，进而通过产品化、商品化的形式创造价值，直至发展成新产业的过程。

从实现过程角度看，专利产业化紧紧依托专利的技术属性、经济属性、法律属性等，包容性更强，实现过程涉及与专利相关的多个步骤，如专利实施、专利转移、专利转化等。专利转化与专利产业化两个概念的区别体现在：① 从实施目的看，专利产业化体现在通过专利技术拉动规模经济，并且基于专利技术发展形成新产业，而专利转化是指依托专利的技术属性实现经济价值，完成由技术向生产力的转化。② 从实施结果看，专利产业化强调通过一项专利或专利组合进行规模生产达到规模效应以获得规模效益，注重专利技术成果的规模化生产；专利转化的结果体现在专利技术载体发生变化，由技术开发成果向实体生产转化。市场化、规模化并形成规模效应是专利产业化区别于专利转化的本质所在。

在申请和布局有关固态发烟技术与产品专利时，应当同时考虑专利实施、转化和产业化的可行性，以使专利的益处和价值最大化。

7.2 固态电子烟专利现状分析

7.2.1 固态电子烟专利现状

广义上讲，电子烟可以分为两大门类，一种是雾化蒸气烟，一种是加热卷烟。前者的烟弹为液态，后者的烟弹为固态，所以前者又称为液态电子烟，后者称为固态电子烟。固态电子烟又分为烟草类和非烟草类两种，前者用烟叶制作烟弹，后者用草本植物填充烟弹。

菲莫国际于 2014 年推出划时代的加热卷烟产品 IQOS，并在全球布局了包含加热不燃烧烟具、加热卷烟烟支技术在内的很厚的“专利墙”，并仍在持续申请新专利，以维持其技术和产品优势。加热卷烟烟支的专利技术包含发烟段结构、配方和添加剂、发烟段生产工艺、辅材及生产工艺等，加热不燃烧烟具则在加热原理、烟具设计、加热装置结构、电源系统、测控技术、绝缘技术、阻燃绝热等领域进行了布局。

国内从 2015 年才开始真正在加热卷烟上投入研发力量，此时，国际四大烟草公司在加热卷烟上的专利布局基本完成，国内研发很难不触碰他们建立的专利墙。为了规避国际烟草巨头的专利壁垒，国内企业从 2015 年开始持续发力颗粒型和整块型固态电子烟产品，并形成了低温本草类产品类别，同时在全球布局相关专利，专利涵盖了烟支结构、材料、器具等三大方面。从产品角度看，目前包含颗粒型、整块型和凝胶型在内的新型固态电子烟的市场占比仍然远低于传统薄片型加热卷烟，仍需在产品配方、制造技术、设备自动化、口味口感、适配器具和用户体验等方面进一步创新，以积极应对未来固态电子烟的发展形势。

7.2.2 固态电子烟专利面临的问题及对策

7.2.2.1 面临的问题

1. 专利的转化率和产业化率较低，多数专利难以应用，部分专利被束之高阁

首先，相比国外烟草巨头，除了少数个人和企业申请的专利外，尽管在专利质量、技术含量和原创性方面不乏佳作，但大多数国内企业申报的专利仍然难以实现产业化转换。其次，专利产业化转换缺少完善的法律法规保障，山寨版横行市场，专利产业化后的经济效益不太理想，难以体现专利本身的经济价值。

2. 高价值专利数量少

高价值专利是指技术创新水平高、权利状态稳定和市场竞争力强的，并因此能够支撑企业或产业高质量发展的优质核心专利，其高价值不局限于技术层面，更包含法律市场等多个维度。我国目前在固态电子烟领域仍然欠缺这样的高价值专利。

3. 关键核心技术面临“卡脖子”困境

关键核心技术是指在生产系统或技术系统中起关键或核心作用的技术，具有知识基础密集、产业支撑带动作用强的特征，是产业技术系统的共性基础或是链接耦合的瓶颈环节。对企业来讲，关键核心技术是指企业能够进入某一领域并能在竞争中获取优势所必须拥有或掌握的技术；从产业层面来讲，关键核心技术是支撑产业活动的关键技术环节的链接，是由关键制造技术、核心元件技术和产品构架技术链接而成的技术群，关键核心技术水平是决定产业国际竞争力的关键指标之一。所谓“卡脖子”困境，是指国外对我国的专利壁垒、技术封锁、投资限制、产品进出口限制和市场准入限制等导致关键核心技术被“卡脖子”的风险，以及由此引发的企业生存、技术发展、产业发展甚至是国防安全遭遇重大挑战。关键核心技术“卡脖子”困境的成因有三：① 核心技术受制于人；② 技术引进渠道和技术合作伙伴单一；③ 技术替代和储备不足。固态电子烟的关键核心技术包括固态发烟材料配方技术、固态发烟制品结构设计与制造工艺、适配固态发烟制品的加热与控制技术。我国目前在固态电子烟领域面临的关键核心技术“卡脖子”困境的成因主要是前述的第一和第三方面，特别是核心技术受制于人。

7.2.2.2 问题对策探索

1. 提高专利国际化水平

面对新形势下固态电子烟拓展海外市场的实际情况，注重专利海外布局至关重要。提高专利国际化水平，不仅是提升企业核心竞争力的需要，也是捍卫自身的必备武器。

2. 注重专利原创性和实用性的结合

专利没有应用，就没有价值可言。不管是实用性不强、容易被取代的专利还是市场应用前景小的专利，专利的价值都不能得到很好的发挥，价值也不高。对产品或者服务至关重要的专利才是最有价值的。固态电子烟专利申请与布局应该以产品和市场为导向，注重原创性和可实现性的结合，而不仅仅是为了申请专利而申请专利。

3. 关键核心技术的突破创新

“跨界组合”和“深度积累”是关键核心技术突破创新的两个基础性机制：“跨界组合”强调打破专业边界，通过连接跨领域和多样性的知识实现创造性的知识重新组合；“深度积累”强调在狭窄领域的深度探索，通过该领域新旧知识的重新组合发现实现技术突破的诀窍。创新突破要解决的挑战主要面临“发现型”和“发明型”两种场景。无论是“发现型”还是“发明型”场景，创新突破的主导策略都是“跨界搜索”，前者主要跨越的是行业边界，而后者主要跨越的是技术边界。固态电子烟作为新兴产品，未来无论是跨越行业边界还是技术边界都面临着机遇和挑战，高水平的核心专利将成为该领域技术和产品创新与发展的坚强基石！

参考文献

[1] WIPO intellectual property handbook[M]. 2nd ed. WIPO Publication, 2004.

[2] CHARLES F, CARLETTA J D. Intellectual property, basic concepts and principles[R]. Stetson University College of Law National Conference on Law and Higher Education, 2011.

[3] Common patent terminology[OL]. https://www.cas.org/sites/default/files/documents/common-patent-terminology.pdf

[4] ABBAS A, ZHANG L, KHAN S U. A literature review on the state-of-the-art in patentanalysis[J]. World Patent Information, 2014, 37: 3-13.

[5] MARLEY M. Full-text patent searching on free websites: tools, tips and tricks[J]. Business Information Review, 2014, 31: 226-236.

[6] RAINEY M M. Free sources for patent searching: a review[J]. Business Information Review, 2014, 31: 216-225.

[7] IGNAT V. Modern evaluation of patents[C]. IOP Conference Series: Materials Science and Engineering, 2016, 147: 012069.

[8] ZHU Y, XU W, ZHAO J. Review of Chinese patent value evaluation methods[J]. Journal of Finance and Economics, 2018, 6: 223-227.

[9] CHAPLINSKY S, PAYNE G. Methods of intellectual property valuation[R]. University of Virginia Darden School Foundation, 2002.

[10] BADER M A, RÜETHER F. Still a long way to value-based patent valuation, the patent valuation practices of Europe's Top 500[OL]. https://www.wipo.int/edocs/mdocs/sme/en/wipo_insme_smes_ge_10/wipo_insme_smes_ge_10_ref_theme06_01.pdf

[11] TONISSON L, MAICHER L. Patents, their importance and valuation methods[OL]. https://www.researchgate.net/publication/230667903

[12] BAT science & innovation report, 2020-2021[OL]. https://www.bat-science.com/report

[13] EATON D, JAKAJ B, FORSTER M, et al. Assessment of tobacco heating product THP1.0. Part 2: Product design, operation and thermophysical characterization[J]. Regulatory Toxicology and Pharmacology, 2018, 93: 4-13.

[14] JONES I. Technical features of PloomTech, JTI's novel tobacco vapor device[OL]. https://www.jt-science.com

[15] JT launches Ploom X, the next generation heated tobacco device[OL]. https://www.jt.com/

media/news/2021/0715_01.html

[16] NGP (Next generation products)[R]. 2020 KT&G Report.

[17] Over 30 years of innovation[OL]. https://www.pmiscience.com/

[18] Science update, delivering a smoke-free future[OL]. https://www.pmiscience.com/

[19] O'CONNOR R, SCHNELLER L M, FELICIONE N J, et al. Evolution of tobaccoproducts: recent history and future directions[J]. Tob Control, 2022, 31: 175-182.

[20] TABUCHI T. Science and practice for heated tobacco products — Japan as a test bed for novel tobacco products[M]. Singapore : Springer Nature Singapore Pte Ltd., 2021.